RaumFragen:
Stadt – Region – Landschaft

Herausgegeben von
O. Kühne, Weihenstephan-Triesdorf, Deutschland
S. Kinder, Tübingen, Deutschland
O. Schnur, Berlin, Deutschland

Im Zuge des „spatial turns" der Sozial- und Geisteswissenschaften hat sich die Zahl der wissenschaftlichen Forschungen in diesem Bereich deutlich erhöht. Mit der Reihe „RaumFragen: Stadt – Region – Landschaft" wird Wissenschaftlerinnen und Wissenschaftlern ein Forum angeboten, innovative Ansätze der Anthropogeographie und sozialwissenschaftlichen Raumforschung zu präsentieren. Die Reihe orientiert sich an grundsätzlichen Fragen des gesellschaftlichen Raumverständnisses. Dabei ist es das Ziel, unterschiedliche Theorieansätze der anthropogeographischen und sozialwissenschaftlichen Stadt- und Regionalforschung zu integrieren. Räumliche Bezüge sollen dabei insbesondere auf mikro- und mesoskaliger Ebene liegen. Die Reihe umfasst theoretische sowie theoriegeleitete empirische Arbeiten. Dazu gehören Monographien und Sammelbände, aber auch Einführungen in Teilaspekte der stadt- und regionalbezogenen geographischen und sozialwissenschaftlichen Forschung. Ergänzend werden auch Tagungsbände und Qualifikationsarbeiten (Dissertationen, Habilitationsschriften) publiziert.

Herausgegeben von
Prof. Dr. Dr. Olaf Kühne, Hochschule Weihenstephan-Triesdorf
Prof. Dr. Sebastian Kinder, Universität Tübingen
PD Dr. Olaf Schnur, Berlin

Michael Bär

Hafenökonomien im Ostseeraum

Seehafencontainerterminals als Schnittstellen in internationalen Transportlogistikabläufen

 Springer VS

Michael Bär
Erfurt, Deutschland

Dissertation Eberhard Karls-Universität Tübingen, 2014

RaumFragen: Stadt – Region – Landschaft
ISBN 978-3-658-10730-7   ISBN 978-3-658-10731-4 (eBook)
DOI 10.1007/978-3-658-10731-4

Die Deutsche Nationalbibliothek verzeichnet diese Publikation in der Deutschen Nationalbi-
bliografie; detaillierte bibliografische Daten sind im Internet über http://dnb.d-nb.de abrufbar.

Springer VS

Gedruckt auf säurefreiem und chlorfrei gebleichtem Papier

Springer Fachmedien Wiesbaden ist Teil der Fachverlagsgruppe Springer Science+Business Media
(www.springer.com)

Danksagung

An dieser Stelle möchte ich mich bei einigen Menschen bedanken, die mich auf dem Weg der Erstellung meiner Doktorarbeit in verschiedener Weise unterstützt und in dieser spannenden und lehrreichen Phase meiner beruflichen Laufbahn begleitet haben.

Zunächst danke ich sehr herzlich meinem Doktorvater Prof. Dr. Sebastian Kinder für dessen wohlwollende wissenschaftliche Begleitung meines Dissertationsprojekts. Die regelmäßigen Gespräche zum Fortgang des Vorhabens, in denen er kritisch und konstruktiv kommentiert und anregend diskutiert hat, haben wesentlich zur Reife des gesamten Projekts beigetragen. Die Betreuung war ausgezeichnet. Auch die Mitarbeit an seinem Lehrstuhl war für mich sehr lehrreich und für meine fachliche und persönliche Entwicklung prägend.

Einen herzlichen Dank spreche ich auch Prof. Dr. Elmar Kulke aus, der sich ohne Zögern bereit erklärt hat, als Zweitgutachter mein Dissertationsvorhaben zu begleiten und zu betreuen.

Danken möchte ich natürlich ausdrücklich allen Personen, die mir im Rahmen meines Dissertationsprojekts als Experten und Interviewpartner zur Verfügung gestanden haben. Ohne ihre Gesprächsbereitschaft hätte die Arbeit in der vorliegenden Form nicht umgesetzt werden können.

In diesem Zusammenhang möchte ich mich auch bei Prof. Dr. Zaiga Krišjāne von der Universität Lettlands in Riga sowie bei Prof. Dr. Mariusz Czepczyński von der Universität Gdańsk bedanken, die mir in ihren Heimatstädten als Ansprechpartner zur Verfügung standen und mich in meinem Vorhaben unterstützt haben.

Für anregende Diskussionen und wertvolle Hinweise möchte ich auch meinen Kollegen am Lehrstuhl für Wirtschaftsgeographie sowie anderer Bereiche am Geographischen Institut der Eberhard Karls Universität Tübingen danken, insbesondere Dr. Anja Erdmann, Sybille Hegele, Lucian-Bojan Brujan, Dr. Gerhard Halder, Dr. Lukas, Radwan, Dr. Timo Sedelmeier, Dr. habil. Olaf Schnur, Richard Szydlak.

Ein besonderer Dank gilt meiner Familie.

Die Arbeit wurde in Teilen mit Stipendienmitteln des Deutschen Akademischen Austauschdienstes (DAAD) unterstützt.

Inhaltsverzeichnis

Abbildungsverzeichnis

Tabellenverzeichnis

1 Einleitung

1.1 Problemstellung

Im August 2010 titelte die polnische Zeitung Gazeta Wyborcza in ihrem Wirtschaftsteil „*Polnische Häfen kämpfen mit der deutschen Konkurrenz* "[1]. Der Hintergrund zu diesem Artikel war die Entscheidung der Schiffslinie Maersk ab dem Jahr 2010 die im Containerverkehr zwischen China und Europa eingesetzten Containerschiffe nicht mehr nur bis zur Nordsee fahren zu lassen, sondern den polnischen Seehafenstandort Gdańsk in der Ostsee als Anlaufhafen für Direktverkehre aufzunehmen. Diese Entwicklung stellte ein Novum im Containerseeverkehr der Ostsee dar, da dieser bis dahin nahezu ausschließlich als Feederverkehr der Nordsee abgewickelt wurde und somit lediglich einen vor- oder nachgelagerten Charakter zu weltweit stattfindenden Containerseeverkehren hatte. Grundlage für die Entscheidung war das Vorhandensein eines neuen Containerterminals im Seehafen Gdańsk, das durch einen privaten Investor mit der expliziten Ausrichtung auf Direktverkehre sowohl finanziert als auch gebaut wurde und seitdem privatwirtschaftlich betrieben wird.

Obwohl die Ausrichtung auf derartige Direktverkehre eine Neuheit für den Ostseeraum ist, steht der Bau dieses Terminals beispielhaft für die Dynamik des Ostseecontainerverkehrs, die seit den 1990er Jahre durch einen langjährigen Wachstumstrend sowie die Einführung neuer Transport- und Umschlagstechnologien gekennzeichnet ist. Ein wesentliches Merkmal dieser Dynamik sind dabei Umstrukturierungen von Hafenökonomien, in deren Zuge eine Privatisierung von Teilbereichen der Seehäfen stattgefunden hat und verschiedene private Akteure unter anderem in Containerterminals eingestiegen sind. Insbesondere in den Ostseehäfen der Transformationsstaaten Polen, Litauen, Lettland, Estland, aber auch Russland, haben sich dabei durch die Neuorientierung der Staaten zur Marktwirtschaft seit Anfang der 1990er Jahre relevante Veränderungen der Organisationsstrukturen sowie neue ökonomische Möglichkeiten ergeben. Aber auch in Seehäfen Finnlands und Schwedens sind Tendenzen einer stärkeren privatwirtschaftlichen Öffnung von Hafenbereichen erkennbar.

Wie der Blick auf andere Schifffahrtsgebiete weltweit zeigt, folgt die skizzierte Entwicklung des Ostseeraums einem seit Jahren weitläufig zu beobachtenden Prozess. Der Einstieg privater Akteure in den Betrieb von Containertermi-

---

[1] Artikelüberschrift im Original: Polskie porty walczą z niemiecką konkurencją

nals bei einem gleichzeitigen Rückzug der öffentlichen Hand ist mit dem Gedanken verbunden, dass die Seehafen- und Terminalstandorte aufgrund der privatwirtschaftlichen Strukturen eine verbesserte Wettbewerbsfähigkeit im globalen
Wettbewerb erhalten sollen (Midoro/Musso/Parola 2005: 90, Nuhn 2005: 112,
Bichou 2009: 36). Dies wird umso wichtiger, da Seehäfen aufgrund veränderter
Rahmenbedingungen immer stärker in einen Wettbewerb eingebunden sind und
hierin als zentrale Schnittstellen in weltweit organisierten logistischen Abläufen
fungieren (Panayides 2007: 27, Hesse/Neiberger 2010: 258). Der Fokus liegt dabei jedoch vor allem auf den Terminals der Seehäfen, da diese jeweils durch die
Betreiber als eigentliche Schnittstelle in die spezifischen globalen Transportlogistikabläufe, beispielsweise Containerverkehre, eingebunden werden (Slack/
Wang 2002: 166, Slack 2007: 47). Als private Terminalbetreiber treten dabei Hafenumschlagsunternehmen, Schifffahrtsunternehmen oder Speditionsunternehmen auf, die aufgrund diverser Privatisierungs- und Deregulierungsprozesse
Möglichkeiten erhalten haben, sich durch die Übernahme vor- oder nachgelagerter Logistikdienstleistungen als hochkompetente Logistikdienstleister zu entwickeln (Neiberger/Bertram 2005: 13).

Die Bedeutung von Containerterminals als Investitionsobjekt zeigt sich in
zahlreichen Terminalinvestitionen privater Akteure. Bei den Betreibern ergibt
sich eine Bandbreite von lokal bis international agierender Unternehmen, wobei
in den letzten Jahren eine zunehmende Verdrängung lokaler Akteure durch international agierender Terminalbetreiber zu beobachten war (Slack/Fremont 2005:
117ff.). Im Vordergrund derartiger Entwicklungen stehen zumeist die großen
weltweit bedeutenden Seehäfen mit ihren Containerterminals, beispielsweise
Rotterdam. Jedoch sind diese Prozesse auch verstärkt in eher nachrangigen Seehäfen und deren Containerterminals, wie sie zum Beispiel im Ostseeraum zu finden sind, zu verzeichnen. In diesen Seehäfen können, wie nicht nur das Beispiel
Gdańsk zeigt, ebenfalls Aktivitäten international agierender Betreiberunternehmen beobachtet werden (Bär 2009: 219f.).

Bezüglich der Investitionstätigkeiten in Containerterminals im Ostseeraum
ergeben sich die Fragen, welche Intensionen hinter diesen Investitionen stecken,
in welcher Art und Weise die Containerterminals durch die Betreiber genutzt und
wie diese in internationale Transportlogistikabläufe integriert werden. Insbesondere beim Terminalbetrieb durch privat agierende Betreiberunternehmen ergibt
sich dabei die Annahme, dass diese verstärkt versuchen, ihre Terminals in internationale Transportlogistikabläufe einzubinden und dabei sowohl vor- und nachgelagerte Logistikaktivitäten im Fokus haben und diese mitgestalten wollen. Vor
allem bei Terminalbetreibern, die in mehreren Seehafenstandorten tätig sind,
kann vermutet werden, dass zwischen diesen Terminalstandorten eigene Transportabläufe gestaltet werden und die Terminals direkt in Strukturen zur Abwicklung gesamtheitlicher Transportlogistikabläufe eingebunden werden. Abhängig
von der Größe und Stärke eines Terminalbetreibers ist hierbei anzunehmen, dass

die Möglichkeiten der Verknüpfung von Terminalstandorten eines Betreiberunternehmens nicht immer gleich sind, sondern durch unterschiedliche Faktoren und deren Zusammenspiel beeinflusst werden. Diese Einflussfaktoren bewegen sich im Bereich zwischen der lokalen und globalen Maßstabsebene und stehen in Wechselwirkung miteinander. So wirken einerseits weltweite Entwicklungstrends, die auch im Lokalen direkt oder indirekt zum Tragen kommen, und andererseits aber auch vor Ort gesetzte Rahmenbedingungen auf die Art des Terminalbetriebs ein. Da hierzu in eher als nachrangig zu bezeichnenden Schifffahrtsgebieten und den darin lokalisierten Containerterminals fundierte Kenntnisse zum Zusammenhang zwischen Betreiberstrukturen und den Integrationsprozessen in Transportlogistikabläufen fehlen, bietet es sich an, diese als Untersuchungsgegenstand heranzuziehen. Hierbei wird die Ostsee als Untersuchungsgebiet ausgewählt und der konkrete Schwerpunkt vor allem auf Seehäfen der Transformationsländer des Ostseeraums und auf finnische Seehäfen gelegt.

1.2 Zielsetzung der Arbeit

Die vielfältigen Veränderungen in den Organisationsstrukturen von Seehäfen und in weltweiten Logistikketten haben in verschiedenen Wissenschaftsdisziplinen, wie der Logistikforschung, dem Verkehrswesen oder den Raumwissenschaften eine Fülle an Untersuchungen zu maritimen Fragestellungen hervorgebracht. Oftmals ist hierbei eine Konzentration auf einzelne Hafenökonomien beziehungsweise der Blick auf große bedeutende Hafenstandorte zu beobachten. Zudem zeigt sich, dass es aufgrund der Vielschichtigkeit des gesamten Themenkomplexes eine Vielfalt unterschiedlicher Fragestellungen und wissenschaftlicher Herangehensweisen gibt. Für die vorliegende Untersuchung erweist es sich daher als wichtig, eine klare Zielstellung zu definieren, die den Rahmen der wissenschaftlichen Vorgehensweise absteckt und gleichzeitig aufzeigt, inwieweit ein eigener gedanklicher Ansatz und somit ein Alleinstellungsmerkmal der Arbeit besteht.

Ausgehend von der Annahme, dass Containerterminals in eher nachgeordneten Seehäfen wichtige Bausteine bei der räumlichen Ausdehnung und Absicherung von weltweiten Logistikabläufen darstellen und daher für private Terminalbetreiber interessante Investitionsobjekte darstellen, verfolgt die vorliegende Arbeit folgende Zielsetzung: Die Strukturen und Rahmenbedingungen des Containerseehafen- und -terminalgeschäfts des Ostseeraums sollen detailliert untersucht und eine Analyse zur Integration von Containerterminals dieses eher nachrangigen internationalen Schifffahrtsgebiets in internationale Transportlogistikabläufe vorgenommen werden. Hierbei ist zu überprüfen, welche strukturellen und organisatorischen Veränderungen in den Containerhäfen und -terminals des Ostseeraums in den letzten Jahren aufgetreten sind, inwieweit spe-

zifische Entwicklungsmuster als Gemeinsamkeit oder Unterschiede der zu untersuchenden Standorte zu identifizieren sind und in welcher Weise hierdurch die
Integration in Transportlogistikabläufe stattfinden kann und in differenzierender
Weise gefördert oder gehemmt wird. Der Blick richtet sich dabei auf die Einflüsse, die durch Akteure und Entwicklungstrends auf unterschiedlichen Maßstabsebenen, von lokal bis global, auf das Containergeschäft einwirken.

Als fortschrittlicher Aspekt der Untersuchung ist die Herangehensweise an
die Analyse der logistischen Integration der Terminals zu sehen, bei der Ansätze
zur Erklärung weltweiter Produktionsprozesse herangezogen werden. Das verbindende Element ergibt sich hierbei aus der Annahme, dass es innerhalb der
Transportlogistikabläufe zur Entstehung des Produkts Logistikdienstleistung
kommt. Dieser kettenartige Prozess kann somit theoretisch mit Aussagen diverser theoretischer Erklärungsansätze zu weltweiten Wertschöpfungs- und Warenketten unterlegt werden. Die vorliegende Arbeit bietet somit durch die Verwendung und der Suche nach Übertragungsmöglichkeiten derartiger Ansätze auf
Transportlogistikabläufe eine neuartige Betrachtungsweise. Die Umsetzung dieses Arbeitsgedankens erfolgt dabei neben einer theoretischen Basis, bei der die
Anwendbarkeit verschiedener Ansätze auf Strukturen von Transportlogistikabläufen diskutiert wird, auch auf einer praktischen Ebene. Hierbei werden die
konzeptionellen Überlegungen anhand mehrerer Beispiele angewandt und versucht als Erklärungsmuster für die Einbindung in Transportlogistikabläufen zu
verwenden.

1.3 Aufbau der Arbeit

Die vorliegende Arbeit gliedert sich in insgesamt sieben Kapitel (siehe Abbildung 1). Im Anschluss an das einleitende Kapitel widmet sich das **Kapitel 2** Aspekten der Globalisierung, der damit verbundenen Entstehung von Logistikdienstleistungen und -dienstleistern sowie Merkmalen von Transportabläufen. In
Kapitel 3 erfolgt eine Darlegung theoretisch-konzeptioneller Ansätze zur Erklärung weltweiter Wertschöpfungs- und Warenketten, die unter Berücksichtigung
von logistischen Strukturen im weltweiten Seeverkehr, und konzeptioneller Verknüpfung mit diesen, das Theoriegerüst der Arbeit bilden. **Kapitel 4** umfasst die
methodischen Grundlagen der Arbeit und stellt die entwickelten Forschungsfragen dar. Anschließend widmet sich **Kapitel 5** der detaillierten Vorstellung des
Untersuchungsraums und der Identifikation der Untersuchungsbeispiele. Im **Kapitel 6** erfolgt die empirische Analyse der ausgewählten Untersuchungsbeispiele,
die hinsichtlich der zentralen Fragestellungen qualitativ analysiert werden. In
Kapitel 7 werden abschließend die gewonnenen Ergebnisse hinsichtlich der
Terminalakteure und der logistischen Integrationsprozesse zusammenfassend
diskutiert.

Abbildung 1:   Aufbau der Arbeit

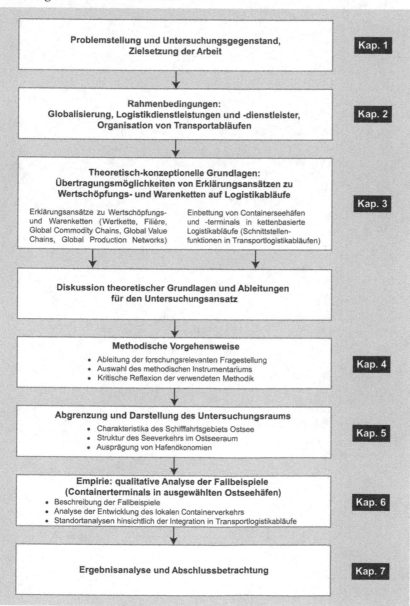

Quelle: eigene Darstellung

2 Rahmenbedingungen: Globalisierung und Logistikdienstleistungen

Die Entwicklung von Seehafencontainerterminals, ihre Einbindung in internationale Logistikketten und der Betrieb durch Logistikdienstleister sind eng mit den Rahmenbedingungen des weltweiten Warenhandels verbunden. Diese Rahmenbedingungen, beispielsweise global wirkende wirtschaftliche Entwicklungsprozesse, wirken in starker Weise auf die weltweiten Warentransporte ein. Dabei erfährt auch der Seeverkehr große Veränderungen, die sich letztendlich in Schiffs- und Hafenstrukturen und weitergehend im Betrieb von Seehafenterminals widerspiegeln. Im folgenden Kapitel werden daher Rahmenbedingungen beleuchtet und Grundzüge der ökonomischen Globalisierung, deren Auswirkungen auf den Welthandel sowie den daraus entstehenden Prozessen der logistischen Abwicklung dargestellt. Da die Abwicklung von weltweiten Warenströmen nur unter den Bedingungen optimaler logistischer Steuerungs- und Koordinationsprozesse verlaufen kann, ist es Ziel dieses Kapitels, die verkehrliche Abwicklung weltweiter Warenströme in Verbindung mit aktuellen Entwicklungen in der Logistikbranche darzustellen. Hierbei soll aufgezeigt werden, inwieweit Logistikdienstleister als Intermediäre im weltweiten Güterlogistikgeschäft auftreten können.

2.1 Charakteristika der Globalisierung

2.1.1 Globalisierung aus ökonomischer Sicht

Seit über drei Jahrzehnten ist eine zunehmende weltweite Vernetzung von Volkswirtschaften zu verzeichnen. Dieser Prozess, der sich in vielen Indikatoren, wie dem starken Anstieg von Außenhandelsvolumen, dem Wachstum ausländischer Direktinvestitionen und der Zunahme internationaler Finanztransaktionen manifestiert, wird allgemein als ökonomische Globalisierung bezeichnet. Im Allgemeinen Sprachgebrauch zeigt sich beim Begriff Globalisierung häufig eine gewisse Unschärfe, da dieser oftmals für die Bündelung vieler verschiedener Aspekte der Gesellschaft genutzt wird. Häufig werden jedoch die dahinter stattfindenden Prozesse nicht eindeutig präzisiert und geklärt (Dicken 2007: 4, Dunn 2008: 116). Zur Klärung und Abgrenzung dieser Entwicklungen bedarf es daher einer Definition des Begriffes Globalisierung.

In der Diskussion über den Begriff Globalisierung stellt sich die Frage, inwieweit es sich hierbei um ein neues, bisher nicht da gewesenes Phänomen handelt. Viele Globalisierungsmerkmale gelten grundsätzlich nicht als neue Phänomene, sondern lassen sich unter den Begriffen der internationalen Verflechtung beziehungsweise Internationalisierung bereits seit vielen Jahrzehnten zusammenführen (Duwendag 2006: 11). Einige Wirtschaftshistoriker gehen in diesem Zusammenhang davon aus, dass die Welt vor rund 100 Jahren bereits ähnliche Entwicklungen aufzuweisen hatte, jedoch wird hierbei angemerkt, dass sich die heutigen weltwirtschaftlichen Integrationsprozesse und deren Entwicklungen wesentlich dynamischer als damals darstellen (Garrett 2000: 954f., Collier/Dollar 2002: 31, Dicken 2007: 7). Deutlich wird dies in verschiedenen wirtschaftshistorischen Studien, die für die vergangenen rund 150 Jahre unterschiedliche Globalisierungsphasen identifiziert und datiert haben. Beispielhaft lassen sich Baldwin/Martin (1999: 1) nennen, die unter Berücksichtigung wirtschaftlicher Indikatoren, wie Handels-, Migrations- und Kapitalströme sowie Einkommensentwicklungen, von zwei Globalisierungsphasen in der Zeit von 1870-1914 und ab 1960 bis heute ausgehen. Collier/Dollar (2002: 23ff.) identifizieren auf der Basis wirtschaftlicher Indikatoren, wie Weltexportvolumen, Direktinvestitionen sowie Migrationszahlen, zwischen 1870 und heute drei Globalisierungswellen. Die bisher letzte Globalisierungswelle, die um das Jahr 1980 begann, wird dabei als neue Globalisierungswelle bezeichnet, da hierin deutlich dynamischere Prozesse stattfinden als in früheren Zeiten. Hinsichtlich der Globalisierung merkt Robertson (2008: 87) an, dass diese in heutiger Form zwar Prozesse früherer Zeiten fortschreibt, jedoch das dahinterliegende Konzept mit all seinen Ausprägungen eindeutig auf die heutige Zeit zu beziehen ist.

Im Rahmen einer Begriffsdefinition von Globalisierung ist deren Mehrdimensionalität zu berücksichtigen. Hierbei lassen sich die wirtschaftliche, soziale, politische und kulturelle Dimension nennen (Dicken 2007: 5). Diese Dimensionen können je nach Betrachtungswinkel als eigenständig oder als komplementär angesehen werden, wobei eine Kombination verschiedener Dimensionen den meisten Globalisierungsaspekten entgegenkommt. Oftmals zeigt sich, dass trotz der mehrdimensionalen Sicht insbesondere ökonomische Kriterien eine herausragende Bedeutung aufweisen (Teusch 2004: 41, Organisation for Economic Cooperation and Development [OECD] 2005: 16, Dicken 2007: 5). Der ökonomischen Dimension wird nach Teusch (2004: 41) eine Funktion als Kausalfaktor zugeschrieben, aus der sich die anderen Dimensionen ableiten und entwickeln lassen beziehungsweise sich dieser unterordnen.

Unter Berücksichtigung der vorgenannten Aspekte kann die wirtschaftliche Globalisierung wie folgt definiert werden (OECD 2005: 16, Duwendag 2006: 11, Dicken 2007: 5): Bei der Globalisierung handelt es sich um die Zunahme internationaler, wirtschaftlicher Beziehungen und Verflechtungen bei einem gleichzeitigen grenzüberschreitenden Zusammenwachsen verschiedener nationaler

Faktormärkte für Güter und Dienstleistungen sowie deren Einbindung in die globale Ökonomie. Geprägt ist diese Entwicklung durch einen stark ansteigenden Außenhandel, zunehmende Auslandsinvestitionen sowie einen Anstieg internationaler Kapitalströme.

2.1.2 Ursachen der Globalisierung

Die Grundlage der ökonomischen Globalisierung bildet die Ausdehnung des einfachen Welthandels, einem Handel mit anderenorts nicht verfügbaren Produkten, hin zu einem System globaler Produktions- und Absatzverflechtungen. Die Ursache für diese Veränderungen ist bei den Akteuren der Weltwirtschaft und des Wirtschaftsgeschehens, insbesondere bei den multinationalen Unternehmen, zu sehen, die einen hohen Beitrag zur Integration der Weltwirtschaft geleistet haben und weiterhin leisten (Duwendag 2006: 22).

Die Wirtschaftswelt besteht zu großen Teilen aus Unternehmen, die sich an den Grundzügen eines kapitalistischen Wirtschaftssystems orientieren und als Hauptziel die Erwirtschaftung von Gewinnen verfolgen (Dicken 2007: 107f.). Ein wichtiger Faktor sind hierbei die Absatzmärkte, in denen die Unternehmen ihre Umsätze generieren können. Als Problem zeigt sich jedoch, dass insbesondere bei der Herstellung und Versorgung des Marktes mit langlebigen Gütern irgendwann eine Sättigungsgrenze erreicht wird, bei der nahezu der gesamte Markt versorgt ist, die Nachfrage nachlässt und der Absatz von Produkten größtenteils nur noch aus Ersatzbeschaffungen besteht. Durch einen geringeren Absatz bei gleichbleibenden Kosten stoßen die Unternehmen an Grenzen, die das Wachstum einschränken und den Gewinn reduzieren. Um weiterhin gewinnorientiert und wettbewerbsfähig zu arbeiten, versuchen die Unternehmen unter anderem durch eine Aufspaltung des internen Produktionssystems ihre internen Kostenstrukturen zu verbessern. Als ein Schritt kommt es hierbei zu Verlagerungen von Produktionsschritten an kostengünstigere Produktionsstandorte, die oftmals im Ausland liegen (Shatz/Venables 2003: 131). Neben einer Verbesserung der internen Kostenstruktur stellt sich Unternehmen durch die Verlagerung von Produktions-, Service- und Vertriebsstätten aus Kostengründen häufig gleichzeitig eine neue Markterschließung als weiterer Vorteil ein (Duwendag 2006: 22, Dicken 2007: 113). Insbesondere Unternehmen, die intensiv multinationale Strategien verfolgen, sind im Laufe der Zeit verstärkt in der Lage aus wirtschaftsgeographischen Unterschieden einzelner Produktionsräume Vorteile zu ziehen und zwischen verschiedenen Standorten wechseln zu können (Dicken 2004: 12).

Die Auslagerung von einzelnen Produktionsschritten hat letztendlich zu einem enormen Handelsanstieg auf der Welt geführt. Innerhalb von Unternehmen werden die einzelnen Produktkomponenten zu den nächsten Verarbeitungsschritten transportiert. Dieser unternehmensinterne Außenhandel nimmt heutzutage bereits ein Drittel des Welthandels ein (United Nations Conference on Trade and

Development [UNCTAD] 2002: 153) und zeigt wie stark unternehmerische Aktivitäten global ausgedehnt sind. Die Globalisierung und deren Dynamik, wie sie sich seit Beginn der 1980er Jahre darstellt, ist durch verschiedene Entwicklungen verstärkt worden, die sich gegenseitig bedingen: Außenhandelsliberalisierungen, weltweite politische Entwicklungen und technologische Fortschritte. Diese Entwicklungen werden zwar oftmals als Ursachen der Globalisierung gesehen, jedoch sind sie nicht die eigentlichen Gründe dafür, sondern stellen flankierende Prozesse dar.

Außenhandelsliberalisierungen: Die verstärkte Integration weltweiter Volkswirtschaften kann auf verschiedene multilaterale Liberalisierungsmaßnahmen, wie den Abbau von Handelshemmnissen zurückgeführt werden. Insbesondere Organisationen wie GATT (General Agreement on Tariffs and Trade) sowie die Nachfolgeorganisation WTO (World Trade Organization) spielen hierbei eine große Rolle. Über das 1947 gegründete GATT wurden auf der Basis des Freihandelsgedankens, der sich an den Prinzipien der komparativen Kostenvorteile[2] orientiert, zahlreiche multilaterale Regelungen zur Eindämmung und Senkung tarifärer und nicht-tarifärer Handelshemmnisse eingeführt (Dicken 2007: 533, Gaebe 2008: 99). Seit 1995 verlaufen diese Verhandlungen im Rahmen der GATT-Nachfolgeorganisation WTO, der eine weitaus höhere Aufgabenvielfalt sowie Regulierungsmechanismen zugesprochen worden sind, wodurch die Rechtsverbindlichkeit der supranationalen Deregulierung gestärkt wurde. Durch den Beitritt einer Reihe neuer Staaten und den insgesamt 153 Mitgliedern regelt die Organisation heute über 90 % des Welthandels (Dicken 2007: 533, Gaebe 2008: 99, WTO 2011). In ihrer Arbeit verfolgt die WTO drei wesentliche Prinzipien, deren Einhaltung für die Mitgliedsstaaten verbindlich ist (Gaebe 2008: 99f.): 1) das Prinzip der Reziprozität, bei der sich die Vertragspartner den gegenseitigen Zugang zu Märkten gewährleisten, 2) das Prinzip der Inländerbehandlung, bei der Waren aus dem Ausland gegenüber inländischen Waren nicht benachteiligt, sondern diesen gleichgestellt werden und 3) das Prinzip der Meistbegünstigung, bei der Handelserleichterungen, die einem Handelspartner zugesprochen werden, auch allen anderen Handelspartnern gewährt werden müssen.

Weltweite politische Entwicklungen: Hierunter können mehrere unterschiedliche Entwicklungslinien aufgeführt werden, die den Prozess der Globalisierung verstärkt haben. Eine Entwicklung stellt dabei die marktwirtschaftliche Öffnung von vorher weitgehend abgeschotteten Weltregionen dar. Neben den politischen und wirtschaftlichen Transformationsprozessen in den früher sozialistischen

---

[2] Die Theorie der komparativen Kostenvorteile nach Ricardo (1817) geht davon aus, dass räumliche Arbeitsteilung zwischen Ländern, bei denen sich diese auf jeweils bestimmte Produktionsgüter konzentrieren, Kostenersparnisse hervorbringt. Hierin wird aufgezeigt, dass auch wenn ein Land gegenüber einem anderen Land Kostenvorteile bei der Herstellung aller Güter hat, Außenhandel von Vorteil ist, wenn sich die Länder auf das Produktionsgut konzentrieren, bei welchem für sie ein komparativer Kostenvorteil vorliegt (Schätzl 1998: 123ff., Kulke 2008: 232ff.).

Staaten Mittel- und Osteuropas sind hierbei auch Bestrebungen verschiedener Entwicklungs- und Schwellenländer (vor allem in Asien) seit Beginn der 1990er Jahre zu nennen, die durch eine Abkehr von wirtschaftspolitischen Ansätzen, wie Importsubstitution und Marktabschottung, hin zu Marktöffnung und Nutzung komparativer Kostenvorteile geprägt sind (Ostertag 2000: 18, Flörkemeier 2001: 32, Duwendag 2006: 19f.).

Als weitere Entwicklung lassen sich verstärkte regionale Integrationsbemühungen von Ländern einzelner Kontinente nennen, die zur Bildung supranationaler Integrationsräume führen und den Abbau von Handelshemmnissen im Blick haben. Hierdurch ist es unter anderem in asiatischen Ländern zu einer hohen wirtschaftlichen Dynamik gekommen. Diese Staaten agieren nun als neue Wettbewerber in der Weltwirtschaft und weisen neben Nordamerika und Europa einen hohen Anteil an der weltwirtschaftlichen Entwicklung auf (Flörkemeier 2001: 31).

Technologische Fortschritte: Technologische Innovationen im Transportbereich sowie im Informations- und Kommunikationswesen gelten als wichtige flankierende Entwicklungen der wirtschaftlichen Verflechtung einzelner Weltwirtschaftsregionen. Neben den eigentlichen Neuerungen bei Kommunikationsgeräten, wie Telefon oder -fax, spielen hierbei die Kapazitätserweiterungen der verschiedenen Übertragungsnetze eine herausragende Rolle. Insbesondere die Zusammenführung von Kommunikations- mit Computertechnologien, der Ausbau leistungsfähiger Breitbandkabelnetze sowie verbesserte Möglichkeiten der Satellitenübertragung haben erhebliche Kapazitätssteigerungen hervorgebracht, die mit Zeitgewinnen und hohen Kostenreduzierungen bei der Datenübermittlung verbunden sind (Flörkemeier 2001: 30, Dicken 2007: 77).

Durch technische Verbesserungen im Transportwesen und damit verbundener Kostensenkungen für Transporte ist es zur Ausweitung von Güterströmen gekommen (Kummer/Schramm/Sudy 2009: 24). Hierbei ist eine Interdependenz zwischen Welthandel und Entwicklung des Transportwesens zu beobachten: Bedingt durch den Anstieg der Welthandelsströme und der Notwendigkeit diese abzuwickeln, haben sich die Transportbedingungen sukzessive verbessern müssen, wodurch wiederum weitere Transporte stimuliert worden sind. So wurden immer mehr Neuentwicklungen an Transportgefäßen hervorgebracht, die zur Verbesserung der Transporteffizienz beigetragen haben. Als innovativ hat sich dabei die Einführung genormter Paletten und insbesondere des Containers im Jahr 1956 erwiesen. Vor allem die Anwendung des Containers als Transportgefäß bietet der modernen Logistik wesentliche Vorteile: Erstens können unterschiedliche Losgrößen verschiedener Güter im Container für die gesamte Transportdauer gebündelt werden. Zweitens bieten die Standardabmessungen von Containern Möglichkeiten einer effizienten und kostengünstigen Umladung und Lagerung, da hierfür spezifisch angepasste Umschlagsvorrichtungen genutzt werden können (Stroman/Volk 2005: 149, Lenz/Menge 2007: 18).

Das Aufkommen des Containers als effizientes Transportgefäß für den Seeverkehr hat zum Bau immer größerer Containerschiffe geführt. Durch die Auslastung dieser Schiffe konnten verstärkt Skaleneffekte erzielt werden, die sich
wiederum in einer Minderung von Transportkosten niedergeschlagen haben.
Während in den 1960er Jahren ein Containerschiff eine maximale Ladekapazität
von unter 1.000 TEU (twenty-foot equivalent unit) aufwies, steigerten sich diese
Ladekapazitäten bis in die 1980er Jahre auf rund 4.000 TEU. Seit Ende des ersten Jahrzehnts der 2000er Jahre liegen die Ladekapazitäten der Containerschiffe
bei rund 10.000 TEU und inzwischen deutlich darüber. Die einzelnen Wachs-
tumsschübe waren neben Aspekten der technischen Umsetzung stark an Kapazitätsgrenzen von Schifffahrtswegen orientiert, wie zum Beispiel den Größenab-
messungen von Kanal- und Schleusendurchfahrten. Mittlerweile gibt es jedoch
Containerschiffe, deren Abmessungen nicht mehr für alle Seeregionen geeignet
sind. Diese Schiffe können demnach nur noch in bestimmten Regionen eingesetzt werden und verkehren im Pendelverkehr zwischen großen Häfen in Nordamerika, Europa und Asien. Die Zu- und Ablaufwege von diesen Häfen werden
durch *transshipment*-Verkehr[3] über kleinere Containerschiffe abgewickelt (Nuhn
2007: 7, Nuhn 2008a: 52).

Das Aufkommen des Containerverkehrs und die Schiffsgrößenentwicklun-
gen haben großen Einfluss auf einzelne Hafenökonomien und deren Wettbe-
werbspotenziale genommen. Waren einzelne Hafenökonomien vormals durch
spezialisierte Umschlagsleistungen charakterisiert, anhand derer sich Seehäfen
teilweise voneinander abheben konnten, so hat die Einführung des Containers zu
einer Standardisierung von Umschlagsleistungen und einer Verringerung von
Spezialisierungsmustern geführt. Da in jedem Containerhafen eine annähernd
gleiche Umschlagsdienstleistung angeboten wird, sind die Häfen austauschbar
geworden und es existiert ein sehr hoher Wettbewerbsdruck (Organisation for
Economic Co-operation and Development/International Transport Forum
[OECD/ITF] 2009: 6).

2.1.3 Entwicklungen im weltweiten Warenhandel

Der Containerseeverkehr wird vor allem durch die Entwicklungen des globalen
Warenhandels beeinflusst. Qualitative und quantitative Änderungen von Warenströmen haben unmittelbaren Einfluss auf die Gestaltung des Seeverkehrs und
seiner Abwicklung in den Häfen. Im Jahr 2010 wurden weltweit Waren in einem
Exportwert von 14.851 Mrd. US $ gehandelt. Damit waren die Exporte seit 1948
(59 Mrd. US $) um rund das 252fache angestiegen (WTO 2011: 22). Aus inflati-

---

[3] Unter *transshipment* wird die Güterumladung zwischen zwei Gütertransportmitteln bezeichnet, wobei es sich entweder um gleiche oder unterschiedliche Transportmittel handeln kann. (Rodrigue/
Comtois/Slack 2009: 344). Im hier angesprochenen Fall handelt es sich um Umladevorgänge zwischen Containerseeschiffen.

onsbereinigter Sicht fällt der Anstieg des Welthandels zwar geringer aus, weist dennoch mit einem 27fachen Wachstum zwischen 1950 und 2005 eine sehr starke Dynamik auf (Hahn 2009: 45). Das Wachstum des Welthandels verlief innerhalb der letzten rund 60 Jahre nicht immer kontinuierlich und es gab immer wieder verschiedene Einbrüche, die jedoch in Folgejahren kompensiert werden konnten. So schrumpfte der Welthandel (gemessen an Werten) beispielsweise zu Beginn der 1980er Jahre, Anfang der 2000er Jahre mit der New Economy Krise sowie in der globalen Wirtschaftskrise von 2009 (WTO 2011: 203)

Unter Berücksichtigung der Inflation haben die weltweiten Exporte vor der globalen Wirtschaftskrise 2009 im Zeitraum zwischen 1950 und 2008 jährlich um rund 5,8 % zugenommen. Im Vergleich dazu hat das weltweite BSP im gleichen Zeitraum jährlich lediglich um 3,5 % im zugelegt (WTO 2009: 174.) Zwischen 2003 und 2008 sind die weltweiten Exporte im zweistelligen Bereich angewachsen, wobei in den Jahren 2007 und 2008, unmittelbar vor der Krise im Jahr 2009 (-23 %), Wachstumswerte von 15,6 % beziehungsweise 15,1 % verzeichnet wurden (WTO 2009: 174, WTO 2011: 220)4. Nach Hahn (2009: 45) lassen sich diese hohen Wachstumswerte zu großen Teilen auch auf den Wert des Dollars zurückführen, der in dieser Zeit an Wert verloren hat (Hahn 2009: 45).

Ein Blick auf die Welthandelsströme zeigt eine deutliche Konzentration auf die Wirtschaftsräume der Triade (Nordamerika, Europa, Ostasien), zwischen denen ein intensiver Warenaustausch und -verkehr stattfindet. Demgegenüber sind die Kontinente Afrika und Südamerika trotz hoher Anteile an der Weltbevölkerung nur relativ schwach am Welthandel beteiligt (Gaebe 2008: 95). Für beide Erdteile zeigt sich, dass die relativen Anteile am Welthandel in den letzten Jahrzehnten stetig gesunken sind und aktuell bei einem Niveau zwischen 3 % und 4 % verharren. Dies ist in erster Linie auf das starke Wachstum der Welthandelsanteile in anderen Weltregionen, insbesondere Asien, zurückzuführen (WTO 2009: 10f.). Zudem liegt es aber auch in einem strukturellen Wandel des Welthandels begründet, bei dem eine Verschiebung im Bereich der transportierten Güter von Rohmaterialien hin zu Fertigprodukten zu verzeichnen ist. Im Zuge dieses strukturellen Wandels sind die Anteile von Halbfertig- und Fertigwaren aus der Industrieproduktion deutlich stärker gestiegen als der Handel mit Rohstoffen und Agrarprodukten. Diese Entwicklung ist dabei nicht nur im Handel zwischen den Industrienationen zu beobachten, sondern insbesondere zwischen den westlichen Industriestaaten und den Ländern Asiens und zum Teil Lateinamerikas. Insbesondere Länder Asiens sind in den letzten Jahren verstärkt Ziele für die Verlagerung von Produktionsprozessen gewesen, in deren Folge sich

---

[4] Da Warenexporte von der WTO in US-$ angegeben und gegebenenfalls umgerechnet werden, lassen sich die hohen Wachstumswerte zu großen Teilen auch auf Wertverluste des Dollars zu dieser Zeit gegenüber anderen Währungen zurückführen (Hahn 2009: 45).

neue Transportnotwendigkeiten ergeben haben (WTO 2009: 173ff., UNCTAD 2009: 13).

2.1.4 Verkehrliche Abwicklung weltweiter Warenströme

Die Zunahme des weltweiten Warenhandels führt zu einer steigenden Nachfrage nach Transportleistungen, die mit Hilfe unterschiedlicher Transportmittel und Verkehrsträger erbracht werden können. Hierbei stehen grundsätzlich die Straße und die Schiene sowie Wasser- als auch Luftwege und Rohrfernleitungen zur Verfügung. In welchem Maße sich das Transportaufkommen auf die Verkehrsträger verteilt, hängt von vielen Faktoren ab. Durch die neuen internationalen Produktionskonzepte sowie Verschiebungen in einzelnen Sektoren der Wirtschaft haben sich auch Veränderungen bei den Güterstrukturen ergeben, was letztendlich den Einsatz bestimmter Verkehrsträger begünstigt (Nuhn/Hesse 2006: 29).

Auf der globalen Maßstabsebene dominieren die Verkehrsträger Wasser und Luft mit den wichtigsten Verkehrsmitteln Seeschiff und Flugzeug. Jedoch werden auch mit den Landverkehrsmitteln Eisenbahn, Lkw, Binnenschiff und Rohrfernleitung große Gütermengen transportiert. Die einzelnen Verkehrsträger dürfen dabei jedoch nicht isoliert voneinander betrachtet werden, da diese zumeist nur im Zusammenspiel die Erfüllung von Transportvorgängen gewährleisten. Für die Abwicklung der Transporte besitzen die einzelnen Verkehrsträger unterschiedliche Vorteile. Während für Flugzeuge und Seeschiffe grundsätzlich relativ wenig Einsatzbeschränkungen existieren, da sie mit Ausnahme der Start- und Zielpunkte kaum spezifische Infrastrukturen benötigen, ist der Einsatz der Landverkehrsmittel stark von naturräumlichen sowie wirtschaftlichen Bedingungen der jeweiligen Einsatzgebiete abhängig. Die Einsatzgebiete der Landverkehrsträger können zwischen kürzeren Transportabschnitten, die lediglich als Vor- und Nachlauf längerer Transportketten dienen, beziehungsweise langen Transportabschnitten, zur Überbrückung interkontinentaler Verkehrswege, unterschieden werden. Diese transkontinentalen Landverkehrswege lassen sich auf allen Kontinenten in unterschiedlicher Qualität finden und leisten einen hohen Anteil an der Abwicklung von Welthandelsströmen (Woitschützke 2006: 239).

Mit Blick auf die Thematik der Untersuchung, die den Seeverkehr in den Fokus stellt, wird im Folgenden auf diesen Verkehrsträger eingegangen und aufgezeigt, welchen Beitrag dieser in der Abwicklung weltweiter Verkehre, insbesondere im Bereich der Containerschifffahrt leistet.

Die Entwicklung des weltweiten Warenhandels hat zu einer verstärkten Nachfrage nach Transporten in Weltseeverkehr geführt. Der Seeverkehr stellt heutzutage den Hauptverkehrsträger im Weltverkehr und -warenhandel dar, über den rund 80 % aller grenzüberschreitenden Warenströme abgewickelt werden (UNCTAD 2008: xiii). Der Seeweg bietet neben spezifischen Transportnachteilen, wie einer geringen Geschwindigkeit und hohen Investitionskosten in neue Schiffe sowie Hafenanlagen eine Reihe von Vorteilen. Bezogen auf die Transportmengen ergeben sich geringe Transportkosten pro Ladungseinheit oder -tonne sowie relativ geringe Energieverbräuche. Zudem können an den Umschlagsstellen des Seeverkehrs verschiedene Transportmodi effektiv miteinander verbunden werden (Nuhn/Hesse 2006: 115).

Der Seeverkehr ist trotz seiner Vorteile in der Abwicklung weltweiter Warenverkehre nicht ohne Konkurrenz. In einigen Regionen der Welt stehen den Seeverkehrstransporten Landbrückenverkehre per Eisenbahn gegenüber, die weitläufige Kontinentumschiffungen substituieren. Als Beispiel kann die Containerlandbrücke auf dem nordamerikanischen Kontinent genannt werden, bei der sich in den letzten Jahren verschiedene stark befahrene Ost-West-Routen herausgebildet haben, die durch Umladeknoten im Binnenland gekennzeichnet sind. Die Abwicklung erfolgt über Doppelstockzüge, wodurch hohe Ladungskapazitäten erreicht werden können (Exler 1997: 745f., Exler 2001: 7f.). Als Konkurrenz zum Seeverkehr können auch Gütertransporte im Luftverkehr angesehen werden. Ein Wettbewerb besteht hierbei vor allem bei hochwertigen und zeitkritischen Gütern, bei denen qualitative Aspekte beim Transport, wie Schnelligkeit und Zuverlässigkeit, eine sehr große Rolle spielen. Im Bereich von gewichtsintensiven Massengütern ist keine Konkurrenz vorhanden (Nuhn/Hesse 2006: 137, Woitschützke 2006: 259f.).

Trotz der einsetzenden Wirtschaftskrise im Jahr 2008 stieg der Handel von Gütern über die Weltmeere im Vergleich zum Vorjahr um 3,6 % an und es wurden insgesamt 8,17 Mrd. t Güter transportiert (UNCTAD 2009: 6f.). Insbesondere in den letzten drei Dekaden war der Seeverkehr durch eine hohe Wachstumsdynamik mit einem durchschnittlichen jährlichen Wachstum von 3,1 % gekennzeichnet (UNCTAD 2008: xiii). In der Tabelle 1 ist die Entwicklung der transportierten Gütermengen im Seeverkehr seit 1970 dargestellt.

Tabelle 1: Entwicklung der Gütertransportmengen im internationalen Seeverkehr im Zeitraum 1970-2009

	1970	1980	1990	2000	2006	2007	2008	2009
Gütermengen (Mrd. t)	2.566	3.704	4.008	5.984	7.682	7.983	8.210	7.843

Quelle: eigene Darstellung nach UNCTAD 2009: 8, UNCTAD 2010: 8

Neben dem Transportaufkommen stellt auch die Verkehrsleistung einen guten Indikator zur Darstellung von Warenstromentwicklungen dar[5], da diese sowohl

---

[5] Die Verkehrsleistung setzt sich als ein Produkt von Transportaufkommen und der Versandweite zusammen (Kille/Schmidt 2008: 32).

Rückschlüsse auf die Entwicklung des Transportaufkommens als auch der Transportentfernungen ermöglicht. Im Jahr 2008 betrug die Verkehrsleistung im Seeverkehr rund 32.746 Mrd. Tonnenseemeilen, was gegenüber 2007 einen Rückgang um 186 Mio. Tonnenseemeilen bedeutete. Trotz dieses Rückgangs zeigt sich, dass die Tonnenseemeilen im Seeverkehr im Zeitraum zwischen 1970 und 2008 von 10.654 Mrd. auf 32.746 Mrd. um rund das Dreifache angestiegen sind. Zwischen dem Jahr 2000 und dem Jahr 2008 hat die Verkehrsleistung um 43 % zugenommen. Diese Veränderungen und Zuwächse lassen sich auf die neu aufgekommenen Strukturen des Handels, beispielsweise einer verstärkten Nachfrage nach Rohstoffe sowie den Austausch von Halb- und Fertigwaren zwischen den einzelnen Weltregionen zurückführen (UNCTAD 2009: 13f.).

Seit den 1970er Jahren haben sich die Anteile einzelner Güterarten am Weltseeverkehr verändert. Während im Jahr 1970 der Anteil von Rohöl und rohölbasierten Gütern einen Anteil von rund 61 % an der Gesamtverkehrsleistung erreichte und Trockenladungen noch einen relativ geringen Wert aufwiesen (Haupttrockengüter[6] 19 %, andere Trockenladungen 20 %), haben sich die Werte dieser Gütergruppen bis 2008 sukzessive angenähert (Rohöl und rohölbasierte Produkte 34,5 %, Haupttrockengüter 34,2 %, andere Trockenladungen 31,3 %). Diese Entwicklung ist nicht auf einen Rückgang von Rohöltransporten und ähnlichen Ladungen zurückzuführen, sondern insbesondere auf den enormen Anstieg von Trockenladungen. So haben sich die Verkehrsleistungen bei den Haupttrockenladungen im Zeitraum von 1970 bis 2008 um 447 % und bei den anderen Trockenladungen um 484 % erhöht (UNCTAD 2009: 14).

Ein Blick auf die Hauptquell- und -zielländer des internationalen Warenhandels im Seeverkehr zeigt eine deutliche Konzentration auf die Länder der Triade (UNCTAD 2009: 185f.). Demnach manifestieren sich die am stärksten frequentierten Seerouten zwischen Europa, Nordamerika und Südostasien. Hinzu kommen Verbindungen zu den rohstoffreichen Gebieten (Ölprodukte) des Nahen Ostens (Woitschützke 2006: 279).

Wie bereits angesprochen, sind es auch technische und organisatorische Innovationen im weltweiten Güterverkehr gewesen, die durch das Hervorbringen größerer Ladungseinheiten sowie die Einführung des Containers als standardisiertes Transportgefäß, Transportvorgänge effizienter, schneller und kostengünstiger gemacht haben. Die Seeschifffahrt hat dadurch einen erheblichen Entwicklungsschub erfahren und konnte für die Abwicklung weltweiter Warenströme effizienter genutzt werden.

---

[6] Die Gütergruppe der Haupttrockengüter umfasst insgesamt fünf Trockengüter: Eisenerz, Kohle, Getreide, Aluminium/Bauxit und Phosphat

Der Containerseeverkehr

Im Jahr 2010 betrug das Volumen des weltweiten Containerseeverkehrs 140 Mio. TEU. Der Großteil des Containerverkehrs wird auf drei Hauptrouten abgewickelt: der transpazifischen Route, der transatlantischen Route und der Route zwischen Asien und Europa. Diese Containerrouten spiegeln die Dominanz der drei Wirtschaftsräume Nordamerika, Europa und Asien wider, zwischen denen im Jahr 2010 rund 48 Mio. TEU (rund 34 %) des Gesamtcontainerverkehrs transportiert wurden (UNCTAD 2011: 21ff.). Als ostwärts oder westwärts verlaufende Containerlinienrouten bilden sie sogenannte Containerachsen, die in ihrer gesamten Ausprägung auf der Nordhalbkugel einen geschlossenen Containergürtel darstellen. Insbesondere die von Asien ausgehenden Containerrouten nach Nordamerika und Europa weisen hierbei die höchsten Transportvolumen auf (Woitschützke 2006: 280).

In den letzten zwei Jahrzehnten ist der Containerseeverkehr um etwa 10 % jährlich angestiegen. Einen wesentlichen Anteil hierin hat der Zuwachs des Containertransports im Bereich der Trockenladungsverkehre. Betrug der Anteil des containerisierten Handels im Jahr 1980 an den Trockenladungen noch 5,1 % waren es im Jahr 2008 bereits 25,5 %. Begünstigt wurde diese Entwicklung durch die zunehmende Containerisierung diverser Güterarten, die sich inzwischen teilweise auch auf klassische Massengüter, beispielsweise Kohle, erstreckt. Mit der Steigerung der Ladungsanteile des Containerverkehrs einhergehend hat sich auch der Wert des containerisierten Seeverkehrs in den letzten Jahren rasant entwickelt. Im Zeitraum zwischen 2001 und 2008 verdoppelte sich dieser Wert von 2 Billionen US $ auf 4 Billionen US $ (UNCTAD 2009: 24).

2.2 Entwicklung und Wandel von Logistikdienstleistungen

Die Globalisierung und damit zusammenhängende Entwicklungen des Welthandels haben vielfältige Auswirkungen auf den Verkehrs- und Logistikbereich, was sich unter anderem darin zeigt, dass sich bei Logistikdienstleistern neuartige, spezialisierte Unternehmen herausbilden. Diese Unternehmen bieten ein weitgefächertes Angebot logistischer Dienstleistungen an, das sich an den veränderten Rahmenbedingungen des Welt- und Warenhandels orientiert und gleichzeitig die ebenso veränderte Nachfrage nach Logistikdienstleistungen bedient. Im Folgenden wird ausgehend vom Dienstleistungsbegriff auf Logistikdienstleistungen eingegangen und dargelegt, welche aktuellen Nachfrage- und Angebotsveränderungen sich in diesem Bereich ergeben haben und wie sich Transport- und Logistikabläufe verändert haben.

2.2.1 Der Dienstleistungsbegriff

Dienstleistungen tragen in unterschiedlicher Art auf allen räumlichen Maßstabsebenen zum Wirtschaftsgeschehen bei. Sie stellen daher einen der wichtigsten Zweige der Weltwirtschaft dar und bilden eine wichtige Grundlage für die Entstehung vieler neuer Arbeitsplätze in den meisten entwickelten Ländern (Bryson 2008: 340). Dennoch oder gerade deswegen ist es relativ schwierig eine genaue Abgrenzung und Definition von Dienstleistungen vorzunehmen. Dies liegt darin begründet, dass der Dienstleistungsbereich eine Vielzahl verschiedener Tätigkeitsbereiche umfasst und somit einen sehr heterogenen Wirtschaftssektor darstellt (Illeris 1996: 24, Kinder 2010: 266). Dieser heterogene Charakter wird zudem auch gegenwärtig weiterhin durch eine starke Ausdifferenzierung verschiedener Dienstleistungsaktivitäten geprägt (Strambach 2007: 707).

Diese Vielfalt ist auch eine Ursache dafür, dass es zahlreiche unterschiedliche Ansätze zur Abgrenzung und Definition von Dienstleistungen gibt. Nach Corsten (2001: 21) können hierzu in der wissenschaftlichen Diskussion drei unterschiedliche Ansätze benannt werden: 1) enumerative Definition, bei der der Dienstleistungsbegriff über eine Aufzählung von Beispielen präzisiert wird, 2) Abgrenzung gegenüber Sachgütern durch eine Negativdefinition und 3) Definition aufgrund konstitutiver Merkmale.

Insbesondere die Abgrenzungsmöglichkeit aufgrund konstitutiver Merkmale stellt die am weitesten verbreitete Herangehensweise zur Definition von Dienstleistungen dar und wird von vielen Autoren unterschiedlicher Wissenschaften verfolgt (Illeris 1996, Corsten 2001, Meffert/Bruhn 2009, Kinder 2010). So lassen sich nach Kinder (2010: 266) für Dienstleistungen folgende wesentliche Merkmale festhalten:

1. Sie sind durch *Immaterialität* gekennzeichnet.
2. Es besteht eine direkte *Interaktion zwischen Anbieter und Nachfrager*.
3. Es kommt es zu einer *Gleichzeitigkeit von Produktion und Konsumtion (uno-actu-Prinzip)*. Hierbei unterscheidet sich die Dienstleistungserstellung von der Produkterstellung, da bei letzterer der Konsument nicht in den Produktionsprozess einbezogen ist (Illeris 1996: 14).
4. Sie weisen eine *begrenzte Lager- und Transportfähigkeit* auf und sind vergänglich.
5. Sie sind *arbeitsintensiv*. Hierdurch ergeben sich mitunter Auswirkungen auf die Qualität einer Dienstleistung, insbesondere dann, wenn der Anbieter eine geringe Qualifizierung für die Erstellung der Dienstleistung aufweist. Bei einigen Dienstleistungen ist es zudem schwierig die Produktivität zu steigern (Illeris 1996: 14), besonders in Bereichen, in denen die menschliche Arbeitskraft nicht durch Technologien substituiert werden kann (Bryson 2008: 344).

In den letzten Jahren ist es innerhalb der Diskussion über die Ausprägung von Dienstleistungen zunehmend zu einer Aufweichung der wesentlichen Merkmale gekommen. Kinder (2010: 266) stellt hierbei insbesondere die Entstehung und Entwicklung unternehmensorientierter Dienstleistungen in den Vordergrund, die zu einer Relativierung beziehungsweise Neubewertung von einzelnen Dienstleistungsmerkmalen führen, insbesondere bei den Aspekten der begrenzten Lager- und Transportfähigkeit sowie des uno-actu-Prinzips. Durch die Entwicklung neuer und leistungsfähiger EDV-Techniken sowie Informations- und Kommunikationstechnologien ist es möglich geworden, wissensintensive Unternehmensdienstleistungen, beispielsweise Beratungsleistungen, an fernen Orten via Telekommunikation durchzuführen und diese elektronisch abzuspeichern und transportfähig zu machen. Hierdurch wird die Gleichzeitigkeit von Produktion und Konsumtion entzerrt (Kinder 2010: 266).

2.2.2 Definition von Logistikdienstleistungen

Einen Teilbereich der Dienstleistungen nehmen Transport- und Verkehrsdienstleistungen ein, die der Raumüberwindung und Ortsveränderung von Personen, Gütern und Nachrichten dienen. Gemessen am Gesamtumsatz stellt dieser Dienstleistungsbereich einen stark wachsenden Zweig der Dienstleistungswirtschaft dar (Hesse/Neiberger 2010: 235). Die Bedeutung dieses Wirtschaftszweigs wird anhand quantitativer Wachstumszahlen deutlich. So hat im Zeitraum von 2001 bis 2007 der Logistikmarkt in Deutschland jährlich um durchschnittlich 4,5 % zugenommen und verzeichnete im Jahr 2007 ein Umsatzvolumen von rund 190 Mrd. € (Ehmer/Heng/Heymann 2008: 3).

Bevor im Folgenden auf Logistikdienstleistungen eingegangen wird, soll zunächst kurz der Blick auf den Logistikbegriff gerichtet werden. Historisch hat dieser seinen Ursprung im militärischen Bereich und umreißt dort Aufgaben zur Unterstützung von Streitkräften (Weber 1999: 4). Im Laufe der Zeit ist der Begriff jedoch breit und oftmals nicht übereinstimmend verwendet worden. Aus heutiger Sicht beinhaltet Logistik verschiedene sich gegenseitig beeinflussende Elemente, wie Informations-, Kapital- und Materialflüsse, Transportströme, Infrastruktureinrichtungen sowie Arbeit (Hesse 2002: 346).

Die Logistik lässt sich entweder auf innerbetriebliche oder zwischenbetriebliche Abläufe fokussieren. Bei den innerbetrieblichen Logistikabläufen, die früher verstärkt über Distributionsaufgaben und somit über Transport- und Lagerprozesse definiert worden sind, haben im Laufe der Zeit Erweiterungen in Form der Beschaffung und Produktion stattgefunden (Pfohl 2004a: 4). Logistik wird hierbei verstärkt als Querschnittfunktion verstanden, in der betriebliche Kernfunktionen, wie Beschaffung, Produktion, Absatz und Entsorgung gestaltet werden. Über diese innerbetriebliche Ebene hinaus kann die Logistik jedoch auch unternehmensübergreifend gesehen und somit auf einer zwischenbetrieblichen Ebene dargestellt werden (Corsten/Gössinger 2008: 94).

Bei der Definition von Logistikdienstleistungen ist eine Uneinheitlichkeit der Begriffsverwendung zu verzeichnen, die sich aus unterschiedlichen Auffassungen über darunter zu verstehenden Tätigkeiten ergibt. So existiert zum einen eine engere Definition, unter der Leistungen subsumiert werden, die über gewöhnliche Leistungen des Transports, der Lagerung und des Umschlags hinausgehen und somit einen Mehrwert entstehen lassen. Der Begriff Logistikdienstleistung wird dabei enger gefasst als der Logistikbegriff selbst (Bretzke 1999: 220, Pfohl 2003: 5). Zum anderen gibt es eine weitgefasste Definition, bei der die Logistikdienstleistung eng an den Logistikbegriff gekoppelt ist. Hierbei wird die Logistikdienstleistung als Erweiterung der traditionellen Kernaufgaben der Logistik gesehen (Bretzke 2004: 339; Heise 2007: 10), die aber auch einfache logistische Leistungen, wie Transporte und Lagerungen einschließt (Pfohl 2003: 5).

Logistikdienstleistungen werden von Logistikunternehmen erbracht, deren Serviceangebot vier Bedingungen unterliegt (Pfohl 2004b: 280f.):

1. *Abgeleitete Nachfrage:* Die Nachfrage nach Logistikdienstleistungen ist nicht als primäre Nachfrage, sondern abgeleitete Nachfrage zu charakterisieren, da diese nur im Zusammenhang mit der Nachfrage nach anderen Produkten auftritt. Dabei ist es auch möglich, dass erst durch Erstellung der Dienstleistung eine Nachfrage hervorgerufen werden kann.

2. *Absatz mit zwei Marktpartnern verbunden:* Logistikdienstleister stehen während der Umsetzung der Dienstleistung sowohl mit dem Versender eines zu transportierenden Gutes als auch mit dem Empfänger des Gutes in Verbindung.

3. *Angebot von Teilleistungen:* Die Anbieter der Logistikdienstleistungen beschränken sich oft auf einen Teil des nachgefragten Services und stimmen die weiteren Teile mit anderen Anbietern ab.

4. *Kombination interner und externer Faktoren:* Logistikdienstleistungen werden nur durch den Einsatz sowohl interner Produktionsfaktoren, für die ein Nutzungsrecht vorliegt (Verkehrswege) als auch externer Faktoren, materielle Güter, umgesetzt.

Ein wichtiges Merkmal logistischer Dienstleistungen ist deren große Angebotsheterogenität, die sich daraus ergibt, dass die angebotenen Logistikdienstleistungen aus verschiedenen Einzelleistungen zusammengestellt werden. So setzen sich die angebotenen Leistungen aus Kernleistungen, wie Transportieren, Umschlagen und Lagern zusammen, die durch Zusatzleistungen, wie Informations-, Service-, Finanz- und Koordinationsleistungen, ergänzt werden (Pfohl 2003: 6). Die traditionellen logistischen Kernaktivitäten weisen dabei weiterhin die größte

Bedeutung auf, werden aber in jüngerer Zeit zusammen mit verschiedenen Zusatzleistungen in ganzheitlichen Servicepaketen angeboten. Hierdurch können verstärkt kundenorientierte Angebote entwickelt und spezifische Kundenbedürfnisse abgedeckt werden, anstatt nur einzelne Teilbedürfnisse zu erfüllen (Bretzke 1999: 221, Rümenapp 2002: 43f., Pfohl 2004b: 281f.).

Eine zentrale Rolle innerhalb der Zusatzleistungen spielen die Informationsleistungen, da diese für die Planung und Steuerung aller in einer logistischen Kette auftretenden Prozesse benötigt werden (Heise 2007: 11). Die Informationsleistungen treten dabei neben den eigentlichen Kernleistungen immer weiter in den Vordergrund, da insbesondere zunehmend kürzere Lieferintervalle, kleinere Sendungsgrößen und reduzierte Lagerbestände verstärkt Abstimmungsprozesse zwischen den Logistikdienstleistern und den Kunden erfordern. Durch diese Entwicklung wird das Leistungsspektrum der Logistikdienstleister beeinflusst und dessen Weiterentwicklung maßgeblich mitbestimmt (Rümenapp 2002: 44).

Neben der Angebotsheterogenität lassen sich Logistikdienstleistungen auch nach dem Grad der Kundenorientierung unterscheiden. Hierbei kann zwischen Logistikdienstleistungen unterschieden werden, die entweder für den anonymen Markt produziert werden oder sich speziell an individuelle Kundenbedürfnisse orientieren und dementsprechend zugeschnitten sind. Beide Formen können dabei als Einzelleistungen oder als Dienstleistungspaket angeboten werden (Pfohl 2003: 6). Im Kapitel 2.2.4 wird auf diesen Aspekt verstärkt eingegangen. Zuvor werden jedoch Grundzüge der Nachfrageveränderung nach Logistikdienstleistungen im Güterverkehr dargestellt.

2.2.3 Nachfrageveränderungen nach Logistikdienstleistungen

Die Nachfrage nach Logistikdienstleistungen hat sich in den letzten zwei Jahrzehnten aufgrund beachtlicher Veränderungen der spezifischen Kundenanforderungen stark gewandelt. Als Nachfrager logistischer Leistungen im Güterverkehr gilt die verladende Wirtschaft, deren einzelne Unternehmen aus Industrie und Handel zur Erfüllung ihrer organisatorischen Abläufe unterschiedliche Transporte zur Beschaffung und Distribution von Gütern benötigen und somit den Absatzmarkt für logistische Dienstleistungen bilden (Keßler 2008: 59, Fischer 2008: 37, Hesse/Neiberger 2010: 234).

Der Wandel des Logistikdienstleistungsmarktes wird sowohl durch quantitative als auch qualitative Aspekte bestimmt. Zu den quantitativen Veränderungen zählt das in Folge der räumlichen Aufspaltung stark angestiegene weltweite Handelsvolumen, in dessen Folge global vernetzte Wirtschafts- und Produktionsnetzwerke entstanden sind und es zu einer deutlichen Erhöhung von Transportleistungen auf allen Maßstabsebenen gekommen ist (siehe 2.1).

Als qualitative Einflussfaktoren zählen Entwicklungen innerhalb der verladenden Wirtschaft, bei denen sich die Unternehmen auf Kernaufgaben konzentrieren und andere vorher selbst erbrachte Aufgaben zunehmend auslagern. Hierzu zählen insbesondere produktions- und absatzprozessbegleitende Logistikaufgaben, denen im Zuge der internationalen Arbeitsteilung und einer zunehmend komplexeren Koordination von Wertschöpfungsaktivitäten eine gestiegene Bedeutung zugekommen ist (Rümenapp 2002: 177, Keßler 2008: 56). Die hohen Anforderungen an logistische Leistungen haben die Unternehmen der verladenden Wirtschaft bewegt, diese auszulagern und spezialisierte Dienstleister mit diesen Logistikaufgaben zu betrauen. Die Unternehmen streben dadurch eine Reduzierung der unternehmerischen Gesamtkosten an und versuchen gleichzeitig durch eine bessere Ausnutzung knapper Ressourcen die eigenen Leistungsfähigkeiten im eigentlichen Kerngeschäft zu steigern (Bretzke 1999: 221, Ehmer/ Heng/Heymann 2008: 11, Keßler 2008: 57).

Für Europa (EU-27 zuzüglich Schweiz und Norwegen) wird davon ausgegangen, dass Mitte der 2000er Jahre rund 50 % des Gesamtvolumens der logistischen Dienstleistungen an Logistikdienstleister ausgelagert waren (Klaus 2008: 340). Auf Deutschland bezogen wurden etwa zum selben Zeitpunkt rund 55 % des Logistikmarktvolumens durch betriebsinterne Logistikleistungen und rund 45 % von externen Logistikdienstleistern erbracht. Für die Zukunft wird ein Anstieg des Anteils der externen Logistikdienstleister und somit eine erhöhte Nachfrage nach Logistikdienstleistungen erwartet (Keßler 2008: 59). Da die Branchenstruktur des Logistikmarktes im Allgemeinen sehr heterogen ist, wird sich die externe Vergabe von logistischen Leistungen jedoch nicht auf alle Unternehmen der Logistikbranche gleichmäßig verteilen (Bertram 2005: 18).

Die Übertragung logistischer Aufgaben an externe Logistikdienstleister ist aus Sicht der verladenden Unternehmen mit hohen Qualitätsansprüchen verbunden. Diese Nachfrageanforderungen basieren nicht mehr nur auf reinen Transport- und Lagerleistungen, sondern verlangen von den Anbietern ein breites Angebotsspektrum logistischer Dienstleistungen mit hoher Qualität. Unter Berücksichtigung unternehmerischer Produktionskonzepte, Standortwahlkriterien und Zuliefer- und Abnehmerverflechtungen geben die nachfragenden Unternehmen ihre Vorstellungen zur Umsetzung logistischer Prozesse an die Logistikdienstleister weiter. Von den Logistikdienstleistern wird dabei ein reibungsloser und störungsfreier logistischer Ablauf verlangt, der den spezifischen Anforderungen an die Transportvorgänge gerecht wird. Darüber hinaus erwarten die nachfragenden Unternehmen von den Logistikdienstleistern, dass diese im Rahmen ihrer Aufgabenerfüllung gegebenenfalls durch Übernahmen oder Unternehmenskooperationen in der Lage sind einen weltweiten Service anzubieten (Buttermann 2003, Keßler 2008: 60, Hesse/Neiberger 2010: 234f.).

2.2.4 Logistikdienstleistungen: Entwicklung von Angebots- und Ausprägungsformen

Die veränderte Nachfrage nach logistischen Dienstleistungen hat in den vergangen Jahren zu strukturellen Veränderungen innerhalb der Logistikbranche geführt. Dabei sind die Beziehungen von logistischen Dienstleistungsunternehmen zueinander sowie zu deren Kunden reorganisiert worden und neue spezifische Angebote sowie Unternehmensformen entstanden. Als ein Merkmal ist hierbei ein zunehmender Zuwachs logistischer Dienstleistungen in einzelnen Unternehmen zu beobachten, der eine Hierarchisierung innerhalb der Branche nach sich gezogen hat. An der Spitze der Hierarchie stehen dabei die Unternehmen, die sich durch ein weitgefächertes Angebot logistischer Dienstleistungen auszeichnen und somit ein breites Spektrum der gewünschten Kundenanforderungen bedienen können (Keßler 2008: 62, Neiberger 2006: 283f., Fischer 2008: 41 und 49).

Die angebotenen Leistungen einzelner Logistikunternehmen lassen sich in zwei grundlegende Typen unterscheiden: isoliert erstellte logistischen Einzelleistungen und gebündelte Logistikdienstleistungen. Letztere setzen sich wiederum aus verschiedenen kombinierten Einzelleistungen zusammen, die entweder von einem Dienstleister allein oder teilweise durch vom Dienstleister beauftragten Subdienstleister erbracht werden (Keßler 2008: 62). Aufgrund der enormen Vielfalt potenzieller einzelner Logistikdienstleistungen bieten sich den Logistikunternehmen zahlreiche Möglichkeiten neue Leistungen für das eigene Tätigkeitsfeld zu identifizieren und anzubieten. Vor diesem Hintergrund sind auch Entwicklungen zu sehen, bei denen sich traditionelle Spediteure zu umfassenden logistischen Dienstleistern entwickelt haben und komplette Aufgabenpakete zur Bewältigung zwischenbetrieblicher Material- und Informationsflüsse übernehmen[7] (Aberle 2000: 83, Neiberger 2006: 284). Einige am Markt operierende Logistikdienstleister gehen dabei dazu über, sich durch spezielle hochwertige Logistikdienstleistungen zu positionieren und das eigene Angebot in diesem Segment auszudehnen. Somit wird versucht neue Wachstums- und Wertschöpfungspotenziale zu erschließen, mit denen eine Abgrenzung gegenüber Wettbewerbern möglich wird (Aberle 2000: 82, Pfohl 2003: 4).

Aufgrund der Vielschichtigkeit von Logistikdienstleistungen ist nicht jedes Logistikunternehmen in der Lage ein breites und tiefes Angebotsspektrum vorzuhalten. Daher existieren am Markt vielzählige Unternehmen, die auf jeweils spezifische Aufgabengebiete ausgerichtet sind und sich hinsichtlich der verschiedenen angebotenen Leistungssegmente unterscheiden lassen (Gudehus

---

[7] Ein Beispiel für die Entwicklung eines Fuhrunternehmens hin zu einem global agierenden Logistikdienstleister ist das Unternehmen Dachser, das in einem Aufsatz von Erker (2007) detailliert dargestellt wird.

2005: 1013f.). Als Grundlage dieser Unterscheidung können drei Segmentierungskriterien herangezogen werden: 1) das Leistungsspektrum eines Logistikdienstleisters, 2) der Umfang des logistikrelevanten Anlagevermögens von Logistikdienstleistern und 3) das Ausmaß der Integration in Wertschöpfungsnetzwerken (Keßler 2008: 67). Unter Berücksichtigung dieser Segmentierungskriterien lassen sich vier in der Literatur überwiegend genannte Logistikdienstleister unterscheiden (Zadek 2004: 20f., Gudehus 2005: 993f. und 2010: 1011f., Keßler 2008: 68):

    1) Einzel- und Spezialdienstleister: Diese sind durch das Angebot begrenzter Transport-, Umschlag- und Lagerleistungen und eine Konzentration auf bestimmte Güter, Ladeeinheiten und Branchen sowie auf bestimmte Aktionsradien oder Verkehrsverbindungen charakterisiert. Das Aktivitätsfeld, das sehr oft durch Vor- oder Nachläufe großer Logistikketten charakterisiert wird, ist oftmals regional begrenzt, kann jedoch in Abhängigkeit von der Größe des Unternehmens auch auf nationaler und internationaler Ebene verortet sein. Von den Unternehmen wird aufgrund stark abgegrenzter Tätigkeitsbereiche ein hohes Maß an Spezialisierung verlangt, deren Ausprägung Einfluss auf die Kundenbindung haben kann. So weisen weniger spezialisierte Dienstleister häufiger wechselnde Vertragskunden auf als stärker spezialisierte Dienstleister. Die von den Unternehmen geforderten Auftragsleistungen konzentrieren sich überwiegend auf singuläre Arbeitsvereinbarungen. In vielen Fällen werden Einzeldienstleister auch durch Verbund- oder Systemdienstleister als Auftragnehmer vertraglich gebunden.

    2) Verbunddienstleister: Diese Unternehmen stellen eine Kombination eigener und fremder logistischer Ressourcen dar, wodurch es zur Bildung von Transport- und Logistiknetzwerken kommt (Krüger 2004: 128). Dabei werden Umschlag- und Logistikzentren sowie ein Transport-, Fracht- und Logistiknetzwerk genutzt, die an den Bedürfnissen der nachfragenden Kunden ausgerichtet sind. Die Verbunddienstleister sind sehr stark in die Organisation intermodaler Transporte eingebunden und steuern die Bündelung von Güterströmen. Zu den angebotenen Standardleistungen zählen die Erstellung von Zoll- und Frachtdokumenten, die Planung und das Ausführen von Umschlagsprozessen. Verbunddienstleister nehmen eine Rolle als intermediäre Akteure ein. Da die Gewinnmargen im Geschäft relativ niedrig sind, achten die Verbunddienstleister auf eine optimale Ausnutzung der Netzwerkstrukturen. Für Verbunddienstleister lassen sich beispielhaft Kurier-, Express- und Paketdienstleister sowie Containerdienste, Fluggesellschaften und Reedereien nennen.

    3) Systemdienstleister (Third Party Logistics Provider [3 PL]): Diese Unternehmen zeichnen sich durch ein großes, komplexes Angebot integrierter, leistungsfähiger und effizienter Logistiksysteme aus. In enger Zusammenarbeit mit Kunden und Nachfragern werden Logistiksystemlösungen entwickelt, die den gewünschten Kundenbedürfnissen entsprechen. Die Systemdienstleister übernehmen Aufgaben der Planung, Steuerung und Durchführung großer Teile der Wertschöpfungskette eines Kunden wie auch die gesamte Leistungs-, Qualitäts- und Kostenverantwortung. Die besondere Fähigkeit der Systemdienstleister liegt darin, Einzeldienstleister den Kundenbedürfnissen angemessen zu organisieren, zu koordinieren und daraus eine Gesamtleistung zu erstellen. Da die Systemdienstleister durch Wissen und Prozesskoordinierung stark an die Kunden gebunden sind, bestehen längerfristige Vertragsbeziehungen

4) Netzwerkintegratoren (Fourth Party Logistics Provider [4 PL]): Diese Unternehmen haben sich aus einer Weiterentwicklung des Aufgabenspektrums für Logistikdienstleister seit Ende der 1990er Jahre entwickelt. Das Segment der 4 PL ist bisher relativ schwach ausgeprägt, weist jedoch sehr hohe Wachstumspotenziale auf (Ehmer/Heng/Heymann 2008: 2). Die Unternehmen führen für Kunden die gesamten Bestandteile einer Wertschöpfungskette zusammen und übernehmen hierbei bei Beteiligung mehrerer gleichberechtigter Unternehmen die Funktion eines neutralen Vermittlers. Hierbei verknüpft der 4 PL die einzelnen Unternehmen auf der Grundlage von Informations- und Kommunikationssystemen (Engel/Schmidt/Geraedts 2003: 2). Die 4 PL nutzen bei dieser Vorgehensweise keine eigenen Logistikkapazitäten, sondern die Kapazitäten anderer Logistikdienstleister. Ein Verzicht auf den Einsatz eigener Ressourcen ist jedoch nicht zwingend notwendig. Der Einsatz eigener Ressourcen durch den 4 PL erhöht mitunter die Sicherheit der Leistungserstellung für den Kunden (Ehmer/ Heng/Heymann 2008: 2f.).

Die Darstellung der verschiedenen Logistikdienstleistertypen zeigt auf, dass deren räumliche Wirkungsbereiche sich stark unterscheiden. So agieren die Akteure in unterschiedlicher Weise auf allen Maßstabebenen von lokal über regional und national bis international (Gudehus 2005: 1013). Insbesondere bei international agierenden Logistikdienstleisten zeigt sich, dass diese ihre internationale Ausrichtung durch Übernahmen anderer Unternehmen oder Fusionen mit Wettbewerbern erworben haben. Dadurch haben sie Kompetenzen erlangt, die sich im internationalen Geschäft einbringen lassen und zur Steigerung der Wettbewerbsfähigkeit beitragen (Neiberger 2006: 284).

2.2.5 Veränderungen und Merkmale von Transport- und Logistikabläufen

Die in 2.2.3 und 2.2.4 angesprochenen Veränderungen im Logistikdienstleistungsbereich wirken sich auf die Abwicklung und die Gestaltung von Transportabläufen aus. Allgemein setzen sich Transportabläufe aus den wesentlichen Elementen Quelle, Senke, Transport, Umschlag und Lagerung zusammen, wobei die Elemente Umschlag und Lagerung erst auftreten, wenn dies beim Transport durch spezifische Voraussetzungen des Transportgutes, des -weges oder durch den Nachfrager verlangt wird. Daher lassen sich Transportabläufe auch in zwei Arten unterscheiden: eingliedrige Transportketten, bei denen die Startpunkte

(Quellen) und die Zielpunkte (Senken) der zu transportierenden Güter durch direkte Transporte miteinander verbunden sind sowie mehrgliedrige Transportketten, die durch verschiedene Umschlags- und Lagerprozesse zwischen Quelle und
Senke geprägt sind (siehe Abbildung 2). Bei den mehrgliedrigen Transportketten
werden auf dem Transportweg zwischen Quelle und Senke nacheinander unterschiedliche Transportmodi eingesetzt. Diese intermodalen Transportketten werden in einen Vor-, Haupt- und Nachlauf unterschieden. Für den Wechsel zwischen den einzelnen Transportmodi werden spezifische Schnittstellen (Terminals) benötigt, an denen die notwendigen Umschlagsvorgänge durchgeführt werden können. Als eine wirtschaftlich wichtige Bedingung gilt hierbei zudem, dass
während der Umladevorgänge die Ladeeinheiten nicht aufgelöst werden, sondern
das Gut während der gesamten Strecke darin verbleibt (Nuhn/Hesse 2006: 172,
Hildebrand 2008: 44, Fischer 2008: 141f.).

Abbildung 2:   Schematischer Aufbau eingliedriger und mehrgliedriger
                 Transportketten

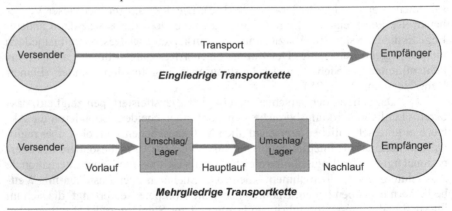

Quelle: eigene Darstellung nach Fischer 2008: 142

Bei der Ausprägung intermodaler Transportabläufe haben sich in den letzten
Jahrzehnten neben den traditionellen Punkt-zu-Punkt oder einfachen Linienverbindungen andere Organisationsformen heraus entwickelt. Diese neuen Formen
zeichnen sich dadurch aus, dass sie nicht mehr nur einzelne Verbindungen darstellen, sondern in Sammel-, Verteiler- sowie Hauptstrecken unterschieden werden können. Die einzelnen Sammel- und Verteilerstrecken mit den darauf laufenden Transporten werden an speziellen Knotenpunkten (Terminals) im Transportablauf zusammengebracht und die Transporte gebündelt über die Hauptstrecken geführt. Die Ausgestaltung der Transportkettenorganisation lässt verschiedene Konfigurationen zu (siehe Abbildung 3) (Primus/Konings 2001: 483ff.).

Abbildung 3: Wandel der Organisationsformen von Transportketten

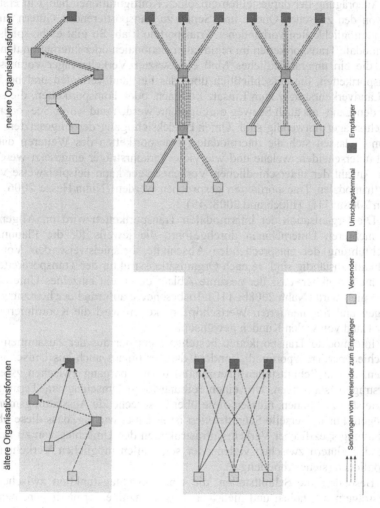

Quelle: Primus/Konings 2001: 485, Nuhn 2008a: 53

Die Ausprägung der dargestellten einzelnen Konfigurationen hängt in erster Linie von den zwischen Quelle und Senke zu transportierenden Gütern und den Einsatzmöglichkeiten vorhandener Transportmodi ab. So gibt es beispielsweise intermodale Transportketten im regionalen, nationalen oder internationalen Maßstab, die ein unterschiedliches Maß eingesetzter Verkehrsträger voraussetzen: Transportketten, die ausschließlich über das Festland verlaufen und bei denen nur Landverkehrsträger zum Einsatz kommen, oder Transportketten, die sowohl über den Land- als auch Seeweg durchgeführt werden und wofür See- oder Luftverkehrsträger notwendig sind. Unter Berücksichtigung der eingesetzten Transportmodi lassen sich die intermodalen Transportketten des Weiteren dahingehend unterscheiden, welche und wie viele Verkehrsträger eingesetzt werden. Je nach Anzahl der unterschiedlichen Verkehrsträger kann beispielsweise von bi- oder trimodalen Transportketten gesprochen werden (Nuhn/Hesse 2006: 172f., Nuhn 2008b: 11f., Hildebrand 2008: 45).

Die Organisation der intermodalen Transportketten wird im Allgemeinen von mehreren Unternehmen durchgeführt, die jeweils für die Planung und Durchführung der entsprechenden Abschnitte, beispielsweise den Vor- oder Nachlauf, zuständig sind. Je nach Organisationsstruktur der Transportkette ist es aber auch denkbar, dass der gesamte Ablauf durch ein einzelnes Unternehmen koordiniert wird (Nuhn 2008b: 11f.). Insbesondere aufgrund der heutzutage vielfältigen und fragmentierten Wertschöpfungsketten wird die Koordinierung aus einer Hand von vielen Kunden gewünscht.

Intermodale Transportketten bestehen nicht nur aus der Zusammenfügung verschiedener Transportmodi, sondern darüber hinaus auch aus Umschlagsprozessen, die an Schnittstellen (Terminals) beim Übergang zwischen zwei Verkehrsträgern stattfinden. Um einen reibungslosen Umschlag am Terminal gewährleisten zu können, müssen diese über entsprechende Ausstattungsmerkmale verfügen. Für universelle Schnittstellen ist es dabei wichtig, dass diese über die Vorhaltung spezifischer Verkehrsinfrastrukturen den Umschlag von zu transportierenden Gütern zwischen vielen oder sogar allen möglichen Verkehrsträgern ermöglichen (siehe Abbildung 4).

Besonders die Schnittstellen, die eine Umschlagsfunktion zwischen Verkehrsträgern mit hohen und niedrigen Ladekapazitäten ermöglichen, benötigen ausreichende Planungs- und Gestaltungsansätze zur Abwicklung dieser Prozesse. Im Fokus stehen hierbei insbesondere Terminals in Seehäfen, bei denen Güter zwischen Seeschiffen und Landverkehrsträgern umgeschlagen werden. Diese Schnittstellen müssen dabei so ausgerichtet sein, dass die Güter zwar am selben Ort ausgetauscht werden können, die Umladevorgänge jedoch aufgrund von Kapazitätsgrenzen zeitlich entzerrt stattfinden. Um dies gewährleisten zu können, benötigen diese Schnittstellen neben der Ausstattung mit Umschlagseinrichtungen auch ausreichend Lager- und Stellplatzflächen (Schönknecht 2007: 29). Erst wenn alle Bestandteile von intermodalen Transportketten weitestgehend optimal aneinandergereiht sind, können die darin stattfindenden Logistikprozesse optimal ablaufen.

Abbildung 4: Theoretische Funktion einer Schnittstelle in intermodalen Transportketten

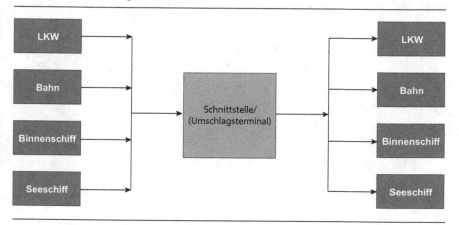

Quelle: eigene Darstellung nach Schönknecht 2007: 28

Die Ausführungen zur Gestaltung von Transportabläufen zeigen deutlich, dass diese in Form kettenartiger Abläufe betrachtet werden können. Innerhalb dieser Ketten existieren verschiedene Abschnitte und Schnittstellen, an denen unterschiedliche Akteure agieren. Zur Erstellung eines ganzheitlichen Transportablaufsablaufs ist es notwendig, dass diese Akteure miteinander in Beziehung treten, um die Abschnitte miteinander optimal verbinden zu können. Diese empirisch deutlich aufzeigbare Kettenstruktur von Transportabläufen lässt die Frage aufkommen, inwieweit Strukturen und Prozesse dieser Logistikketten samt den darin stattfindenden Interaktionen der Akteure mit Hilfe verschiedener Ansätze zu Waren- und Wertschöpfungsketten erklärt werden können. Als Ausgangspunkt dieser Überlegung werden im Folgenden theoretische Betrachtungen zu globalen Wertschöpfungs- und Warenkettenansätzen vorgenommen.

3 Theorieansätze zu globalen Wertschöpfungs- und Warenketten: Möglichkeiten der Übertragung auf Transportlogistikabläufe

3.1 Die Organisation wirtschaftlicher Beziehungen in Wertschöpfungs- und Warenketten

Wertschöpfungs- und Warenketten gehen in ihren Grundaussagen auf Überlegungen zurück, die die Organisation wirtschaftlicher Beziehungen in den Mittelpunkt stellen. Diese Überlegungen beziehen sich auf den Transaktionskosten- sowie den Netzwerkansatz. Im Folgenden werden einführend Argumente dieser beiden Ansätze als Grundlage der Konzeptualisierung von Wertschöpfungs- und Warenketten erläutert.

Die Organisation ökonomischer Beziehungen in globalen Wertschöpfungs- und Warenketten steht im engen Zusammenhang mit der Frage, inwieweit Aktivitäten von Unternehmen selbst erbracht oder eingekauft werden. Als theoretisches Gerüst dient hierbei der Transaktionskostenansatz, der in den 1930er Jahren von Coase (1937) eingeführt wurde und seit den 1970er Jahren von Williamson (1975) weiterentwickelt worden ist. Der Transaktionskostenansatz schafft eine Analysegrundlage zur Klärung hinsichtlich der Wirtschaftlichkeitsgrenze zwischen externer oder interner Leistungserstellung eines Unternehmens (Bathelt/Glückler 2003: 156). Neben diesen extremen Formen der Hierarchie oder des Marktes sind auch weitere Konfigurationen unterschiedlich ausgeprägter Netzwerkbeziehungen möglich (Strambach 1995: 83f.).

Der Transaktionskostenansatz geht von drei Verhaltensannahmen aus: beschränkte Rationalität, Opportunismus und Risikoneutralität, die folgende wesentliche Merkmale beinhalten (Pfützer 1995: 25, Ebers/Gotsch 2001: 226f.):

Die *beschränkte Rationalität* setzt sich aus den zwei wesentlichen Faktoren begrenzter und unvollkommener Informationen sowie begrenzter Informationsverarbeitungskapazitäten zusammen. Aufgrund mangelnder Informationen sind Individuen, die rational handeln wollen, nicht in der Lage dies zu tun. Zudem können zwischen Vertragspartnern unterschiedlich ausgeprägte Wissensstände und somit Informationsasymmetrien bestehen.

Die Annahme von *Opportunismus* unterstellt, dass Vertragspartner in Transaktionen in großem Maße auf die Verwirklichung eigener Interessen bedacht sind und hierfür bereit sind mit List, Täuschung sowie der Zurückhaltung von Informationen zu arbeiten. Gelegentlich kann es hierbei auch zum Überschreiten vertraglicher Verpflichtungen und sozialer Normen kommen. Die *Risikoneutralität* bezieht sich auf die Risikoneigung der Akteure. Hierbei wird den Vertragspartnern aus Vereinfachungsgründen Neutralität unterstellt.

Transaktionskosten entstehen bei allen wirtschaftlichen Austauschbeziehungen, da der Austausch zwischen den beteiligten Akteuren koordiniert und organisiert werden muss. Die Ausprägung der Transaktionskosten hängt von der Art des Austauschs, den Eigenschaften der zu erbringenden Leistung sowie der gewählten Einbindung und Organisationsform ab (Picot/Reichwald/Wigand 2003: 49). Da die Austauschprozesse mit den geringsten Kosten für die beteiligten Akteure die effizienteste Form darstellen (Ebers/Gotsch 2001: 227), ist es das Ziel wirtschaftlicher Akteure diesen Austausch zu möglichst geringen Transaktionskosten zu gestalten (Bathelt/Glückler 2003: 156). Die Transaktionskosten lassen sich in verschiedene einzelne Kosten unterscheiden, die bei spezifischen Tätigkeiten auftreten. Zu nennen sind Anbahnungs- und Suchkosten, Vereinbarungskosten, Abwicklungskosten, Kontrollkosten, Anpassungskosten (Picot/Reichwald/Wigand 2003: 49).

Transaktionskosten lassen sich zudem hinsichtlich ihres zeitlichen Auftretens unterscheiden (Williamson 1985: 20ff., Picot 1986: 3, Ebers/Gotsch 2001: 225): So gibt es ex ante Transaktionskosten, die bei der Anbahnung und Vereinbarung von Vertragsprozessen auftreten und ex post Transaktionskosten, die bei der Abwicklung, Kontrolle und Anpassung von Vertragsprozessen anfallen. Die Transaktionskosten sind dabei jedoch nur teilweise direkt in monetären Einheiten messbar, beispielsweise bei Telekommunikationskosten im Zusammenhang mit Kontaktgesprächen. Oftmals äußern sie sich nur im Sinne eines erhöhten Zeit- und Einsatzaufwands für bestimmte Tätigkeiten (Picot 1986: 3).

Den ex post Transaktionskosten kommt ein besonderer Stellenwert zu. Da davon ausgegangen wird, dass die Vertragspartner nicht immer alle während einer Transaktion auftretenden Probleme und Veränderungen vorhersehen können und sich daraus Handlungsspielräume für opportunistisches Verhalten ergeben, führt dies zu unvollständigen Vertragsabschlüssen. Diese Vereinbarungen müssen dann nachträglich durch institutionelle Regelungen nachgebessert werden, wodurch die Absicherung, Durchsetzung und Anpassung von Transaktionen gewährleistet wird (Williamson 1985: 26ff., Ebers/Gotsch 2001: 226).

Die Höhe von Transaktionskosten variiert mit der Spezifität von Transaktionen, der Häufigkeit von Transaktionen und der Unsicherheit von Transaktionen (Williamson 1985: 52ff., Ebers/Gotsch 2001: 228). Je nachdem wie stark die Spezifität von Transaktionen ausgeprägt ist, wie häufig Transaktionen zwischen Akteuren stattfinden und somit kontrolliert und koordiniert werden müssen und wie groß die Unsicherheit für handelnde Akteure bei Transaktionen ist, entscheiden sich Unternehmen zur Internalisierung oder Externalisierung von Aktivitäten (Bathelt/Glückler 2003: 157).

Die Übergänge zwischen internen und externen Leistungserstellungsprozessen sind sehr variabel, da Unternehmen jederzeit Aktivitäten vorwärts- oder rückwärtsgerichtet integrieren beziehungsweise eigene Aktivitäten desintegrieren und an andere Unternehmen auslagern können (Dicken/Lloyd 1999: 219f.). Durch die Desintegration von unternehmerischen Aktivitäten können räumlich gegliederte Produktionssysteme entstehen, die nicht nur auf Marktbeziehungen basieren, sondern vielmehr auf Netzwerkbeziehungen (Krüger 2007: 18). Diese Netzwerkbeziehungen bilden vielfältige Zwischenformen zwischen Markt und Hierarchie. Sie sind durch die vier wesentlichen Eigenschaften Reziprozität, Interdependenz, schwache Kopplung und Machtstrukturen gekennzeichnet (Grabher 1993: 8f., Schamp 2000: 66). Insbesondere die Reziprozität (Gegenseitigkeit von Geben und Nehmen) zwischen Akteuren ist eine Voraussetzung für Netzwerkbeziehungen. Ohne Reziprozität würde es sich nicht um Netzwerkbeziehungen, sondern lediglich um marktbasierte Austauschprozesse handeln (Grabher 1993: 8, Schamp 2000: 66). In den Netzwerkbeziehungen herrscht Vertrauen und Reputation vor, wodurch Unsicherheiten aufgehoben werden und opportunistisches Verhalten der Akteure vermieden wird. Die Wirkungsweise der sozialen Beziehungen zwischen wirtschaftlich agierenden Akteuren wird im Konzept der Einbettung (embeddedness) von Granovetter (1985) betrachtet. Die Akteure agieren hierbei nicht ausschließlich als unabhängige Individuen, sondern werden durch die Einbettung in einen Kontext sozioökonomischer Beziehungen geprägt (Granovetter 1985: 487).

Beim embeddedness-Ansatz lassen sich eine relationale und eine strukturelle embeddedness unterscheiden (Bathelt/Glückler 2003: 160f.): Die relationale embeddedness bezieht sich auf die Qualität der Beziehungen zwischen zwei Akteuren. Wirtschaftliche Beziehungen von Akteuren sind nicht ausschließlich durch opportunistisches Streben gekennzeichnet, sondern neigen dazu, sich im Zuge positiver Erfahrungen zu verfestigen. Dies führt zum Aufbau von Vertrauen in die Leistungsfähigkeit der Partner, das als informelle Institution Unsicherheiten zwischen den Akteuren minimiert und die Annahme von Zuverlässigkeit erhöht. Die strukturelle embeddedness geht über das Verhältnis zweier Akteure hinaus und betrachtet die qualitative Ausprägung von Beziehungen mehrerer Akteure. Dabei wird davon ausgegangen, dass das Handeln von zwei Akteuren immer im Kontext der Beziehungen zu anderen Akteuren gesehen werden muss. Das Ausüben spezifischer Handlungen, insbesondere negativer Handlungen, hat dabei nicht nur Auswirkungen auf den direkten Partner, sondern wirkt in das gesamte Netzwerk mit all seinen Folgen hinein.

Die netzwerkbezogene Einbettung ökonomischer Aktivitäten kann neben der sozialen embeddedness auch in einer räumlichen Perspektive betrachtet werden. In diesem Fall wird argumentiert, dass sich Unternehmen je nach Ausprägung ortsspezifischer sozialer und ökonomischer Dynamiken sowie institutioneller Rahmenbedingungen entwickeln (Henderson et al. 2002: 452). Aus der räumlichen Perspektive lassen sich räumlich konzentrierte beziehungsweise dekonzentrierte Netzwerke aufzeigen (Schamp 2000: 69).

In der Kombination von institutionenökonomischen Konzepten, in denen Akteuren ein rationales und effizienzorientiertes Verhalten nachgesagt wird, und den Überlegungen zur sozialen Einbettung von Akteuren in wirtschaftlichen Netzwerkbeziehungen ergibt sich ein grundlegender Überblick unternehmerischer Verhaltensweisen, die einen Grundstein für die Analyse von Wertschöpfungskettenansätzen darstellen (Dietsche 2011: 26).

3.2 Erklärungsansätze der globalen Wertschöpfungs- und Warenkettenforschung

3.2.1 Der Value Chain Begriff als analytischer Ausgangspunkt

Die bereits in Kapitel 2 aufgezeigten Entwicklungen der Integration und Desintegration von weltweiten Produktions- und Distributionsprozessen haben in der Wissenschaft großes Forschungsinteresse geweckt. So sind in den letzten Jahren vielzählige unterschiedliche Studien durchgeführt worden, in denen differenzierte wissenschaftliche Herangehensweisen und Konzepte erarbeitet wurden, die diese Entwicklungen erklären helfen sollen (Gereffi 2008: 176). Diese Vielfalt ergibt sich unter anderem aus verschiedenen Forschungsdisziplinen wie Soziologie, Geographie oder Wirtschaftswissenschaften sowie unterschiedlichen Forschungstraditionen in einzelnen Sprachräumen (Neilson/Pritchard 2009: 31). So lassen sich seit den 1980er Jahren insbesondere im englischen, französischen und deutschen Sprachraum eine Reihe systematischer Ansätze finden (Stamm 2004: 9), die mit ihren verschiedenen Begriffsbezeichnungen in ihrem Kern teils sich überlagernde, jedoch auch voneinander abweichende Bedeutungsinhalte aufweisen (Kaplinsky/Morris 2000: 6ff.). Trotz der begrifflichen Konfusion wird in der aktuellen wissenschaftlichen Debatte ein gemeinsamer Nenner aller Konzepte im Ansatz der Value Chains gesehen (Kaplinsky/Morris 2000: 6, Gereffi et al. 2001: 2). Die Value Chain-Überlegungen beziehen dabei sowohl lineare als auch nichtlineare Konzepte zur Darstellung von Produktions- und Distributionsprozessen ein. Der Begriff Value Chain hat sich somit zu einer umfassenden Bezeichnung für die Beschreibung komplexer, teils netzwerkartiger, Strukturen in der Weltwirtschaft etabliert (Gereffi 2008: 176).

Nach Kaplinsky/Morris (2000: 4) ist eine einfache value chain wie folgt definiert: *„A value chain describes the full range of activities which are required to bring a product or service from conception, through the different phases of production (involving a combination of physical transformation and the input of various producer services), delivery to final consumers, and final disposal after use"*. Ausgehend von dieser Definition kann eine value chain in schematischer

Weise wie in Abbildung 5 dargestellt werden. Kaplinsky/Morris (2000: 4f.) weisen darüber hinaus darauf hin, dass value chains in der Realität nicht unbedingt diesem einfachen Muster folgen, sondern wesentlich komplexer ausgestaltet sein können und vielmehr Vernetzungen innerhalb ihrer Strukturen aufweisen.

Abbildung 5:   Grundschema einer Value Chain

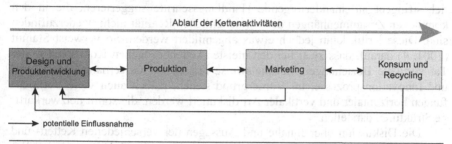

Quelle: eigene Darstellung nach Kaplinsky/Morris 2000: 4

Die linearen Konzepte bedienen sich des Prinzips der Darstellung von aufeinanderfolgenden Stufen und Abschnitten, mit deren Hilfe vertikale Beziehungen in der Produktion und Distribution in Form einer Kette verdeutlicht werden (Dietsche 2011: 27). Diese Form der Analyse hat bereits früh in die Forschung Einzug gehalten (Neiberger 1998: 37f.). In der Literatur werden dabei verschiedene Ansätze erwähnt, die in dieses Vorgehensmuster passen. Häufig rezipiert werden insbesondere die Ansätze der Wertkette nach Porter, der Filière, der Global Commodity Chains sowie der Global Value Chains (Neiberger 1998: 37f., Kaplinsky/Morris 2000: 6ff., Gereffi et al. 2001: 3f., Stamm 2004: 9, Neilson/Pritchard 2009: 32f.), die aufgrund ihrer weiten Verbreitung in der Literatur im Folgenden als Analysegrundlage betrachtet werden sollen.

Die nicht-linearen Ansätze sprechen anstelle des Kettenbegriffs von Kreislaufprozessen oder Netzwerken (Neilson/Pritchard 2009: 31) und beziehen dabei neben vertikalen auch horizontale Beziehungen in die Betrachtung mit ein. Insbesondere der Ansatz der Global Production Networks (GPN) steht hierbei im Mittelpunkt der Betrachtung und stellt eine Weiterentwicklung der rein linearen Ansätze dar. Darin wird eine rein vertikale Kettenbetrachtung kritisiert (Sturgeon 2001, Henderson et al. 2002, Coe/Dicken/Hess 2008) und darauf abgezielt, vertikale Kettenbeziehungen mit horizontalen Territorialbeziehungen zu verknüpfen (Neilson/Pritchard 2009: 36).

Die Verwendung von netzwerkbasierten Ansätzen anstatt rein linearer Ansätze wird mit vielen Vorteilen in Verbindung gebracht (Coe et al. 2008: 275): 1) Ermöglichung der Identifizierung vieler nicht-unternehmerischer Akteure als wichtige Bestandteile des gesamten Produktionsnetzwerkes, 2) Hilfestellung, um

über den linearen Fortschritt von Produkten oder Dienstleistungen hinauszuge-
hen und die darin zahlreich vorhandenen Zirkulationsprozesse von Kapital, Wissen und Humankapital aufzuzeigen und 3) Erkenntnisgewinn über Verbindungen
und Synergien bei Wertstellungsprozessen zwischen verschiedenen Produktionsnetzwerken.

Eine Hauptkritik an den linearen Darstellungen ist zudem, dass diese lediglich stringent aufeinanderfolgende Handlungsschritte suggerieren, die in den
komplexen Zusammenhängen der wirtschaftlichen Realität nicht wiederzufinden
sind. Diese Kritik kann jedoch etwas abgemildert werden. So verweist Stamm
(2004: 4) darauf, dass zwar bei den meisten kettenbezogenen Konzepten in der
Tat vertikale Beziehungen, beispielsweise Fragen zur Governance oder Lern-
und Innovationsprozesse, im Vordergrund stehen, jedoch auch viele Verknüpfungen horizontaler und vertikaler Art diskutiert werden, die somit netzwerkarti-
ge Strukturen darstellen.

Die Diskussion über Inhalte und Aussagen der verschiedenen Ketten- und
Netzwerkansätze ist für die Fragestellung der vorliegenden Arbeit von hoher Bedeutung. Wie bereits beschrieben, geht die Arbeit der Frage nach, welche Rolle
Seehafencontainerterminals als Schnittstellen in der Organisation von Transportlogistikabläufen spielen. Für den Fortgang der Arbeit ist es daher aus zweierlei
Gründen notwendig, sich mit den Grundaussagen der erwähnten Warenketten-
und Netzwerkansätze auseinanderzusetzen:

1. aus der *Theorieperspektive der verschiedenen Ansätze*: Die einzelnen An-
    sätze enthalten unterschiedlich stark implizite und explizite Aussagen zur
    Logistik. Hierbei steht die Logistik jedoch nicht eindeutig im Vordergrund,
    sondern tritt zumeist nur als Begleiterscheinung der dargestellten Sachver-
    halte auf. Diese einzelnen Aussagen zur Logistik innerhalb der Theorien
    sollen herausgearbeitet werden.
2. aus der *Perspektive der Branche*: Die Abläufe innerhalb der Logistikbran-
    che können in schematischer Weise als Ketten- beziehungsweise Netzwerk-
    abläufe verstanden werden. Hierbei ist davon auszugehen, dass einzelne
    Aspekte der Ketten- und Netzwerkansätze auch auf diese Transportlogisti-
    kabläufe übertragen werden können. Es wird somit versucht, die Aussagen
    der einzelnen theoretischen Ansätze zu analysieren und später die Übertrag-
    barkeit auf Transportlogistikabläufe zu prüfen.

Zur Erfüllung dieser Herangehensweise werden im Folgenden die verschiedenen
Ansätze jeweils mit ihren grundlegenden Argumenten dargestellt und einer kritischen Würdigung unterzogen. Anschließend werden aktuelle Anwendungsbei-
spiele angeführt und schließlich die Aussagen des jeweiligen Ansatzes im Hinblick auf die Rolle von Logistik beziehungsweise die Organisation logistischer
Transportabläufe analysiert.

3.2.2 Das Konzept der Wertkette nach Porter

Das Konzept der Wertkette von Porter (1985) konzeptualisiert. Der Analyseschwerpunkt des Konzepts liegt auf der Betrachtung der Leistungserstellung in einem Unternehmen. Unter dem Begriff der Wertkette (Value Added Chain) versteht Porter den Wertschöpfungsprozess innerhalb eines Betriebes, der als sequenzielle Gliederung der Leistungserstellung im Unternehmen verstanden wird (Porter 1991: 62f.). Es handelt sich demnach um die Betrachtung der organisatorischen Zerlegung von Unternehmensaufgaben und deren Verknüpfung zu Wertschöpfungsprozessen (Bertram 2005: 22). Entlang der Wertkette innerhalb eines Betriebes existieren dabei viele unterschiedliche Aktivitäten, die sich nach Porter (1991: 62f.) in die beiden Kategorien Hauptaktivitäten und Stützungsaktivitäten einordnen lassen. Zu den Hauptaktivitäten zählen dabei die eingehende Logistik, die operativen Funktionen, die externe Logistik, das Marketing und der Verkauf sowie der Kundenservice. Als Stützungsaktivitäten lassen sich die Gewährleistung der Unternehmensinfrastruktur, das Management der Humanressourcen, die technologische Entwicklung sowie die Beschaffung nennen. Die Stützungsaktivitäten ermöglichen das Ausführen der Hauptaktivitäten (Porter 1991: 62f., Dicken/Lloyd 1999: 217ff.).

In der Aufzählung der Haupt- und Stützungsaktivitäten wird deren Vielfalt sichtbar. Hierbei wird auch deutlich, dass einzelne Unternehmen durchaus unterschiedliche Gewichtungen der Aktivitäten vornehmen können. Durch diese Gewichtungen innerhalb der Haupt- und Stützungsaktivitäten, der Verfahrenstechniken oder der eingesetzten Produktionsmittel heben sich Unternehmen von anderen Unternehmen ab und erfahren dadurch gegebenenfalls Wettbewerbsvorteile (Porter 1991: 63). Die konkurrierenden Unternehmen unterscheiden sich daher nicht unbedingt durch ihre produzierten Produkte, sondern vielmehr durch die Art der Organisation und Durchführung von Aktivitäten (Porter 1991: 63, Bertram 2005: 22).

Das Modell der Wertkette umfasst alle Aktivitäten, die notwendig sind, um ein Produkt oder eine Dienstleistung produzieren zu können. Hierbei wird der Fokus sehr stark auf den organisationalen Ablauf des Produktionsprozesses gelegt und der Frage nach der betrieblichen Leistungserstellung nachgegangen, wie sie in Kapitel 3.1 dargestellt ist.

Damit Unternehmen in der Tat Wettbewerbsvorteile gewinnen können, ist es notwendig, die Wertkette viel stärker als ein System zu begreifen und nicht nur als Ablauf einzelner Teilschritte. Darüber hinaus ist es zudem wichtig, die Einbettung der Wertkette in einen größeren Strom verschiedener Aktivitäten, dem sogenannten Wertsystem zu sehen. Dieses Wertsystem ergibt sich aus dem Zusammenwirken verschiedener Wertketten an den Schnittstellen eines Unternehmens. Somit steht innerhalb eines Wertsystems nicht die Wertkette des einzelnen Unternehmens im Fokus, sondern auch vorgelagerte Wertketten der Zulieferer und die nachgelagerten Wertketten des Handels oder der Käufer (Porter 1991: 64f.). Der Blick bleibt jedoch darauf gerichtet, inwieweit das Einzelunternehmen dieses gesamte Wertsystem kontrollieren kann. Diese Herangehensweise kann auch als ein Kritikpunkt des Ansatzes gesehen werden, da dieser sich auf die Unternehmensebene beschränkt und darüber hinausgehende Aspekte, wie Unternehmensmacht, wechselseitige Beeinflussung von Unternehmen oder institutionelle Rahmenbedingungen nicht berücksichtigt. Zudem wird auch die räumliche Einbettung von Wertketten ausgeblendet (Neiberger 1997: 39, Stamm 2004: 12).

Hinsichtlich der Grundaussagen Porters zu Wertketten lassen sich auch Anmerkungen zur Logistik finden. Insbesondere innerhalb der Hauptaktivitäten kommt der Logistik eine wichtige Rolle zu, da hierdurch der Materialfluss während der Erstellung eines Produktes vom Eingang in das Unternehmen bis zur Auslieferung aus dem Unternehmen aufrechterhalten wird. Der Logistik kommt somit als verbindendes Element der verschiedenen Aktivitäten einer Wertkette eine besondere Bedeutung zu. Unter Berücksichtigung von betriebsinternen Auslagerungsprozessen und einer zunehmenden internationalen Arbeitsteilung bekommt die Logistik einen noch höheren Stellenwert, da nun betriebliche Aktivitäten räumlich stark segmentiert sein können und diese physische Trennung durch einen höheren Koordinationsaufwand überwunden werden muss (Bertram 2005: 22). Da Porter bei seinen Annahmen von innerbetrieblichen Prozessen ausgeht, beziehen sich die Aussagen zur Logistik insbesondere auf Logistikabläufe, die vom Unternehmen selbst durchgeführt werden.

Ergänzend zu den Abläufen innerhalb der Wertkette kann auch auf Logistikprozesse geschlussfolgert werden, die ein Wertsystem aufrechterhalten. Da dieses Wertsystem Zulieferer und Abnehmer umfasst und diese in direktem Verbund mit dem Unternehmen stehen, müssen auch an diesen Schnittstellen Austauschprozesse über Logistikvorgänge stattfinden. Die Durchführung dieser Logistikprozesse unterliegt den Entscheidungen des Unternehmens. Hierbei ist es denkbar, dass ein Unternehmen diese Logistikvorgänge nach außen optimiert und selbst stärker koordiniert.

3.2.3 Das Filière-Konzept

Ein weiteres Konzept, das sich dem Grundgedanken einer Produktions- oder Wertschöpfungskette widmet und Zuliefer- und Absatzbeziehungen zwischen Akteuren analysiert, ist das Filière-Konzept. Dieses Konzept wurde in den 1970er Jahren von französischen Ökonomen entwickelt und entstand im Zuge der Diskussion einer sinnvollen Beschreibung der Verknüpfung einzelner volkswirtschaftlicher Sektoren und darin stattfindender Produktions- und Distributionsprozesse. Davon ausgehend sollten sektorale Warenströme und darin relevante Akteure identifiziert und analysiert werden, um letztendlich Handlungsansätze für die Wirtschaftspolitik ableiten zu können (Nuhn 1993: 138, Schamp 2000: 29, Stamm 2004: 12). Die Anwendung des Ansatzes hat sich über die Zeit gewandelt. Während die ersten Analysen noch einen Schwerpunkt auf lokale Produktionssysteme legten, wurden ab den 1980er Jahren verstärkt andere Entwicklungen, beispielsweise des internationalen Handels, mit einbezogen (Raikes/ Friis-Jensen/Ponte 2000: 14).

In einer einfachen Definition entspricht eine Filière im Grunde genommen einem linearen Produktionsverlauf im klassischen Sinne (Lenz 1997: 21, Stamm 2004: 12). Die Filière wird dabei verstanden als: *„Gesamtheit der Produktionsstadien, die vom Rohstoff bis zur Bedürfnisbefriedigung des Endverbrauchers reicht, und zwar unabhängig davon, ob es sich dabei um ein materielles Bedürfnis oder eine Dienstleistung handelt"* (Stoffaes 1980: 10 zit. nach Lenz 1997: 21). Innerhalb des Konzepts werden somit alle Stadien der Produktion bis zur Bedienung des Endverbrauchers dargestellt. Eine Filière umfasst dabei deutlich mehr als die technischen Produktionsstufen eines Produktes, sondern wird zudem über ein bestimmtes Produkt, eine bestimmte Raumeinheit und eine bestimmte Zeiteinheit definiert. Nach Schamp (2000: 30) kann die Art der Anwendung des Begriffs gegenüber dem Konzept der Produktionskette als etwas Neues aufgefasst werden. Im Gegensatz zu einfachen Produktionsketten werden Zuliefer- und Absatzverflechtungen nicht nur in einer Richtung analysiert, sondern sowohl vorwärts und rückwärts als auch diagonal betrachtet (Nuhn 1993: 138). Die Untersuchung der Filière kann daher von zwei Seiten erfolgen und entweder das Endprodukt oder den Eingangsrohstoff als Ausgangspunkt der Analyse bestimmen. Dieser explizite Produktbezug mit der Erfassung aller Stufen des Herstellungsprozesses stellt eine Besonderheit des Filière-Ansatzes dar und ermöglicht eine sektorenübergreifende Betrachtung des Herstellungsprozesses. Somit stehen nicht die Aktivitäten nur eines ökonomischen Sektors im Vordergrund, sondern alle Aktivitäten aus den unterschiedlichen Wirtschaftssektoren, die im Herstellungsprozess eines Produktes notwendig sind. Je nach Produktausprägung und Produktionsprozess umfasst dies neben produzierenden Tätigkeiten auch Aktivitäten des Dienstleistungsprozesses (Lenz 2005: 18).

Das Filière-Konzept beinhaltet nach Lenz (1997: 22ff.) verschiedene Elemente: Als ein wesentliches Element ragt hierbei die Aufgliederung einer Filière in einzelne aufeinanderfolgende Segmente hervor, die Abschnitte innerhalb der Produktion und Distribution darstellen und spezifische Funktionen aufweisen. Für diese Segmente gibt es jedoch keine spezifische Definition (Lenz 2005: 19). Zusammengenommen umfassen die Segmente in einer Filière den gesamten Produktionsablauf (Lenz 1997: 22). Innerhalb der einzelnen Segmente findet ein dreistufiger Ablauf statt, der sich aus der Beschaffung, der Transformation und der Distribution von Materialien zusammensetzt (Abbildung 6). Als ein Segment gilt dabei nur ein Abschnitt der Filière, in dem Materialien so be- und verarbeitet werden, dass dabei ein marktfähiges Produkt hergestellt wird, welches in dieser

Form in ein folgendes Segment als Inputmaterial eingehen kann. Hierbei wird ein Unterschied zwischen Segment und Produktionsschritt deutlich, da der Produktionsschritt nicht als eigenständige Produktionseinheit charakterisiert ist und lediglich einem Bearbeitungsvorgang entspricht (Lenz 1997: 22f.). Diese starre Abgrenzung ist jedoch schwer vermittelbar, da auch nicht vollendete Produkte eines Segments bei einer entsprechenden Nachfrage einen Absatzmarkt besitzen können (Krüger 2007: 24).

Abbildung 6:   Segmente im Produktionsprozess einer Filière

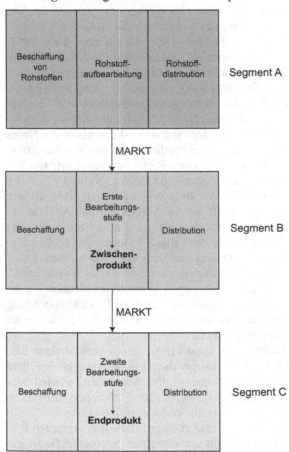

Quelle: eigene Darstellung nach Lenz 1997: 22, Kulke 2008: 70

Marktbeziehungen stellen ein wesentliches Merkmal von Segmenten innerhalb einer Filière dar. Sie treten an den jeweiligen Anfangs- und Endpunkten der Segmente auf, in denen die in den Segmenten erstellten Produkte und Dienstleistungen über einen potenziellen Markt ausgetauscht werden (Lenz 1997: 22). Hierbei können zum Teil mehrere Nachfrager auf Anbieter treffen, wodurch es zu variierenden Marktpreisen kommt (Kulke 2009: 70). Letztendlich entscheiden jedoch die wirtschaftlichen Rahmenbedingungen, ob ein Produkt tatsächlich vermarktet wird (Lenz 1997: 22).

Die Aufspaltung des gesamten Produktionsprozesses in einzelne Segmente wird stark von ökonomischen und technologischen Aspekten beeinflusst, was Auswirkungen auf die Art der Produktbearbeitung innerhalb der Segmente hat (Lenz 1997: 22). Die Abgrenzung eines Segments lässt sich daher nur temporär vornehmen, da ökonomische und technische Entwicklungen zu einem späteren Zeitpunkt eine differenziertere Segmentaufteilung ermöglichen können (Lenz 2005: 19, Krüger 2007: 23).

Filières sind hinsichtlich verschiedener Kontroll- und Koordinationsmöglichkeiten differenzierbar, die über das Ausmaß der Integration oder Desintegration einzelner Abschnitte einer Filière innerhalb eines Unternehmens bestimmen. Dabei kann zwischen potenziellen und tatsächlichen Filières unterschieden werden. Diese Unterscheidung ist weiterführend auch auf die einzelnen Segmente einer Filière anwendbar (Lenz 2005: 19). Die eigentliche Segmentierung wird durch die Handlungen der darin beteiligten Akteure bestimmt (Krüger 2007: 24). Des Weiteren sind Filières hinsichtlich ihrer Komplexität unterscheidbar: einerseits lassen sich einfache, relativ kurze Ketten, andererseits lange Ketten mit einer Vielzahl an Segmenten. Während einfache Filières überwiegend im Agrarsektor typisch sind, können längere Ketten stärker dem industriellen Sektor zugerechnet werden. Die Ketten im Dienstleistungsbereich weisen demgegenüber eine stärker ausgeprägte Vielfalt auf (Lenz 1997: 23).

In der Anwendung des Filière-Ansatzes erweist sich die Analyse von sogenannten Knotenpunkten („nœuds strategiqués") (Hugon 1988: 667) als ein wesentlicher Punkt, da an diesen auf das gesamte Produktions- und Distributionssystem Einfluss genommen wird. Die einzelnen Akteure verfügen an diesen Stellen innerhalb der Filière über Macht, die das Handeln aller Akteure einer gesamten Filière bestimmt (Lenz 1997: 26). An diesen Macht- und Kontrollschnittstellen ist es möglich die Stellung von Akteuren innerhalb der Hierarchiestrukturen einer Filière zu analysieren und letztendlich Dominanz- und Abhängigkeitsverhältnisse aufzuzeigen. Die Entstehung dieser Machtverhältnisse ist eng an das Vorhandensein von Technikwissen, finanziellen Spielräumen und Verhandlungsstärke gekoppelt (Nuhn 1993: 139). Eine entscheidende Rolle bei der Ausübung von Macht und Kontrolle spielen die Übergangsbereiche zwischen den Segmenten, also die potenziellen Märkte, da an diesen Orten neben materiellen Austauschbeziehungen auch immaterielle Beziehungen vorherrschen. Dabei üben die stärkeren Akteure Macht und Kontrolle auf schwächere Akteure aus (Lenz 1997: 27, Krüger 2007: 27).

Mit ihren Eigenschaften stellen Filières keine reinen Produktionsketten dar, sondern bilden aufgrund der erhöhten Komplexität ein Feld verschiedener Ketten, die für die Erstellung und Distribution eines gleichen Produkts vorhanden sind. Unter dieser Voraussetzung sollen Produktions- und Distributionszusammenhänge so realistisch wie möglich abgebildet werden, um somit die Verschiedenartigkeit bei der Herstellung eines gleichen Produkts darzustellen (Lauret 1983 zitiert nach Lenz 1997: 24). Diese Fokussierung auf die Strukturen und Beziehungen mit den jeweiligen Machtverhältnissen, die sich um ein bestimmtes Produkt herum ergeben, kann als Stärke des Ansatzes angesehen werden (Raikes/Friis-Jensen/Ponte 2000: 15). Zur Darstellung dieser Zusammenhänge sind verschiedene Kriterien zu berücksichtigen (Lenz 1997: 24f.): 1) die gesamte Anzahl und Breite von Unternehmen und Betrieben, die sich an der Produktion und der Distribution eines Gutes bis hin zum Endverbrauch beteiligen, 2) die Gesamtheit der Dienstleistungen, die außerhalb der beteiligten Unternehmen und Betriebe erbracht werden, 3) die Gesamtheit und Ausprägung aller vertikalen und horizontalen Beziehungen zwischen allen beteiligten Akteuren und 4) der Verbrauch.

Die Vielfalt der benannten Kriterien führt zur Kritik, dass eine Filière-Analyse unter den genannten Voraussetzungen nahezu unmöglich ist, da die benötigte Fülle an Daten ein Ausmaß annimmt, welches die Umsetzung einer empirischen Vorgehensweise kaum möglich macht (Lenz 1997: 25). Diesbezüglich verweisen Raikes/Friis-Jensen/Ponte (2000: 15f.) auch auf die relativ kleine Anzahl wirklich tiefgehender Analysen.

Eine weitreichende Analyse von verschiedenen Filières zeigt zudem die Problematik einer stark ausgeprägten Komplexität. Während die Theorie eher von einer linearen Abfolge von aufeinanderfolgenden Segmenten ausgeht, zeigen sich in der Realität stark differenzierte Verflechtungsbeziehungen, die durch eine Durchlässigkeit von Segmenten entsteht. Hierbei werden Produkte eines Segmentes auf verschiedene Weise in unterschiedliche Folgesegmente überführt (Lenz 1997: 23).

Ein Aspekt, der im Filière-Ansatz nicht so stark berücksichtigt wird, ist der Raumbezug, auf dessen Fehlen explizit hingewiesen wird (Lenz 1997: 29, Lenz 2005: 19). Hierdurch zeigt sich beispielsweise eine Schwäche bei der Analyse von Raumstrukturen innerhalb landwirtschaftlicher Produktionsgebiete (Voth 2002: 282f.). Das Konzept zielt vielmehr darauf ab, einzelne Segmente einer Filière als vertikal aufeinanderfolgende Produktions- und Distributionseinheiten darzustellen, in denen einzelne Unternehmen oder Betriebe beziehungsweise Gruppen von diesen mit gleichen Aktivitäten eingebunden sind. Hierbei können die Begriffe Segment und Standort nicht gleichgesetzt werden. Trotz des expliziten Fehlens des Raumbezugs lässt sich dieser jedoch implizit finden, da die

Segmente einer Filière aufgrund ihrer Eigenständigkeit an bestimmten Standorten gebunden sind. Hierbei sind jedoch die räumliche und die funktionale Segmentierung von Filières nicht zwangsläufig aneinander gebunden. So können die Betriebe oder Unternehmen innerhalb einer Filière entweder an einem Standort konzentriert oder auf mehrere Standorte verteilt sein (Lenz 1997: 29). Die Ausdehnung eines Filièresystems zeigt mit den jeweiligen Produktions- und Herstellungsprozessen letztendlich unterschiedliche Raumbezüge (Nuhn 1993: 139). So können Filières auf lokaler, regionaler, nationaler oder internationaler Ebene angesiedelt sein. Diese räumliche Segmentierung folgt dabei wirtschaftlichen und technologischen Prinzipien (Lenz 1997: 29). Die spezifischen Reichweiten und Raumbezüge von Filières wirken letztlich auf die Organisationsform und Kontrollaktivitäten innerhalb der Filiéres ein (Krüger 2007: 30).

Ein weiterer Kritikpunkt am Filiére-Ansatz ist die nahezu ausnahmslose Darstellung vertikaler Beziehungen. Hierzu verweist Voth (2002: 283) darauf, dass horizontale Komponenten in Bezug zu vertikalen Integrationsschritten ein starkes Gewicht aufweisen und Kettenglieder durchaus mit weiteren Wirtschaftsaktivitäten gekoppelt sein können. Somit können in Abhängigkeit des Produktes oder des Produktionsgebietes nicht nur vertikale, sondern auch horizontale Komponenten dominieren.

Die Anwendung des Filière-Konzepts ist auf verschiedenen Maßstabsebenen möglich. Für Nuhn (1993: 138) lässt sich das Konzept je nach Untersuchungsziel auf der Makro- oder auf der Mikroebene anwenden. Insbesondere die Anwendung des Ansatzes auf der Mikroebene ermöglicht es Akteure einer Filière zu identifizieren, die Kontroll- und Koordinationsentscheidungen ausüben (Lenz 2005: 18). Entgegen der makroökonomischen Sichtweise sehen Raikes/ Friis-Jensen/Ponte (2000: 14) sowie Schamp (2003: 30) die Anwendbarkeit des Ansatzes vor allem auf der Mesoebene. Schamp (2003: 30) begründet dies mit dem Verständnis einer Filière als „... *einer dezentralen Organisationsform, deren Elemente als eine Sequenz von verschiedenen Institutionen mesoökonomischer Art wie Märkte und Industriebranchen verstanden werden können und deren Koordination und Kontrolle nicht durch Hierarchie, wie im Unternehmen, sichergestellt werden kann*". Zugleich wird aber auch ein Bezug zur Mikroebene gesehen, da Märkte und Industriebranchen als Ergebnis des Agierens einzelwirtschaftlicher Akteure verstanden werden können (Schamp 2000: 30).

Als Fallstudien, in denen das Filière-Konzept bisher Anwendung gefunden hat, lassen sich insbesondere Untersuchungen über Agrargüter nennen: Lenz (2005) zu Blumen- und Zierpflanzenproduktionen, Demerson (1987) und Voth (2002, 2004) zu Erdbeerproduktionen in Spanien, Krüger (2007) sowie Desmas (2005) zu Tomatenproduktionen auf Kuba beziehungsweise im Mittelmeerraum und Diarra (2003) zu Exporten von Früchten und Gemüse aus dem Senegal.

Im Filière-Ansatz spielt die Logistik insbesondere bei der Verknüpfung der einzelnen Filière-Segmente eine Rolle, da diese über Transport- oder Logistikaktivitäten miteinander verbunden und somit räumliche Trennungen überwunden werden. Diese logistischen Aktivitäten bilden somit die Grundlage für die Vernetzung eines in der Filière erstellten Produkts mit den Endkunden (Lenz 2005: 20). Da in Filières Machtbeziehungen eine Rolle spielen und es für Unternehmen innerhalb einer Filière entscheidend ist, strategische Punkte zu besetzen (Hugon 1988: 667), kann davon ausgegangen werden, dass diese Unternehmen auch einen Großteil logistischer Aktivitäten innerhalb der Filière bestimmen. Ob dabei deren Durchführung in eigener Regie erfolgt oder nur koordiniert wird, ist nicht genau bestimmbar. Es ist aber durchaus denkbar, dass neue Vorstellungen in der Abwicklung von logistischen Aktivitäten Einfluss auf das System einer Filière nehmen können.

Im Vordergrund der Wahrnehmung des Filière-Ansatzes steht dessen Anwendung im Zusammenhang mit der Darstellung von Produktions- und Distributionsprozessen im Agrarsektor. Diese Beschränkung des Ansatzes ist jedoch nicht zwangsläufig, sondern kann, wie dargestellt, durch die Anwendung auf industrielle und dienstleistungsorientierte Bereiche aufgehoben werden. Insbesondere die mögliche Anwendung des Ansatzes auf Dienstleistungsbereiche macht diesen für die Untersuchung von Transportlogistikabläufen sehr interessant. Hierbei zeigt sich, dass die Transportlogistikabläufe aufgrund ihrer als kettenartig zu beschreibenden Struktur (siehe 2.2.5) auf den ersten Blick sehr gut in die beschriebene Form von Filiéres passen können.

Die mögliche Anwendbarkeit des Filière-Ansatzes auf die Abläufe der Transportlogistik ergibt sich jedoch auch aus deren inhärenten Strukturen. Insbesondere der Aspekt, dass Filieres in einzelne Segmente untergliedert werden, in denen jeweils marktfähige Produkte entstehen, ist theoretisch auf kettenartige Abläufe der Transportlogistik übertragbar. Eine Gleichsetzung von Abschnitten der Transportlogistik mit den Segmenten einer Filiére kann sich daraus ergeben, dass in der zumeist als Ganzes wahrgenommenen Logistikkette mehrere logistische Einzelelemente nachzuvollziehen sind. So kann beispielsweise der Lkw-Transport in einem Hafenzulauf als ein Segment verstanden werden, in dem die Dienstleistung oder das Dienstleistungsprodukt Lkw-Transport erbracht wird. Im übertragenden Sinn entsteht also in diesem Segment ein Produkt, das dann in ein weiteres Segment, beispielsweise einen folgenden Transportprozess mit der Eisenbahn, einmünden kann. Bezogen auf die Aussagen des Filiére-Ansatzes handelt es sich zwischen diesen Segmenten um einen Marktprozess, bei dem das Produkt eines Segments angeboten und als Vorprodukt in ein anderes Segment übernommen wird. Dies kann für das Logistikprodukt so gesehen werden, da es sich bei dem Lkw-Transport um eine abgeschlossene Markthandlung handelt und die Folgehandlung von konkurrierenden Segmentanbietern durchgeführt werden kann, die um die Ausübung konkurrieren. Diese einzelnen Segmente oder Abschnitte müssen jedoch nicht von unterschiedlichen Anbietern ausgeführt werden, vielmehr ist es denkbar, dass durch Kontroll- oder Koordinierungsmöglichkeiten verschiedene Abschnitte innerhalb eines Unternehmens integriert sein können. So lässt sich zwar der Transportprozess einer Logistikkette theoretisch in mehrere verschiedene potenzielle Segmente untergliedern, jedoch übt ein Unternehmen über mehr als ein Segment, beispielsweise den Lkw- und Eisenbahnzulauf, Kontrolle aus, weshalb sich in der gesamten Kette tatsächlich weniger Segmente ergeben. Ob jedoch dieses Unternehmen die Hauptkontrolle über eine Transportkette ausübt, bleibt dabei offen. Als wichtig erweisen sich nach dem Filiére-Ansatz die sogenannten strategischen Knotenpunkte, an denen über die Kontrolle des gesamten Kettenablaufs entschieden wird. In Bezug zur Fragestellung der Abreit kann dabei auf die Seehafencontainerterminals verwiesen werden, die als wichtige Schnittstelle in den Transportlogistikablauf integriert sind und als wichtige strategische Knoten betrachtet werden können. An diesen Schnittstellen ist es möglich Macht- und Kontrolle auszuüben, wodurch Akteure innerhalb einer Hierarchiestruktur eingebunden sind und verschiedene Dominanz- und Abhängigkeitsverhältnissen unterliegen. Bei den Seehafencontainerterminals stellt sich dann die Frage, inwieweit diese Schnittstelle durch den dort agierenden Akteur an Bedeutung innerhalb von Hierarchiestrukturen gewinnt oder welche anderen Akteure an dieser Schnittstelle Kontrollfunktionen ausüben. Im Vordergrund stehen hierbei immaterielle Beziehungen der Akteure, die durch starke Akteure kontrolliert werden.

3.2.4 Das Konzept der Global Commodity Chains

Das ursprüngliche Konzept der Global Commodity Chains (GCC) basiert auf Überlegungen des Weltsystemansatzes und geht auf Überlegungen von Hopkins und Wallerstein (1986) aus den 1980er Jahren zurück. Die beiden Autoren definieren den Begriff der *Commodity Chain* als „... *a network of labour and production processes whose end result is a finished commodity*" (Hopkins/Wallerstein 1986: 159). Die Anwendung des Begriffs bezieht sich dabei auf verschiedene internationale Warenketten landwirtschaftlicher Produkte seit dem 16. Jahrhundert (Raikes/Friis-Jensen/Ponte 2000: 3). Anders als lediglich Wertschöpfungsaktivitäten aneinanderzureihen, geht der Begriff der Commodity Chain hier verstärkt auf die Beziehungen ein, die im System von Produktion, Distribution und Austausch miteinander verbunden sind. Das Kettenkonzept kann hierbei als heuristisches Konstrukt verstanden werden, das es ermöglicht diese Beziehungen analytisch zu erfassen (Bair 2008: 347).

Die eigentliche Diskussion um GCCs ist allerdings erst im Zusammenhang mit einer Veröffentlichung von Gereffi und Korzeniewicz (1994) zu sehen, die das Konzept der Commodity Chains neuorientiert haben (Bair 2008: 348). Der Analysefokus rückt dabei von Primärgütern ab und wird verstärkt auf industrielle

Warenketten gelegt. Die Vertreter des Ansatzes konzentrieren sich auf das Entstehen von globalen Produktionssystemen, in denen wirtschaftliche Integrationsprozesse einen höheren Stellenwert einnehmen als der Handel mit Rohstoffen oder Endprodukten. Somit wird versucht, zentral gesteuerte Produktionsprozesse bestimmter Produkte, die in einzelne international gestreute Produktionsabschnitte aufgeteilt sind, zu erfassen (Raikes/Friis-Jensen/Ponte 2000: 3).

Gereffi/Korzeniewicz/Korzeniewicz (1994: 2) definieren GCC als: *„a set of interorganizational networks clustered around one commodity or product, linking households, enterprises, and states to one another within the world-economy. These networks are situationally specific, socially constructed, and locally integrated, underscoring the social embeddedness of economic organization".* Die innerhalb von GCC ablaufenden Prozesse können als Knoten (nodes) oder Boxen (boxes) dargestellt werden, die in einem Netzwerk verbunden sind. Dabei zeichnet sich jeder dieser Knoten dadurch aus, dass darin der Erwerb und die Organisation von Eingangsmaterialien vollzogen und Arbeitskraft zusammengeführt wird sowie spezifische Transport- und Logistikvorgänge und Konsumprozesse stattfinden. *„The analysis of a commodity chain shows how production, distribution, and consumption are shaped by the social relations (including organizations) that characterize the sequential stages of input acquisition, manufacturing, distribution, marketing, and consumption"* (Gereffi/Korzeniewicz/ Korzeniewicz 1994: 2). In Abbildung 7 wird eine GCC schematisch dargestellt.

Abbildung 7:   Schematischer Aufbau einer Global Commodity Chain

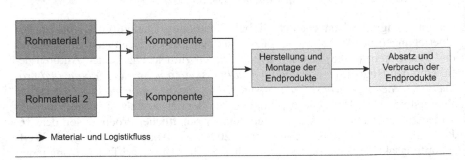

Quelle: eigene Darstellung nach Gereffi 1994, Kulke 2008: 134

Die Knoten innerhalb von GCC lassen sich nach Hopkins/Wallerstein (1994: 18) sowie Gereffi/Korzeniewicz/Korzeniewicz (1994: 2) in Kernknoten (core-like boxes [nodes]) und Peripherknoten (peripheral boxes [nodes]) unterscheiden. Während die Peripherknoten aufgrund ihrer relativ einfachen Arbeitsprozesse einem erhöhten Wettbewerbsdruck und der Austauschbarkeit innerhalb der Kette unterliegen, nehmen die Kernknoten eine strategische Position in GCC ein und

sind hauptsächlich für die Schaffung von Werten und die Generierung von Profiten verantwortlich (Appelbaum/Smith/Christerson 1994: 189).
Insgesamt können den GCC vier Dimensionen zugeordnet werden (Gereffi 1994: 96f., Gereffi 1995: 113):

1. Die *materielle Input-Output-Struktur*. Hierunter werden Zulieferungen, Wissen, Produktions- und Dienstleistungsfunktionen mit ihrem jeweiligen, unterschiedlichen Wertzuwachs verstanden.
2. *Die Raumstruktur*. Sie bezieht sich auf das Muster der räumlichen Verteilung der kettenbezogenen Aktivitäten. Die Aktivitäten können hierbei räumlich konzentriert oder weit verteilt auftreten. Zudem ist eine Einbindung der Aktivitäten auf unterschiedlichen räumlichen Ebenen möglich.
3. Die *Steuerungsstruktur (governance structure)*. Diese Struktur ergibt sich aus verschiedenen Machtverhältnissen entlang der Warenkette, die in einem Unternehmen oder zwischen Unternehmen auftreten können. Diese Strukturen bestimmen die Zuteilung von Ressourcen zwischen den Unternehmen entlang der Warenkette.
4. *Die institutionelle Struktur*. Diese Struktur ergibt sich aus dem Zusammenspiel formeller und informeller Institutionen auf unterschiedlichen räumlichen Maßstabsebenen, die Einfluss auf die Unternehmen entlang der Warenkette ausüben. Dabei wird analysiert, wie durch nachrangige Akteure in der Kette indirekt ein kostengünstiger Zugang zu Märkten erreicht werden kann, der ohne Kettenzugehörigkeit nicht erreicht werden könnte. Diese Dimension hilft zu verstehen, wie technologische Fortentwicklungsprozesse und praktisches Lernen während einer Tätigkeit die Hierarchie in Ketten beeinflussen (Raikes/Friis-Jensen/Ponte 2000: 3).

Die verschiedenen Dimensionen haben in der wissenschaftlichen Anwendung unterschiedliche Adaptionsgrade erfahren, wobei bisher die größte Aufmerksamkeit auf die Steuerungsstruktur gerichtet worden ist (Raikes/Friis-Jensen/Ponte 2000: 3, Dicken et al. 2001: 99, Henderson et al. 2002: 440, Coe/Dicken/Hess 2008: 275). Die Hervorhebung dieser Dimension beruht vor allem darauf, dass hier der Schwerpunkt an Eintrittsbarrieren und unterschiedlichen Machtstrukturen in Ketten angesiedelt ist, der das Interesse von Analysen hervorruft (Raikes/Friis-Jensen/Ponte 2000: 3).

Hinsichtlich der Steuerungsstruktur lassen sich nach Gereffi (1994: 97) zwei wesentliche Strukturen innerhalb der globalen Warenketten differenzieren: käufergesteuerte Warenketten (buyer-driven commodity chains [BDCCs]) und produzentengesteuerte Warenketten (producer-driven commodity chains [PDCCs]). Ein wesentlicher Unterschied dieser beiden Typen liegt in den darin formulierten Zugangsbarrieren für Unternehmen zu Märkten (Gereffi/Korzeniewicz/Korzeniewicz 1994: 7).

Produzentengesteuerte Warenketten (producer-driven commodity chains)

Die durch Produzenten gesteuerten Warenketten sind charakteristisch für kapital-
und technologieintensive Herstellungsprozesse, die in Produktionsnetzwerken
großer transnational agierender Unternehmen eingebunden sind (Gereffi/Korze-
niewicz/Korzeniewicz 1994: 7, Gereffi 1999: 41). Als Beispiele lassen sich die
Automobil-, Luftfahrt- und Computerindustrie nennen, bei denen relativ wenigen
Anbietern zahlreiche Nachfrager gegenüber stehen (Kulke 2008: 135). Die innerhalb der Warenkette agierenden Hauptproduzenten treten als sogenannte key
economic agents auf und sind für den Produktionsprozess der hochwertigen Produkte verantwortlich und kontrollieren diesen (siehe Abbildung 8) (Gereffi 1999:
43). Hierbei ist entlang der gesamten Warenkette eine hohe vertikale Integration
der multinational agierenden Unternehmen charakteristisch, die im Wesentlichen
auf den Eigenschaften Kontrolle und Besitz aufbaut (Gereffi 2001: 33). Die
Hauptunternehmen verzeichnen dabei als Schaltzentralen der Kontroll- und
Machtbeziehungen die höchsten Profitraten. Von ihnen gehen sowohl rückwärts-
gerichtete Machtbeziehungen zu Material- und Komponentenzulieferern als auch
vorwärtsgerichtete Machtbeziehungen zu Akteuren des Warenhandels aus (Gereffi 1999: 43, Gereffi 2001: 33). Während von den Hauptunternehmen alle Kon-
troll- und Organisationsflüsse zu den verschiedenen Standorten der Produktion

Abbildung 8:   Schematischer Aufbau einer produzentengesteuerten Global
                 Commodity Chain

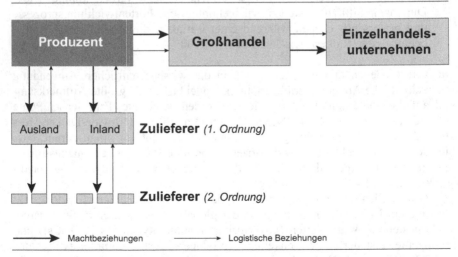

Quelle: eigene Darstellung nach Gereffi 1999: 42, Krüger 2007: 36, Kulke 2008: 134

ausgehen, ist in umgekehrter Richtung ein Wertfluss zu verzeichnen (Halder 2006: 54). Die Profite, die von den Hauptunternehmen innerhalb der Warenkette erwirtschaftet werden können, sind im starken Maße von großen Mengen und spezifischen technologischen Fortschritten abhängig (Gereffi 1999: 43).

Warenketten (Buyer-driven commodity chains)

Diese Form der Warenketten sind charakteristisch für das Wirken von großen Handels- oder Markenunternehmen, die beispielsweise im Bereich der Bekleidungs- und Schuhindustrie tätig sind. Hierbei errichten diese Unternehmen, beispielsweise große Sportschuhfirmen, weltweite dezentrale Produktionsnetzwerke, in denen die Produktionsschritte von einzelnen Akteuren innerhalb eines Zuliefernetzwerkes ausgeführt werden (siehe Abbildung 9) (Gereffi 1999: 42f.). Die Handels- und Markenunternehmen verfügen dabei über den Zugang zu den Märkten der großen Industrienationen und bedienen diese mit ihren entwickelten Produkten. Obwohl diese Unternehmen als Produzenten auftreten, besitzen sie dabei jedoch keine eigenen Produktionskapazitäten, beispielsweise Herstellungsbetriebe, sondern verfügen vielmehr über vielfältige Zulieferverträge mit unterschiedlichen Auftragnehmern (Gereffi 1999: 46). Die käufergesteuerten Warenketten sind durch stark konkurrenzbetonte und dezentral organisierte Zulieferverflechtungen geprägt (Gereffi 1999: 43). Die Produktion der Waren, die auf den großen Konsumgütermärkten der Industriestaaten vertrieben werden, wird zumeist in Schwellen- oder Entwicklungsländern, unter Nutzung dort vorherrschender Standortbedingungen (beispielsweise niedrige Lohnniveaus) durchgeführt (Gereffi 1999: 42).

Die Hauptunternehmen der käufergesteuerten Warenkette sind am Produktionsprozess mit ihren eigenen Kernkompetenzen beteiligt, die vor allem in den Bereichen der Produktentwicklung, des Designs und der Vermarktung liegen. Die eigentliche Produktherstellung fällt somit nahezu komplett an andere, formal eigenständige Unternehmen, die den Hauptunternehmen vorgelagert und global verstreut sind. Darunter befinden sich auch die sogenannten OEM-Hersteller (Originalprodukthersteller), die den physischen Produktionsprozess umsetzen. Diese Unternehmen verfügen zumeist über eigene vertikale Netzwerkbeziehungen zu verschiedenen Zulieferern (Halder 2006: 55). In den Produktionsketten werden letztendlich alle Produkte so hergestellt, wie dies von den Einkäufern verlangt wird (Gereffi 1999: 42). Die Zusammenführung aller Produktionsschritte und Produktkomponenten erfolgt über detailliert abgestimmte Logistikvorgänge (Halder 2006: 55).

Abbildung 9:   Schematischer Aufbau einer käufergesteuerten Global
Commodity Chain

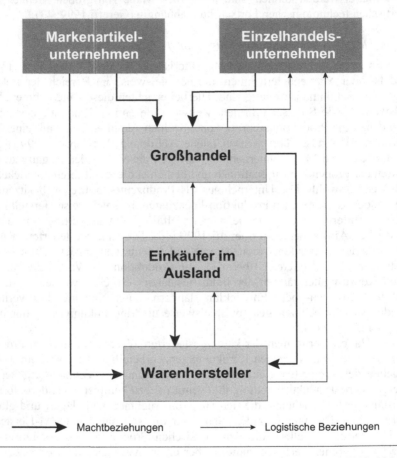

Quelle: eigene Darstellung nach Gereffi 1999: 42, Krüger 2007: 36, Kulke 2008: 134

Innerhalb der gesamten Kette ist somit eine Struktur weitestgehend eigenständiger Unternehmen festzustellen, die in eine relativ flexible Organisation eingebunden sind. Die Machtposition der Hauptunternehmen kommt dabei deutlich zum Ausdruck. Nur von diesen Unternehmen fließen Informationen über das Produktdesign und die -qualität sowie über die Liefermengen und -zeitpunkte einseitig zu den produzierenden Unternehmen (Krüger 2007: 39). Dabei folgt die Weiterleitung von Informationen und die Machtausübung einer indirekt hierarchischen Vorgehensweise. Die Anweisungen der Hauptunternehmen werden nicht auf direktem Weg in alle Ebenen übertragen, sondern nur zur nächstfolgenden Kettenebene. Von dort werden die notwendigen Anforderungen zur nächsten Stufe weitergeleitet. Diese indirekte Steuerung im Herstellungsprozesses ermöglicht es den Hauptunternehmen schnell und flexibel reagieren zu können und bei Nichteinhaltung bestimmter Vorgaben die Zusammenstellung der Zuliefer- und Produktionsverflechtungen in allen Kettenteilen korrigieren und neu ausrichten zu können (Halder 2006: 55, Krüger 2007: 39).

Die Anwendung des GCC-Ansatzes hat in der wissenschaftlichen Literatur in verschiedener Weise Kritik erfahren. So wird erstens die Zweiteilung der Governancestrukturen als zu einfach und im Verhältnis zur Realität als zu idealtypisch angesehen (Dicken et al. 2001: 99, Henderson et al. 2002: 440f.). Zwar hilft diese Unterteilung bei der Entwicklung von Forschungshypothesen, jedoch entstehen dadurch auch viele Fragen, die nicht beantwortet werden können, beispielsweise über die Eindeutigkeit der Dichotomie von GCCs oder die Unveränderlichkeit einer bestimmten GCC-Governance (Raikes/Friis-Jensen/Ponte 2003: 7f.). Halder (2005: 56) verweist hierbei darauf, dass die Dichotomie nicht immer aufrechterhalten werden kann und sich Verschmelzungen beider Ausprägungen ergeben.

Die Kritik am GCC-Ansatz richtet sich zweitens auch auf die relativ starke Vernachlässigung der drei übrigen Dimensionen gegenüber der Dimension der Governancestruktur (Bair 2008: 355). So bleibt unter anderem die erste Dimension zur Darstellung der materiellen Input-Output-Struktur weitgehend unberücksichtigt (Dicken et al. 2001: 99). Diese Dimension wird ebenso wie die Dimension der Raumstruktur hauptsächlich beschreibend eingesetzt, um die Beschaffenheit von Warenketten herauszustellen (Raikes/Friis-Jensen/Ponte 2000: 3). An der Dimension der Raumstruktur wird zudem generell kritisiert, dass diese sich auf einem sehr hohen Aggregationsniveau bewegt (Dicken et. al 2001: 99).

Drittens wird darauf hingewiesen, dass der Ansatz die Bedeutung unterschiedlicher nationaler und internationaler institutioneller und regulatorischer Einflüsse auf internationale Produktionssysteme nicht ausreichend berücksichtigt (Raikes/Friis-Jensen/Ponte 2003: 9, Bair 2008: 355). Obwohl im Ansatz unterschiedliche geographische Ebenen diskutiert werden, zeigt sich hier eine schwache theoretische Ausstattung, die unter anderem darauf zurückzuführen ist, dass der Ansatz aus einer soziologischen Sichtweise entwickelt worden ist (Hess/ Yeung 2006: 1196).

Viertens wird auch der Begriff GCC selbst kritisch betrachtet, da das darin enthaltene Wort commodity in Zusammenhang zu standardisierten Massenprodukten gesehen werden kannherstellt (Humphrey/Schmitz 2000: 10, Henderson et al. 2002: 444). Hierdurch kann jedoch möglicherweise der Blick auf bestimmte industrielle Aktivitäten verdeckt werden, die durch den GCC-Ansatz eigentlich analysiert werden sollen (Henderson et al. 2002: 444).

Die theoretischen Überlegungen zu GCC und hierbei auch die Unterscheidung in PDCC und BDCC haben in den letzten zwei Jahrzehnten zu einer Vielzahl empirischer Studien im Sinne des GCC-Ansatzes geführt. Die Ergebnisse dieser Untersuchungen können als Momentaufnahmen von organisationalen und sozioökonomischen Verflechtungen in verschiedenen Branchen verstanden werden (Dörry 2008: 27). Als Analysegegenstand dienen hierbei Agrargüter wie Gemüse (Dolan/Humphrey 2000 und 2004), Kakao (Fold 2001) beziehungsweise Kaffee (Muradian/Pelupessy 2005) oder Industriegüter wie Elektrotechnik (Gereffi 1997), Bekleidungs- und Textilprodukte (Bair/Gereffi 2001, Dicken/Hassler 2000) oder Biotechnologien (Birch 2006). Darüber hinaus verweist Dörry (2008: 27) darauf, dass die wissenschaftliche Literatur auch branchenübergreifende Aspekte, beispielsweise international verbindliche Standards als Vorrausetzung für die Integration von Unternehmen in globale Wertschöpfungs- und Warenketten, den Stellenwert von Dienstleistungen für die effiziente Abwicklung dieser Ketten oder lokale Arbeitsbedingungen und deren Wirkung auf soziostrukturelle Strukturen, thematisiert.

Innerhalb der Strukturen von GCC lässt sich die Bedeutung der Logistik als verbindendes Element deutlich herauslesen. Da die GCC durch räumlich verteilte Arbeitsschritte eines Produktionsprozesses gekennzeichnet sind, dienen Transport- und Logistikvorgänge der Verbindung einzelner Produktionsschritte innerhalb einer GCC (Rabach/Kim 1994: 129). Insbesondere in den BDCC werden die Logistikvorgänge von den Käufern kontrolliert und sind dabei detailliert auf die Zusammenführung der Produktionskomponenten abgestimmt (Humphrey 2004: 4, Halder 2006: 55). Somit werden die notwendigen Materialflüsse aufrechterhalten, um entweder die Versorgung weiterer Produktionsschritte mit benötigten Materialien oder des Groß- und Einzelhandels zu gewährleisten. Die Logistik stellt dabei jedoch nur eine Dienstleistung von vielen dar, die zur Aufrechterhaltung der gesamten Produktion notwendig sind (Rabach/Kim 1994). Für Hesse/Rodrigue (2006: 505) ist die Logistik in den GCC weit mehr als eine Unterstützung der Gütertransporte. Sie verweisen dabei auf die Bedeutung von Logistikabläufen als integrale Bestandteile von Wertschöpfungsprozessen, deren Ausübung zumeist von spezialisierten Logistikunternehmen, die im Auftrag von Unternehmen innerhalb der GCC handeln, übernommen wird.

Auch beim GCC-Ansatz stellt sich die Frage, inwieweit hierin Elemente enthalten sind, die zur Erklärung von kettenartig ablaufenden Transportlogistikprozessen herangezogen werden können. Dabei kann davon ausgegangen werden, dass die kettenartigen Abläufe, ähnlich den Abläufen im GCC-Ansatz, in einzelne Knoten zerlegt werden können. Diese Knoten, in denen theoretisch gesehen, der Erwerb und die Organisation von Eingangsmaterialien vorgenommen wird, sind dadurch gekennzeichnet, dass dort spezifische Logistikleistungen als

Eingangsmaterialien eingehen und nach einem Produktionsprozess weitergegeben werden. Aus theoretischer Sicht kann also jedem einzelnen logistischen Schritt, in dem ein Akteur wirkt, die Funktion eines Knotens zugeschrieben werden. In Betracht kommen dabei alle logistischen Schritte, die zur Erstellung einer vollwertigen Logistikdienstleistung beitragen, beispielsweise der Lkw- oder Bahntransport beziehungsweise der Seeschifffstransport. All diese einzelnen Logistikvorgänge und somit Knotenpunkte leisten letztendlich in ihrer Gesamtheit einen Beitrag zur Erstellung des gesamten Transportlogistikablaufs.

Bei der Betrachtung dieser einzelnen Knoten kann auch hier tendenziell von eher peripheren (unwichtigeren) und eher zentralen (wichtigeren) Knotenpunkten gesprochen werden. Diese Einstufung bezieht sich auf einzelne Knoten und Akteure, die darin agieren und dort einen Teil des Herstellungsprozesses der Logistikdienstleistung leisten. So gibt es Knoten, die die Herstellung des Gesamtprodukts Logistikdienstleistung unterstützen, aber ersetzbar sind. Dabei handelt es sich um vor- oder nachgelagerte logistische Tätigkeiten innerhalb multimodaler Transportlogistikabläufe. Beispielsweise können Lkw-Transporte genannt werden, die am Gesamtprodukt einer kettenartig ablaufenden Logistikdienstleistung mitwirken, jedoch durch gleichartige Leistungen austauschbar sind. Es existieren aber auch Knoten, die für das Gesamtprodukt Logistikkette von essentieller Bedeutung sind.

Diese unterschiedliche Bedeutung der Knoten führt zu Governance-Überlegungen innerhalb der kettenartigen Logistikdienstleistungen, bei denen Machtkonstellationen zwischen den einzelnen Akteuren berücksichtigt werden müssen. Da die kettenartigen Logistikdienstleistungen zumeist im Zusammenspiel mehrerer Akteure entstehen, kann gefragt werden, welcher Akteur dabei im Sinne der weiter oben angesprochenen Governancestruktur eine zentrale Rolle spielt und eventuell über Kontroll- und Machtmechanismen gegenüber anderen Akteuren verfügt. Deutlich wird dabei, dass ein Unternehmen die Federführung des Transports innehaben kann und andere Unternehmen lediglich als quasi Zulieferer innerhalb der Logistikkette dienen. Diese Hauptunternehmen üben dabei die Kontrolle über weite Teile der Logistikkette aus und bestimmen, dank ihrer Macht, die vor- und nachgelagerten Prozesse. Wie weit letztendlich einzelne Prozesse von einem Unternehmen selbst ausgeführt werden, liegt im Ermessen des Unternehmens selbst.

Die angesprochenen Überlegungen zur Machtausprägung einzelner Akteure in den Knoten führen auch zur Frage, inwieweit die Aussagen der beiden unterschiedlichen Ausprägungsformen von Governancestrukturen in Warenketten auf die Erstellung von kettenartigen Logistikdienstleistungen angewandt werden können. Hierbei zeigt sich, dass der Gedankenansatz der produzentengesteuerten Warenketten, bei denen bestimmte Hauptproduzenten auftreten, die Macht- und Kontrollbeziehungen zwischen vor- und nachgelagerten Leistungen ausüben, durchaus auch bei der Erstellung von kettenartigen logistischen Dienstleistungen anwendbar ist. So ist es denkbar, dass bestimmte Akteure innerhalb einer Transportlogistikkette, diese absolut kontrollieren und steuern. Diese Akteure erstellen aufgrund ihrer Kompetenz eine wesentliche logistische Leistung (Hauptleistung), durch die sie sowohl gegenüber Akteuren im vorgelagerten Produktionsbereich als auch im nachgelagerten Absatzbereich Macht- und Kontrollwirkungen haben. Dabei ist aber auch zu berücksichtigen, dass diese logistische Leistung eine sehr spezifische Ausprägung haben muss, die nur von wenigen Produzenten erbracht wird und wofür es eine hohe Nachfrage gibt.

Auch bei den Grundgedanken der käufergesteuerten Warenketten lassen sich Übertragungsmöglichkeiten auf die Erstellung kettenartiger Logistikdienstleistungen finden. So kann die Idee, dass ein zentraler Akteur bestimmte Produkte konzipiert und diese anbietet, dabei aber gleichzeitig vollständig auf externe Produktionskapazitäten zurückgreift, durchaus auf die Erstellung der Logistikdienstleistung angewendet werden. Konkret würde dies bedeuten, dass ein zentraler Akteur die Erstellung des Transportlogistikablaufes konzipiert, jedoch alle produktionsspezifischen Aktivitäten von anderen Akteuren durchgeführt werden. Unter diesen Akteuren gibt es dann einen Akteur, der letztendlich aus den vorgelagerten Abläufen das Hauptprodukt erstellt. Der zentrale Akteur (Käufer) nimmt dieses Produkt ab und veräußert es unter seinem Namen an Kunden weiter.

3.2.5 Das Konzept der Global Value Chain

In einer Weiterentwicklung des GCC-Ansatzes haben Gereffi/Humphrey/ Sturgeon (2005) wesentliche Kritikpunkte aufgegriffen und daraus ableitend das Konzept der Global Value Chains (GVC) entwickelt. Diese Weiterentwicklung beruht in erster Linie auf einer anhaltenden Kritik der zweigeteilten Governancestrukturen in GCC (Neilson/Prichard 2009: 40). Die kritische Betrachtung dieser Dichotomie hat bereits vor der Veröffentlichung von Gereffi/Humphrey/ Sturgeon zu verschiedenen Arbeiten und Ansätzen zu Governancestrukturen geführt. Zu nennen ist die Arbeit von Sturgeon (2002), der darin eine Governancestruktur in Form der Modularität einführte, die sich zwischen der käufer- und produzentengesteuerten Kette einordnet. Nahezu gleichzeitig entwickelten Humphrey/Schmitz (2000 und 2002) eine vierteilige Unterscheidung von Governancestrukturen. Die Überlegungen der genannten Arbeiten bilden das Grundgerüst für den GVC-Ansatz nach Gereffi/Humphrey/Sturgeon. In diesem Ansatz haben die Autoren auf der Basis einer Vielzahl von Fallstudien eine breitere Theorie zu Governanceaspekten aufgestellt (Dörry 2008: 38). Dabei versuchen die Autoren eine Herangehensweise zu entwickeln, wie sogenannte key independant variables, die einen Einfluss auf Governancestrukturen über Sektorengrenzen hinweg haben, operationalisiert und gemessen werden können (Bair 2005: 163). Aufbauend auf Überlegungen des Transaktionskostenansatzes arbeiten die Autoren drei Faktoren heraus, auf denen der GVC-Ansatz maßgeblich basiert und die letztendlich entscheidenden Einfluss auf die Ausprägung der Kettensteuerung haben (Gereffi/Humphrey/Sturgeon 2005: 84f.):

1. *Komplexität von Transaktionskosten.* Dies umfasst den Informations- und Wissenstransfer zwischen Unternehmen, insbesondere bezogen auf die Spezifikation von Produkten und Prozessen.
2. *Möglichkeiten zur Kodifizierbarkeit dieser Informationen.* Dies umfasst das Vorgehen, wie die Informationen und Wissen kodifiziert werden können und dadurch in effizienter Weise und mit möglichst geringen Transaktionskosten weitergeleitet werden können.
3. *Kompetenzniveau von tatsächlichen und potenziellen Zulieferern.* Dies umfasst die Fähigkeiten von Zulieferern bezogen auf notwendige Transaktionen.

Die Auswahl dieser drei Faktoren wird von den Autoren wie folgt begründet: *„In so doing, we acknowledge the problem of asset specificity as identified by transaction cost economics, but also give emphasis to what have been termed 'mundane' transactions costs – the costs involved in coordinating activities along the chain"* (Gereffi/Humphrey/Sturgeon 2005: 84).

Die einzelnen Faktoren lassen sich hinsichtlich ihrer Ausprägung miteinander kombiniert darstellen. Dabei kann jeder Faktor in seiner Ausprägung jeweils nur zwei Werte (hoch oder niedrig) annehmen. Je nach Ausprägung des jeweiligen Wertes eines Faktors und in Kombination mit den anderen Werten können sich unterschiedliche Formen der Kettensteuerung ergeben. Aus theoretischer Sicht sind hierbei insgesamt acht Kombinationen ableitbar, von denen in der Realität jedoch nur fünf tatsächlich vorzufinden sind[8] (siehe Abbildung 10) (Gereffi/Humphrey/Sturgeon 2005: 85f.).

---

[8] Gereffi/Humphrey/Sturgeon erwähnen in ihrer Ausarbeitung insgesamt acht mögliche Kombinationen, wobei drei von diesen als unwahrscheinlich eingestuft werden. Hierbei handelt es sich um zwei mögliche Konstellationen bei denen sowohl eine geringe Komplexität der Transaktionen und gleichzeitig eine geringe Möglichkeit der Kodifizierbarkeit von Informationen auftreten. Die dritte nicht wahrscheinliche Konstellation umfasst eine geringe Komplexität der Transaktionen gepaart mit einer hohen Möglichkeit der Kodifizierbarkeit von Informationen bei gleichzeitig geringem Kompetenzniveau der Zulieferer.

Abbildung 10: Koordinationsformen in Global Value Chains

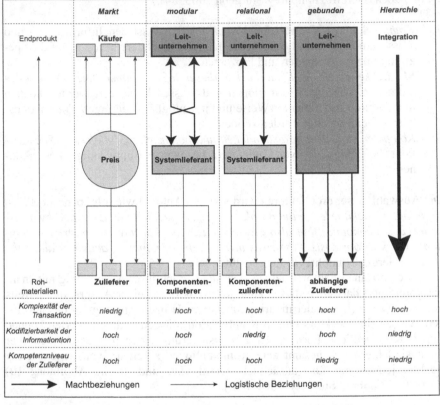

Quelle: eigene Darstellung nach Gereffi/Humphrey/Sturgeon 2005: 87f.

Die in Abbildung 10 dargestellten Kombinationen von Governancestrukturen einer Global Value Chain zeigen unterschiedliche Austauschbeziehungen zwischen Vorteilen und Risiken des Auslagerns von Produktionsprozessen an und lassen sich mit folgenden Merkmalen beschreiben:

- *Marktkoordination (markets)*: Diese Form der Koordination tritt auf, wenn Transaktionen zwischen Geschäftspartnern leicht kodifiziert werden und die Produktspezifikationen als einfach beschrieben werden können. In diesem Fall ist es für die Zulieferer problemlos möglich, die Käufer mit den Produkten zu beliefern, ohne dass der Abnehmer viele koordinierende Maßnahmen ergreifen muss. Die Austauschprozesse basieren auf den Preis- und Produktvorgaben der Verkäufer.

- *Modulare Wertketten (modular value chains)*: Diese Koordinierungsform entsteht, wenn Kodifizierungen auch auf komplexe Produkte ausgedehnt werden können. Dies kann unter anderem durch technische Verfahren möglich sein, bei denen die Komponentenvielfalt verringert werden kann oder wenn Zulieferer genug Kompetenzen haben bestimmte Gesamtpakete oder Module anzubieten. Hierbei erfolgt die Produktion der Module nach Vorgaben der Käufer, jedoch in organisatorischer und technischer Eigenverantwortung des Produzenten. Es vermindern sich transaktionsspezifische Austauschprozesse, da der Käufer auch auf ein direktes Überwachen und die Kontrolle der Produktion verzichten kann. Ein Wechsel von Lieferanten oder Abnehmern ist in dieser Kettenform gut möglich, weil damit nur geringe Kosten verbunden sind.

- *Relationale Wertschöpfungskette (relational value chains)*: Diese Art der Kettensteuerung entsteht, wenn die Produktspezifikationen nicht kodifiziert werden können, die Transaktionsvorgänge komplex sind und die Zulieferer gut ausgeprägte Fähigkeiten besitzen. Diese Situation ergibt sich, wenn zwischen den Geschäftspartnern sehr viel Erfahrungswissen ausgetauscht werden muss. Daraus resultiert zwischen den Partnern eine gegenseitige Abhängigkeit, die Vertrauen voraussetzt. Diese Beziehungen der Geschäftspartner können beispielsweise durch Reputation oder durch Arten von Nähe bzw. ethnische oder soziale Bindungen begünstigt und reguliert werden. Es bestehen jedoch auch Sanktionsmöglichkeiten, bei denen im Falle des Vertragsbruchs hohe Kosten auf den Geschäftspartner umgelegt werden. Die Abhängigkeit und der hohe Aufwand der gesamten Koordination machen einen Wechsel des Geschäftspartners sehr teuer.

- *Gebundene Wertschöpfungsketten (captive value chains)*: Bei dieser Form der Kettensteuerung weisen die Zulieferunternehmen ein geringes Kompetenzniveau auf. Die Produktspezifikationen lassen sich sehr gut kodifizieren und weisen einen hohen Grad an Komplexität auf. Daher ist es notwendig, dass der Käufer in starkem Maße die Tätigkeiten des Zulieferers kontrolliert und gegebenenfalls interveniert. Hierdurch ist der Zulieferer stark vom Käufer abhängig und befindet sich in einer Lock-in-Situation, die es ihm erschwert andere Kunden zu gewinnen und einen Geschäftspartnerwechsel vorzunehmen. Die Arbeitstätigkeiten der Zulieferer beschränken sich hierbei zumeist auf relativ einfache Aufgaben und sind abhängig von allen anderen ergänzenden Aktivitäten, die vom Käufer vorgegeben werden

- *Hierarchische Organisation (hierarchy)*: Diese Organisationsform entsteht, wenn eine hohe Produktkomplexität vorherrscht sowie die Spezifikation der Produkte nicht kodifizierbar ist, so dass es keine ausreichend kompetenten Zulieferer gibt. In diesem Fall sind die Unternehmen gezwungen die notwendigen Produktkomponenten selbst zu entwickeln und herzustellen. Spezifisch für diese Form ist der notwendige Austausch von Erfahrungswissen zwischen den einzelnen Wertschöpfungsschritten sowie ein optimales Management aller ein- und ausgehenden Materialflüsse sowie des geistigen Eigentums.

Die hier dargestellten Formen der Steuerung weisen gegenüber der älteren Herangehensweise im GCC-Ansatz mit seiner Zweiteilung in käufergesteuerte und produzentengesteuerte Ketten einige Vorteile auf. Durch die Weiterentwicklung werden die Machtverhältnisse zwischen Unternehmen und deren Zulieferern deutlicher aufgezeigt und die komplexe Realität besser dargestellt (Stamm 2004: 27, Coe/Dicken/Hess 2008: 275). Die Frage der Macht ist dabei in den verschiedenen Typen der GVC unterschiedlich stark ausgeprägt (siehe Abbildung 10) und es lassen sich unterschiedliche Aussagen dazu treffen (Gereffi/Humphrey/ Sturgeon 2005: 88). In gebundenen Wertschöpfungsketten wird die Macht durch die lead firm auf die Zulieferer ausgeübt. Dieser Zustand eines von oben gerichteten Machtflusses kann mit dem Koordinationsfluss innerhalb eines vertikal integrierten Unternehmens (hierarchische Organisation) verglichen werden, bei dem das Management am Hauptsitz Anweisungen an Betriebe an anderen Standorten weiterleitet. Innerhalb der relationalen Wertschöpfungskette ist die Machtverteilung viel stärker symmetrisch ausgerichtet, da die sich gegenüberstehenden Partner einen nahezu identischen Status haben und ständig im Austausch miteinander stehen. Demgegenüber sind die Machtverhältnisse innerhalb der modularen Wertschöpfungsketten und der marktbasierten Austauschbeziehungen relativ gering ausgeprägt, da es verhältnismäßig einfach ist die Geschäftspartner ohne hohe Kosten auszutauschen.

Trotz der Neuformulierung des Governancebegriffs im GVC-Ansatz ist auch dieses Konzept in der Literatur kritisch betrachtet worden. Als wichtige Kritikpunkte in der Literatur fasst Dietsche (2011: 31) dabei eine unscharfe Konzeptionalisierung der Begriffe Governance und Koordination, einen nicht angemessenen Objektivismus bei der Determinantenbeschreibung sowie ein Fehlen einer konzeptionellen Einbindung von Institutionen und externen Akteuren zusammen.

Insbesondere der Governancebegriff im GVC-Ansatz erfährt von verschiedenen Autoren Kritik. So bezeichnet Bair (2008: 353) die Definition des Governancebegriffs trotz der Weiterentwicklung gegenüber dem GCC-Ansatz als relativ schwach, wodurch eine weiterführende Konzeptualisierung von Governance über die gesamte Kette nicht erbracht werden kann. Des Weiteren wird, ebenso wie im GCC-Ansatz, die vermeintlich zu starke Fokussierung auf den Governanceaspekt kritisiert, wodurch gleichzeitig andere Dimensionen vernachlässigt werden. Ein Mangel wird hierbei insbesondere in der Analyse geographischer Komplexitäten (Fragen des Raums, von Orten und der Skalarität) von Produktionssystemen festgestellt, die aufgrund der Linearität des Ansatzes nicht ausreichend analysiert werden können (Coe et al. 2004: 469, Neilson/Pritchard 2009:

45). Zwar wird im Ansatz insbesondere ein Augenmerk auf die nationale Ebene gelegt, jedoch bleibt die geographische Herangehensweise unterentwickelt und sagt wenig über die Beeinflussung darunterliegender Ebenen, beispielsweise durch die sub-nationale Ebene und deren Institutionen aus (Coe et al. 2004: 469). Dies ergibt sich im Wesentlichen durch ein starkes Aggregieren von Territorial-aspekten im GVC-Ansatz, die sich in einer Dichotomie räumlicher Einheiten zwischen Kern und Peripherie abbildet (Hess/Yeung 2006: 1196).

Als weiterer Kritikpunkt am GVC-Ansatz wird bemängelt, dass dieser le-diglich idealtypische Darstellungen von Machtbeziehungen zwischen Unterneh-men und Zulieferern zeigt, die einen relativ engen Blick auf Produktionsnetz-werke haben (Coe/Dicken/Hess 2008: 275f.). Aus diesem einseitigen Blickwin-kel auf Unternehmensbeziehungen entspringt eine weitere Kritik, die sich auf das fehlende Einbeziehen anderer Akteure bezieht. Obwohl dies gewollt ist und für den Ansatz selbst vereinfachend wirkt, kann darin eine Schwäche gesehen wer-den (Coe/Dicken/Hess 2008: 280).

Der GVC-Ansatz beruht zu Teilen auf der Fortschreibung des GCC-Ansatzes, was daran deutlich wird, dass trotz einer Weiterentwicklung von Governanceaspekten die im GCC-Ansatz entwickelte Dichotomie der käufer-und produzentengesteuerten Warenketten in vielen Studien zu GVC aufrecht-erhalten wird. Es entsteht oftmals der Eindruck, dass lediglich der Begriff Com-modity in GCC durch Value in GVC ersetzt wird. Im Fokus der Untersuchungen stehen in den GVC-Studien insbesondere industriell gefertigte Güter, beispiels-weise die Herstellung von Fahrrädern oder Kleidung (Gereffi/Humphrey/ Sturgeon 2005) und seit kürzerer Zeit auch Dienstleistungen, beispielsweise Tourismus (Dörry 2008), Finanzdienstleistungen (Milberg 2008) oder Offshore-Dienstleistungn (Gereffi/Fernandez-Stark 2010). Der Ansatz wird jedoch auch in Untersuchungen zu Agrargütern angewandt, beispielsweise zu Tee- und Kaffee-anbau in Indien Neilson/Pritchard (2009), im Zusammenhang mit Gemüsepro-duktionen (Gereffi/Humphrey/Sturgeon 2005) oder in Form einer allgemeinen Diskussion im Nahrungsmittelsektor (Humphrey/Memedovic 2006).

Die Ausübung der Logistikvorgänge innerhalb von GVC ist ähnlich denen in GCC und basiert auf der notwendigen Verknüpfung von global gestreuten Produktionsschritten. Dabei wird die Transportlogistik ebenso als verbindendes Element verstanden. Die Logistikvorgänge werden je nach Ausprägung der GVC durch unterschiedliche Akteure gesteuert. Im Rahmen einer hierarchischen GVC werden die Produktionsprozesse alle innerhalb eines Unternehmens abgewickelt, was dazu führt, dass dieses Unternehmen die Logistikprozesse direkt kontrolliert. Hierbei ist es möglich, dass diese Logistikprozesse intern oder aber durch extern eingekaufte Dienstleister abgewickelt werden. In modularen Wertschöpfungsket-ten liegen die Logistikkompetenzen bei den vertraglich gebundenen Hauptpro-duzenten, die dem Hauptunternehmen wesentlich zuarbeiten. In gebundenen Wertschöpfungsketten wiederum, in denen die Käuferunternehmen die Zulieferer mit Vorgaben dominieren, liegt auch die logistische Abwicklung bei den Käufern (Hauptunternehmen) (Gereffi/Humphrey/Sturgeon 2005: 87). Auch hier ist die Abwicklung der Logistikvorgänge eine Frage der Unternehmensstrategie, bei denen die Unternehmen spezialisierte Dienstleister beauftragen oder die Logistik intern abwickeln. Eine Beauftragung von Dienstleistern und somit eine Auslagerung von Logistikaktivitäten ist in den meisten Fällen wahrscheinlich.

Für die Anwendung des GVC-Ansatzes zur Erklärung kettenartiger logistischer Transportabläufe spielen insbesondere die detaillierten Überlegungen zu Machtverhältnissen zwischen den beteiligten Akteuren eine Rolle. Da die Erstellung von Transportlogistikketten im Zusammenspiel verschiedener Akteure geschieht, ermöglicht der GVC-Ansatz eine analytische Aufgliederung des Zusammenspiels dieser Akteure unter Berücksichtigung verschiedener Macht- und Kontrollmechanismen sowie der Komplexität der Austauschvorgänge. Somit kann letztendlich weitergehend als mit den Aussagen des GCC-Ansatzes geklärt werden, in welchem Verhältnis die Akteure im Logistikprozess miteinander verbunden sind. So kann auf der Grundlage der unterschiedlich ausgeprägten Governancestrukturen ermittelt werden, ob kettenartige logistische Transportabläufe als am Markt frei verhandelte Produkte entstehen, bei denen vor- und nachgelagerte Teilleistungen (Transport- und Umschlagsvorgänge) über Preise und relativ einfache Austauschvorgänge weitergereicht werden können. Oder ob es darüber hinaus auch denkbar ist, dass bestimmte logistische Aktivitäten von einzelnen Akteuren stark an andere vor- oder nachgelagerte Aktivitäten gebunden sind und es Akteure gibt, die als zentrale Spieler die Erstellung von Transportlogistikabläufen bestimmen. Darauf aufbauend kann deutlich gemacht werden, in welchem Maße Akteure innerhalb dieser Prozesse unersetzbar oder austauschbar sind.

3.2.6 Konzept des Global Production Networks

Neben kettenbasierten Ansätzen hat sich innerhalb der Wissenschaft die Idee durchgesetzt komplexe, globalwirtschaftliche Zusammenhänge verstärkt mit Netzwerkansätzen zu erklären. Diese Entwicklung entspringt Überlegungen, dass kettenbasierte Ansätze einige Schwächen hinsichtlich der Konzeptualisierung von Produktions- und Distributionsprozessen aufweisen, da diese darin im Wesentlichen nur vertikal und horizontal dargestellt werden. Demgegenüber sind netzwerkbasierte Ansätze stärker dafür geeignet diese komplexen Prozesse in ihrer vielschichtigen und multidimensionalen Art abzubilden (Henderson et al. 2002: 442). Die Idee des Netzwerks wird dabei aber nicht als etwas komplett Neues betrachtet, sondern als ein passendes Instrument zur Darstellung der strukturellen und relationalen Ausprägungen und Organisationen der Güterproduktion, -distribution und -konsumtion gesehen (Coe/Dicken/Hess 2008: 272).

In diese Überlegungen zu netzwerkbasierten Erklärungsansätzen ist seit Beginn der 2000er Jahre durch Dicken et al. (2001), Henderson et al. (2002), Coe et al. (2004) sowie Coe/Dicken/Hess (2008) die Idee des netzwerkbasierten Ansatzes der Global Production Networks (GPN) heraus entwickelt worden, welcher den Hauptgedanken verfolgt, einen Analyserahmen zu schaffen, der eine Verbindung zwischen vertikalen und horizontalen Aspekten ermöglicht (Neilson/Pritchard 2009: 36). Hierbei wird ein GPN nicht als ein Beziehungsgeflecht eines Unternehmens betrachtet, sondern als ein weitläufiges institutionelles Rahmenwerk, in dem insbesondere auch nicht unternehmerische Akteure einbezogen werden (Henderson et al. 2002). Als wesentliche Merkmale besitzen GPN daher einen *„focus on the flows and the places and their dialectal connections"* (Henderson et al. 2002: 438). Dabei fließen im GPN-Begriff verschiedene Betrachtungsweisen aus einflussreichen theoretischen Ansätzen zusammen (Hess/Yeung 2006: 1193f.)

Eine gedankliche Grundlage im GPN-Ansatz bilden die GCC- und GVC-Ansätze, die jedoch auch als teilweise unzureichend betrachtet werden (Hess/Yeung 2006: 1196, Coe/Dicken/Hess 2008: 272). Wichtige Kritikpunkte an diesen Ansätzen werden daher im GPN-Ansatz aufgegriffen und weiterentwickelt, weshalb dieser auch als *„ ... a broad relational framework"* (Coe/Dicken/ Hess 2008: 272) verstanden wird. Im Gegensatz zu diesen Ansätzen zeichnet sich der GPN-Ansatz durch zwei wesentliche Unterschiede aus (Coe/Dicken/ Hess 2008: 272): Erstens strebt der GPN-Ansatz eine Überwindung der in den Kettenansätzen vorhandenen linearen Strukturen an und berücksichtigt insbesondere eine Netzwerkstruktur, was durch den Begriffswechsel von chain zu network symbolisiert wird. Hierbei steht der Netzwerkbegriff viel stärker als der Kettenbegriff für eine Analyse dichter, komplexer und flexibler Verbindungen (Neilson/Pritchard 2009: 37) und es wird deutlich, dass Produktionsschritte auch immer in nicht lineare Beziehungen eingebettet sind (Coe/Dicken/Hess 2008: 274f.). Zweitens werden Governanceprozesse nicht nur auf zwischenbetrieblicher Ebene betrachtet, sondern auch auf alle anderen Arten von Beziehungen und Akteuren erweitert.

Die Anwendung eines netzwerkbasierten Ansatzes wird nach Coe/Dicken/ Hess (2008: 275) mit mehreren Vorteilen in Verbindung gebracht. So ist es möglich damit eine Vielzahl nichtunternehmerischer Akteure zu identifizieren, die als wichtige Bestandteile eines Produktionssystems gelten. Zudem wird die analytische Betrachtung von rein linearen Abläufen der Produkterstellung auf die wesentlich komplexeren Kreisläufe der Faktoren Arbeit, Kapital und Wissen gerichtet. Ein weiterer Vorteil bietet sich dadurch, dass mit Hilfe des multidimensionalen Netzwerkblicks verschiedene Beziehungen und Synergien zwischen den Prozessen der Werterstellung in unterschiedlichen Produktionsnetzwerken erkannt werden können.

Durch die Konzeption des neuen Ansatzes sprechen Henderson et al. (2002: 445) bei einem GPN von einem konzeptionellen Rahmenwerk, „... *that is capable of grasping the global, regional and local economic and social dimensions of the processes involved in many (though by no means all) forms of economic globalization"*. Hierbei wird berücksichtigt, dass Produktionsnetzwerke im Allgemeinen zunehmend komplexer geworden sind und im starken Maße einen globalen Charakter bekommen haben und daher nicht nur Unternehmen darin eingebunden sind, sondern auch Teile ganzer Volkswirtschaften (Henderson 2002: 445f.). Ein GPN ist daher nicht nur ein Produktionsnetzwerk im Sinne eines „... *nexus of interconnected functions and operations through which goods and services are produced, distributed and consumed"*, sondern vielmehr ein Produktionsnetzwerk, *"... whose interconnected nodes and links extend spatially across national boundaries and, in so doing, integrates disparate national and subnational territories"* (Coe/Dicken/Hess 2008: 274).

Einen wichtigen Punkt innerhalb des GPN-Ansatzes stellt der Umgang mit dem Begriff der Räumlichkeit (spatiality) dar. Hierbei zeigt sich, dass grundsätzlich jedes jeweilige Element eines Produktionsnetzwerks räumlich verortet ist und Beziehungen zu den anderen Elemeten aufweist (Dicken 2007: 17). Neben dieser Form der Räumlichkeit müssen bei GPN jedoch noch weitere Aspekte betrachtet werden: Die räumliche Maßstäblichkeit (scalarity) und die räumliche Beschränktheit (boundedness) von Netzwerkaktivitäten (Henderson et al. 2002: 447). Die räumliche Maßstäblichkeit bezieht sich auf die multiskalaren Eigenschaften von GPN, wodurch alle Handlungsebenen von lokal, regional, national und international abgedeckt werden. Diese Ebenen stehen aber nicht für sich allein und sind auch nicht als alleinstehend zu betrachten (Dicken 2007: 18). Die Beschränktheit von Netzwerkaktivitäten bezieht sich auf die Akteure im gesamten Netzwerk. Hierbei sind einerseits Akteure zu nennen, die durch ihren räumlichen Kontext an bestimmte Orte gebunden sind, insbesondere nichtwirtschaftliche Akteure. Andererseits gibt es Akteure, in aller erster Linie wirtschaftliche Akteure, deren Handlungsspielraum weitgehend frei ist und die deshalb über Grenzen hinweg agieren können (Henderson et al. 2002: 447f.).

Der Ansatz eines GPN wird durch drei grundlegende Elemente (value, power und embeddedness) getragen, die die wesentliche Ausgangsposition für GPN-Analysen bilden. Die Elemente lassen sich in ihrer jeweiligen Ausprägung nochmals differenzieren. So kann das konzeptionelle Element value in die drei verschiedenen Formen value creation, value enhancement und value capture unterteilt werden (Henderson et al. 2002: 448).

Hinsichtlich des Elements power spielen Machtbeziehungen im GPN-Ansatz eine ebenso bedeutende Rolle, wie in den GCC- oder GVC-Ansätzen. Jedoch sind die Machtkonstellationen und -verteilungen im GPN-Ansatz wesentlich komplexer und flexibler ausgeprägt, was sich beispielsweise darin zeigt, dass große Unternehmen nicht immer die dominierenden Akteure sein müssen.

Die Macht eines Akteurs hängt dabei davon ab, inwieweit er als wichtiger Spieler im Netzwerk auftreten kann und Nachfrage durch andere Akteure erfährt (Coe/Dicken/Hess 2008: 276). Die Rolle der Macht und deren Ausübung ist insbesondere für die Ausweitung und den Gewinn von Werten (value) wichtig. Insgesamt lassen sich drei Machtbeziehungen unterscheiden (Henderson et al. 2002: 450):

- *corporate power.* Hierbei besitzen die lead firms ausreichend Kapazitäten, um in einem GPN Entscheidungen und Ressourcenallokationen in ihrem Interesse zu beeinflussen.
- *institutional power.* Dies umfasst die Möglichkeiten wie durch nationale, supranationale und globale Institutionen in verschiedenem Maße Macht auf Entscheidungen ausgeübt wird. Die Möglichkeiten der Machtausübung und deren Wirkung auf GPN schwanken dabei zwischen den einzelnen Institutionen. Die Basiseinheit bildet hierbei in erster Linie der Nationalstaat, da durch diesen ein Großteil aller Gesetze verabschiedet wird. Aber auch andere Einrichtungen der nationalstaatlichen Ebene, wie Gewerkschaften oder Arbeitgeberverbände üben große Wirkungen aus (Giese/Mossig/Schröder 2011: 165).
- *collective power.* Hierunter wird die Machtausübung verstanden, die von Gewerkschaften, Arbeitnehmerverbänden oder Nichtregierungsorganisationen vollzogen wird. Diese Akteure können auf verschiedenen Maßstabsebenen tätig sein.

Das dritte wesentliche konzeptionelle Element von GPN ist die embeddedness. In GPN sind nicht nur Unternehmen funktional und territorial miteinander verbunden. Es werden auch spezifische soziale und räumliche Aspekte berücksichtigt, die auf die Unternehmen einwirken (Henderson et al. 2002: 451). Jeder Bestandteil eines GPN ist an irgendeinen spezifischen Ort entweder materiell oder immateriell gebunden, wodurch Produktionsnetzwerke, die ein Unternehmen in den Mittelpunkt stellen, immer durch den vorhandenen konkreten sozio-politischen, institutionellen und kulturellen Kontext beeinflusst werden, in den sie eingebettet sind (Dicken 2007: 18, Coe/Dicken/Hess 2008: 279).

Für ein GPN sind in der Vielzahl von Ausprägungen der embeddedness zwei Formen von besonderer Wichtigkeit (Henderson et al. 2002: 452):

- *territorial embeddedness.* Diese Form bezieht sich auf die unterschiedlichen Unternehmen innerhalb eines GPNs sowie deren Verortung an unterschiedlichen Orten auf variierenden Maßstabsebenen. Hierbei wird davon ausgegangen, dass GPN nicht nur an bestimmten Orten lokalisiert sind, sondern dass diese Orte auch durch ihre jeweilige ökonomische und soziale Dyna-

mik auf die GPN einwirken, was wiederum die Entwicklung eines Ortes beeinflusst.
- *network embeddedness.* Hierbei stehen die Akteursbeziehungen in einem Netzwerk im Vordergrund sowie die strukturelle Ausprägung und Stabilität ihrer Beziehungen. Je nach Art der Beziehungen bemisst sich die Qualität der Einbindung des einzelnen Akteurs, aber auch die der Struktur des GPN.

Die dargelegten drei konzeptionellen Kategorien (value, power und embeddedness) werden letztendlich durch verschiedene konzeptionelle Dimensionen geprägt. Als wichtige Dimensionen gelten dabei Unternehmen, Sektoren, Netzwerke und Institutionen. Diese Dimensionen schaffen insgesamt einen Rahmen, in dem Werte entstehen, Macht ausgeübt wird oder institutionelle Einbettungen stattfinden (Henderson et al. 2002: 452).

Der GPN-Ansatz erfährt trotz seiner relativ breiten Ausgestaltung und seines Erklärungsgehalts in der Literatur auch Kritik. So kritisiert Levy (2008: 951), dass der Versuch des GPN-Ansatzes aus analytischer Sicht weiterzugehen als lineare Ansätze oftmals nicht gelingt und lediglich Analysen hervorbringt, die starke Ähnlichkeit zu GCC-Studien aufweisen. Darüber hinaus kritisiert Murphy (2012: 209), dass in den GPN-Analysen eine effektive Konzeptualisierung von „agency" fehlt sowie die Bedeutung von führenden transnationalen Unternehmen innerhalb des GPN-Konstrukts nicht stark genug betont wird. Aus seiner Sicht könnte dies jedoch durch die Erstellung eines festen Agencymodells vermieden werden, wodurch ein besseres Verständnis der Netzwerkentwicklungsprozesse entstehen würde, insbesondere für die Prozesse, die durch kleinere Unternehmen in Entwicklungsländern gesteuert werden.

Ein weiterer Kritikpunkt des Ansatzes kann nach Neilson/Pritchard (2009: 46) in seiner eigentlichen Stärke, dem Betrachtungswechsel von der Kette hin zu einem Netzwerk, gesehen werden. Dieser Betrachtungswechsel führt bei konkreten Analysen zu einer Diffusion des Untersuchungsgegenstandes und somit zur Berücksichtigung neuer, teils bisher nicht beachteter, Aspekte. Obwohl dies für eine genaue Analyse positiv ist, wird dadurch aber auch eine sehr umfängliche Berücksichtigung aller Aspekte von relevanten Netzwerkkonfigurationen notwendig, die zwar theoretisch greifbar sind, jedoch praktisch nahezu nicht erfasst werden können. Es scheint daher notwendig, den weitläufigen Rahmen einer GPN-Analyse auf eine bestimmte Größe abzugrenzen, was jedoch letztendlich zu anderen Ergebnissen führen kann (Neilson/Pritchard 2009: 46).

Seit der Einführung des GPN-Konzeptes ist dieses von verschiedenen Autoren in Studien als theoretischer Unterbau eingesetzt worden. So zum Beispiel von Vind/Fold (2007) in einer Analyse der Elektroindustrie Singapurs, von Bowen Jr. (2007) zu Luftfahrtindustrien in asiatisch-pazifischen Volkswirtschaften, von Murphy (2012) für eine agrarpolitische Analyse des bolivianischen

Holzproduktesektors oder von Johns (2006) zu globalen Produktionen in der Videospielindustrie.
Ähnlich den Überlegungen zu den GCC- und GVC-Ansätzen zeigt sich auch im GPN-Ansatz, dass die Logistik eine verbindende Funktion einnimmt. Die Logistik muss als wichtig in den GPNs gesehen werden, da diese auf einem Zusammenspiel verschiedener weltweit verstreuter Produktions- und Konsumtionsorte basieren und darin verschiedene logistische Prozesse notwendig sind. Zu erkennen sind diese Prozesse insbesondere im Bereich der Unternehmen, die in einem GPN eingebunden sind und aufgrund ihrer Produktion materielle Flüsse erzeugen. Diese Materialflüsse müssen durch Transportleistungen gewährleistet werden. Insbesondere durch die Verteilung von Unternehmen auf verschiedenen räumlichen Maßstabsebenen innerhalb eines GPN wird der Güteraustausch erheblich befördert. Ohne logistische Leistungen könnten die Vorteile der GPN nicht richtig ausgenutzt werden. Die Transporte sind somit wichtige Elemente für die Entstehung und das Funktionieren von GPN (Rodrigue 2006: 511).

Trotz der Bedeutung von Transportvorgängen innerhalb von GPN wird aus verkehrsgeographischer Sicht kritisiert, dass logistische Aktivitäten im GPN-Ansatz nur unzureichend berücksichtigt werden. Sie spielen in der Konzeptualisierung von GPN lediglich eine untergeordnete Rolle, werden nicht explizit erwähnt oder scheinen in der Entwicklungsgeschichte von GPNs übersehen worden zu sein. Demnach werden GPN oftmals nur als „spaces of location" gesehen und die ihre Bedeutung als „spaces of flows", in denen logistische Distributionsprozesse wichtig sind, nicht berücksichtigt. Da jedoch Transportprozesse GPN maßgeblich mitgestalten, sollten diese stärker in die Betrachtung von GPN-Ausprägungen einbezogen und als integrale Bestandteile dieser verstanden werden (Hesse/Rodrigue 2006: 503ff., Rodrigue 2006: 511).

Eine mögliche Übertragbarkeit von Aussagen des GPN-Ansatzes auf Transportlogistikabläufe ist mit der Frage verbunden, inwieweit diese im Sinne eines Netzwerkes verstanden werden können. Hierbei darf der analytische Blick nicht nur auf die Beziehungen zwischen den an der Erstellung eines kettenartigen Transportablaufs beteiligten logistischen Unternehmen gelegt werden, sondern muss darüber hinaus ein Geflecht institutioneller Rahmenbedingungen berücksichtigen, die auf die ablaufenden logistischen Prozesse einwirken. Für die Erklärung von Transportlogistikprozessen kann aus dem GPN-Ansatz insbesondere der Aspekt der Ausprägung von Governancestrukturen als sinnvoll gesehen werden. Vor allem die Überlegungen zum grundlegenden Element power und dessen Differenzierungen bieten dafür Potenziale. So kann beispielsweise die Betrachtung der institutional power bei Transportlogistikabläufen Aussagen darüber erbringen, inwieweit nationale, supranationale oder globale Institutionen in verschiedener Weise auf Entscheidungen innerhalb von Logistikprozessen einwirken. Ähnlich verhält es sich bei Betrachtung der collective power, worin davon ausgegangen wird, dass beispielsweise auch Entscheidungen oder Vorgaben von Gewerkschaften oder Arbeitnehmerverbänden an bestimmten Standorten, die in Transportlogistikabläufe eingebunden sind, beeinflussende Wirkung auf deren Ablauf nehmen können. Vorstellbar ist hierbei beispielsweise, dass bestimmte Vorgaben die Arbeitsbedingungen an Schnittstellen in Transportlogistikabläufen deutlich verändern können und so auf deren Produktivität einwirken.

Neben den Governanceaspekten sind es zudem die Aussagen des grundlegenden Elements embeddedness, also zu räumlichen Strukturen der GPN und zur Einbettung von Akteuren, die für die Erklärung von ketten- beziehungsweise netzwerkartigen Logistikprozessen herangezogen werden können. Über die räumliche Verortung von Akteuren innerhalb von Transportlogistikabläufen auf verschiedenen Handlungsebenen (lokal, regional, national oder international) ist es möglich, die Wirkungen der an den Standorten vorherrschenden Kontexte auf die Transportlogistikabläufe und deren relevante Akteure zu analysieren. So kann analysiert werden, inwieweit Transportlogistikabläufe oder -akteure durch diese Kontexte beeinflusst werden, deren Einbindung in gesamtheitliche Transportlogistikabläufe stattfindet und sich dadurch unterschiedliche Beziehungen zum gesamten logistischen Transportablauf einstellen.

3.3 Zusammenfassung relevanter Aspekte der Erklärungsansätze

In den vorangegangenen Ausführungen zu Erklärungsansätzen von Produktions- und Warenketten wird deutlich, dass es eine Vielzahl verschiedener Ansätze gibt, die sich der Thematik von ketten- oder netzwerkbasierten Wirtschaftsabläufen in unterschiedlicher Weise widmen. Die Darstellung der einzelnen Erklärungsansätze verfolgte das Ziel diese im Hinblick auf die Fragestellung der Arbeit zu analysieren. Die Ansätze sollten dabei dahingehend analysiert werden, inwieweit sie Aussagen zur Logistik treffen und Aussagen für die Übertragbarkeit auf Transportlogistikabläufe bieten.

Aussagen zur Logistik: Hinsichtlich möglicher Aussagen zur Logistik zeigt sich in allen Ansätzen, dass dieser Aspekt oftmals keine oder nur eine untergeordnete Rolle spielt. Die Logistik wird hierbei entweder als Begleiterscheinung vorausgesetzt und nicht weiter thematisiert oder als eine Aufgabe verstanden, die zur Abwicklung eines Gesamtprozesses notwendig ist. Dadurch wird deutlich, dass die näher betrachteten Ansätze in ihrer ursprünglich entwickelten Form nicht zur Erklärung logistischer Transportabläufe konzipiert worden sind.

Aussagen für die Übertragbarkeit auf Transportlogistikabläufe: Hinsichtlich der Übertragbarkeit einzelner theoretischer Aussagen der dargestellten Ansätze ergibt sich, dass sich daraus einige Erklärungspotenziale für Transportlogistikabläufe ableiten lassen. Wie bereits im Kapitel 2.2.5 aufgezeigt wurde, ist es empirisch belegbar, dass diese in ihrer Ausgestaltung als kettenartig ablaufende Prozesse verstanden werden können. Daher ist es umgekehrt auch denkbar, dass die Ansätze zu Wertschöpfungs- und Warenketten Potenzial haben, die Transportlogistikabläufe in ihrer ketten- oder netzwerkartigen Ausprägung zu erklären. Dieses Potenzial ergibt sich vor dem Hintergrund, die ketten- beziehungsweise netzwerkbasierten Ansätze in Verbindung mit aneinandergereihten logistischen Aktivitäten zu setzen. Hierbei wird unterstellt, dass es sich auch bei der Erstellung von Logistikprozessen um eine Produktionskette beziehungsweise ein Produktionsnetzwerk handelt, in denen Produktionsprozesse stattfinden und es zur Erstellung einer logistischen Dienstleistung kommt. Ähnlich den oben dargestellten Ansätzen agieren dabei unterschiedliche Akteure an verschiedenen Orten miteinander und sind an diesem Produktionsprozess beteiligt. Aus diesem Grund sind Aussagen der Ansätze für das Zusammenspiel verschiedener Akteure im Transportlogistikablauf relevant.

Als besonders relevant zeigt sich die Erkenntnis, dass im Produktionsprozess nicht nur technische und rational-ökonomische Überlegungen darüber entscheiden welche Produktionsschritte beziehungsweise Kettenabschnitte von einzelnen Unternehmen durchgeführt werden, sondern auch verstärkt Macht- und Koordinierungskonstellationen zwischen den beteiligten Akteuren oder Unternehmen in vielfältiger Weise sehr wichtig sind und zur Entstehung von räumlich und organisatorisch gegliederten Produktionsketten führen. Diese verschiedenen Aspekte von Macht und Koordinierung kommen insbesondere in den Ansätzen des Filière-Modells, der Global Commodity Chains und der Global Value Chains deutlich zum Tragen. Die genannten Ansätze geben demnach theoretische Überlegungen vor, wie das Zusammenspiel der Akteure in logistischen Kettenabläufen organisiert sein kann und welche Macht- und Koordinierungsverhältnisse die Akteure untereinander aufweisen.

Neben dem Aufzeigen von möglichen Macht- und Koordinierungsverhältnissen zwischen den Akteuren verdeutlichen einige Ansätze zudem, dass Ketten- oder Netzwerkabläufe nicht nur über die darin direkt involvierten Unternehmen und deren interdependenten Beziehungen geprägt werden, sondern auch durch unterschiedliche institutionelle Rahmenbedingungen, die Einfluss auf Akteurskonstellationen nehmen. Diese Rahmenbedingungen stellen einen wesentlichen externen Einflussfaktor dar, der innerhalb eines logistischen Transportablaufs auf allen unterschiedlichen Maßstabsebenen, von der lokalen bis zur staatlichen Ebene, wirken kann. Insbesondere die Aussagen zu Machtbeziehungen und Einbettungen des Ansatzes zu Global Production Networks bieten hier eine theoretische Grundlage, die auf Transportlogistikabläufe übertragen werden kann.

Für den Fortgang der Untersuchung und zur Analyse von Macht- und Koordinationsverhältnissen sowie institutionellen Einflüssen in Transportlogistikabläufen können demnach die Aussagen des Filière-Ansatzes sowie der Ansätze zu Global Commodity Chains, Global Value Chains sowie zu Global Production Networks herangezogen werden. So agieren innerhalb internationaler Logistikprozesse verschiedene logistische Akteure und tragen durch ihre spezifischen Transportaktivitäten und Interaktionen zur Erstellung von ketten- beziehungsweise netzwerkbasierten Transportlogistikabläufen bei. Hierbei agieren die Akteure in einem eigenen spezifischen Umfeld und kommen mit anderen Akteuren an Schnittstellen zusammen, an denen der logistische Kettenablauf eine Beeinflussung oder Veränderung erfährt. Diese Schnittstellen sind dabei von logistischen Unternehmen besetzt, die dort über bestimmte Macht- und Koordinierungsmöglichkeiten verfügen. Somit ist davon auszugehen, dass bestimmte Akteure innerhalb des kettenbasierten Transportlogistikprozesses Handlungsmacht besitzen und diese Macht gegenüber vor- und nachgelagerten Akteuren und Aktivitäten ausüben.

Da sich die vorliegende Untersuchung der Frage widmet, welche Bedeutung insbesondere Seehafencontainerterminals als Schnittstellen in der Organisation von Transportlogistikabläufen spielen, richtet sich der Untersuchungsfokus auf diese Terminals, den darin involvierten Akteuren sowie deren Zusammenspiel. Die Konzentration auf die Seehafencontainerterminals als Bestandteile internationaler Transportlogistikabläufe erfolgt, weil der Seeverkehr die tragende Säule des internationalen Verkehrs ist und im Wesentlichen den Hauptlauf weltweiter logistischer Transportabläufe darstellt. Wie bereits in Kapitel 2.1.4 dargestellt wurde, werden über den Seeverkehrsweg mehr als zwei Drittel des weltweiten Warenverkehrs abgewickelt. Die Seehäfen sind daher die zentralen Schnittstellen in den weltweiten Verkehrsabläufen, in denen zahlreiche Warenströme aus Quellen zusammengezogen oder in Richtung verschiedener Senken verteilt werden. Innerhalb der Seehäfen haben sich in den letzten Jahren die Containerterminals als bedeutende und für die Entwicklung von Seehäfen wichtige Umschlagspunkte herauskristallisiert. Diese Bedeutung wird vor allem durch den starken Anstieg des Containerisierungsgrads der letzten Jahre in internationalen Transportlogistikabläufen getragen, der auch weiterhin hohe Wachstumzahlen aufzeigt. Die Containerterminals als zentrale Schnittstellen dieser kettenartigen Abläufe fließen demnach als Analysegegenstand in die vorliegende Untersuchung ein. Sie werden zusammen mit Merkmalen von Transportlogistikabläufen in Verbindung mit den theoretischen Aussagen der aufgezeigten Ansätze gesetzt. Bevor dies jedoch in detaillierter Weise erfolgen kann, wird zunächst ein Überblick über Charakteristika von Containerseehäfen und Containerterminals als maritime Schnittstellen gegeben. Dabei wird sowohl die Einbindung in Transportlogistikabläufe als auch das Agieren verschiedener Akteure betrachtet.

3.4 Einbettung von Containerseehäfen und -terminals in Transportlogistikabläufe

3.4.1 Integration von Containerseehäfen in Logistik- und Transportketten

Bedeutung und Funktionen von Seehäfen

Seehäfen sind Orte, die durch Wechsel- und Umschlagsprozesse von Passagieren und Gütern sowohl zwischen Schiff und Land als auch zwischen zwei Schiffen gekennzeichnet sind. Hierfür verfügen Seehäfen über verschiedene Anlagen, wie Terminals, Lagerhäuser, Hafenbahnhöfe oder Fabrikanlagen, die räumlich und funktional im Zusammenhang mit den Güterumschlags- oder Passagierwechselprozessen stehen (Kramer 2004: 5). Darüber hinaus stellen Seehäfen jedoch komplexe und dynamische Einheiten dar, in denen eine Reihe unterschiedlicher Aktivitäten ablaufen und an denen vielzählige Akteure beteiligt sind. Sie lassen sich daher hinsichtlich ihrer Anlagen, Funktionen sowie Organisationsstrukturen voneinander unterscheiden (Bichou 2009: 31).

Als wesentliche Unterscheidungsmerkmale von Seehäfen gelten unter anderem die Größe, die geographische Lage, die Form des Hafenmanagements, die Ausübung der operativen Funktionen und die Verkehrsbedeutung (Naski 2004a: 30, Woitschützke 2006: 271). So ergibt beispielsweise eine Betrachtung der Verkehrsbedeutung eine Aussage darüber, auf welcher räumlichen Maßstabsebene einzelne Seehäfen agieren. Hierbei lassen sich Seehäfen mit eher lokaler oder regionaler Bedeutung von sogenannten Welthäfen unterscheiden (Woitschützke 2006: 271). Die Differenzierung erfolgt dabei zumeist unter Berücksichtigung der umgeschlagenen Gütermengen beziehungsweise der Güterarten (Naski 2004a: 30). Dies ermöglicht jedoch auch gleichzeitig einen Größenvergleich von Seehäfen.

Als Unterscheidungsmerkmale von Seehäfen lassen sich auch die von ihnen ausgeübten Funktionen heranziehen. Die Literatur differenziert dabei im Wesentlichen vier Funktionen, die von Seehäfen ausgeübt werden: die Umschlags- oder Transferfunktion, die Wirtschafts- oder Handelsfunktion, die Industriefunktion und die Logistikfunktion (Suykens 1983: 22, Naski 2004a: 31). Während die drei erstgenannten bereits seit mehreren Jahrzehnten unterschieden werden, hat sich die Logistikfunktion erst seit einigen Jahren heraus entwickelt. Die Ausübung und die Bedeutung der vier genannten funktionalen Aufgaben variieren dabei in den einzelnen Seehäfen. Dies ergibt sich entweder aufgrund struktureller Unterschiede von Seehäfen oder in Folge der Variation des zeitlichen Betrachtungspunkts (Naski 2004a: 31). Die vier genannten Hafenfunktionen weisen folgende Charakteristika auf (Suykens 1983: 22, Naski 2004a: 31f.):

Die *Umschlags- oder Transferfunktion* steht in einem starken Abhängigkeitsverhältnis zu einzelnen Güterarten und der Verkehrsentwicklung, da diese die Flexibilität und Anpassungsfähigkeit eines Seehafens fordern und mitbe-

stimmen. Hierdurch wird letztendlich bestimmt, in welcher Form die Umladungsprozesse zwischen See- und Landverkehr stattfinden und welche Effizienz
dabei erreicht werden kann.

Die *Wirtschafts- oder Handelsfunktion* ermöglicht bestimmten Güterarten
den Zugang zum Hafenhinterland eines Seehafens. Neben Hafenkapazitäten sind
dabei optimale Hinterlandanbindungen ausschlaggebend. Diese Funktion ist jedoch in den letzten Jahren abgeschwächt worden, da einerseits das Hafenhinterland eines Seehafens nicht mehr trennscharf zu anderen Seehäfen gesehen werden kann (OECD/ITF 2009) und andererseits die Güter heutzutage nicht mehr direkt vom Hafen kontrolliert werden, sondern von Umschlags- und Industrieunternehmen. Diese verlagern zunehmend die Disposition der umgeschlagenen Güter in Bereiche außerhalb des Seehafens.

Die *Industriefunktion* hat sich vor allem im Laufe der zunehmenden Internationalisierung der Wirtschaft durchgesetzt und ist durch die Ansiedlung hafenaffiner Industriezweige, wie chemischer Industrie, Holzverarbeitung oder Stahlindustrie geprägt. Diese Funktion entsteht dabei durch den Rohstoffumschlag für
die in der Nähe angesiedelten Industriebetriebe, welche die Rohstoffe zu Folgeprodukten verarbeiten und den Seehafen für deren Weitertransport ebenfalls nutzen.

Die *Logistikfunktion* hat sich insbesondere in den letzten Jahren heraus entwickelt und entspringt den Entwicklungstendenzen hin zu allumfassenden Logistikketten. Hierbei stellen die Seehäfen nicht mehr nur alleinstehende Umschlagspunkte im logistischen Prozess dar, sondern werden verstärkt als Akteure in integrierten Logistikketten aktiv, in denen sie selbst komplette Transportlösungen
vom Absender bis zum Empfänger anbieten können.

Neben diesen vier wesentlichen Hafenfunktionen benennt die Literatur vielzählige weitere Funktionen, die von Seehäfen ausgeübt werden, beispielsweise
die Beschäftigungsfunktion, die Wachstumsfunktion oder die Versorgungsfunktion (Biebig/Althof/Wagener 1994: 131f.). Diese sind jedoch detailliert betrachtet weniger alleinstehende Funktionen, sondern vielmehr Teile der genannten
vier Hauptfunktionen (Naski 2004a: 35).

Eigentums- und Managementstrukturen von Seehäfen

Ein wesentliches Unterscheidungs- und Analysemerkmal von Seehäfen sind deren stark differenzierende Eigentums- und Organisationsformen. Jedem Seehafen
ist dabei eine spezifische Organisationsform zuzuschreiben (Kramer 2004: 12),
die letztendlich wichtig für dessen Leistungsfähigkeit ist und in erster Linie
durch Aspekte der Hafenstrategie bestimmt wird (Song/Cullinane/Roe 2001:
119). Die Anwendung eines bestimmten Hafenverwaltungsmodells hängt von
verschiedenen Einflussfaktoren ab. Als entscheidend gelten hierbei sozio-politische Rahmenbedingungen eines Landes, in dem der Hafen angesiedelt ist, histo-

rische Entwicklungen, die Hafenlage in Bezug zum Hinterland sowie die im See-hafen umgeschlagenen Güterarten (Weltbank 2003: 16).

Traditionell basiert die Hafenverwaltung überwiegend auf dem Prinzip des öffentlichen Eigentums, bei dem lokale oder zentrale Regierungen für die Ver-waltung des Hafens zuständig sind. Jedoch zeigt sich, dass zunehmend auch pri-vate Unternehmen die Hafenoperationen übernehmen (Naski 2004a: 45). In die-sen Modellen kommt es als ein typisches Element öffentlicher Seehäfen häufig zu einer Teilung der Eigentumsverhältnisse zwischen der Hafeninfrastruktur und der Hafensuprastruktur[9] (Naski 2004a: 28).

Neben öffentlichen Seehäfen existieren auch Seehäfen, die eine rein privat-wirtschaftliche Organisationsform aufweisen. Ob Seehäfen öffentlich oder privat ausgerichtet sind, wird letztendlich durch das Hafenmanagement und die Hafen-entwicklungspolitik in einem Staat oder an einem Standort bestimmt. Die mögli-che Ausrichtung ist dabei durch ein weites Spektrum verschiedener Hafenver-waltungsmodelle geprägt, das von rein öffentlich betriebenen bis hin zu privat betriebenen Seehäfen reicht (Weltbank 2003). Keines der vorkommenden Mo-delle kann als Standardmodell angesehen werden, vielmehr existiert eine Vielfalt verschiedener Typen (Song/Cullinane/Roe 2001: 120). Bei der Entscheidung für ein spezifisches Hafenmodell spielt die funktionale Ausrichtung der Seehäfen keine zentrale Rolle, denn selbst unter Häfen, die im Grunde ähnliche Funktio-nen aufweisen, unterscheiden sich die Hafenverwaltungsmodelle voneinander (Bichou 2009: 36).

Hinsichtlich der Organisation von Seehäfen hat die Weltbank (2003) eine Konzeption aufgestellt, wie diese dargestellt und voneinander unterschieden werden können. Insgesamt werden dabei vier Modelle der Hafenorganisation un-terschieden, die weltweit als wesentliche Hafentypen vorkommen: public service ports, tool ports, landlord ports und private service ports (Weltbank 2003: 16). Die drei erstgenannten Hafentypen sind öffentliche Häfen, während der letztge-nannte Typ ein rein privatwirtschaftliches Modell darstellt. Zur Klassifizierung dieser organisationalen und institutionellen Hafenstrukturen werden unterschied-liche Kategorien herangezogen. Dies sind die Art der Verwaltungssteuerung, der institutionelle Rahmen, das Regulationssystem sowie die Arbeitsorganisation im Hafen (Bichou 2009: 36). Je nach Ausprägung dieser Kriterien lässt sich eines der vier benannten Verwaltungsmodelle einem Seehafen zuordnen. Die Hafen-

---

[9] Zur Hafeninfrastruktur zählen die seewärtigen Hafenzufahrten, die Wasserbecken, der Grund und Boden sowie die Verkehrs- und Versorgungsinfrastrukturen auf dem Hafengelände. Die Hafeninfra-struktur wird dabei überwiegend durch die öffentliche Hand bewirtschaftet. Demgegenüber besteht die Hafensuprastruktur aus verschiedenen Anlagen des Güterumschlags zu denen beispielsweise Ha-fenkräne, Umschlagsanlagen und Terminals, Flurfördergeräte, Schuppen und Lagereinrichtungen zählen. Diese Anlagen werden zumeist durch Betreibergesellschaften bewirtschaftet, die entweder zur öffentlichen Hand gehören oder rein privatwirtschaftlich organisiert sind (Naski 2004a: 28f.).

verwaltungsmodelle weisen folgende Charakteristika auf (siehe Tabelle 2) (Weltbank 2003: 16f.):

Tabelle 2: Typen unterschiedlicher Hafenverwaltungsmodelle

Typen	Infra-struktur	Supra-struktur	Hafen-arbeiter	Andere Funktion
public service port	öffentlich	öffentlich	öffentlich	mehrheitlich öffentlich
tool port	öffentlich	öffentlich	privat	öffentlich/privat
landlord port	öffentlich	privat	privat	öffentlich/privat
private service port	privat	privat	privat	mehrheitlich privat

Quelle: veränderte Darstellung nach Weltbank 2003: 21

Public service ports: Diese Häfen weisen einen vorwiegend öffentlichen Charakter auf. Hierbei ist es vor allem die Hafenverwaltung, die für ein komplettes Angebot verschiedener Dienstleistungen zur Aufrechterhaltung des Hafenbetriebes verantwortlich ist. Somit sind alle Anlagen innerhalb des Hafens im öffentlichen Besitz und werden durch den Hafen selbst betrieben und aufrechterhalten. Auch die Umschlags- und damit verbundenen Arbeitsprozesse werden direkt vom Hafen durchgeführt

Tool ports: Diese Häfen weisen ähnlich den public service ports einen weitgehend öffentlichen Charakter auf. Sowohl die Hafeninfrastruktur als auch die -suprastruktur befindet sich im Besitz der Hafenverwaltung und wird von dieser mit eigenen Arbeitern betrieben und weiterentwickelt. Es ist die Aufgabe der Hafenverwaltung das Hafengelände und die Hafensuprastruktur so herzurichten, dass diese von privaten Umschlagsunternehmen genutzt werden können. Die privaten Unternehmen wiederum führen Umschlagsvorgänge im Auftrag von Schiffsspediteuren durch. Diese Arbeitsteilung innerhalb der tool ports kann jedoch zu Schwierigkeiten zwischen der Hafenverwaltung und den Umschlagsunternehmen führen, da die Hafenverwaltung die Umschlagsanlagen besitzt, wodurch die Umschlagsunternehmen den Güterumschlag nicht unabhängig kontrollieren und betreiben können.

Landlord ports: Diese Form der Hafenorganisation ist momentan weltweit dominierend und setzt sich immer weiter durch. Seehäfen dieser Art sind durch eine Mischung von öffentlichen und privaten Zuständigkeiten charakterisiert. Hierbei agiert die Hafenverwaltung als sogenannter Landlord und ist für die Investitionen in die Infrastruktur zuständig. Die Aktivitäten des Güterumschlags werden jedoch von privaten Umschlagsunternehmen durchgeführt. Diese Unternehmen verfügen über Leasingverträge für die von ihnen genutzte Hafeninfrastruktur und betreiben auf dieser ihre eigene Suprastruktur, wie Containerabstellplätze oder Lagerhäuser, und eigene Umschlagsanlagen, beispielsweise Kräne. Die Arbeitsprozesse werden zumeist von Arbeitern der privaten Unternehmen ausgeführt.

Private service ports: Bei dieser Organisationsform liegen nahezu alle Zuständigkeiten innerhalb des Hafens in privater Hand. Insbesondere der Privatbesitz von Land und Infrastruktur ist ein prägnantes Merkmal dieser Häfen. Durch die Grundstücksveräußerungen an private Unternehmen werden sehr oft auch die Regulierungsmöglichkeiten auf diese übertragen. Diese Form der Hafenverwaltung birgt jedoch auch das Risiko, dass Grundstücke von den privaten Besitzern an andere Interessenten veräußert werden können, die keine maritime Nutzung darauf anstreben.

Bei den Organisationsstrukturen von Seehäfen ist in den letzten Jahren ein Trend zu erkennen, bei dem der Anteil von Häfen mit privaten Aktivitäten angestiegen und somit die traditionelle Rolle der öffentlichen Hand als Hafenbetreiber und -eigentümer zurückgegangen ist (Bichou 2009: 36). Diese Entwicklung geschieht vor dem Hintergrund finanz- und wirtschaftspolitischer Veränderungen in einzelnen Ländern, die zu öffentlich-privaten Finanzierungen von Verkehrsinfrastrukturen und somit auch innerhalb von Seehäfen geführt haben. Die Grundlage hierfür bilden Maßnahmen der Deregulierung, Dezentralisierung und Privatisierung, durch die versucht wird bürokratische Hürden abzubauen sowie wirtschaftliche Entwicklung und Produktivität zu fördern. Des Weiteren sollen durch die Öffnung für private Investitionen die öffentlichen Haushalte entlastet und die Wettbewerbsfähigkeit öffentlicher Infrastruktureinrichtungen erhöht werden (Nuhn 2005: 112, Midoro/Musso/Parola 2005: 90). Seit Beginn der 1980er Jahre sind unter anderem auch Hafeninfrastrukturen in diese Umstrukturierungsprozesse einbezogen worden. Insbesondere Neuseeland und Großbritannien stellten hierbei Vorreiter dar und privatisierten viele Geschäftsfelder der vormals staatlich kontrollierten Seehäfen. Diese Entwicklungen bildeten einen Ausgangspunkt für weltweite Reformen im Seehafenbereich, die auch insbesondere durch Beratungsmaßnahmen der Weltbank forciert und begleitet wurden (Rodrigue/ Comtois/Slack 2009: 18).

Die vier genannten Hafenverwaltungsformen sind in unterschiedlicher Weise weltweit wiederzufinden. Hierbei sind Unterschiede nicht nur zwischen einzelnen Staaten, sondern auch zwischen Seehäfen innerhalb einzelner Länder zu finden. Vor allem bei den öffentlichen Seehäfen zeigen sich Unterschiede in der Organisation von Hafenverwaltungen. Dabei lassen sich beispielsweise für Europa drei Gruppen geographisch voneinander trennen (Naski 2004a: 47, Kramer 2005: 12): 1) die nordwesteuropäischen Seehäfen, deren Hafenverwaltungen zumeist durch lokale oder kommunale Organisationsstrukturen geprägt sind, 2) die südwesteuropäischen Seehäfen, deren Organisation vornehmlich durch zentralstaatliche Strukturen gekennzeichnet ist und 3) die angelsächsischen Seehäfen, die im Wesentlichen keiner Regierungskontrolle unterliegen, sondern vielmehr privatwirtschaftliche Organisationsstrukturen aufweisen. Letztere (öffentliche) Häfen unterliegen jedoch verstärkt Privatisierungstendenzen.

Die Einbindung von Containerseehäfen in logistische Abläufe

Containerseehäfen agieren in einem Umfeld, das stetigen wirtschaftlichen und logistischen Veränderungen ausgesetzt ist und in dem eine Reihe unterschiedlicher Akteure Einfluss auf Transportvorgänge nehmen. Als Akteure wirken hierbei Verlader, Empfänger, Schiffslinien, Terminalbetreiber sowie Straßen-, Schienen- oder Binnenschifffahrtstransportunternehmen. Diese haben dabei eigene Interessen im Blick und benötigen für ihre Aufgabenerfüllung gute organisatorische und technische Arbeitsbedingungen. Durch ihre eigenen spezifischen Anforderungen wirken sie dabei in unterschiedlicher Weise auf die Einbindung von Containerhäfen in Logistikabläufe ein (Carbone/de Martino 2003: 306).

Eine wesentliche Entwicklung, der sich die Containerhäfen seit einiger Zeit stellen müssen, ist die zunehmende Einbindung in weltweite Zuliefer- und Logistikketten, wodurch sich auch die Nachfragebedingungen für die Logistik und somit für die Seehäfen verändert haben (Notteboom/Winkelmans 2001: 74). Innerhalb dieser gesamtheitlichen Kettenabläufe stellen die Containerhäfen bidirektionale Schnittstellen dar, da über sie sowohl seewärtig als auch landwärts Güter umgeschlagen werden. Um den Seehafen dabei optimal in die Logistik- und Zulieferketten zu integrieren, bedarf es eines hohen Maßes an logistischer Koordinierung (Song/Panayides 2007: 4).

Aufgrund der starken Fokussierung auf Hafenmerkmale ist eine detaillierte Betrachtung zur Einbindung von Containerseehäfen als Bestandteil in gesamtheitlichen Logistikkettenabläufen in der Vergangenheit oftmals nicht durchgeführt worden. Hierdurch ergibt sich eine Erkenntnislücke darüber, wie wettbewerbsfähig die Containerseehäfen unter Berücksichtigung neuer Wettbewerbsbedingungen in weltweiten Logistikketten tatsächlich agieren (Notteboom 2008: 31f., Notteboom 2009: 32). Unter den neuen Wettbewerbsbedingungen konkurrieren die Containerseehäfen nicht mehr nur als individuelle Standorte um den Güterumschlag, sondern sind vielmehr wichtige Schnittstellen im Wettbewerb weltweit ausgeprägter intermodaler Transportlogistikabläufe (Notteboom/ Winkelmans 2001: 79, Robinson 2002: 252, Notteboom 2007: 46). Die Position eines Containerseehafens im globalen Umschlagsgeschäft ergibt sich somit verstärkt aus dessen Einbindung in internationale Liefer- und Logistikketten, die ihrerseits wiederum zunehmend zum Geltungsbereich für die Analyse der Wettbewerbsfähigkeit eines Seehafens werden (Notteboom 2007: 46, Notteboom 2009: 32). Für Containerseehäfen wird es daher zunehmend entscheidend sich in verschiedene logistische Kettenabläufe integrieren zu können (Song/Panayides

2007: 10) (siehe Abbildung 11). Diese Integrationsfähigkeit kann jedoch nicht allein von den Seehäfen bestimmt werden. Vielmehr unterliegen diese dabei zu großen Teilen externen, nicht direkt kontrollierbaren Koordinierungs- und Kontrollstrukturen (Carbone/de Martino 2003: 306).

Eine wesentliche Komponente bei der Integration von Containerseehäfen in verschiedene Kettenabläufe stellen Kostenkriterien dar (Notteboom/Winkelmans 2001: 79, Notteboom 2007: 46, Notteboom 2009: 32). Nur wenn die Prozesse im Containerseehafen die Gesamtkosten einer Transportlogistikkette optimieren können, erhöht sich die Wahrscheinlichkeit für den Seehafen in diese als Schnittstelle eingebunden zu werden. Für die Seehäfen ist es daher notwendig, die selbst beeinflussbaren Kosten so gering wie möglich zu halten und die individuellen Strategien den logistischen Anforderungen anzupassen (Notteboom 2007: 46, Chang/Lee/Tongzon 2008: 877). Neben den Kosten sind aber auch andere Faktoren, wie Sicherheit und Zuverlässigkeit, wichtige Integrationskriterien für einen Seehafen. Wenn all diese Kriterien von einem Containerseehafen zu einem optimalen Gesamtpaket zusammengefügt werden können, stellen die Häfen potenzielle Schnittstellen innerhalb der Kettenabläufe dar (Carbone/de Martino 2003: 30). Im Umkehrschluss bedeutet dies für die Seehäfen aber auch, dass sie bei nicht optimalen Bedingungen im Rahmen von Gesamtlogistikpaketen jederzeit zu austauschbaren Variablen werden können (OECD/ITF 2009: 14).

Bei der logistischen Integration von Containerseehäfen können zwei Perspektiven betrachtet werden: die Hinterlandanbindung und die seewärtige Anbindung. Die Einbindung von seewärtiger Seite wird entscheidend durch Schifffahrtslinien und deren Ausgestaltung von Containerliniennetzen bestimmt (de Langen/van der Lugt/Eenhuizen 2002: 1). Grundlage hierfür bilden strategische und finanzielle Überlegungen der Schifffahrtslinien zur Planung und Umsetzung von Routen- und Liniennetzen. Durch diese Entscheidungshoheit verfügen die Schifffahrtslinien gegenüber den Hafenstandorten über eine gewisse Verhandlungsmacht, da durch einen Hafenanlauf die Bedeutung eines einzelnen Containerseehafens nachhaltig verändert werden kann. Die Macht der Schiffslinien im Verhandlungsprozess mit Seehäfen hat sich zudem durch den Zusammenschluss zu Schifffahrtsallianzen[10] noch weiter erhöht (Chang/Lee/Tongzon 2008: 877).

Die Entscheidungen der Schifffahrtslinien Containerseehäfen anzulaufen, basieren jedoch nicht nur auf eigenen Kostenkalkulationen, sondern werden auch durch die Kunden der Schifffahrtslinien (Verlader) mitbestimmt (Notteboom

---

[10] Diese Schifffahrtsallianzen sind dadurch gekennzeichnet, dass die Schiffslinien darin auf der Basis ihrer betrieblichen Unabhängigkeit mit anderen Schiffslinien auf einer operationalen Ebene zusammenarbeiten. Derartige Vereinbarungen gelten für mindestens zwei oder mehr große Handelsrouten (Ewert 2006).

Abbildung 11:   Optionen zur Einbindung von Seehäfen in Transportlogistikketten

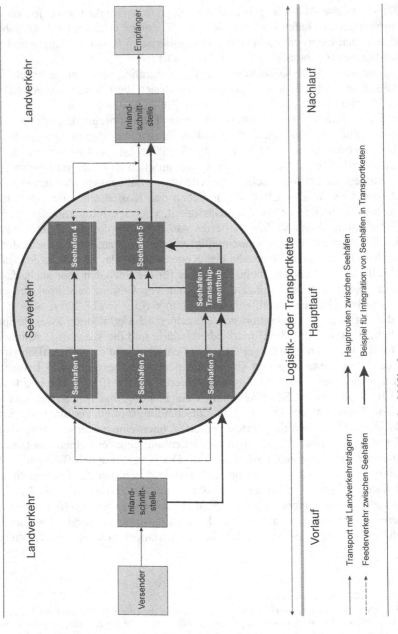

Quelle: veränderte Darstellung nach Nuhn 2008b: 6

2007: 44). Es ist daher möglich, dass finanziell günstigere Routen aufgrund spezifischer Kundenwünsche nicht befahren werden können beziehungsweise anders ausgestaltet werden müssen. Insbesondere unter Berücksichtigung der gesamtheitlichen Kettenabläufe, bei denen Kunden sogenannte Haus-zu-Haus-Transporte wünschen, kommt der Routenwahl eine große Bedeutung zu. Da hierbei das Hinterland eines Seehafens eine große Rolle spielt, muss die Wahl eines anzulaufenden Hafens in Verbindung mit den Gesamtkosten einer Transportlogistikkette und somit vor allem auch den Hinterlandkosten des Transportes gesehen werden (Notteboom 2007: 46).

Aspekte zu Hinterlandanbindungen stehen seit einigen Jahren im Fokus der logistischen Integration von Seehäfen, da hierin ein wesentlicher Beitrag zur optimalen Verknüpfung einzelner Teile logistischer Kettenabläufe geleistet wird (Notteboom/Rodrigue 2007: 51, Notteboom 2009: 32). Die Ausdehnung des Hinterlandes bezieht sich dabei auf die ökonomische Erreichbarkeit, die sich aus dem Kosten- und Zeitaufwand der Transporte ergibt. Je nach Beschaffenheit der intermodalen Anbindung eines Seehafens können die Kosten für den Hinterlandtransport variieren. Im Vergleich zu den eigentlichen Kosten des Seetransports liegen diese Hinterlandkosten teilweise um ein Vielfaches höher und betragen zwischen 40-80 % der Gesamtkosten eines intermodalen Containertransports (Notteboom 2007: 42). In Abhängigkeit dieser Werte werden letztendlich Routenentscheidungen für Logistikabläufe getroffen (OECD/ITF 2009: 14).

Bei den Hinterlandanbindungen spielen jedoch die offensichtlichen Kosten nicht immer die alleinige entscheidende Rolle. Dies zeigt sich darin, dass auch wenn Logistik- und Zulieferketten auf bestimmten Routen absolut gesehen am günstigsten durchgeführt werden können, nicht immer die günstige Route gewählt wird. Gründe für derartige Entscheidungen liegen in möglichen infrastrukturellen Engpässen im Hafenhinterland, die zu Staus und somit zu zeitlichen Verzögerungen bei den Transporten führen können. Zudem wird aufgrund der zunehmenden Komplexität der logistischen Netzwerke auf eine optimale Abstimmung aller beteiligten Akteure entlang der Routen geachtet, wobei die Zuverlässigkeit über den rein monetären Betrachtungen steht (Notteboom 2008: 33, OECD/ITF 2009: 15).

Hierarchisierung von Containerseehäfen

Durch Veränderungen der internationalen Containerliniennetze haben Containerhäfen im weltweiten Maßstab Bedeutungsveränderungen erfahren. Dies ist auf verschiedene Um- und Neugestaltungsprozesse von internationalen Containerliniennetzen seit Ende der 1980er Jahre zurückzuführen (Notteboom 2004: 94). Hierbei können verschiedene Entwicklungsphasen unterschieden werden. Als wesentliche Entwicklung lässt sich die Abkehr von früher vorherrschenden Direktverbindungen zwischen vielen einzelnen Seehäfen hin zu wenigen, jedoch sehr stark ausgelasteten Verbindungen zwischen großen Seehäfen erkennen (Frèmont 2007: 432f.) (siehe auch Abbildung 3 in 2.2.5). Diese Entwicklung basiert auf der steten Zunahme des Containertransportvolumens und einer steigenden Transportnachfrage (Notteboom 2004: 94). Die Abwicklung der Transporte basiert auf dem hub-and-spoke System mit großen zentral angesteuerten Haupthäfen und einer Reihe sekundärer Nebenhäfen, die mit den Haupthäfen verbunden sind (Heidelhoff 2006: 61, Baird 2008: 25, Chang/Lee/Tongzon 2008: 877). Innerhalb dieses Systems greifen die Containerschifffahrtslinien auf drei verschiedene Konfigurationsmöglichkeiten ihrer Routen zurück: end-to-end-services, pendulum-services und round-the-world-services[11] (Baird 2008: 24f.).

Einige Containerseehäfen mit hub-Funktion haben sich im Laufe der Zeit zu Orten der reinen Umladung entwickelt, die als zentrale Anlaufstellen fungieren, jedoch überwiegend kein eigenes Hinterland mehr bedienen (Notteboom 2004: 94). Diese sogenannten Transshipment-hubs fungieren als intermediäre Seehäfen und gewinnen ihre Funktion aus der Lage entlang einer wichtigen Containerseeroute zwischen bedeutenden Start- und Zielpunkten des Containerverkehrs. In diesen Transshipment-hubs wird dabei mehr als die Hälfte der umgeschlagenen Container von einem Schiff auf ein anderes Schiff verladen und weitertransportiert (Baird 2008). Die Entwicklung dieser Transshipment-Häfen ist eine Folge der zunehmenden Schiffsgrößen und des Strebens der Schifffahrtslinien nach Ausnutzung von Skaleneffekten. Diese Häfen mit ihrer für den internationalen Verkehr bedeutenden Stellung stehen jedoch in einem starken Wettbewerb mit anderen Hafenstandorten. Da die Transshipment-Verkehre nicht an ein Hinterland des Transshipment-Hafens gebunden sind, können diese relativ schnell von den Schifffahrtslinien umgeleitet werden (Notteboom/Winkelmans 2001: 80). So ist es prinzipiell jederzeit möglich, dass selbst langjährige Kunden durch neue Routenpläne und Netzwerkstrukturen den Seehafen nicht mehr anlaufen, da sie eine neue strategische Ausrichtung wählen oder sich mit anderen Logistikdienstleistern zusammenschließen (Notteboom/Winkelmans 2001: 79, Carbone/de Martino 2003: 306, Notteboom 2007: 47). Der Verlust von Kunden und Umschlag ist dabei oftmals nicht auf Defizite der Hafeninfrastruktur zurückzuführen, sondern beruht zu weiten Teilen nur auf der Neu- und Umgestaltung von Liniennetzen (Notteboom 2004: 97). Ein solcher Kundenverlust kann für einen Containerhafen empfindliche Umschlagseinbußen bedeuten und diesen wirtschaftlich stark treffen.

---

[11] End-to-end-Verbindungen verlaufen zwischen den Küstenlinien zweier Kontinente (beispielsweise Europa-Nordamerika). Pendulum services sind Liniendienste, die Verbindungen von Häfen auf mehreren großen Transportrouten herstellen, beispielsweise von Europa nach Nordamerika weiter nach Asien und diesen Weg wieder zurück. Round-the-world-services stellen Verbindungen dar, die stetig in einer Richtung agieren und hierbei rund um den Globus verschiedene Seehäfen anbinden.

Durch die Priorisierung einzelner Hafenstandorte im System der Schifffahrtsrouten hat sich im Laufe der Zeit ein hierarchisches System der Containerseehäfen herausgebildet. Aufbauend auf verschiedenen Veröffentlichungen, beispielsweise Taaffe et al. (1963), Hayuth (1981), Notteboom (1997), haben de Langen/van der Lugt/Eenhuizen (2002) anhand unterschiedlicher Kriterien den Versuch einer detaillierten Typologisierung von Containerseehäfen unternommen. Die entworfene Typologie basiert auf drei Grundkriterien, die jeweils mit verschiedenen Variablen unterlegt sind (siehe Tabelle 3). Im Ergebnis unterscheiden die Autoren vier wesentliche Containerseehafentypen: global pivots, load centers, regional ports und minor ports und zeigen somit die unterschiedliche Bedeutung von Containerseehäfen im weltweiten Containernetzwerk auf.

3.4.2 Seehafencontainerterminals als Schnittstellen in Transportlogistikabläufen

Seehafenterminals als Schnittstellen des Güterverkehrs

Im Güterverkehr und Teilen des Personenverkehrs finden die Verkehrsströme zwischen einzelnen spezifisch ausgestatteten Terminals statt. Im Seeverkehr können je nach Güterspezialisierung Terminals für Massengüter, Stückgüter sowie Container unterschieden werden (Rodrigue/Comtois/Slack 2009: 166). Trotz der unterschiedlichen verkehrlichen Ausrichtung besitzen alle Terminals gleiche oder ähnliche Funktionen und fungieren als wichtige Verbindungsstellen innerhalb von Transportketten. Sie stellen Einrichtungen mit intermediärem Charakter dar, an denen Güter zusammengebracht oder verteilt werden und bilden somit zentrale Knoten im Verkehrsablauf, an denen unterschiedliche Verkehrsmittel miteinander verbunden sein können (Rodrigue/Comtois/Slack 2009: 164). Diese Definition von Güterverkehrsterminals lässt sich auch auf Seehafencontainerterminals übertragen. Bei diesen Terminals, die eigene Bereiche im Seehafen bilden, kommt es durch die Anlandung von Containerschiffen ebenfalls zu einer Verknüpfung verschiedener Verkehrsträger und zum Umschlag und der Zwischenlagerung von Gütern (Vacca/Bierlaire/Salani 2007: 3).

Die Bedeutung von Verkehrsterminals, im Speziellen von Seehafencontainerterminals, ist jedoch nicht nur auf die Funktion des Güterumschlags und die Vernetzung von Verkehrsträgern beschränkt. Vielmehr wirken die Seehafenterminals durch das Zusammenbringen verschiedener Akteure des maritimen Transportwesens auf die Entwicklung wirtschaftlicher Aktivitäten im unmittelbaren Terminal- oder Hafenumfeld ein. So finden sich im Umfeld der Seehafenterminals zahlreiche Unternehmen, die in Verbindung mit den Umschlagsprozessen und den transportierten Gütern stehen (Vacca/Bierlaire/Salani 2007: 3, Rodrigue/Comtois/Slack 2009: 170f.). Als besonders wichtig zeigt sich hierbei die Einbindung von Terminals in verschiedene kettenartige Logistikprozesse.

Tabelle 3: Typologisierung von Containerseehafentypen

Grund-kriterien	Variable	Containerseehafentypen			
		Global pivot	Load center	Regional port	Minor port
Beziehung der Lage zum Hinterland	maritimes Netzwerk	strategisch nah an großen Schiffsrouten bzw. Kreuzungspunkten	peripher innerhalb des maritimen Netzwerkes	unbedeutende Lage innerhalb des maritimen Netzwerkes	unbedeutende Lage innerhalb des maritimen Netzwerkes
	Hinterland-netzwerk	begrenztes eigenes Hinterland	weit ausgedehntes Hinterland	umfangreiches industrielles oder metro-politanes Hinterland	Fokus auf lokalen Verkehr
Bedeutung für das Hinterland	Trans-shipment-aktivitäten	> 60% Trans-shipmentanteil	< 40% Trans-shipmentanteil	sehr geringe Transshipment-aktivitäten	keine Trans-shipment-aktivitäten
	Güterbezug aus dem Hinterland	begrenzter Anteil für das Hinterland	> 60% direkt in das Hinterland, umfangreicher Anteil (mind. 10%) Quelle / Ziel >300km	mindestens 90% des Umschlags mit Quelle / Ziel <500 km	direktes lokales Hinterland, mindestens 90% des Umschlags mit Quelle / Ziel <100 km
	Intermodale Verkehrs-anbindung	begrenzte Bedeutung intermodaler Verbindungen	hohe Bedeutung intermodaler Verbindungen im Modal Split	begrenzter Anzahl intermodaler Dienste	kaum intermodale Dienste
Merkmale der Linien-dienste	Größe der eingesetzten Schiffe	mind. 5000 TEU	mind. 4000 TEU	zwischen 2000 bis 4000 TEU	maximal bis 1000 TEU
	Hafen-anläufe	häufige Anläufe großer Linien-dienste, teilweise Dominanz einer Schiffslinie	häufige Anläufe großer Liniendienste verschiedener Schiffslinien	Anläufe zweit-rangiger Dienste (Feederdienste bzw. zweitran-gige int. Diens-te), wenige An-läufe durch gro-ße Liniendienste	Feederdienste und Kurzstre-ckenverkehre
	Mindestum-schlag pro Jahr	> 600.000 TEU	>1.000.000 TEU	> 150.000 TEU	> 40.000–200.000 TEU

Quelle: veränderte Darstellung nach de Langen/van der Lugt/Eenhuizen (2002)

Die Einbindung von Containerterminals in Logistikabläufe wird insbesondere durch deren Lage mitbestimmt. Dabei kann zwischen einer absoluten und einer relativen Lage unterschieden werden. Während die absolute Lage in erster Linie für die Abläufe innerhalb eines Terminals wichtig ist, spielt die relative Lage eine wesentliche Rolle bei der räumlichen Einbindung in ein Netz verschiedener Terminals (Rodrigue/Comtois/Slack 2009: 171f.). Über die Lage eines Containerterminals wird somit entscheidend dessen Wettbewerbsfähigkeit im Konkurrenzkampf mit anderen Terminals, sowohl im Seehafen selbst als auch gegenüber Terminals anderer Seehäfen, geprägt. Um im Wettbewerb bestehen zu können, ist es für jedes Containerterminal enorm wichtig, an der eigenen Wettbewerbsfähigkeit zu arbeiten und diese zu festigen (Vacca/Bierlaire/Salani 2007: 4).

Managementstrukturen von Seehafencontainerterminals

Das Umschlagsgeschäft in Seehafencontainerterminals hat in Folge der zunehmenden Containerisierung und Globalisierung stetig Veränderungen erfahren. Diese Veränderungen wirken auch im Bereich der Eigentums- und Managementstrukturen von Containerterminals. Ende des 20. Jahrhunderts ließen sich zwei wesentliche Arten des Containerterminalmanagements in Seehäfen identifizieren, bei denen Terminals entweder von der Seehafenverwaltung selbst betrieben oder die Aufgaben der Terminalverwaltung und des -betriebs an außenstehende Umschlagsunternehmen abgegeben wurden. In beiden Fällen wurden die Terminalaktivitäten nahezu ausschließlich von lokalen Unternehmen getätigt (Slack/ Frèmont 2005: 117). Diese Situation hat sich mittlerweile stark verändert. Insbesondere die Liberalisierungs- und Privatisierungsmaßnahmen und die Einführung des Landlord-Prinzips in Seehäfen haben es verschiedenen privaten Akteuren ermöglicht im Terminalgeschäft wirtschaftlich aktiv zu werden (Notteboom 2004: 98, Slack 2007: 42). Die Organisations- und Eigentumsstrukturen werden daher nun vermehrt durch private, überregional oder international agierende Containerterminalbetreiber dominiert, wodurch sich ein Verdrängungsprozess unabhängiger lokaler Terminalbetreiber ergeben hat (Slack/Frèmont 2005: 118).

Innerhalb des Containerterminalbetriebs ergeben sich aufgrund unterschiedlicher Arten des Hafenmanagements und des Einstiegs durch Terminalbetreiber variierende Eigentümermodelle. Diese Modelle basieren auf unterschiedlichen Kriterien: die Art der Finanzierung, die Durchführung des Betriebs oder die Ausgestaltung externer Beziehungen. In diesem Zusammenhang wird auch von der Governance eines Containerterminals gesprochen, die sich in die zwei Bereiche Eigentümerstruktur und Betreiberstruktur unterscheiden lässt (Rodrgigue/ Comtois/Slack 2009: 180).

Tabelle 4: Formen von Eigentums- und Organisationsstrukturen in Seehafencontainerterminals

Eigentums-verhältnis	Grundstück	Infrastruktur am Terminal	Suprastruktur am Terminal	Arbeitsprozesse an den Kaiseiten	Arbeitsprozesse an den Landseiten
Staatsbesitz und Staatsbetrieb in vollem Umfang	Staatsbesitz	Besitz und Bau durch Hafenverwaltung	Staatsbesitz	Hafenverwaltung	Hafenverwaltung
suitcase stevedores	Staatsbesitz	Besitz und Bau durch Hafenverwaltung	Staatsbesitz	private Umschlagsunternehmen (common berths)	Hafenverwaltung
Leasing-Terminal	Staatsbesitz	Besitz und Bau durch Hafenverwaltung	Privatbesitz oder von Hafenverwaltung angemietet	Terminalbetreiber	Terminalbetreiber
Konzessionsvereinbarung	Staatsbesitz	Besitz und Bau durch Hafenverwaltung	Privatbesitz	Terminalbetreiber	Terminalbetreiber
BOT-Konzession (build operate and transfer)	Staatsbesitz	Bau privat finanziert	Privatbesitz	Terminalbetreiber	Terminalbetreiber
Privatbesitz in vollem Umfang	Privatbesitz	Privatbesitz	Privatbesitz	Terminalbetreiber	Terminalbetreiber

Quelle: veränderte Darstellung nach Drewry 2009: 5

In einer Studie von Drewry (2009: 5) werden insgesamt sechs typische Eigentums- und Betreiberstrukturen von Seehafencontainerterminals unterschieden. Während zwei dieser Modelle entweder rein staatlich oder privat kontrolliert werden, stellen die anderen vier Modelle Kooperationsformen zwischen öffentlichen und privaten Akteuren und somit zwischen der Hafenverwaltung und den

Terminalbetreibern dar (siehe Tabelle 4). Die Organisationsstrukturen der Containerterminals weisen folgende spezifische Merkmale auf (Drewry 2009: 5):

Staatsbesitz und Staatsbetrieb in vollem Umfang: Dieses Modell zeichnet sich dadurch aus, dass alle im Seehafen vorhandenen Infra- als auch Suprastrukturen von staatlicher Hand gesteuert und finanziert werden. Dabei werden die notwendigen Umschlags- und Hafenarbeitsaktivitäten von staatlichen Unternehmen ausgeführt. Private Akteure kommen bei dieser Form der Terminalorganisation nicht zum Zuge.

Suitcase-stevedores: Bei diesem Modell hat die öffentliche Hand eine weitgehend dominante Stellung gegenüber privaten Akteuren. Die privaten Akteure sind lediglich in Aktivitäten an den Kaianlagen eingebunden und dort für das Be- und Entladen von Containerschiffen zuständig. Die verwendeten Umschlagsanlagen sind im Besitz der öffentlichen Hand.

Leasing-Terminals: Bei diesem Managementmodell verfügen die privaten Akteure über weitergehende Befugnisse als im suitcase-stevedore Modell und steuern neben den Kaiaktivitäten auch die landseitigen Aktivitäten. Die für den Umschlag benötigte Suprastruktur kann dabei entweder von der öffentlichen Hand zur Verfügung gestellt sein oder direkt dem privaten Terminalbetreiber gehören. Die Leasingzeit wird für einen bestimmten Zeitraum festgelegt. Innerhalb dieses festen Zeitraums ist der Terminalbetreiber verpflichtet eine festgelegte jährliche Leasinggebühr an die Hafenverwaltung abzutreten (Baird 2008: 15).

Konzessionsvereinbarungen: Hierbei handelt es sich um ein Modell, bei dem die Terminals von der öffentlichen Hand entwickelt und von dieser über eine längere Laufzeit in Form einer Konzession an einen privaten Terminalbetreiber übertragen werden. Die privaten Betreiber sind dabei für die Suprastrukturausstattung des Terminals sowie für die Errichtung der Hauptumschlagseinrichtungen zuständig.

BOT-Konzession (build operate and transfer): Auch bei diesem Modell besitzt die öffentliche Hand das gesamte Terminalgelände. Jedoch wird dieses an einen privaten Betreiber übergeben, der das Gelände im Rahmen einer längeren Laufzeit mit allen notwendigen Infrastruktur- und Suprastrukturanlagen ausstattet und betreibt. Nach der vereinbarten Zeit wird das Terminal an die öffentliche Hand zurückgegeben.

Privatbesitz in vollem Umfang: Im Gegensatz zum Modell des 100%igen Staatsbesitzes zeichnet sich diese Organisationsform eines Containerterminals dadurch aus, dass alle Einrichtungen der Supra- und Infrastruktur privaten Akteuren gehören und privat betrieben werden. Demnach werden auch alle Arbeitsvorgänge im Terminal, beispielsweise Umschlagsaktivitäten, durch private Unternehmen durchgeführt.

Aufgrund der sich verändernden Management- und Kontrollverhältnisse bei Seehafencontainerterminals haben die Anteile des öffentlichen Sektors beim Containerumschlag in den letzten zwei Jahrzehnten erheblich abgenommen.

Während der öffentliche Sektor im Jahr 2001 noch einen Anteil von 27 % am weltweiten Containerumschlag aufweisen konnte, sank dieser Wert im Jahr 2008 auf 18,1 % ab. Parallel zu dieser Entwicklung stieg der Anteil der privaten Terminalbetreiber am weltweiten Containerumschlag stark an. Auch zukünftig wird mit einer weiteren Verschiebung der Anteile zugunsten der privaten Terminalbetreiber gerechnet. Anders als jedoch in den Jahren zuvor wird dies weniger auf die Privatisierung weiterer Terminals zurückzuführen sein, sondern vielmehr auf die hohe Wachstumsdynamik in bereits bestehenden und privat betriebenen Terminals (Drewry 2009: 5).

Charakteristika von Betreiberunternehmen in Containerterminals

Die privaten Seehafencontainerterminalbetreiber bilden als Akteure des Hafenumschlags eine sehr heterogene Gruppe, die sich weiter ausdifferenzieren lässt. Hierbei lassen sich die Containerterminalbetreiber einerseits hinsichtlich ihres geographischen Wirkungsbereiches und andererseits hinsichtlich ihres unternehmerischen Ursprungs unterscheiden.

Geographischer Wirkungsbereich von Containerterminalbetreibern

Beim geographischen Wirkungsbereich können private Terminalbetreiber, die eher regional oder national aktiv sind, von großen international agierenden Terminalbetreibern, die zumindest auf zwei Kontinenten aktiv sind, unterschieden werden[12]. Ein Vergleich beider Gruppen anhand ihrer Anteile am weltweiten Containerumschlag zeigt, dass die internationalen Terminalbetreiber wesentlich höhere Marktanteile besitzen als die anderen am Markt operierenden Unternehmen. Während im Jahr 2008 die nicht international agierenden Terminalbetreiber einen Anteil von 26,2 % am weltweiten Containerumschlag aufweisen konnten, verzeichneten die international agierenden Terminalbetreiber einen Anteil von 56,4 % (Drewry 2009: 6). Diesbezüglich kann noch einmal auf den Verdrängungswettbewerb verwiesen werden, der durch die Öffnung der Seehäfen für private Unternehmen eingesetzt hat und bei dem die lokalen Terminalbetreiber durch finanzstarke internationale Terminalbetreiber unter Druck geraten sind (Slack/Frèmont 2005: 118). In diesem Wettbewerb mit großen international agierenden Konkurrenten suchen die kleineren Terminalbetreiber daher verstärkt ihr Aufgabengebiet in Nischenmärkten, beispielsweise bei Umschlagsvorgängen im Kurzstreckenseeverkehr (*short-sea-shipping*) (Notteboom 2004: 98, Notteboom 2007: 42).

---

[12] Der Begriff des internationalen Terminalbetreibers wird in manchen Quellen mit dem Begriff globaler Terminalbetreiber gleichgesetzt. DREWRY definiert den Begriff des internationalen Terminalbetreibers mit dessen Aktivität in mindestens zwei geographischen Weltregionen. Dies umfasst entweder Kontinente oder Subkontinente.

Durch das dominante Agieren der internationalen Terminalbetreiber ist ein Konzentrationsprozess des Containerumschlags auf wenige große Terminalbetreiber zu beobachten. So kontrollierten im Jahr 2008 die fünf führenden internationalen Terminalbetreiber (HPH, APMT, PSA, DPW und Cosco) bereits rund 50 % des weltweiten Containerterminalumschlags (Drewry 2009: 10).

Ein Blick auf die Aktivitätsverteilung von Terminalbetreibern in einzelnen Weltregionen zeigt in Westeuropa und Südostasien eine Dominanz von international agierenden Terminalbetreibern, die über rund 75 % der Umschlagsanteile verfügen. In Südamerika und Osteuropa beträgt der Anteil dieser Gruppe lediglich rund 30 %. Insbesondere in Osteuropa sind die nicht international agierenden privaten Terminalbetreiber mit einem Anteil von 50,6 % sehr stark vertreten. Auch in Südamerika (49,4 %) und im Fernen Osten (40,2 %) dominieren diese regionalen oder lokalen Terminalbetreiber den Containerumschlag. Die staatlichen Terminalbetreiber wiederum dominieren insbesondere in Afrika (50,6 %), sind sonst aber in nahezu allen weiteren Weltregionen mit teilweise nur geringen Anteilen vertreten (Drewry 2009: 6f.).

Unternehmerischer Ursprung von Containerterminalbetreibern

Trotz erheblicher regionaler Unterschiede an den Umschlagsanteilen im Containergeschäft zeigt sich, dass mittlerweile in allen Weltregionen international agierende Terminalbetreiber aktiv sind. Hinsichtlich ihres unternehmerischen Ursprungs kann die Gruppe der international agierenden Terminalbetreiber als nicht homogen angesehen werden. Vielmehr lassen sich diese Terminalbetreiber nach ihrer geschäftlichen Herkunft und somit ihrer Ausrichtung unterscheiden. Während Midoro/Musso/Parola (2005) die internationalen Terminalbetreiber in zwei große Hauptgruppen, die reinen Umschlagsunternehmen und die Terminal betreibenden Schiffslinien, unterscheiden, lassen sich nach Drewry im Wesentlichen vier Akteursgruppen unterscheiden (Drewry 2009: 8):

- *Globale Umschlagsunternehmen:* Diese Unternehmen basieren hauptsächlich auf Aktivitäten des Güterumschlags in Häfen und betreiben die Containerterminals als sogenannte Profitcenter. Sie haben sich zumeist von lokalen Hafenumschlagsunternehmen zu weltweit agierenden Firmen entwickelt (Slack/Frèmont 2005: 119). Durch den Einstieg in verschiedene Terminals versuchen sie einen einheitlichen Standard in einem Terminalnetzwerk zu etablieren, um dadurch Produktivitätsgewinne und somit Einnahmesteigerungen zu erzielen (Midoro/Musso/Parola 2005: 101). Diese Kategorie der internationalen Terminalbetreiber stellt die größte Gruppe dar und war im Jahr 2008 für 57,2 % der Containerumschläge der internationalen Terminalbetreiber verantwortlich. Gegenüber dem Jahr 1991, in dem der kontrollierte Umschlagsanteil bei lediglich 20 % gelegen hatte (Slack/Frèmont 2005:

118), zeigt sich die gewachsene Bedeutung dieser Unternehmen. Dieses Wachstum ist als direkte Antwort auf den Konzentrationsprozess, der sich bei den Schiffslinien vollzogen hat, zu sehen (Notteboom 2004: 98 und 2007: 40). Mit der Strategie versuchen die Unternehmen gegenüber Konkurrenten Eintrittsbarrieren zu schaffen und somit Wettbewerbsvorteile aufzubauen. Die unternehmerische Ausdehnung basiert dabei auf einer horizontalen Integration, wodurch Skaleneffekte und Verbundvorteile erreicht werden (Slack/Frèmont 2005: 119). Hierbei wird durch eine Diversifizierung des eigenen Terminalportfolios die Minimierung des wirtschaftlichen Risikos angestrebt, was insbesondere durch Investitionen an sehr attraktiven Hafenstandorten erreicht werden soll (Midoro/Musso/Parola 2005: 101).

- *Internationale Schifffahrtslinien:* Diese Unternehmen haben ihr eigentliches Hauptgeschäftsfeld im maritimen Containertransport und streben durch die Ausdehnung der unternehmerischen Aktivitäten auf den Bereich des Containerumschlaggeschäfts eine Unterstützung des Hauptgeschäftsfelds an. Die Vernetzung der unterschiedlichen Geschäftsbereiche erfolgt auf der Basis einer vertikalen Integration, wodurch es den Schiffslinien möglich wird mehrere Bereiche der gesamten Transportkette zu kontrollieren (Slack/ Frèmont 2005: 121). Die Terminals werden dabei als Kostencenter gesehen, durch deren Betrieb in Verbindung mit der Abfertigung der eigenen Schiffe Effizienzgewinne erreicht werden sollen. Oftmals ist hierbei die Errichtung sogenannter *dedicated terminals* durch die Unternehmen zu beobachten, an denen ausschließlich die eigenen Schiffe abgefertigt werden (Notteboom 2004: 98 und 2007: 40). Somit sollen insbesondere an großen, stark ausgelasteten Häfen jederzeit ausreichend Umschlagskapazitäten vorgehalten werden. Diese Art der internationalen Terminalbetreiber verzeichnete im Jahr 2008 einen Umschlagsanteil von 12,2 % aller internationalen Terminalbetreiber.

- *Hybride Unternehmen:* Diese Art der Unternehmen sind dadurch charakterisiert, dass sie eigentlich Schifffahrtsunternehmen sind, jedoch innerhalb des Unternehmens eine eigenständige Sektion für den Terminalbetrieb vorhanden ist. Diese Sektionen haben die Aufgabe Containerterminals gewinnorientiert zu betreiben. Sie agieren dabei nicht nur für die unternehmenseigene Schiffslinie, sondern bedienen auch Drittkunden an den Umschlagsanlagen. Innerhalb der internationalen Terminalbetreiber wiesen diese Unternehmen im Jahr 2008 einen Anteil von 30,5 % am Containerterminalumschlag auf.

- *Internationale Finanzakteure:* Diese Akteursgruppe ist seit einigen Jahren als neuer Spieler im internationalen Containerterminalgeschäft aktiv. Hierbei handelt es sich um international agierende Finanzakteure, die im Containerterminalbereich ein profitables Investitionsgeschäft identifiziert haben und insbesondere aus Renditegründen in Terminals investieren.

Insbesondere in Bezug zu den globalen Umschlagsunternehmen und den Terminals betreibenden Schiffslinien sprechen Midoro/Musso/Parola (2005: 90f.) von drei zeitlichen Wellen, in denen sich das Terminalgeschäft seit den 1980er Jahren globalisiert hat und in denen die unterschiedlichen Akteure im internationalen Terminalgeschäft aktiv geworden sind.

Die erste Welle wird in die Mitte der 1980er Jahre datiert, als verschiedene Umschlagsunternehmen, unter anderem die Terminalbetreiber HPH, P&O Ports, ICTSI und Eurokai, begonnen haben in einzelne Terminals zu investieren. Die weltweiten Aktivitäten dieser Unternehmen sind insbesondere durch die damals einsetzenden Globalisierungsprozesse forciert worden.

Die zunehmende Globalisierung, eine weitere Öffnung verschiedener Seehäfen für private Investoren sowie der Expansionserfolg der Unternehmen der ersten Welle hat in den Folgejahren weitere Umschlagsunternehmen, wie PSA, CSX und HHLA, in einer zweiten Welle dazu veranlasst, im globalen Terminalgeschäft tätig zu werden. Insbesondere die Vorgehensweise von PSA wird hierbei als sehr erfolgreich bezeichnet, da dieses Unternehmen durch die Expansionsstrategie seine Fokussierung und Abhängigkeit vom Heimathafen Singapur deutlich reduzieren konnte (Midoro/Musso/Parola 2005: 91).

Die dritte Welle des Aufkommens weltweiter Terminalbetreiber wird von Midoro/Musso/Parola (2005: 91) auf das Ende der 1990er Jahre datiert. Als Akteure treten hierbei einzelne Schiffslinien auf, die sich für eine Erweiterung ihres Aufgabenspektrums entschieden haben. Unter Berücksichtigung der zwei weiteren Akteursgruppen im Terminalgeschäft, den hybriden Umschlagsunternehmen sowie den internationalen Finanzakteuren, scheint es angebracht, den Gedanken der drei zeitlichen Wellen des Erscheinens von Terminalbetreibern um mindestens eine Welle zu erweitern.

Innerhalb der dargestellten Gruppen von internationalen Terminalbetreibern lassen sich variierende Herangehensweisen beim Terminalbetrieb erkennen (Slack/Frèmont 2005: 121, Slack 2007: 43, Baird 2008: 15). Ein Unterschied besteht darin, dass die reinen Umschlagsunternehmen als Terminalbetreiber die Terminals überwiegend für mehrere Kunden anbieten, während die Schiffslinien nur die Terminals betreiben, die sie auch selbst nutzen. Hierbei gehen die Schiffslinien unterschiedlich beim Betrieb der Containerterminals vor. Während einige Schiffslinien Containerterminals übernehmen und diese mit eigenem Personal über eine vertraglich festgelegte Laufzeit selbst betreiben, geben andere Linien die übernommenen Terminals in Form von Subverträgen an andere Unternehmen weiter. Diese Unternehmen sind dabei entweder direkt über Unternehmensverflechtungen mit der Schiffslinie verbunden oder agieren als externe Dienstleister. So zeigt sich seit einigen Jahren ein Trend zur Kooperation zwischen internationalen Terminalbetreibern, bei der Schiffslinien und Umschlagsunternehmen Terminals gemeinsam betreiben oder gemeinsam Anteile an neuen Terminals erwerben und diese entwickeln (Baird 2008: 15).

Standortanforderungen an Seehafencontainerterminals

Trotz ähnlicher funktionaler Ausstattungsmerkmale unterscheidet sich die Gestaltung von Güterverkehrsterminals in vielfältiger Weise. Diese ist dabei wesentlich von den darin ablaufenden Transferprozessen abhängig (Rodrigue/ Comtois/Slack 2009: 164). Je nach Umschlagsgut erfordern Terminals spezifische Planungen. Darüber hinaus zeigt sich jedoch auch, dass allgemeine Entwicklungstrends innerhalb der Seeschifffahrt und bei Seehäfen einen Einfluss auf die Lage und Ausprägung von Terminals haben können. Besonders deutlich wird dies an den stetigen Veränderungsprozessen, die in den letzten Jahrzehnten in den Seehäfen stattgefunden haben und dabei zur Entstehung größerer Hafenflächen und neuer Terminalanlagen geführt haben. Diese evolutorische Entwicklung von Seehäfen ist von Bird (1963) im Anyport-Modell zusammengestellt worden. Hierbei wurde auf der Grundlage einer Untersuchung zu britischen Seehäfen analysiert, wie sich die Hafeneinrichtungen und -terminals innerhalb von Seehäfen in zeitlicher und räumlicher Sicht verändern. Das Anyport-Modell von Bird beruht im Grunde auf fünf verschiedenen Phasen, die von Rodrigue/ Comtois/Slack (2009: 172f.) zu drei Phasen zusammengefasst worden sind:

1. *Setting.* Die Hafenentwicklung basiert auf den geographischen Gegebenheiten, die an einem Hafenstandort vorliegen. Dabei stehen die Hafenanlagen in einem engen Zusammenhang zur benachbarten Hafenstadt.
2. *Expansion.* Durch das industrielle Wachstum wird es in vielen Seehäfen notwendig, neue und erweiterte Umschlagsanlagen zu errichten. Zudem stellen neu am Markt operierende spezialisierte Transportschiffe, die auch durch ein Größenwachstum gekennzeichnet sind, eigene Anforderungen an die Ausstattung von Kaianlagen. Im Zuge eines erhöhten Güteraufkommens ist zudem die Anbindung an andere Verkehrsträger, wie die Schiene notwendig geworden, was wiederum die Erschließung neuer Flächen bedingt.
3. *Specialisation:* Durch die weitere Zunahme der transportierten Güter, einer höheren Nachfrage nach Lagereinrichtungen und einem weiteren Schiffswachstum ist es zur Errichtung spezialisierter, leistungsfähiger Umschlagseinrichtungen gekommen. Dies führte zu einer weiteren Verlagerung der Seehafeneinrichtungen weg von den ursprünglichen Hafeneinrichtungen vornehmlich in Tiefwasserbereiche.

Obwohl das Anyport-Modell mit einigen Ergänzungen bereits in den 1970er Jahren aufgestellt worden ist, zeigt sich darin dennoch dessen allgemeine Anwendbarkeit im Zusammenhang mit weltweiten Hafenentwicklungen. Auch die starke Containerisierung im Weltverkehr mit ihren hoch spezialisierten Terminaleinrichtungen in Seehäfen lässt sich als eine Fortschreibung der Spezialisierungsphase interpretieren. Aufgrund der benötigten spezialisierten Umschlagseinrichtungen wirkt dabei insbesondere der Drang des Containerverkehrs nach größeren Schiffskapazitäten auf das Entstehen neuer, den Seehäfen zumeist vorgelagerter, Tiefwasserterminals ein.

Das Einsetzen der Containerisierung und die Entstehung spezialisierter auf Container ausgerichteter Terminals hat zu einer erheblichen Veränderung der Arbeitsweisen beim Güterumschlag in den Seehäfen und Terminals geführt. Vormals für Umschlagsvorgänge im Güterverkehr genutzte Stückgutterminals wurden nach und nach aufgrund der Containerisierung des Warenverkehrs durch spezialisierte Containerterminals abgelöst. Dieser Wandlungsprozess hat bei der charakteristischen Terminalbeschaffenheit zu entscheidenden Veränderungen geführt (siehe Tabelle 5) (Notteboom/Rodrigue 2009: 18).

Tabelle 5: Merkmale von konventionellen Stückgutterminals und Containerterminals im Vergleich

	Konventionelles Stückgutterminal	Containerterminal
Fläche	geringe Terminalfläche	große Terminalfläche
Umladung	direkte Umladung möglich	indirekte Umladungen
Technologie	begrenzte Mechanisierung und Automatisierung	ausgeprägte Mechanisierung und Automatisierung
Vorgehensweise beim Betrieb	Improvisationen bei Terminalbetrieb	organisierter und durchgeplanter Terminalbetrieb

Quelle: veränderte Darstellung nach Notteboom/Rodrigue 2009: 18

Da Umschlagsvorgänge im Containerverkehr stark genormt ablaufen, folgt der Aufbau von Containerterminals bestimmten Aufbauschemata (siehe Abbildung 12). Insgesamt besteht ein Containerterminal aus drei operationalen Bereichen, die Voraussetzung dafür sind, dass die Containerumschlagsvorgänge in optimaler Weise durchgeführt werden können: 1) dem Bereich zwischen der Kaimauer und dem Containerstellplätzen, 2) den Containerstellplätzen und 3) dem Bereich für die Abwicklung landseitiger Vorgänge. Die konkrete Gestaltung von Terminals unterscheidet sich jedoch von Fall zu Fall. Als beeinflussende Größen zählen dabei die Anzahl der umzuschlagenden Container, die vorhandenen Platzkapazitäten und die Art der Verkehrsträger bei der Hinterlandanbindung (Günther/ Kim 2006: 439, Brinkmann 2011: 25f.).

Abbildung 12: Schematischer Aufbau eines Seehafencontainerterminals

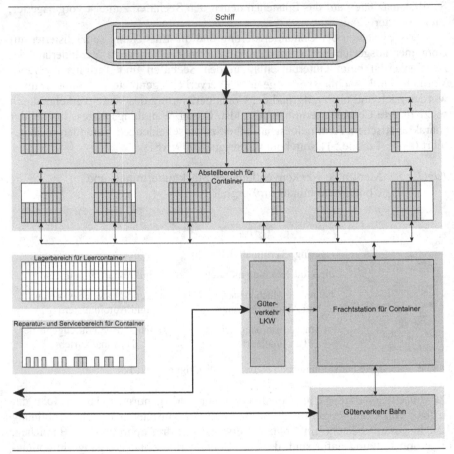

Quelle: eigene Darstellung nach Brinkmann 2011: 26

Als wichtiger Bereich innerhalb von Containerterminals gelten die Kaianlagen mit ihren Umschlagseinrichtungen für Container sowie Containerstellflächen, die als Pufferzone beim Umladungsvorgang fungieren. Insbesondere die Nutzung dieser Stellflächen ist von hoher Bedeutung, da aufgrund des Containeraufkommens die Umschlagsvorgänge nicht direkt zwischen den Verkehrsmitteln stattfinden können. Durch die Zwischenlagerung, die auf den ersten Blick Zeitverluste einbringt, wird eine separate Umladung auf andere Verkehrsträger ermöglicht, die letztendlich zeit- und kostensparend ist. Je nach flächenhafter Ausdehnung der Containerabstellflächen sind diese in verschiedene Bereiche eingeteilt, die durch mobile Kranfahrzeuge bedient werden. Durch die räumliche Separierung der Umladevorgänge werden die Potenziale der Landverkehrsträger besser ausgeschöpft (Günther/Kim 2006: 439, Vacca/Bierlaire/Salani 2007: 3, Notteboom/Rodrigue 2009: 18).

Im Zuge der anwachsenden Schiffsgrößen haben neben den Krananlagen auch die Containerstellflächen sukzessive Erweiterungen erfahren. Diese Expansionen sind für viele Containerterminals essentiell wichtig, um im steigenden Wettbewerb gegenüber Konkurrenten weiterhin wettbewerbsfähig zu bleiben. Bei dieser Entwicklung zeigen sich jedoch auch in vielen Containerterminals Kapazitätsgrenzen, da der benötigte Platz nicht mehr vorhanden ist. Um diesen Nachteil auszugleichen und dennoch im Wettbewerb bestehen zu können, wird es für die betroffenen Terminals immer wichtiger die Produktivität beim Containerumschlag und -abtransport zu erhöhen. Hierbei kommt es nicht unbedingt darauf an, die Umschlagszahlen an der Kaikante oder das intermodale Angebot im Terminalbereich zu stärken, da diese oftmals bereits optimiert sind (Notteboom/Rodrigue 2009: 17). Vielmehr ist es für die Containerterminals entscheidend, was im eigenen Hinterland geschieht und welche Maßnahmen dort ergriffen werden, um den Transport von Containern zu forcieren. Insbesondere unter Berücksichtigung der zahlreichen Haus-zu-Haus-Transporte, in denen die Terminals als Bestandteil gesamtheitlicher Kettenabläufe eingebunden sind, spielen diese Bedingungen eine große Rolle, da bereits kleine Ineffizienzen zu Verlagerungen von Verkehrsströmen führen können. Analog zur Einbindung eines Seehafens, müssen auch die Containerterminals einen maximalen Beitrag zur Minimierung der Gesamtkosten im Kettenablauf leisten. In diesem Zusammenhang spielen Terminalbetreiber eine wesentlich Rolle, da diese mittlerweile im weitreichenden Umfang als Logistikorganisationen fungieren, die zahlreiche gekoppelte Logistikdienste anbieten (Notteboom 2007: 44).

3.5 Synthese der theoretischen Grundlagen und Ableitungen für die weitere Vorgehensweise

Die vorangegangenen Ausführungen zu Containerseehäfen und Seehafencontainerterminals haben gezeigt, dass diese als Bestandteile internationaler Transportlogistikabläufen die Funktion zentraler Schnittstellen einnehmen. Deutlich wurde dabei auch, dass die Integration dieser maritimen Schnittstellen in ketten- oder netzwerkartig strukturierten Abläufen keinen Automatismen folgt, sondern von verschiedenen Faktoren abhängt. Neben allgemeinen Merkmalen der Häfen und Terminals sind es vor allem Einflüsse verschiedener Akteure, die wesentlich auf die Integration von Containerseehäfen und Seehafencontainerterminals in Transportlogistikabläufe einwirken. Deutlich wird dabei auch, dass die Einbindung in internationale Logistikketten zwar auch durch den Hafen bestimmt wird, jedoch insbesondere die vorhandenen Umschlagsterminals dabei eine große Rolle spielen. Diese Terminals stellen die eigentlichen Schnittstellen für unterschiedliche Güterverkehre und deren Umschlagsprozesse dar.

Die Funktion der Umschlagsterminals unterliegt den Zielvorstellungen unterschiedlicher Akteure, in erster Linie jedoch den geschäftlichen Vorstellungen der Terminalbetreiber, die in den jeweiligen Terminals aktiv sind. Im Zuge weltweiter Privatisierungsmaßnahmen haben Terminalbetreiber immer mehr Möglichkeiten für den Einstieg in Containerterminals und deren Betrieb erhalten. Die Akteure versuchen verstärkt sich in das Terminalgeschäft zu integrieren und die Terminals als leistungsfähige Schnittstellen in weltweiten Logistik- und Transportketten zu betreiben.

Bei der Integration und Funktion von Güterterminals in weltweite Transportlogistikabläufe zeigt sich, dass Terminals als Schnittstellen beim Übergang von Transporten zwischen verschiedenen Transportmodi dienen (siehe 2.2.5). Da viele Transportketten multimodale Ausprägungen aufweisen, also durch das Vorhandensein mehrerer unterschiedlicher Transportmodi geprägt sind, existieren entlang der Transportketten mehrere verschiedene Terminals, die als Schnittstellen fungieren. An jeder dieser Schnittstellen wird jeweils ein Umschlagsvorgang zwischen zwei Transportmodi durchgeführt (siehe Abbildung 13). Obwohl alle diese unterschiedlichen Schnittstellen des gesamten Transportablaufs ihre jeweilige, wichtige Bedeutung haben, zeigt sich, dass einige Umschlagsterminals aufgrund ihrer Position und Funktion von besonderer Bedeutung innerhalb von Transportlogistikabläufen sind. Diese besondere Bedeutung ergibt sich dabei einerseits aus der strategischen Position innerhalb einer Logistikkette, die durch das Zusammenlaufen wichtiger Kettenbestandteile oder Transportmodi gekennzeichnet ist, andererseits kann dies aber auch durch die hohen Umschlagskapazitäten an einer Schnittstelle begründet sein. Zu diesen bedeutenden Terminals zählen insbesondere die Seehafenterminals, die als Schnittstellen zwischen Land- und Seeverkehren eine wichtige Position im Transportablauf einnehmen und dabei hohe Umschlagskapazitäten im zentralen logistischen Transporthauptlauf aufweisen (siehe Abbildung 13). Im Besonderen kann diese wichtige Position auf Schnittstellen des Containerverkehrs angewendet werden, da dieser im weltweiten Maßstab immer größere Mengen des Güterverkehrs abwickelt. Hierbei sind es die auf den Containerumschlag spezialisierten Terminals der Seehäfen, die zentrale Schnittstellen der weltweiten transportlogistischen Kettenabläufe darstellen und an denen Akteure agieren, die direkt im international bedeutenden transportlogistischen Kettenablauf aktiv sind.

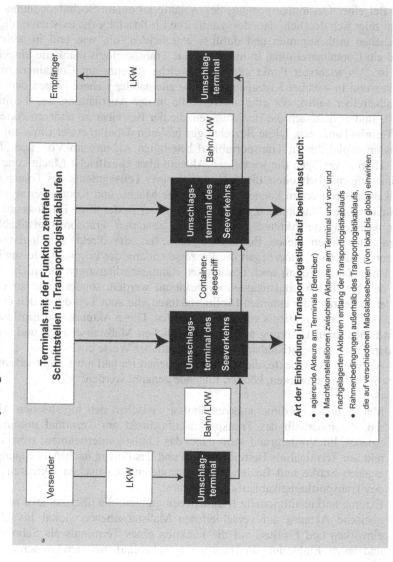

Abbildung 13: Schematische Einbindung von Seehafenterminals als zentrale Schnittstellen im Transportlogistikablauf

Quelle: eigene Darstellung

Bei einer Gesamtbetrachtung der Abläufe an einem Seehafencontainerterminal zeigt sich deutlich, dass dort zahlreiche Einflussfaktoren existieren, die das Geschehen mitbestimmen und darüber entscheiden, ob, wie und in welchem Grad ein Containerterminal in internationale Transportlogistikabläufe eingebunden ist. Als wichtiger Punkt gilt dabei, welche Akteure am Containerterminal agieren und in welcher Konstellation diese zueinander stehen. Neben dem Terminalbetreiber selbst, der eine aktive Rolle in der Ausrichtung des Terminals spielt, sind es demnach die Beziehungen, die der Betreiber zu anderen Akteuren am Terminal aufweist. Diese Beziehungen basieren dabei in erster Linie auf dem Zusammenspiel der im Transportablauf beteiligten Akteure im Vor- und Nachlauf. Hierbei verfügen die jeweiligen Akteure über spezifische Macht- und Koordinierungsmöglichkeiten, die sich entlang eines Teilsegments des Transportlogistikablaufs erstrecken können. Je stärker die Macht- und Koordinierungsmöglichkeiten eines Akteurs sind, desto eher ist dieser in der Lage Einfluss auf vor- oder nachgelagerte Akteure innerhalb des gesamten Transportlogistikablaufs auszuüben. Neben diesen Einflussmöglichkeiten, die direkt von logistischen Akteuren ausgehen, unterliegen die Prozesse entlang der Logistikkette sowie an den Umschlagsterminals auch bestimmten Rahmenbedingungen, die nicht direkt von den beteiligten Logistikakteuren bestimmt werden, sondern von außenstehenden Akteuren oder externen Einflussfaktoren, die zum Teil durch den Ort der Lokalisation von Terminals vorgegeben werden. Diese Akteure und Einflussfaktoren haben ihren Ursprung auf unterschiedlichen Maßstabsebenen und wirken auf den Transportlogistikablauf in unterschiedlicher Weise ein.

Als wichtige Aspekte, die auf das Geschehen im und am Containerterminal eines Seehafens einwirken, können folgende genannt werden:

- Macht- und Koordinierungsverhältnisse zwischen den logistischen Akteuren, die innerhalb des Transportablaufs direkt am Terminal miteinander agieren. Im Vordergrund steht dabei das Logistikunternehmen, welches direkt am Terminal als Betreiber agiert und das dort je nach Ausprägung der eigenen Stärke und Beziehungen zu anderen logistischen Akteuren Teile des Transportlogistikablaufs mitbestimmt.
- Externe und institutionelle Rahmenbedingungen, die über zumeist nicht logistische Akteure auf verschiedenen Maßstabsebenen (lokal bis global) einwirken und Einfluss auf die Funktion eines Terminals als Schnittstelle und dessen Einbindung in Transportlogistikabläufe nehmen können.

Vor diesem Hintergrund werden die in 3.2 dargestellten Theorieansätze zur Erklärung von Produktions- und Warenketten dahingehend herangezogen, inwieweit diese im Rahmen der zu analysierenden Fragestellung einen Beitrag leisten können, um:

1. ein Containerterminal als ein abgeschlossenes Segment innerhalb eines gesamtheitlichen Transportlogistikablaufs zu konzeptualisieren,
2. Aspekte der Macht und Koordinierung zwischen Akteuren entlang eines gesamtheitlichen Transportlogistikablaufs und deren wichtigen Schnittstellen (Terminals) in den Mittelpunkt zu rücken,
3. institutionelle Einflüsse verschiedener Maßstabsebenen, die auf das Geschehen der Schnittstellen (Terminals) gesamtheitlicher Transportlogistikabläufe einwirken, zu veranschaulichen.

In der Analyse zeigt sich, dass es insbesondere die Ansätze des Filière-Modells, der Global Commodity Chains, der Global Value Chains sowie der Global Production Networks sind, die mit ihren Aussagen eine wichtige analytische Grundlage bieten.

Zu 1: Für die Konzeptualisierung eines Containerterminals als abgeschlossenes Segment entlang von Transportlogistikabläufen zeigen sich die Aussagen des Filiére-Ansatzes als geeignet, da dieser in seinen Ausführungen eine klare Abgrenzung von einzelnen Segmenten innerhalb von Kettenabläufen ermöglicht. Eine Gleichsetzung von Abschnitten einer Transportlogistikablaufs mit den Segmenten einer Filiére ergibt sich, da in dem zumeist als Ganzes wahrgenommenen Transportlogistikablauf mehrere logistische Einzelelemente nachzuvollziehen sind. Somit kann analysiert werden, inwieweit ein Terminal mit den vor- und nachgelagerten Prozessen als ein Segment im Sinne einer Filiére betrachtet werden kann. Das Terminal als Segment kann dabei auf der Grundlage einer Analyse von Input- und Outputprozessen definiert werden, in deren Ergebnis die Schaffung eines marktfähigen Produktes steht. Dies kann theoretisch auf kettenartige Transportabläufe übertragen werden, in denen beispielsweise die Schnittstellen (Terminals) einzelne Segmente bilden. An diesen finden In- und Outputprozesse in Form von Umladevorgängen zwischen Verkehrsträgern statt und es kommt dadurch zur Erstellung einer Dienstleistung (abgeschlossener Umladevorgang) und somit eines marktfähigen Produkts. Diese Dienstleistungserstellung (Produkterstellung) ist Ausgangspunkt für die weiteren Schritte im Transportlogistikablauf.

Zu 2: Zur Analyse von Macht- und Koordinationsverhältnissen zwischen den involvierten Akteuren an den Schnittstellen (Terminals) von Transportlogistikabläufen lassen sich insbesondere die Ausführungen des Ansatzes der Global Value Chains heranziehen. Dieser Ansatz, der mit seinen Aussagen auf Produktionsprozesse fokussiert ist, kann unter der Annahme herangezogen werden, dass der logistische Kettenablauf in seiner Gesamtheit dem Produkt Logistikdienstleistung gleichgesetzt werden kann. Bei der Erstellung dieses Produkts (Logistikdienstleistung) wirken verschiedene logistische Akteure mit, die darin differenzierte Positionen einnehmen. Diese Positionen definieren sich dabei über Macht- und Koordinationsverhältnisse zwischen den Akteuren und geben Aufschluss darüber, welcher Akteur größere Einflussmöglichkeiten auf den kettenartigen Transportablauf hat. Hierin sind auch die Containerterminals mit ihren jeweiligen Betreibern Bestandteil des Produktionsprozesses. Diese verfügen über spezifische Macht- und Koordinationsmöglichkeiten, sind diesen aber auch durch andere Akteure ausgesetzt. Über die Aussagen zu Machtverhältnissen und dem Zusammenspiel von Akteuren entlang von Produktionsprozessen kann daher analysiert werden, welche Stellung Containerterminals im Ablauf von Transportlogistikabläufen aufweisen.

Zu 3: Für die Analyse und Erklärung von Einflussfaktoren verschiedener Maßstabsebenen auf Containerterminals können Aussagen des GPN-Ansatzes herangezogen werden. Im Konkreten liegt der Blick auf den Aussagen der konzeptionellen Elemente power und embeddedness. Über das Element power wird dabei neben einem Bezug zum GCC- beziehungsweise GVC-Ansatz der Fokus darauf gelegt, welche Machteinflüsse innerhalb des Transportlogistikablaufs durch andere, nicht logistische Akteure auf unterschiedlichen Maßstabsebenen einfließen. Über die Aussagen des Elements embeddedness kann zudem Aufschluss darüber gewonnen werden, inwieweit die Lokalisierung eines Terminals an einem bestimmten Hafenstandort eines Landes auf das Agieren des Terminals als Schnittstelle im Transportablauf einwirkt und dieses beeinflusst wird. Für die Containerterminals wird dabei berücksichtigt, dass die dort wirkenden Einflussfaktoren jeweils spezifische Ursprünge haben, die auf verschiedenen räumlichen Maßstabsebenen verankert sind. Konzeptionell kann hierbei ein Terminal als ein Ort angesehen werden, an dem Einflüsse globalen oder lokalen Ursprungs zur Geltung kommen und sich gegenseitig beeinflussen. Hierbei ist es durchaus möglich, dass die globalen Entwicklungen am Ort aufgenommen, jedoch durch regionale oder lokale Aspekte verändert werden und es zu spezifischen Ausprägungen kommt. Andersherum können aber auch lokale oder regionale Einflussfaktoren die Wirkungsweise globaler Einflüsse mindern oder gar verhindern.

Die Zusammenführung der verschiedenen aufgeführten Aspekte aus den benannten Ansätzen bildet die Grundlage für den empirischen Teil der Arbeit, in der neben einer generellen Darstellung der Fallbeispiele detailliert auf die vor Ort lokalisierten Containerterminals mit ihren Strukturen und Entwicklungen eingegangen und deren Einbindung in Transportlogistikabläufen analysiert wird. Zunächst erfolgt jedoch die Darstellung der konkreten Forschungsfragen sowie die Erläuterung der methodischen Vorgehensweise.

4 Forschungsfragen und methodische Vorgehensweise

4.1 Ableitung der forschungsrelevanten Fragestellungen

Auf der Basis der theoretischen Grundlagen leitet sich der für die vorliegende Arbeit eigene Forschungsansatz ab. Im Fokus dieses Ansatzes steht die Analyse von relevanten Entwicklungsprozessen in Seehafencontainerterminals im Ostseeraum. Dabei wird insbesondere die Integration von Seehafencontainerterminals durch logistische Akteure als Bestandteile internationaler Transportlogistikabläufe betrachtet.

Diesem Vorgehen liegen verschiedene Annahmen zu Grunde:

1. Der Aufbau transportlogistischer Kettenabläufe mit allen relevanten Schnittstellen entspricht Produktionsprozessen von Logistikdienstleistungen, die mit Hilfe existierender Ansätze zur Wertschöpfungs- und Warenkettenforschung erklärt werden können. Diese logistische Dienstleistung ist daher im Sinne einer Wertschöpfungs- oder Warenkette zu verstehen.

2. Die Kontrolle über diese transportlogistischen Kettenabläufe erfolgt an spezifischen Schnittstellen, den Umschlagterminals. Im Containerverkehr fungieren dabei Seehäfen mit ihren jeweiligen Containerterminals als wesentliche Schnittstellen (siehe Abbildung 13). Um Transportlogistikabläufe steuern zu können, ist es für Logistikakteure wichtig, diese Schnittstellen zu identifizieren und an diesen Kontrollmöglichkeiten auszuüben.

3. Über die Kontrolle von Containerterminals als Schnittstellen verfügen Logistikakteure über Möglichkeiten vor- und nachgelagerte Logistikaktivitäten zu kontrollieren beziehungsweise diese in eigene Aktivitäten einbinden zu können. Dadurch können sie ihre Position im transportlogistischen Kettenablauf sichern und ausbauen.

Vor dem Hintergrund dieser Annahmen und um einen umfassenden Einblick in die Vorgehensweise der Terminaloperateure, einerseits bei der Privatisierung von Terminalflächen und andererseits im Zusammenspiel mit den vor Ort agierenden Akteuren zu erhalten, werden in der vorliegenden Arbeit folgende zentrale Fragestellungen untersucht:

- Welche Bedeutung haben die relativ kleinen Containerterminals des Ostseeraums im Rahmen internationaler transportlogistischer Kettenabläufe?
- Welche Rahmenbedingungen existieren für den Terminalbetrieb an den jeweiligen Hafenstandorten im Ostseeraum?
- Welche Probleme lassen sich hinsichtlich der logistischen Integration und des Betriebs von Containerterminals identifizieren?
- Welche zukünftigen Entwicklungen werden für die Containerterminals des Ostseeraums erwartet?

Die aufgeführten zentralen Fragen gelten als spezifische Oberfragen, denen in unterschiedlichem Umfang weitere Unterfragen zugeordnet werden (siehe Tabelle 6).

4.2 Methodische Vorgehensweise

4.2.1 Auswahl des Untersuchungsraums und Identifizierung der Untersuchungsbeispiele

Zur Beantwortung der Fragestellung war es notwendig einen exemplarischen Untersuchungsraum zu identifizieren. Hierbei wurden fünf zu berücksichtigende Kriterien zu Grunde gelegt:

1. Es soll sich um einen weitestgehend abgeschlossenen Verkehrsraum handeln.
2. Mit Blick auf weltweite Hafenhierarchien sollen die darin liegenden Seehäfen eher nachgelagerte Seehäfen beziehungsweise Seehäfen der 2. Reihe darstellen.
3. In Bezug auf globale Waren- und Logistikströme sollen die darin stattfindenden Verkehre durch eher stark regional bezogene Vor- oder Nachläufe charakterisiert sein.
4. Der Containerseeverkehr soll durch ein kontinuierliches und dynamisches Wachstum gekennzeichnet sein.
5. In den Hafenökonomien sollen sich private Investitionstätigkeiten im Bereich der Containerterminals finden lassen.

Unter Berücksichtigung dieser Kriterien hat sich der Ostseeraum als eine günstige Untersuchungsregion für die Bearbeitung der Forschungsfragen erwiesen (siehe Abbildung 14). Der Ostseeraum stellt einen weitgehend abgeschlossenen Verkehrsraum dar, in dem die darin stattfindenden maritimen Prozesse sehr gut analysiert werden können. Hierbei lassen sich die maritimen Verkehre gut erfassen und hinsichtlich externer und interner Verkehrsströme abgrenzen. Zudem sind die darin verorteten Hafenökonomien gut erfassbar und über statistische Daten analysierbar.

Tabelle 6: Übersicht zu den Forschungsfragen und gewählten Untersuchungsmethoden

Spezifische Ober- und Unterfragen	Untersuchungsmethode
Welche Bedeutung haben die relativ kleinen Containerterminals des Ostseeraums im Rahmen internationaler logistischer Kettenabläufe?	
Welche Typen von Terminalbetreibern sind in den einzelnen Containerterminals des Ostseeraums aktiv?	Dokumentenanalyse, qualitative Experteninterviews
Warum investieren private Terminalbetreiber in Seehafencontainerterminals von Häfen der 2. Reihe?	Dokumentenanalyse, qualitative Experteninterviews
Welche geschäftliche Intention verfolgen die Terminalbetreiber in den untersuchten Containerterminals?	qualitative Experteninterviews
Welche Konkurrenzbedingungen herrschen zwischen den Containerterminals des Ostseeraums?	Dokumentenanalyse, qualitative Expertenanalyse
Inwieweit korreliert die Bedeutung eines Seehafens im Ostseeraum mit der Bedeutung des lokalen Containerterminals?	Dokumentenanalyse, qualitative Experteninterviews
Welche Rahmenbedingungen existieren für den Terminalbetrieb an den jeweiligen Hafenstandorten des Ostseeraums?	
Inwieweit ist das lokal agierende Terminalmanagement in seinen Managemententscheidungen am Standort unabhängig?	qualitative Experteninterviews
Inwieweit bilden die Containerterminals relevante Schnittstellen für integrierte vor- und nachgelagerte Logistikprozesse?	qualitative Experteninterviews
Welche Akteure sind maßgeblich an der logistischen Integration der Containerterminals beteiligt?	qualitative Experteninterviews, Dokumentenanalyse
Welche logistischen Prozesse werden maßgeblich durch den Terminalbetreiber mitbestimmt?	qualitative Experteninterviews
Inwiefern wirken die Hafenverwaltungen auf die Entwicklung des Containerumschlags am jeweiligen Standort ein?	qualitative Experteninterviews
Welchen Einfluss hat die nationale Politik auf die Entwicklung des Containerverkehrs und somit auf die Entwicklung der Terminalstandorte?	qualitative Experteninterviews, Dokumentenanalyse
Welche Probleme lassen sich hinsichtlich der logistischen Integration und des Betriebs von Containerterminals identifizieren?	
Welche Hemmnisse existieren hinsichtlich einer optimalen Entwicklung des Containerterminals vor Ort?	qualitative Experteninterviews
Welche Verbesserungsmaßnahmen sind zur Stärkung der logistischen Integration des Containerterminals notwendig?	qualitative Experteninterviews
Inwieweit bestimmt Konkurrenz zu anderen Terminals beziehungsweise zu anderen Seehäfen die Entwicklung des Containerterminals vor Ort?	qualitative Experteninterviews, Dokumentenanalyse
Inwieweit wirken Aktivitäten der Hafenverwaltung auf die logistische Integration von Containerterminals ein?	qualitative Experteninterviews
Welche Aktivitäten der nationalen Politik sind unbedingt notwendig zur besseren Entwicklung des Containerterminals?	qualitative Experteninterviews
Welche zukünftigen Entwicklungen werden für die Containerterminals des Ostseeraums erwartet?	
Welche Veränderungen in den logistischen Abläufen werden erwartet?	qualitative Experteninterviews
Welche Veränderungen werden im Zusammenspiel der logistischen Akteure erwartet?	qualitative Experteninterviews
Welche Entwicklungen werden für die einzelnen Terminals erwartet?	qualitative Experteninterviews
Inwieweit werden sich die Betreiberstrukturen innerhalb der Terminals verändern?	qualitative Experteninterviews

Quelle: eigene Darstellung

Die Hafenökonomien des Ostseeraums stellen aufgrund ihrer Größe im internationalen Vergleich eher nachgeordnete Seehäfen dar. So ist beispielsweise kein Seehafen in der Ostsee mit den großen europäischen Seehäfen in der Nordsee vergleichbar, da diese deutlich höhere Umschlagswerte aufweisen (Misztal 2002: 8). Die Seehäfen des Ostseeraums können daher als nachgelagerte Häfen (Häfen der 2. Reihe) bezeichnet werden. Sie sind demnach als Bestandteil weltweiter Logistikabläufe zu betrachten, in denen überwiegend ein regionaler Vor- und Nachlauf stattfindet.

Auch hinsichtlich der Entwicklung des Containerverkehrs bietet sich der Ostseeraum als Untersuchungsgebiet an, da dieses Verkehrssegment in der Region in den letzten Jahren eine hohe Wachstumsdynamik verzeichnen konnte (Buchhofer 2007: 50). Die Entwicklung des Containerverkehrs ist ein Indiz für eine fortschreitende Integration in weltweite Logistikprozesse, in denen die Ostseehäfen immer stärker an Bedeutung gewinnen. Dieser Bedeutungsgewinn zeigt sich auch an verschiedenen Investitionen, die in den letzten Jahren im Containerbereich der Ostseehäfen stattgefunden haben. So wurden einerseits komplett neue Terminalanlagen errichtet und speziell auf den Containerverkehr ausgerichtet, andererseits in vielen Häfen die bereits vorhandenen Terminalkapazitäten modernisiert und teilweise ausgebaut.

Ausgehend vom gewählten Untersuchungsraum Ostsee mussten die darin verorteten Seehäfen und deren Containerterminals als konkrete Untersuchungsbeispiele abgeleitet werden. Hierfür wurden in einem ersten Schritt alle Seehäfen des Ostseeraums identifiziert, in denen Container umgeschlagen werden. Grundlage dieses Schritts bildeten Makrodaten zum Containerumschlag der Ostseehäfen in den Jahren 2006 bis 2008. Die Betrachtung dieser drei aufeinanderfolgenden Jahre erfolgte vor dem Hintergrund zweier Aspekte: einerseits um dynamische Entwicklungen einzelner Standorte nachvollziehen und andererseits um eventuell auftretende Ausreißer identifizieren und berücksichtigen zu können. Das darin letzte Betrachtungsjahr 2008 wurde gewählt, da es sich dabei um den Auftakt der vorliegenden Untersuchung handelte. Zudem waren im Folgejahr 2009 durch die einsetzende Wirtschaftskrise deutliche Umschlagseinbußen bei den Seehäfen im baltischen Raum zu verzeichnen, deren Ausmaß eine Verzerrung der Datengrundlage darstellte. Durch die Zusammenstellung der einzelnen Jahresdaten zum Containerumschlag konnten die wichtigsten Container umschlagenden Hafenökonomien im Ostseeraum identifiziert werden.

Um die Bedeutung der einzelnen Container umschlagenden Häfen besser darstellen zu können, wurden die identifizierten Häfen in einer Rangliste der Umschlagsmenge nach absteigend geordnet. Die Konzentration erfolgte dabei auf die 20 umschlagstärksten Containerhäfen des Ostseeraumes im gewählten Zeitraum (siehe Tabelle 7 sowie Abbildung 14). Diese Abgrenzung wurde getroffen, da diese Seehäfen allein 90 % des Containerumschlags im Ostseeraum

Tabelle 7: Die 20 größten Containerseehäfen des Ostseeraums im Zeitraum 2006 bis 2008

Rang	Ostseehafen (Land)	Containerumschlag in TEU		
		2006	2007	2008
1	St. Petersburg (Russland)	1.449.958	1.697.720	1.983.110
2	Göteborg (Schweden)	811.508	840.550	862.595
3	Kotka (Finnland)	461.871	570.880	666.356
4	Gdynia (Polen)	461.170	614.373	610.502
5	Aarhus (Dänemark)	427.000	496.174	453.503
6	Helsinki (Finnland)	416.527	431.406	419.809
7	Klaipėda (Litauen)	231.548	321.400	373.263
8	Kaliningrad (Russland)	151.047	236.254	213.210
9	Riga (Lettland)	176.826	211.800	210.900
10	Kopenhagen/Malmö (Dänemark/Schweden)	175.000	192.500	194.000
11	Gdańsk (Polen)	78.364	96.873	185.651
12	Tallinn (Estland)	152.399	180.900	180.927
13	Hamina (Finnland)	166.983	195.292	178.804
14	Rauma (Finnland)	168.952	174.531	172.155
15	Helsingborg (Schweden)	230.000	206.490	161.062
16	Gävle (Schweden)	k. A.	90.826	147.138
17	Lübeck (Deutschland)	234.000	92.039	96.122
18	Szczecin-Świnoujście (Polen)	42.424	56 276	62.913
19	Hanko (Finnland)	k.A.	47 820	45.772
20	Stockholm (Schweden)	37.635	45 773	41.196

Quelle: veränderte Darstellung und teilweise eigene Berechnung nach Grzelakowski/ Matczak 2008: 37, Matzcak 2009: 18

auf sich vereinen und alle weiteren Containerhäfen lediglich über geringe Umschlagsmengen verfügen.

Anhand der erstellten Rangliste und unter Berücksichtigung von Umschlagszahlen anderer Containerhäfen außerhalb des Ostseeraums erschien es
angemessen, die Untersuchung auf Häfen zu begrenzen, die im Jahr 2008 einen
Containerjahresumschlag von mehr als 150.000 TEU aufwiesen. Grundlage dieser Abgrenzung bildete die Containerhafentypologie nach de Langen/van der
Lugt/Eenhuizen (2002), bei der Seehäfen mit diesem Containerumschlag zumindest als *regional ports* bezeichnet werden. Hierbei wurde davon ausgegangen,
dass Seehäfen mit einem kleineren Umschlagswert eine zu geringe Bedeutung
für die Abwicklung von Containerverkehren im Ostseeraum einnehmen. Aufgrund einer anzunehmenden geringen Marktpräsenz wurden diese Seehäfen daher nicht weiter berücksichtigt.

In Folge dieses Analyseschritts verblieben 15 als relevant zu betrachtende
Containerhäfen in der Rangliste. Diese Seehäfen wurden in einem weiteren
Schritt hinsichtlich ihrer Management- und Organisationsstrukturen analysiert.
Dabei sollten Seehäfen identifiziert werden, die nach dem Prinzip der öffentlich-
privaten Aufgabenteilung arbeiten (Landlord-Prinzip) und somit dem für die
Fragestellung wichtigen Aspekt der privaten Einstiegsmöglichkeiten in Contai-
nerterminals gerecht werden. Nach Beendigung dieses analytischen Schritts ver-
blieben zwölf Containerhäfen in der Rangliste.

Unter Berücksichtigung der herangezogenen Abgrenzung des relevanten
Ostseeraums wurde von diesen zwölf Seehäfen die Häfen Aarhus und Helsing-
borg aus der Rangliste gestrichen, da diese aufgrund ihrer Lage im Übergangsbereich zur Nordsee nicht direkt in den gewählten Untersuchungsraum passen. Zudem wurden von den insgesamt vier identifizierten finnischen Seehäfen, die den
vorgenannten Kriterien entsprachen, die Hafenstandorte Hamina und Rauma gestrichen. Die Konzentration erfolgte dabei auf die Seehäfen Kotka und Helsinki,
die mit Abstand den größten Containerumschlag der finnischen Seehäfen aufweisen. Im Gegensatz zu Rauma und Hamina, die überwiegend auf regional basierte Exporte von Holzprodukten konzentriert sind, sind die Häfen Kotka und
Helsinki in komplexe internationale Containertransporte mit relevanten Im- und
Exportwerten eingebunden und daher für die Untersuchung besser geeignet.

Insgesamt verblieben im Zuge der genannten Analyseschritte neun Ostseecontainerhäfen, die für die Untersuchung als relevant identifiziert wurden. Bei
diesen Häfen handelte es sich um St. Petersburg, Kaliningrad, Gdańsk, Gdynia,
Klaipėda, Riga, Tallinn, Helsinki und Kotka.

Leider hat sich bei der Untersuchung gezeigt, dass zu den ausgewählten russischen Fallbeispielen kein Kontakt hergestellt werden konnte und sich die Gewinnung von geeignetem Datenmaterial als schwierig erwies. Es war daher nicht
möglich diese Häfen direkt in die Untersuchung mit einzubeziehen (siehe Abbildung 14).

Abbildung 14: Untersuchungsraum Ostseeraum mit ausgewählten Fallbeispielen

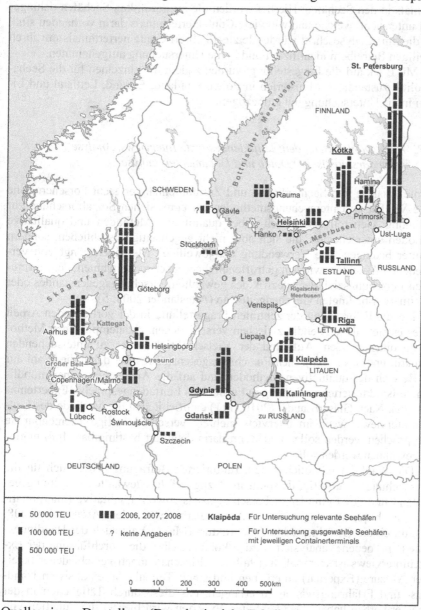

Quelle: eigene Darstellung (Datenbasis siehe Tabelle 7)

Ein weiterer wichtiger Schritt war die Identifizierung der einzelnen Containerterminals in den Seehäfen. Hierbei wurden die ausgewählten Seehäfen dahingehend untersucht, welche und wie viele Containerterminals darin vorhanden sind.
Aus diesem Analyseschritt wurden letztendlich elf Containerterminals mit ihren
jeweiligen Betreibern identifiziert und in die Untersuchung aufgenommen.

Mit Blick auf die Fragestellung wurden zudem die einzelnen für die Seehafenpolitik zuständigen Ministerien in Polen, Finnland, Estland, Lettland und Litauen in die Untersuchung mit einbezogen.

4.2.2   Ausgewählte Methoden: leitfadengestützte Interviews, Analyse
sekundärstatistischer Daten und Dokumentenanalyse

Für die Analyse von Sachverhalten und Zusammenhängen steht Forschern eine
große Vielfalt an Untersuchungsmethoden der emprisichen Sozialforschung zur
Verfügung. Generell lassen sich dabei quantitative Methoden und qualitative
Methoden unterscheiden, die sich aber nicht gegenseitig ausschließen, sondern
mitunter bedingen. Die Verwendung der jeweiligen Methoden hängt von verschiedenen Aspekten, wie den getroffenen theoretischen Annahmen, dem formulierten Forschungsziel, der Spezifik des gewählten Forschungsgegenstandes oder
von situationsbedingten Gegebenheiten ab (Atteslander 2008: 5).

Für die Erforschung der zentralen Fragestellung in der vorliegenden Arbeit
erwies es sich als notwendig zwischen verschiedenen sozialempirischen Methoden zu unterscheiden. Aufgrund der Vielschichtigkeit der zu untersuchenden
Thematik und des spezifischen Forschungsgegenstandes fiel dabei die Wahl auf
den Bereich der qualitativen Methoden und auf die Anwendung einer mündlichen, teilstrukturierten Befragung in Form eines Leitfadengesprächs (Experten-
terviews). Nach Gläser/Laudel (2010: 111) empfiehlt sich die Methode des Leit-
fadeninterviews, wenn im Interview mehrere verschiedenartige Themenpunkte
angesprochen werden sollen und wenn darin detailiert bestimmbare Informationen gewonnen werden sollen.

Die Wahl der mündlichen, teilstrukturierten Befragung erwies sich für die
Untersuchung als günstig, da somit in Bezug auf den gewählten Forschungsge-
genstand und des formulierten Forschungsziels sowohl qualitative (interpretati-
ve) als auch quantitaive (messbare) Aspekte erhoben werden (Atteslander 2008:
123), durch die Gesichtspunkte der Struktur- (Makro-) als auch der Handlungs-
ebene (Mirkoebene) analysiert werden konnten. Über die Durchführung der Experteninterviews ist es möglich detaillierte Einschätzungen verschiedener betei-
ligter Akteure (Experten) zu erheben und somit Teilhabe an exklusivem Hand-
lungs- und Erfahrungswissen zu erlangen, das diese durch Tätigkeiten in der
Praxis erworben haben. Den befragten Experten wird hierbei die Funktion von
Informationsträgern spezifischen Fachwissens zugeschrieben, das für außenste-

hende und somit für den Forschenden ohne Interview nicht zugänglich wäre (Bogner/Menz 2009: 64f.). Als Vorteil gegenüber einer standardisierten Befragung kann sich erweisen, dass die im Experteninterview bestehende offene Gesprächssituation ein tiefergehender Zugang zu spezifsichen Handlungsfeldern erreicht werden kann, da es durch die Befragten Experten, auch wenn es sich nicht um narrative oder epsiodische Interviews handelt, zu spontanen Themenwechseln und weiteren Ausführungen kommen kann, die als wichtige Informationsquellen dienen können (Meuser/Nagel 1994: 183, Bogner/Menz 2009: 64).

Die Auswahl der Experten für die vorliegende Arbeit erfolgte aufgrund des relevanten Wissens, das den Gesprächspartnern aufgrund ihrer institutionellen-organisatorischen Einbindung, beruflichen Tätigkeit und dem damit zu erwartenden Erfahrungshorizont vorausgesetzt werden konnte (Gläser/Laudel 2010: 117). Dabei wurde darauf geachtet, in Schlüsselpositionen agierende Experten anzusprechen und auszuwählen, da diese unter anderem aufgrund ihrer Handlungsorientierungen und ihres Wissens auf die Handlungsweisen anderer Akteure einwirken können. Diese Experten sind nicht nur als Personen mit spezifischem Wissen im Sinne eines Informationsvorteils, sondern als Träger von Deutungswissen zu verstehen, das durch ihr Handeln praxiswirksam wird (Bogner/Menz 2009: 72).

Zur Durchdringung der vielschichtigen Aspekte des Themas, wurde die Befragung aus dem Blickwinkel von drei verschiedenen Akteursperspektiven durchgeführt:

1. *Perspektive der Containerterminalbetreiber beziehungsweise -managements* im jeweiligen ausgewählten Seehafen. Hierbei wurden Experteninterviews mit den vor Ort ansässigen Containerterminalmanagements geführt, die unter eigenen wirtschaftlichen und strategischen Vorstellungen Containerterminals in den jeweiligen Häfen betreiben. Als Containerterminalbetreiber zählen dabei alle zu identifizierenden Unternehmen, die aktiv im Containerterminalgeschäft des jeweiligen Hafens tätig sind.
2. *Perspektive der Seehafenbehörden beziehungsweise Seehafenmanagements.* Hierbei wurden Experteninterviews mit Vertretern, der vor Ort ansässigen Hafenbehörden durchgeführt. Die Hafenbehörden fungieren als Entscheider in der Gestaltung der jeweiligen Hafeninfrastruktur und haben daher Einfluss auf die Entwicklung eines Seehafens. Als Experten wurden Vertreter aus dem Management der Hafenbehörde ausgewählt.
3. *Perspektive der nationalen Hafenstandortpolitiken (nationale Verkehrsministerien).* In diesem Zusammenhang wurden Experteninterviews mit Vertretern der öffentlichen Verwaltung geführt. Diese Relevanz ergab sich, da die maritime Wirtschaft eines Landes und somit die Hafenentwicklung oftmals eine zentrale Position in der nationalen Politik einnimmt. Die politischen Entscheidungen zur Hafenumfeldentwicklung sowie zur logistisch-

infrastrukturellen Anbindung eines Seehafens haben demnach großen Einfluss auf die Stellung eines Hafens im internationalen Vergleich, weshalb die Perspektive politischer Entscheidungsträger auf die jeweiligen Hafenstandorte ermittelt werden sollte.

Neben den ausgesuchten Experten in den drei genannten Bereichen wurden, wenn möglich, weitere Experten einbezogen, die aufgrund ihrer Position spezifische Informationen zu allgemeinen Entwicklungstrends im Seehafen- und Containerterminalgeschäft des Ostseeraums geben konnten.

Im Vorfeld der Untersuchung wurden die Experteninterviews gemäß der qualitativen Sozialforschung (Mayring 1997: 49ff.) vorbereitet. Dabei wurden für jede identifizierte Akteursgruppe individuelle Leitfäden erstellt, die sich inhaltlich als auch vom Umfang her voneinander unterschieden. Die Leitfäden für die Experten aus dem Hafenverwaltungs- und dem Terminalmanagementbereich glichen sich hinsichtlich ihres Umfangs und waren auch inhaltlich weitestgehend ähnlich gestaltet. Der Leitfaden für die Vertreter der Ministerien war sowohl inhaltlich als auch vom Umfang her anders aufgebaut als die beiden vorgenannten Leitfäden. Nach der Ausarbeitung der Leitfäden wurden diese in die englische Sprache übersetzt und auf Wunsch den Experten bereits im Vorfeld zur Verfügung gestellt.

Die Erstellung des Leitfadens orientierte sich an dem von Gläser/Laudel (2010: 115) formulierten Prinzips des theoriegeleiteten Vorgehens. Hierbei werden ausgehend von den spezifischen Informationsbedürfnissen, die sich aus der bestehenden Untersuchungsfrage und den vorhandenen theoretischen Vorüberlegungen ergeben, konkrete Themenschwerpunkte und Fragen für den Leitfaden erstellt. Charakteristisch für das Leitfadeninterview ist dabei, dass die Fragen durch den Interviewer offen formuliert werden. Der Experte kann darauf frei und entsprechend seiner spezifischen Kenntnisse und seines Wissens antworten (Mayer 2006: 36, Gläser/Laudel 2010: 115). Die Reihung der festgesetzen Themenschwerpunkte und Fragen muss vom Interviewer nicht stringent eingehalten, sondern kann je nach Gesprächssituation variiert werden. Als Vorteil für den Interviewer erweist sich die Möglichkeit, jederzeit in Form von Verständnis- oder Zwischenfragen in das Gespräch einzugreifen und aus seiner Sicht zentrale Punkte zu vertiefen (Wessel 1996: 132, Atteslander 2008: 132). Es sollte darauf geachtet werden, nicht im falschen Moment einzugreifen oder sogar eventuell zu weite, themenferne Ausführungen anzustoßen, die die Menge des auszuwertenden Datenmaterials um unnötig Details vergrößern (Mayer 2006: 36f.)

Zur Gewinnung der benötigten Primärdaten wurden im Zeitraum von Juni 2010 bis Dezember 2010 insgesamt 19 Experteninterviews in Polen, Litauen, Lettland, Estland und Finnland durchgeführt. Abgesehen von einem Interview in deutscher Sprache wurden alle anderen Interviews in englischer Sprache geführt. Die Länge der Interviews variierte dabei zwischen 30 und 120 Minuten, was sich einerseits auf die unterschiedlichen Längen der konzipierten Leitfäden zurückführen, andererseits jedoch auch der Auskunftsfreude der Experten zuschreiben lässt. Bis auf zwei Ausnahmen wurden alle Interviews digital aufgezeichnet. In den beiden anderen Fällen wurden handschriftliche Protokolle angefertig. Nach Durchführung der Interviews wurden diese einer Auswertungsanalyse unterzogen, die sich an den von Meuser/Nagel (2005: 83f. und 2009: 56f.) formulierten Verfahrensschritten orientierte: 1) Transkription der aufgezeichneten Interviews[13], 2) Paraphrasierung des Textes in Hinblick auf formulierte Forschungsfragen, 3) Kodierung der paraphrasierten Abschnitte, 4) thematischer Vergleich durch Zusammenführung ähnlicher Passagen aus den Interviews, 5) sozialogische Konzeptualisierung durch Kategorienbildung und 6) theoretische Generalisierung.

Neben der Datengewinnung durch die leitfadengestützen Experteninterviews wurden durch sekundärstatistische Analysen und Dokumentenauswertungen weitere empirische Untersuchungsmethoden eingesetzt. Somit können beispielsweise vorhandene Datensätze, wie statistische Veröffentlichungen oder andere wissenschaftliche Untersuchungsergebnisse, ausgewertet werden (Wessel 1996: 92f.). In die Analyse der gewählten Untersuchungsbeispiele flossen insbesondere statistische Daten der jeweiligen Hafenökonomien, beispielsweise Quartals- oder Jahresberichte sowie Hafenentwicklungsprogramme ein.

Darüber hinaus wurden wissenschaftliche Studien, beispielsweise weltweit agierender Consulting-Unternehmen ausgewertet, die unter Berücksichtigung unterschiedlicher Schwerpunkte detaillierte Hafenanalysen veröffentlichen. Zudem wurden in der Analyse verschiedene Dokumente ausgewertet, die sich mit der Bedeutung des Seehafens im nationalen Kontext auseinandersetzen. Hierzu zählen beispielsweise Veröffentlichungen der jeweiligen Ministerien, die sich mit der infrastrukturellen Anbindung der Seehäfen beschäftigen.

4.3 Kritische Anmerkung zur Methodik

Die Auswahl der verwendeten Methoden in der vorliegenden Arbeit sowie die Vorgehensweise sollte auch unter kritischen Gesichtspunkten betrachtet werden. Obwohl die durchgeführten Experteninterviews ohne Probleme abliefen, konnten

---

[13] Im Anschluss an die Transkription erfolgte eine Kodierung der Interviews nach den einzelnen Akteurstypen (Transportministerium = TM, Seehafenbehörde = SH, Containerterminalmanagement = CT, externe Experten = EE). Den einzelnen Akteurstypen wird zudem eine nationale Kennung hinzugefügt, um deutlich zu machen, welcher nationale Seehafenstandort mit diesem in Bezug steht: (Polen = I, Litauen = II, Lettland = III, Estland = IV und Finnland = V). Da in den Ländern Polen, Litauen und Finnland mehrere Akteure einer Akteursgruppe interviewt worden sind (verschiedene Hafenverwaltungen, Containerterminals) wird hier die Codierung um jeweils einen Buchstaben (a, b und c) ergänzt.

leider nicht alle in den einzelnen Akteursgruppen identifizierten Experten für ein Interview gewonnen werden. Neben den relevanten russischen Akteuren, konnten zudem keine Expertengespräche mit Vertretern der Seehafenverwaltung Riga sowie den jeweils zweiten in Riga und Gdańsk existierenden Containerterminals durchgeführt werden. Auch in Finnland konnte nicht mit allen in den Terminals agierenden Umschlagsunternehmen gesprochen werden. Obwohl durch diese fehlenden Interviews sicherlich einige relevante Informationen nicht erhoben werden konnten, wurden durch die Auswertung von Hafenentwicklungsberichten, Jahrbüchern und weiterer Veröffentlichungen wesentliche Aspekte zu diesen Akteuren analysiert. Zudem konnten in den anderen Experteninterviews indirekt Informationen zu diesen Akteuren gewonnen werden.

Als ein möglicher kritischer Punkt für die Untersuchung kann der Zeitraum gesehen werden, dessen Daten zur Auswahl der relevanten Containerhäfen und -terminals und somit der Untersuchungsbeispiele geführt haben. Im Vergleich zum Fortgang der vorliegenden Untersuchung erweist sich dieser Zeitraum mit den Jahren 2006-2008 als relativ weit zurückliegend und es kann davon ausgegangen werden, dass zum derzeitigen Zeitpunkt eine Containerseehafenreihung ein partiell anderes Ergebnis ergeben würde. Obwohl eine Erweiterung des Betrachtungszeitraums vorgesehen war, wurde diese mit Daten aus dem Jahr 2009 nicht. Grund hierfür war die im Jahr 2009 einsetzende Weltwirtschafts- und Finanzkrise, die sich auch erheblich im baltischen Raum auswirkte und bei vielen Hafenökonomien zu deutlichen Umschlagseinbrüchen führte. Da diese dramatische Entwicklung zur Verzerrung der bis dahin erstellten Untersuchungsgrundlage geführt hätte, wurde die Entscheidung getroffen lediglich den Zeitraum 2006-2008 zu berücksichtigen und diesen als Grundlage für die Vorbereitung der Empirie zu nutzen. Im Laufe der vorliegenden Untersuchung und insbesondere im Auswertungsteil sind jedoch für die Darstellung relevanter Entwicklungsprozesse aktuelle Daten berücksichtigt worden.

Ein weiterer Kritikpunkt kann in der Auswahl der Gesprächspartner in den Terminals gesehen werden. Hierbei wurden Vertreter des Terminalmanagements vor Ort in die Untersuchung einbezogen. Da es sich in vielen Fällen jedoch um Terminals handelt, die als Zweigstellen international agierender Terminalbetreiber fungieren, könnte es kritisch gesehen werden, nicht direkt Vertreter der Managementzentralen befragt zu haben. Hierzu ist anzumerken, dass es in der vorliegenden Untersuchung vor allem darauf ankommt, zu erforschen, wie sich die Terminals vor Ort in logistische Prozesse einfügen, welche Aktivitäten zur Integration dabei stattfinden und wie das Zusammenspiel relevanter Akteure am jeweiligen Hafenstandort funktioniert. Um an diese Art der Informationen heranzukommen, wurde die Befragung der Akteure vor Ort als optimal eingeschätzt. Da die Akteure vor Ort im Rahmen des gesamtunternehmerischen Aktionsfeldes agieren, konnten relevante Informationen zur Unternehmensgruppe auch in diesen Experteninterviews gewonnen werden. Unter Berücksichtigung einer anderen möglichen Herangehensweise in der Arbeit, bei der eventuell strategische Entscheidungen aus Sicht der Managementzentralen internationaler Terminalbetreiberunternehmen analysiert werden sollen, könnte die Einbeziehung dieser Hauptquartiere sinnvoll sein.

5 Untersuchungsraum Ostsee: Seeverkehr und Hafenökonomien

Das vorliegende Kapitel widmet sich der Darstellung des im Forschungsvorhaben einbezogenen Untersuchungsraums. Hierbei werden Daten zur Ostseeschifffahrt und deren Hafenökonomien dargestellt. Insbesondere der Containerverkehr stellt dabei den Hauptrahmen der Analyse dar und bildet die Grundlage zur Erfassung einzelner Seehafenökonomien und deren Containerterminals und Umschlagsanlagen.

5.1 Abgrenzung des Ostseeraums und seine Stellung im Weltseeverkehr

Die Ostsee stellt ein über die Nordsee zugängliches Nebenmeer des Atlantiks dar. Den Übergangsbereich zwischen Nordsee und Ostsee bilden die zwischen Dänemark, Schweden und Norwegen liegenden Meeresstraßen Skagerrak und Kattegat (siehe Abbildung 14). Die Anrainerstaaten der Ostsee sind Dänemark, Schweden, Finnland, Russland, Estland, Lettland, Litauen, Polen und Deutschland. Das Gebiet der Ostsee umfasst insgesamt rund 420.000 km² und bildet somit im weltweiten Vergleich ein kleines Binnenmeer. Trotz dieser geringen Größe ist die Ostsee mit den angrenzenden Anrainerstaaten einer der wichtigsten Verkehrs- und Wirtschaftsräume Europas. Die Funktionsfähigkeit und Bedeutung des Verkehrsraums Ostsee wird insbesondere durch eine hohe Dichte an Schiffsrouten gewährleistet (Woitschützke 2006: 166).

Die Meeresengen im Übergangsbereich von der Nordsee zur Ostsee stellen nicht nur Abgrenzungsbereiche der Schifffahrtsgebiete dar, sondern haben aufgrund der vorhandenen Tiefgangsbeschränkungen aus verkehrlicher Sicht auch Einfluss auf die Nutzung der Ostsee als schiffbares Gewässer. So lassen die Meerengen bei Dänemark, Großer Belt, Öresund oder die Schifffahrtsroute zwischen Darß und Gedser Tiefgänge bis maximal 19 Meter zu und beschränken daher die Einfahrt größerer Schiffe in die Ostsee. Die Route durch den Nord-Ostsee-Kanal weist mit einem Tiefgang von 9,5 Metern diesbezüglich keine besseren Bedingungen auf (Assmann 1999: 93, Woitschützke 2006: 299).

Trotz der relativ geringen Größe und einiger Schifffahrtsbeschränkungen nimmt der Ostseeraum gemessen am jährlichen Umschlag eine nicht unbedeutende Position im weltweiten Seeverkehr ein und kann als verkehrsreiches Meer

bezeichnet werden. Im Jahr 2008 betrug der Umschlag im Ostseeverkehr rund
620 Mio. t. und erreichte damit einen Anteil von rund 7,6 % am gesamten Weltseeverkehr. Obwohl der Anteil am Gesamtweltseeverkehr seit Mitte des 20.
Jahrhunderts geringer geworden ist, pendelt dieser jedoch seit Anfang der 2000er
Jahre auf einem relativ konstanten Niveau zwischen 7 % und 8 % auf (siehe Tabelle 8).

Tabelle 8:   Anteile des Ostseeverkehrs am Gesamtweltseeverkehr in
              ausgewählten Jahren

Jahr	Weltseeverkehr in Mio. t	Transportaufkommen auf der Ostsee	
		Mio. t	Anteil am Weltseeverkehr (%)
1937*	490	78	16,0
1960*	1080	110	9,8
1990*	4008	300	7,5
2000*	5885	400	6,8
2006**	8020	581	7,2
2007***	7882	625	7,9
2008***	8210	620	7,6

Quelle: eigene Darstellung und teilweise eigene Berechnung nach *Breitzmann 2002:
329, **Breitzmann/Klauenberg 2008: 8, ***Breitzmann 2011: 4

Das relativ hohe Transportaufkommen auf der Ostsee trägt wesentlich zur In-
tegration der Volkswirtschaften der Anrainerstaaten bei. Die Bedeutung des Seeverkehrs wird unter anderem daran deutlich, dass dessen Anteil im Jahr 2003 am
Gesamtverkehr im Ostseeraum (einschließlich Norwegen) mit 48% nahezu
gleich groß war wie der Anteil der Landverkehre (52 %) (Institute of Shipping
Analysis//BMT Transport Solutions GmbH/Centre for Maritime Studies 2006).
Da die Seetransporte höhere Wachstumsraten aufweisen, ist es denkbar, dass die
Seetransporte die Landtransporte zukünftig anteilsmäßig übersteigen und dem-
nach einen immer wesentlicheren Beitrag zur fortschreitenden Integration der
Volkswirtschaften im Ostseeraum beitragen werden (Buchhofer 2007: 46).
    Die Entwicklung des Ostseeraums zu einem dynamischen, europäischen
Wirtschaftsraum kann sich erst seit rund zwei Jahrzehnten voll entfalten. Zuvor
war die Ostsee, seit Ende des Zweiten Weltkriegs bis zu Beginn der 1990er Jahre, aufgrund der unterschiedlichen Zugehörigkeit der Anrainerstaaten zu zwei

Weltwirtschaftsblöcken, durch eine fiktive Linie von St. Petersburg bis Lübeck geteilt (Assmann 1999: 96). Diese Teilung hatte erhebliche Auswirkungen auf den Warenaustausch im Ostseeraum. Während sich die Länder des westlichen Wirtschaftsblocks durch einen starken Außenhandel untereinander und mit anderen Staaten auszeichneten, waren die Länder östlich der Linie St. Petersburg - Lübeck im Rat für gegenseitige Wirtschaftshilfe (RGW) organisiert (Assmann 1999: 97, Buchhofer 2007: 45). Diese Staaten unterlagen den wirtschaftspolitischen Regeln dieser Organisation und hatten keinen Zugang zu marktwirtschaftlichen Strukturen. So gab es keinen Wettbewerb der Staaten untereinander, sondern eine Lenkung der Produktion und des Handels in und zwischen den Staaten.

Seit Beginn der 1990er Jahre haben sich alle Staaten des früheren Ostblocks verstärkt einem marktwirtschaftlichen Prinzip verschrieben, wodurch sich auch für die Hafenökonomien des Ostseeraums neue Rahmenbedingungen ergeben haben. Durch die Auflösung planwirtschaftlichen Strukturen und den Übergang in eine neue Wettbewerbsordnung wurden diese Häfen in liberalisierte Transportmärkte eingebunden. Als großes Problem stellte sich hierbei für die Häfen der Transformationsstaaten das Wegbrechen großer Teile der Handels- und Umschlagsvolumen dar, da es durch die Auflösung der Wirtschafts- und Handelsstrukturen zwischen den RGW-Staaten zu einem massiven Einbruch des internationalen Handels innerhalb des früheren Ostblocks kam sowie in Folge der einsetzenden Privatisierung und Restrukturierung der Wirtschaft die industrielle Produktion vorübergehend stark zurückging.

Diese Situation änderte sich erst ab Mitte der 1990er Jahre, als die Umschlagsvolumina in den Häfen wieder das vorherige Niveau erreichten beziehungsweise dieses übertroffen werden konnte (Schlennstedt 2004: 10). Gründe hierfür waren die Überwindung der Transformationskrise in den einzelnen Staaten, die mit einer zunehmenden Integration in weltwirtschaftliche Warenaustauschprozesse einherging (Detscher 2006: 9). Hierbei erfolgte in vielen Fällen eine positive Entwicklung des Exportvolumens, das durch exportorientierte ausländische Direktinvestitionen, insbesondere im Bereich der standardisierten Produktion, befördert wurde.

Der vorerst letzte bedeutende Schritt mit großer Wirkung auf den Ostseeverkehr war der EU-Beitritt der Ostseeanrainer Polen, Litauen, Lettland und Estland. Mit Ausnahme Russlands gehören nun alle Ostseeanrainer der EU an, wodurch die Ostsee fast zu einem Binnenmeer der EU geworden ist. Das Vorhandensein eines einheitlichen Zollsystems und gleicher Transportreglements innerhalb der EU-Staaten wirkt sich hierbei integrationsfördern aus (Buchhofer 2006: 69).

Trotz der sich intensivierenden Beziehungen zwischen allen Ostseeanrainerstaaten zeigt sich bisher weiterhin eine Zweiteilung der Güterströme. Einerseits verlaufen zwischen den älteren Marktwirtschaften Deutschland, Dänemark, Schweden und Finnland intensive Warenströme mit hochwertigen, technologie-

und wissensintensiv verarbeiteten Produkten. Andererseits ist der Güteraustausch Westeuropas mit den früheren Ostblockstaaten überwiegend einseitig ausgerichtet. Während die östlichen Staaten größtenteils Fertigerzeugnisse wie Konsum- und Industriegüter importieren, basiert der Export hauptsächlich auf Rohstoffen (Breitzmann 2002: 328, Schlennstedt 2004: 11, Buchhofer 2007: 44f.).

5.2 Struktur des Seeverkehrs in der Ostsee

5.2.1 Allgemeine Strukturen

Der Seeverkehr der Ostsee weist sehr komplexe Strukturen auf, was sich in unterschiedlichen Güterarten, den Bedarf an dafür notwendigen Transporttechnologien sowie in einem hohen Passagieraufkommen widerspiegelt. Strukturell lässt sich der Ostseeverkehr in einen ostseeexternen und ostseeinternen Verkehr unterscheiden (Hamburg Port Consulting/Institut für Seeverkehrswirtschaft und Logistik/Ostseeinstitut für Marketing, Verkehr und Tourismus an der Universität Rostock [HPC/ISL/OIR] 2002: 29).

Tabelle 9:   Strukturen des Ostseeverkehrs mit Untergliederung in
              ostseeexternen und ostseeinternen Verkehr

Güterarten	Jahres-transport in Mio. t	ostseeexterner Verkehr		ostseeinterner Verkehr	
		Anteil Mio. t	Anteil in %	Anteil Mio. t	Anteil in %
Flüssiggüter	256,6	201,8	78,6	55,0	21,4
Trockengüter	139,8	103,6	74,1	36,2	25,9
Container	50,6	46,2	90,5	4,4	9,5
Ro-ro	69,7	13,5	19,4	56,2	80,6
Andere Stückgüter	63,7	48,0	75,4	15,7	24,6

Quelle: veränderte Darstellung nach Grzelakowski/Matczak 2008: 19

Eine Unterscheidung des Gesamtostseeverkehrs nach einzelnen Güterarten (siehe Tabelle 9) zeigt, dass die Massengüter, sowohl in flüssiger als auch in fester Form, mengenmäßig dominieren und rund zwei Drittel aller Transporte auf der Ostsee umfassen (Grzelakowski/Matczak 2008: 19). In erster Linie handelt es sich hierbei um Transporte, die aus der Ostsee heraus in andere Schifffahrtsgebiete verschifft werden. Insbesondere sind dies russische Exporte von Rohöl und Rohölprodukten, Flüssiggas, Kohle oder Eisenerzen. Die ostseeexternen Massenguttransporte dominieren dabei deutlich und besitzen einen Anteil von drei Viertel aller Massenguttransporte des Ostseeraums (siehe Tabelle 9). Nach den Massengutverkehren nehmen die Transporte von verarbeiteten Gütern, Stückgütern, einen wichtigen Stellenwert ein. Der Transport dieser Güter im Ostseeverkehr umfasst rund 21 % der Gesamttransporte. Die dabei transportierten Güter werden entweder über die rollende Schiffsbe- und -entladung (Ro-ro-Verkehr) oder in Containern befördert (Grzelakowski/Matczak 2008: 19).

Im Verhältnis zwischen ostseeinternen und ostseeexternen Verkehren zeigt sich mit einem Anteil von rund 71 % am Gesamtostseeverkehr eine deutliche Dominanz der ostseeexternen Verkehre (Grzelakowski/Matczak 2008: 19) (siehe Tabelle 9). Hierbei sind es insbesondere die mengenmäßig sehr großen Rohstoffexporte Russlands, die zu dieser Situation beitragen. Aber auch große Mengen des Containerverkehrs und anderer Stückgüterverkehre haben hierauf Einfluss.

Als ostseeexterne Verkehre werden alle Seetransporte bezeichnet, die zwischen Häfen des Ostseeraums und anderer Schifffahrtsgebiete abgewickelt werden. Mengenmäßig dominieren dabei die Massenguttransporte. Aus qualitativer Sicht, also der Wertigkeit der transportierten Güter, sind es aber die containerisierten Transporte, die im ostseeexternen Verkehr eine große Rolle spielen. Der ostseeexterne Containerverkehr hat sich in den letzten Jahren als das am dynamischsten wachsende Segment des Ostseeverkehrs dargestellt, das zwischen 1990 und 2000 eine Steigerung von insgesamt 186 % verzeichnen konnte (HPC/ISL/OIR 2002: 29, Breitzmann 2002: 328f.). Hierbei muss jedoch eine relativ geringe Ausgangsbasis berücksichtigt werden.

Die Containerverkehre im Ostseeraum werden hauptsächlich durch Feederdienste abgewickelt, die nur einen oder wenige Anlaufhäfen in der Ostsee haben (Buchhofer 2007: 48). Die Feederdienste garantieren den Anschluss der jeweiligen Hafenökonomien an die großen Containerseelinien in den Hubhäfen der Nordsee (HPC/ISL/OIR 2002: 29). Bisher hat sich der Containerverkehr auf der Ostsee kaum als ostseeinterner Verkehr durchsetzen können. Lediglich 10 % aller Ostseecontainerverkehre entfallen auf den ostseeinternen Verkehr (siehe Tabelle 9).

Der ostseeinterne Verkehr wird sehr stark durch die Ro-ro-Technik dominiert, die durch konventionelle Fähren oder spezielle Ro-ro-Fährschiffe abgewickelt wird (Breitzmann 2002: 329, HPC/ISL/OIR 2002: 30). Die Ro-ro-Verkehre sind überwiegend auf die ostseeinternen Verkehre ausgerichtet und leisten somit einen wichtigen Beitrag für die innerbaltische Verkehrsintegration. Lediglich 20 % dieser Verkehre bedienen Routenziele, die außerhalb der Ostsee liegen (Buchhofer 2007: 47). Durch den Einsatz neuer und vor allem größerer Schiffe wird versucht den Ro-ro-Verkehr noch wirtschaftlicher und effizienter zu gestalten und dessen Zukunftsfähigkeit im Ostseeraum zu stärken (Breitzmann 2002: 329, HPC/ISL/OIR 2002: 30).

5.2.2 Strukturen des Containerverkehrs

In den Ausführungen zur Struktur des Ostseeverkehrs zeigt sich deutlich der Stellenwert des Containerverkehrs, insbesondere im ostseeexternen Verkehr. Der Containerverkehr konnte als dynamisch wachsendes Segment des Güterverkehrs im Ostseeraum bis zum Krisenjahr 2009 ein stetes Wachstum verzeichnen und verzeichnete im Jahr 2008 mit einem Umschlagsvolumen von 8 Mio. TEU den bisherigen Höchstwert. Aufgrund der Wirtschaftskrise im Jahr 2009, die auch im baltischen Raum stark zu spüren war, ging der Containerverkehr 2009 auf rund 5,9 Mio. TEU zurück (Matczak 2010: 30). Im Jahr 2010 wurde jedoch mit 7,4 Mio. TEU wieder ein Anstieg des Umschlags und somit eine deutliche Erholung erreicht (siehe Abbildung 15). Für das Jahr 2011 wird von einer Fortsetzung dieses positiven Entwicklungstrends ausgegangen (Błuś 2011a: 27).

Trotz hoher Wachstumszahlen in den letzten Jahren verfügt der Ostseecontainerverkehr im Vergleich zum weltweiten Containerverkehrsaufkommen mit lediglich 1,2 % nur über einen sehr kleinen Anteil. Dies lässt sich auf verschiedene Faktoren zurückführen (Actia Forum 2006: 20):

- Aufgrund der peripheren Lage der Ostsee und deren Häfen sowie den relativ schwierigen Zugangsbedingungen mit geringen Tiefgängen sind stärkere Wachstumsentwicklungen bisher ausgeblieben.
- Obwohl der Ro-ro-Verkehr vom Ostseecontainerverkehr stark getrennt abgewickelt wird, gilt der Einsatz von Ro-ro-Schiffen als ein hemmender Faktor für den Containerverkehr.
- Aufgrund der relativ jungen Entwicklungsgeschichte des Containerverkehrs im Ostseeraum ist dieser noch nicht endgültig entwickelt. So sind erst seit wenigen Jahren in einigen Ostseeanrainerstaaten, vor allem den früheren Ostblockstaaten, größere Wachstumsraten beim Containerverkehr in Folge der stärkeren Einbindung der nationalen Ökonomien in internationale Austauschprozesse zu verzeichnen. Im Zuge zukünftiger positiver Wirtschaftsentwicklungen ist daher mit einem weiteren Containerverkehrswachstum in diesen Ländern zu rechnen.

Insbesondere der letztgenannte Aspekt hat sich in den vergangenen Jahren in der Containerisierung auf der Ostsee deutlich gezeigt. So haben vor allem die Staaten im südöstlichen Bereich der Ostsee eine hohe Dynamik verzeichnen können. Im Jahr 2008 betrug das Wachstum des Containerverkehrs im gesamten Ostseeraum rund 7,2 %. Verteilt auf die einzelnen Ostseeanrainer lassen sich dabei große Unterschiede bei der Entwicklung erkennen. Während Litauen (16 %), Russland (13,6 %) und Polen (11,9 %) Zuwächse im zweistelligen Bereich verzeichnen konnten, hatten Lettland (0,7 %), Dänemark (-0,5 %) und Estland (-6,8 %) kaum oder sogar negative Entwicklungen aufzuweisen. Deutschland (4,4 %),

Finnland (2,9 %) und Schweden (2,0 %) verzeichneten im gleichen Zeitraum moderate Zuwächse (Matczak 2009: 17).

Abbildung 15: Entwicklung des jährlichen Seehafencontainerumschlags im Ostseeraum von 2000 bis 2010

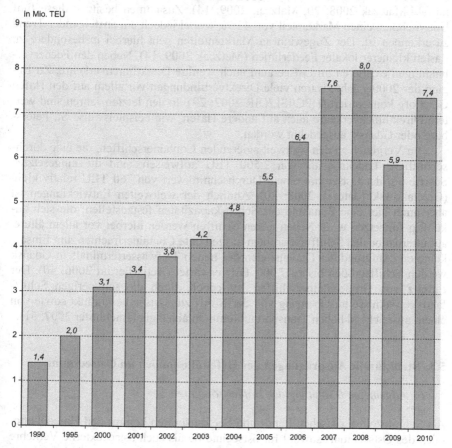

Quelle: eigene Darstellung nach Actia Forum 2006: 20, Matczak 2009:12, Błuś 2011a: 27

Die Abwicklung des Containerverkehrs im Ostseeraum erfolgt, wie bereits erwähnt, überwiegend mittels Containerfeederschiffen, die von unterschiedlichen Schifffahrtslinien betrieben werden. Als dominierende Unternehmen treten dabei Unifeeder und Team Lines auf, die über den größten Anteil der operierenden Feederschiffe verfügen (Matczak 2009: 14). Insgesamt agierten im Jahr 2008 innerhalb des Ostseeraums 15 Containerschifffahrtsunternehmen, die Feederdienste angeboten haben. Unter diesen Unternehmen waren mit Maersk, CMA CGM (betrieben durch Fesco ESF), MSC und OOCL auch global agierende Schifffahrtslinien aktiv. Trotz ihrer globalen Präsenz und weltweiten Marktführerschaft sind diese Unternehmen im baltischen Containermarkt nicht marktführend (Buchhofer 2007: 50), sondern agieren eher als mittelgroße Betreiber (Grzelakowski/Matczak 2008: 20, Matzcak 2009: 14). Zusammen besitzen diese fünf Unternchmcn cinen Marktanteil von 42 %, wobei jedoch ein ansteigender Trend zu erkennen ist. Der Zugewinn an Marktanteilen geht hierbei insbesondere zu Lasten kleinerer lokaler Feederlinien (Matzcak 2009: 14). Neben den Feederverbindungen existieren im Ostseeraum auch wenige Direktlinienverkehre. Zu Beginn der 2000er Jahre waren viele Direktverbindungen vor allem auf den Hafen Göteborg konzentriert (HPC/ISL/OIR 2002: 29). In den letzten Jahren sind weitere Direktlinienverkehre auch auf andere Häfen, wie beispielsweise St. Petersburg oder Gdańsk, ausgedehnt worden.

Im Vergleich zu den weltweit agierenden Containerschiffen, die eine durchschnittliche Ladekapazität von 2.500 TEU aufweisen, sind die eingesetzten Schiffe auf der Ostsee mit einem Durchschnittswert von 760 TEU relativ klein (Grzelakowski/Matczak 2008: 20). Ähnlich der weltweiten Entwicklungen ist aber auch hier eine Zunahme der Schiffskapazitäten festzustellen, die sich zukünftig fortsetzen wird. Neben neuen Schiffen werden hierbei vor allem ältere, auf internationalen Schifffahrtsrouten ausgediente Containerfrachter zum Einsatz kommen. Aufgrund der Dimensionen des neuen Tiefwasserterminals in Gdańsk werden Schiffsgrößen bis zu 7.000 TEU erwartet (Actia Forum 2006: 40). Der Einsatz von Großcontainerschiffen ist jedoch durch die schwierigen Schifffahrtsverhältnisse im Übergang von der Nord- zur Ostsee beschränkt sowie von einem ausreichend hohen Transportaufkommen abhängig (Buchhofer 2007: 51).

5.3 Strukturelle Ausprägungen der Hafenökonomien im Ostseeraum

5.3.1 Allgemeine Bedeutung der Hafenökonomien

Als Schnittstellen zwischen Land- und Seetransporten kommt den Hafenökonomien des Ostseeraums sowohl für ostseeinterne als auch ostseeexterne Verkehre eine große Bedeutung zu (Haasis 2005: 161). Um den mit der Abwicklung dieser Verkehre verbundenen Anforderungen gerecht zu werden und als Schnittstelle für Warentransporte in Betracht zu kommen, müssen die Hafenökonomien verschiedene wichtige Kriterien erfüllen, beispielsweise ein qualitativ hochwertiges Angebot an Umschlagsleistungen bieten, gute Hinterlandanbindungen aufweisen oder die Hafenliegezeiten so kurz wie möglich halten (Buchhofer 2007: 48).

Über die genaue Anzahl der Hafenökonomien im Ostseeraum existieren uneinheitliche Angaben. Naski (2004b: 73) beziffert die Zahl der international und kommerziell genutzten Ostseehäfen auf etwa 200. Zudem existieren viele weitere kleine Umschlagshäfen, deren Zahl schwierig zu erfassen ist[14]. Hinsichtlich der Umschlagsmengen handelt es sich bei den meisten der 200 Ostseehäfen um kleine bis mittelgroße Häfen, denen nur wenige große Ostseehäfen mit deutlich höheren Umschlagszahlen gegenüberstehen (Misztal 2002: 8). Als große Ostseehäfen werden Hafenökonomien mit einem jährlichen Umschlag von mehr als 10 Mio. t eingestuft. Seehäfen mit einem Jahresumschlag von 5 bis 10 Mio. t werden als mittelgroße Häfen bezeichnet (Särkijärvi 2009: 39).

Im Vergleich zu anderen Schifffahrtsgebieten, wie der Nordrange[15] oder dem Mittelmeerraum, fehlen dem Ostseeraum hinsichtlich der Hafenstruktur Seehäfen der obersten Größenklasse (Megaports) (Schlennstedt 2004: 13). Für Misztal (2002: 8) liegt dies in der peripheren Lage der Ostseehäfen begründet, wodurch diese sich im internationalen Vergleich nicht ausreichend entwickeln können und somit gemessen am Umschlag lediglich eine untergeordnete, eher zweitrangige, Rolle spielen.

Ein Vergleich der Hafenökonomien in den Ostseeanrainerstaaten zeigt, dass Russland vor Schweden, Dänemark und Finnland den größten Anteil am Umschlag im Ostseeverkehr aufweist (siehe Abbildung 16). Bereits in den zurückliegenden Jahren lagen Schweden und Russland auf den vorderen Rängen, wobei Russland seit 2007 den ersten Rang belegt. Die Position der skandinavischen Länder ist einerseits auf deren starke exportorientierte Wirtschaft sowie auf eine hohe Inlandsnachfrage nach Konsumgütern zurückzuführen. Andererseits wird aufgrund der Lage dieser Länder, die wenige Landtransporte mit anderen Ländern zulässt, nahezu der gesamte Außenhandel über die Seehäfen abgewickelt (Grzelakowski/Matczak 2008: 22). Der relativ geringe Anteil Deutschlands am Gesamtumschlag der Ostseehäfen ergibt sich aus der dominanten Stellung der deutschen Nordseehäfen, die einen Großteil der deutschen Im- und Exporte aufnehmen. Diese Häfen spielen auch für Polen eine große Rolle, weshalb die polnischen Häfen viele Güter über den Landweg dahin verlieren (Grzelakowski/Matczak 2008: 22).

---

[14] Misztal (2002: 8) beziffert die Gesamtzahl nach Angaben der Baltic Ports Organization auf rund 500 Häfen.
[15] Nordrange ist die Bezeichnung der Häfen entlang der Nordseeküste und umfasst die Häfen von Le Havre bis Hamburg.

Abbildung 16: Anteile der Ostseeanrainerstaaten am Hafenumschlag im Ostseeverkehr 2007 und 2009

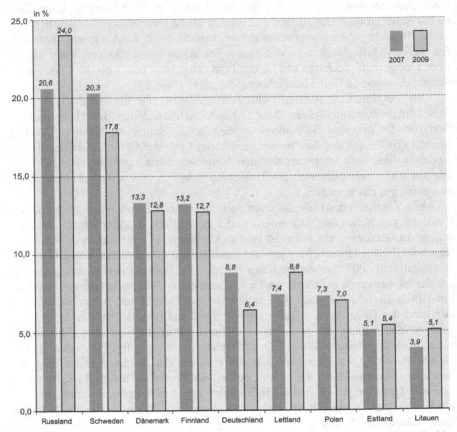

Quelle: eigene Darstellung nach: Grzelakowski/Matczak 2008: 22 und Matczak 2010: 30

Bei der Unterscheidung einzelner Ostseehäfen nach ihren Umschlagsvoluminen zeigt sich, dass die russischen Häfen Primorsk und St. Petersburg die größten Häfen im Ostseeraum sind (siehe Tabelle 10). Beide Häfen zusammen wiesen im Jahr 2009 einen Anteil von 18,3 % am Gesamtumschlag im Ostseeraum auf. Zusammen mit den in der Rangliste folgenden Häfen Göteborg, Tallinn und Riga verfügen diese fünf größten Ostseehäfen über einen Umschlagsanteil von 32,5 % (Matczak 2010: 30). Insbesondere die russischen Häfen entwickelten sich in den letzten 15 Jahren sehr dynamisch. Im Hafen St. Petersburg hat sich der Güterumschlag seit 1990 rasant entwickelt und ist um das Fünffache gestiegen. Der Hafen Primorsk wurde sogar erst im Jahr 2002 errichtet und dient dem Umschlag von

russischen Rohölprodukten (Actia Forum 2006: 17). Die dynamische Entwicklung der russischen Häfen hat die Rangliste der Ostseehäfen stark verändert.
Während bis zum Jahr 2003 noch von einer relativ ausgeglichenen Umschlags-
verteilung gesprochen werden konnte, besteht diese nun nicht mehr.

Tabelle 10: Güterumschlag der 15 größten Ostseehäfen in den Jahren 2007 und
2009 mit Berücksichtigung des Anteils am Ostseegesamtumschlag

Rang	Hafen	Land	Umschlag 2007		Umschlag 2009	
			in Mio. t	Anteil in %	in Mio. t	Anteil in %
1	Primorsk	RU	74,2	9,1	79,1	11,2
2	St. Petersburg	RU	59,6	7,3	50,4	7,1
3	Göteborg	SWE	39,8	4,9	38,9	5,5
4	Tallinn	EE	35,8	4,4	31,6	4,5
5	Riga	LV	25,9	3,2	29,7	4,2
6	Klaipėda	LT	27,3	3,4	27,9	3,9
7	Ventspils	LV	31,0	3,8	26,6	3,8
8	Lübeck	D	29,3	3,6	24,1	3,4
9	Rostock	D	26,5	3,3	21,5	3,0
10	Skoldvik	FIN	19,7	2,4	20,8	2,9
11	Gdańsk	PL	19,8	2,4	18,9	2,7
12	Szczecin/ Swinoujscie	PL	18,6	2,3	16,5	2,3
13	Kopenhagen/ Malmö	DK / SWE	18,3	2,3	15,0	2,1
14	Fredericia	DK	k. A.	k. A.	13,3	1,9
15	Gdynia	PL	17,0	2,1	13,3	1,9

Quelle: eigene Darstellung und Berechnung nach: Grzelakowski/Matczak 2008: 31f. und
Matczak 2010: 30

5.3.2 Hafenökonomien und Containerumschlag

Der Containerumschlag im Ostseeraum konzentriert sich auf circa 60 Häfen,
wobei die 20 größten Containerhäfen rund 90 % des Gesamtcontainerumschlags

auf sich vereinen (Särkijärvi 2009: 39). Ein Blick auf die Hafenökonomien der jeweiligen Anrainerstaaten zeigt, dass Russland im Jahr 2008 mit 27,5 % den größten Anteil am Ostseecontainerumschlag gefolgt von Schweden (21,3 %) und Finnland (20,3 %) aufzuweisen hatte (siehe Abbildung 17). Zusammengenommen schlagen die Häfen dieser drei Staaten fast 70 % der Container im Ostsee-

Abbildung 17: Anteile der Ostseeanrainerstaaten am jährlichen
Seehafencontainerumschlag in den Jahren 2007 und 2008

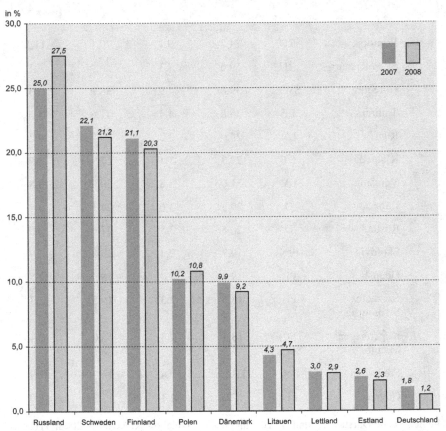

Quelle: eigene Darstellung nach: Grzelakowski/Matczak 2008: 25 und Matczak 2009: 17

raum um. Die weiteren Anrainerstaaten folgen mit sehr großem Abstand, wobei Polen und Dänemark noch etwa jeweils einen Anteil von 10 % aufweisen. Die deutschen Häfen rangieren hierbei auf dem letzten Platz (Grzelakowski/Matczak 2008: 25). Die geringen Anteile der deutschen Ostseehäfen am Containerverkehr lassen sich auf die Dominanz der Nordseehäfen zurückführen, in denen für Deutschland relevante Containertransporte umgeschlagen werden.

Abbildung 18: Containerumschlag der größten Ostseecontainerhäfen zwischen 2007-2010

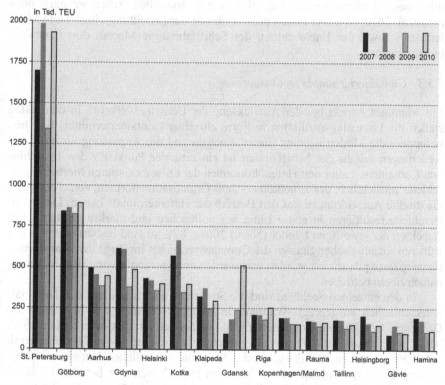

Quelle: Matczak 2009: 18, Matzcak 2010: 31, Błuś 2011b: 44

Der größte Containerhafen des Ostseeraums ist der Hafen St. Petersburg gefolgt von Göteborg (siehe Abbildung 18). Zwischen beiden Häfen hat sich im Jahr 2004 ein Positionswechsel ergeben, der nicht aus einer negativen Umschlagsentwicklung des Hafens Göteborg resultiert, sondern auf die enorme Dynamik des Hafens St. Petersburg zurückzuführen ist. Während Göteborg im Zeitraum von 1990 bis 2008 eine Umschlagssteigerung von rund 59 % verzeichnen konnte, erhöhte sich der Containerumschlag in St. Petersburg um das circa 32fache. Zusammen mit den Häfen Aarhus, Gdynia und Helsinki wurden in den fünf größten Containerhäfen des Ostseeraums im Jahr 2009 rund 55 % des gesamten Containerverkehrs umgeschlagen. Insgesamt verzeichneten die Containerhäfen im Jahr 2009 jedoch deutliche Umschlagseinbußen im zweistelligen Prozentbereich. Lediglich der schwedische Hafen Gävle und der polnische Hafen Gdańsk konnten positive Wachstumsraten aufweisen. Insbesondere Gdańsk bildete dabei mit einem Wachstum von rund 30 % einen deutlichen Ausreißer nach oben (Matczak 2010: 31). Der Hafen profitierte von der Errichtung eines Tiefwasserterminals sowie der Entscheidung der Schifffahrtslinie Maersk dort Container umzuschlagen.

5.3.3 Containerterminals im Ostseeraum

Ein wichtiger Aspekt bei der Abwicklung der Containerverkehre in den Häfen stellen die Umschlagsfazilitäten in Form einzelner Containerterminals dar. Insbesondere die Modernisierung dieser Anlagen und die Anpassung an neue Anforderungen seitens der Schiffslinien ist ein zentraler Punkt für den Umschlag von Containern. Unter den Hafenökonomien der Ostsee existieren hierbei Unterschiede hinsichtlich der Eigentümer- und Organisationsformen von Terminals, die direkte Auswirkungen auf den Betrieb der Hafenterminals haben. Diese Unterschiede resultieren in erster Linie aus politischen und marktwirtschaftlichen Aspekten der jeweiligen Länder (Naski 2004a: 87). So sind insbesondere in den früheren sozialistischen Staaten die Containerterminals im Zuge der Transformationsprozesse privatisiert worden und werden nun vorrangig von privaten Terminalbetreibern betrieben.

In den einzelnen Seehäfen sind die Strukturen und die Anzahl der Terminals unterschiedlich ausgeprägt. Während in einigen Seehäfen, wie beispielsweise Göteborg, lediglich ein Containerterminal vorhanden ist, gibt es in anderen Seehäfen, wie Gdynia, Gdańsk oder St. Petersburg mindestens zwei Containerterminals. Diese Containerterminals werden von unterschiedlichen Unternehmen betrieben. Bei den Containerterminals lassen sich ähnlich wie bei den Seehäfen enorme Unterschiede in den jährlichen Umschlagskapazitäten finden. So haben beispielsweise im Jahr 2008 die drei größten Containerterminals im Ostseeraum, das First Container Terminal im Hafen St. Petersburg, das Container Terminal Göteborg und das Mussalo Terminal im Hafen Kotka, mit insgesamt 2,6 Mio. TEU allein 32,5 % des Gesamtcontainerumschlags im Ostseeraum auf sich vereint (siehe Tabelle 11).

Tabelle 11: Güterumschlag und Gesamtanteil der 20 größten
Seehafencontainerterminals im Ostseeraum im Jahr 2008

Rang	Terminal	Land	Umschlag 2008	
			in TEU	Anteil in %
1	First Container Terminal	RU	1.072.346	13,4
2	Container Terminal Göteborg	SWE	862.595	10,8
3	Mussalo Harbour Kotka	FIN	666.356	8,3
4	Petrolesport	RU	532.000	6,6
5	Aarhus Container Terminal North/East	DK	489.000	6,1
6	BCT Baltic Container Terminal	PL	440.591	5,5
7	West Harbour Helsinki	FIN	419.809	5,2
8	KTG Klaipėda Terminal Group, UAB	LT	329.600	4,1
9	Moby Dick Ltd.	RU	219.000	2,7
10	Baltic Container Terminal - Riga	LV	207.244	2,6
11	AS MCT Tallinn	EE	180.927	2,3
12	HMT Hamina Multimodal Terminals	FIN	178.804	2,2
13	Unit Cargo Port Rauma	FIN	172.155	2,1
14	GCT Gdynia Container Terminal	PL	167.502	2,1
15	West Harbour Helsingborg	SWE	161.062	2,0
16	GCT Gävle Container Terminal	SWE	147.148	1,8
17	DCT Gdańsk SA	PL	106.469	1,3
18	LHG Lübeck	D	96.122	1,2
19	GTK Gdańsk Container Terminal	PL	77.889	1,0
20	PCC Drobnica Port Szczecin	PL	61.940	0,8

Quelle: eigene Darstellung und teilweise eigene Berechnung nach Matczak 2009: 19

6 Untersuchungsergebnisse: Seehafencontainerterminals von Hafenökonomien des Ostseeraums

In diesem Kapitel werden die Ergebnisse aller Experteninterviews zusammengeführt und für die jeweiligen gewählten Fallbeispiele vorgestellt[16]. Die Fallbeispiele sind dabei weitestgehend identisch gegliedert. In den einzelnen Abschnitten wird der Fragestellung der vorliegenden Arbeit folgend insbesondere das Containerverkehrssegment der als Fallbeispiel herangezogenen Hafenökonomien betrachtet sowie hiermit verbunden die Integration der jeweiligen Containerseehafen- und Containerterminalstandorte in Transportlogistikabläufe analysiert. Der Blick wird darauf gerichtet, wie die logistischen Akteure an den Terminals vor Ort agieren und diese einbinden sowie welche externen Rahmenbedingungen verschiedener Maßstabsebenen (global - lokal) vor Ort wirken. Den Kapiteln der einzelnen Beispielbetrachtungen vorangestellt, erfolgen zunächst Darstellungen wesentlicher Charakteristika der Hafenstandorte. Zur exakten Darstellung einzelner Sachverhalte und zur Ergänzung der Interviewergebnisse wird in den einzelnen Punkten auch auf Sekundärquellen, wie Internetseiten der Seehäfen oder andere Dokumente, zurückgegriffen. Die Unterkapitel zu den Fallbeispielen schließen jeweils mit einer Zusammenfassung, in der Bezug auf die in 3.5 vorgestellten analytischen Aspekte[17] genommen wird.

---

[16] Die Einbeziehung der Aussagen und Ergebnisse aus den Experteninterviews erfolgt entweder durch die Bennenung der jeweiligen Akteure einer Akteursgruppe (Transportministerium, Seehafenbehörde, Terminalmanagement und externe Experten) oder in Form von direkten Zitaten der einzelnen Experten unter Verwendung der dazugehörenden Kodierung.

[17] Abgrenzung der Terminals innerhalb von Transportlogistikabläufen, Darstellung von Macht- und Koordinierungsverhältnissen zwischen den an den Terminals agierenden Akteuren, Analyse externer und institutioneller Einflüsse verschiedener Maßstabsebenen auf das Agieren der Terminalbetreiber.

6.1 Die Seehafenstandorte Gdańsk und Gdynia (Polen)

6.1.1 Charakteristika der Hafenstandorte

6.1.1.1 Entwicklungslinien und Umschlagskapazitäten der Hafenstandorte Gdańsk und Gdynia

Gdańsk

Der Seehafen Gdańsk ist gemessen am Umschlag seit vielen Jahren der größte Seehafen der Republik Polen, in dem im Jahr 2011 rund 41 % aller in polnischen Seehäfen ein- oder ausgehenden Güter umgeschlagen wurden (Central Statistical Office of Poland 2012: 18f.). Insgesamt blickt der Seehafenstandort Gdańsk auf eine mehrere Jahrhunderte alte Tradition als Güterumschlagsplatz zurück. Bereits im Mittelalter prägte der Seehafen die Entwicklung der an der Weichselmündung gelegenen Stadt und wies während der Hansezeit Verbindungen zu zahlreichen anderen europäischen Hafenstandorten auf (Müller 2000: 172f.). Unter der preußischen Herrschaft im 19. Jahrhundert verlor der frühere polnische Hafenstandort seine hervorgehobene Stellung gegenüber der Vielzahl anderer preußischer Ostseehäfen, insbesondere Stettin (Buchhofer 2006: 55f.).

Im Zuge des 20. Jahrhunderts erlebte der Seehafen Gdańsk aufgrund enormer politischer und wirtschaftlicher Umbrüche in der Region zahlreiche Veränderungen. Einen ersten Umbruch stellte die neue politische Situation nach dem Ende des Ersten Weltkriegs dar, die zur Neuformierung Polens und zur Etablierung der Freien Stadt Danzig führte. Der Seehafen der Freien Stadt Danzig war zu dieser Zeit zollpolitisch mit Polen verbunden und konnte daher völkerrechtlich vom neuen Staat Polen genutzt werden (Buchhofer 2006: 56f.). Da von polnischer Seite die Hafennutzung jedoch als nicht diskriminierungsfrei angesehen wurde und somit Befürchtungen um eine ungünstige Entwicklung des polnischen Außenhandels bestanden, wurde mit dem Seehafen Gdynia ein eigener polnischer Hafen errichtet, dessen Fertigstellung Anfang der 1930er Jahre zu Umschlagsverlusten in Danzig führte. Der Zweite Weltkrieg und dessen Folgen führten zu weiteren einschneidenden Entwicklungen für den Seehafen Danzig. So kam es in Folge schwerwiegender Kampfhandlungen zu erheblichen Zerstörungen der Hafenanlagen. Mit der Neuformierung der politischen Landkarte nach dem Ende des Kriegs wurde der Seehafen Danzig Ende der 1940er Jahre Bestandteil des neuen polnischen Staates. Aufgrund der Kriegszerstörungen und der Demontagen durch die Siegermacht Sowjetunion standen die ersten Jahre des Betriebs im Zeichen des Wiederaufbaus. Erst in den 1950er Jahren konnte der Seehafen Gdańsk wieder umfassend genutzt werden (Mürl 1970: 82).

In den Folgejahrzehnten wurden im Seehafen Gdańsk die Umschlagsanlagen schrittweise ausgebaut, wodurch der Güterumschlag kontinuierlich anstieg (1949: 6,6 Mio. t, 1974: 15,8 Mio. t). Beispielsweise entstanden in den 1960er

Jahren Umschlagterminals für Schwefel und Düngemittel. Ende der 1960er wurde im Rahmen eines staatlichen Hafeninvestitionsprogrammes im Seehafen Gdańsk der Neubau des Nordhafens (Port Północny) als Tiefwasserhafen angegangen. Durch den Abschluss dieses Hafenausbaus in den 1970er Jahren wurde der Massengüterumschlag, insbesondere von Kohle und Rohöl weiter gestärkt. In der Folge konnte der Seehafen den jährlichen Umschlag weiter steigern und erreichte im Jahr 1978 den bislang höchsten Umschlagswert von 27,7 Mio. t. Nach den positiven Entwicklungen in den 1970er Jahren gab es im Seehafen während der 1980er Jahre Umschlagsverluste. Ursachen hierfür waren politische und wirtschaftliche Entwicklungen, die sich negativ auf die planwirtschaftliche Volkswirtschaft auswirkten. So sanken die Umschlagswerte gegenüber 1978 deutlich ab und es wurden 1980 nur 23,1 Mio. t und 1989 nur noch 18,9 Mio. t erreicht (Buchhofer 2006: 63 und 68, Port of Gdańsk Authority 2013a).

Die Systemtransformation in Polen zu Beginn der 1990er Jahre führte auch im Seehafen Gdańsk zu neuen Entwicklungen, bei denen der vormals planwirtschaftlich strukturierte Hafen nun unter marktwirtschaftlichen Bedingungen agieren musste. Aufgrund der Umstrukturierungen der polnischen Wirtschaft verzeichnete der Seehafen hierbei weiterhin sinkende Umschlagswerte, die als eine Fortführung des negativen Trends der 1980er Jahren gesehen werden können. Erst Ende der 1990er und schließlich Mitte der 2000er Jahre endete dieser Abwärtstrend. So wurde im Jahr 1998 erstmals wieder ein Umschlagswert von über 20 Mio. t erreicht, was jedoch erst im Jahr 2003 wiederholt werden konnte (siehe Abbildung 19).

Im Jahr 2011 wurden im Seehafen Gdańsk insgesamt 23,5 Mio. t Güter umgeschlagen. Gegenüber den Vorjahren 2009 (18,8 Mio. t) und 2010 (26,4 Mio. t) war dies eine Steigerung um 25 % beziehungsweise ein Verlust von 11 %. Diese schwankende Entwicklung ist exemplarisch für den Entwicklungstrend des Seehafens Gdańsk seit Mitte der 1990er Jahre. In diesem Zeitraum wechselten sich Wachstums- und Schrumpfungsjahre zyklisch ab, wobei die jeweiligen Wachstumszyklen stets neue Höchstmarken des Güterumschlags seit der Wende erzielen konnten (siehe Abbildung 19).

Bei einem Blick auf die im Seehafen umgeschlagenen Güterkategorien (Flüssiggüter, Trockenschüttgüter und Stückgüter) zeigt sich eine deutliche Dominanz der Flüssiggüter, die im Jahr 2011 einen Anteil von rund 48 % aufwiesen. Die Anteilswerte für Trockenschüttgüter lagen bei rund 30 % und die der Stückgüter bei rund 22 %. Gegenüber den Vorjahren sind hierbei jedoch teils erhebliche Veränderungen zu verzeichnen. So dominieren die Flüssiggüter, die in den Jahren 2008 noch bei 62 % und 2010 bei 56 % gelegen hatten, nicht mehr ganz so deutlich. Anteilssteigerungen konnten demgegenüber vor allem die Stückgüter verzeichnen, die von einer geringen Ausgangsbasis kommend deutlich zulegen konnten. Bei einer detaillierten Betrachtung einzelner Güter in den genannten Kategorien zeigt sich die hohe Bedeutung des Rohölumschlags

(32,3 %). Auf den folgenden Rängen liegen Containerverkehre (19,4 %), Güter der Kategorie andere Schüttgüter (16,9 %) und Ölprodukte (12,4 %). Bei den wichtigsten Umschlagsgütern des Seehafens hat es in den letzten Jahren einige Veränderungen gegeben. Während Kohle als Umschlagsgut an Bedeutung verloren hat, sind die Umschlagswerte des Containerverkehrs erheblich angestiegen und haben sich als zweitwichtigstes Gut etablieren können. Diese Entwicklung ist Folge der Neuansiedlung eines Containerterminals im Seehafen Gdańsk (siehe 6.1.2.1) (Central Statistical Office of Poland 2012: 107f.).

Abbildung 19: Entwicklung des Gesamtumschlags und Transitverkehranteils im Seehafen Gdańsk zwischen 1995 und 2011

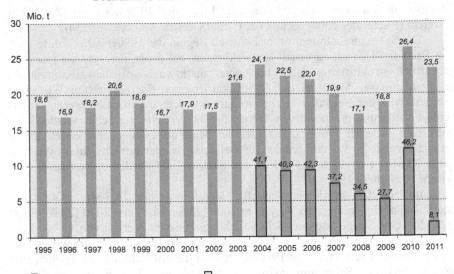

Für die Jahre 1995 bis 2003 liegen keine Daten zum Transitverkehr vor

Quelle: eigene Darstellung nach Central Statistical Office of Poland 2008: 32, 2010a: 100 und 131, 2010b: 135, 2011: 141, 2012: 18f., 107 und 137

Eine Unterteilung der Umschlagsprozesse im Seehafen Gdańsk in ein- und ausgehende Verkehre zeigt für das Jahr 2011 ein nahezu ausgeglichenes Verhältnis (siehe Tabelle 12). Diese Situation ist jedoch im Vergleich zu den Vorjahren ein untypisches Bild, da in diesen immer die ausgehenden Verkehre teilweise deutlich überwogen haben. Die Dominanz der ausgehenden Verkehre basiert vor allem auf den hohen Umschlagszahlen von Rohöl- und Ölprodukten, die über die dafür speziellen Terminals abgewickelt werden. Bei den eingehenden Verkehren konnte jedoch seit 2005 ein positiver Entwicklungstrend verzeichnet werden, der im Jahr 2010 kurzzeitig unterbrochen wurde (siehe Tabelle 12). Diese Entwicklung ist eng an die angestiegenen Stückgutumschläge gekoppelt.

Bei einer Unterscheidung des Seehafenumschlags in Inlands- und Transitverkehre zeigt sich, dass der Transitverkehr in der letzten Dekade eine wichtige Rolle für den Hafen gespielt hat und stets Werte von über 30 % aufweisen konnte (siehe Abbildung 19). Ein wesentlicher Anteil der hohen Werte des Transitverkehrs wurde in den vergangenen Jahren durch den Umschlag von Rohölprodukten, zumeist russische Transitgüter, erbracht. Der deutliche Einbruch des Transitverkehrs im Jahr 2011 unterstreicht die Bedeutung dieser Produkte für den Seehafen und kann in Zusammenhang mit der Eröffnung der Ostseepipeline Nord Steam zwischen Russland und Deutschland im selben Jahr gesehen werden. Bezüglich bestimmter Transitverkehre wird von Seiten der Seehafenverwaltung auf die Bedeutung einiger polnischer Nachbarstaaten, insbesondere die Ukraine und Weißrussland, aber auch die Slowakei und Tschechien, als wichtiges Hinterland für den Seehafen Gdańsk verwiesen. Bei der Ausprägung der Transitverkehre einzelner Güterarten auf einzelne Staaten wird von Expertenseite erwähnt, dass diese sehr differenziert betrachtet werden müssen, da jedes Gut sein eigenes Hinterland formt und es unterschiedliche Ausprägungen geben kann (Interview SHIa).

Tabelle 12: Verhältnis der ein- und ausgehenden Verkehre im Seehafen Gdańsk zwischen 2005 und 2011 (in %)

	2005	2006	2007	2008	2009	2010	2011
eingehende Verkehre	12,0	20,0	37,2	44,4	43,6	36,0	51,1
ausgehende Verkehre	88,0	80,0	62,8	55,6	56,4	64,0	48,9

Quelle: eigene Darstellung nach Central Statistical Office of Poland 2010a: 100, 2012: 107

Gdynia

Gemessen am Umschlag aller polnischen Seehäfen nimmt der Seehafen Gdynia mit einem Anteil von rund 22 % den zweiten Rang hinter dem Seehafen Gdańsk ein (Central Statistical Office of Poland 2012: 137). Historisch betrachtet ist der Seehafen Gdynia ein sehr junger Hafen im Ostseeraum. Die Gründung des Hafens geht auf ein Gesetz der polnischen Regierung aus dem Jahr 1922 zurück, dessen Ziel die Errichtung eines unabhängigen polnischen Handelshafens war (Stepko-Pape 2011: 13f.). Der Bau des neuen Seehafens in unmittelbarer Nähe zum Hafen Danzig war die Folge politischer Entwicklungen nach dem Ersten Weltkrieg. Auf der Grundlage internationaler Vereinbarungen hätte Polen den

Seehafen der Freien Stadt Danzig als Hafenstandort nutzen können. Der Danziger Seehafen war so ausgelegt, dass er als ein paritätischer Hafen fungieren und somit deutsche und polnische Interessen gleichermaßen bedienen sollte. In der Realität ergab sich jedoch eine stärkere Bedienung der Interessen des Deutschen Reichs. Hierin wurde von polnischer Seite eine Gefahr für die eigene Außenhandelspolitik gesehen, weshalb sich die Regierung, auch unter Berücksichtigung zukünftig notwendiger Umschlagskapazitäten, für einen Neubau eines polnischen Seehafens in Gdynia entschied (Buchhofer 2006: 56ff.).

Der Hafenneubau am Standort Gdynia wurde durch den polnischen Staat finanziell massiv gefördert und in sehr kurzer Zeit vorangetrieben. Nach dem Baubeginn im Jahr 1922 und der Freigabe erster Hafenanlagen im Frühjahr 1923 erfolgte die Fertigstellung des gesamten Seehafenbereichs im Jahr 1933 (Stepko-Pape 2011: 14). Parallel zur Hafenerrichtung wurde der Seehafen durch den Bau einer Eisenbahnverbindung (Kohlenmagistrale) an den polnischen Teil des oberschlesischen Industrdreviers angebunden und somit der Umschlag von Kohle gesichert (Buchhofer 2006: 57). Die Umschlagszahlen des Seehafens stiegen seit dem Zeitpunkt der Fertigstellung der ersten Hafeneinrichtungen bis Ende der 1930er Jahre stark an und übertrafen, bedingt durch die starke seewärtige Fokussierung des polnischen Außenhandels vor allem bei der Warenausfuhr die Umschlagswerte des Konkurrenzhafens in Danzig. Die wichtigsten Umschlagsgüter zur damaligen Zeit waren Massengüter, insbesondere Kohle aus dem Oberschlesischen Industrierevier (Buchhofer 2006: 57, Stepko-Pape 2011: 15, Port of Gdynia 2012a).

Mit Beginn des II. Weltkrieges und dem Einmarsch deutscher Truppen in Polen reduzierte sich der Güterumschlag im Hafen Gdynia deutlich. Während der Kriegszeit wurde der Hafen durch das nationalsozialistische Regime als Standort der Rüstungsindustrie genutzt und geriet folglich in den Fokus alliierter Luftangriffe, was zu Zerstörungen vieler Umschlagseinrichtungen, Lagerflächen und wichtiger Zufahrtswege führte (Port of Gdynia 2012a).

Nach einer intensiven Zeit des Wiederaufbaus erreichte der Seehafen Gdynia Mitte der 1960er Jahre wieder seine volle Funktionsfähigkeit und konnte Umschlagswerte wie vor dem Zweiten Weltkrieg verzeichnen. In den Folgejahren wurde der Seehafen kontinuierlich weiterentwickelt. Insbesondere wurden auf der Basis eines staatlichen Hafeninvestitionsprogramms in den Jahren 1967/68 bis 1985 Ausbaumaßnahmen vorgenommen, die den Umschlag von Stückgütern deutlich verbesserten. Ein wesentlicher Schritt hierbei waren die Planungen des ersten polnischen Seehafencontainerterminals in Gdynia, das in der Zeit von 1976 bis 1979 errichtet wurde. Während der 1980er Jahre erlitt der Hafen Gdynia, wie die anderen großen polnischen Seehäfen auch, einen Einbruch der Umschlagszahlen. Wurden im Jahr 1980 noch 13,2 Mio. t umgeschlagen, lag der Wert im Jahr 1989 nur noch bei 9,5 Mio. t. Die dominierenden Umschlagsgüter Mitte der 1980er Jahre waren weiterhin Kohleprodukte (Anteil von

33,9 %), jedoch erreichte der Umschlag von Stückgütern nahezu ähnliche Werte
(30 %) (Buchhofer 2006: 63 und 68, Port of Gdynia 2012a).

Im Zuge des Transformationsprozesses seit Beginn der 1990er Jahre gab es
Veränderungen in der Struktur der umgeschlagenen Güter, bei denen das Segment der Stückgüter eine immer stärkere Position einnahm und Ende der 1990er
und zu Beginn der 2000er Jahre bereits Umschlagsanteile von über 50 % erreichte. Die traditionell vorherrschenden Massengüter, wie Kohle und Erz, verzeichneten immer geringere Umschlagswerte (Buchhofer 2006: 68f.). Im Jahr 2011
wurde im Seehafen Gdynia ein Gesamtumschlag von 13,0 Mio. t erreicht, was
gegenüber den Vorjahren 2009 (11,4 Mio. t) und 2010 (12,3 Mio. t) eine Umschlagssteigerung um 14 % beziehungsweise 5,7 % bedeutete. Diese Zahlen belegen einen positiven Wachstumstrend und bestätigen die grundsätzlich positive
Entwicklung seit Beginn der 1990er Jahre. Dennoch wurde der bislang höchste
Umschlagswert aus dem Jahr 2007 (14,9 Mio. t) noch nicht wieder erreicht (siehe Abbildung 20).

Abbildung 20: Entwicklung des Gesamtumschlags und Transitverkehranteils im
Seehafen Gdynia zwischen 1995 und 2011

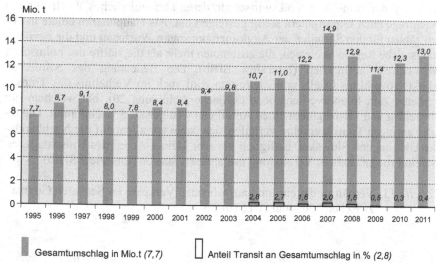

■ Gesamtumschlag in Mio.t *(7,7)*   □ Anteil Transit an Gesamtumschlag in % *(2,8)*

Für die Jahre 1995 bis 2003 liegen keine Daten zum Transitverkehr vor

Quelle: eigene Darstellung und Berechnung nach Central Statistical Office of Poland
2008: 32, 2010a: 104 und 132, 2010b: 135, 2011: 141, 2012: 18f, 110 und 137

Bei den im Seehafen Gdynia im Jahr 2011 umgeschlagenen Güterkategorien
(Flüssiggüter, Trockenschüttgüter und Stückgüter) lässt sich eine Dominanz der

Stückgüter (50 %) und Trockenschüttgüter (41,4 %) erkennen. Auf Flüssiggüter entfiel lediglich ein Anteil von 8,6 %. Ein Blick auf frühere Jahre zeigt zudem, dass das Verhältnis der Güterkategorien nahezu stabil geblieben ist und es größere Anteilsverschiebungen lediglich zwischen den Trockenschüttgütern und Stückgütern gegeben hat (Central Statistical Office of Poland 2012: 110f.). Bei einer detaillierteren Betrachtung der umgeschlagenen Güter wird zudem deutlich, dass gemessen am Umschlagsvolumen der Containerumschlag mit rund 33,7 % den größten Anteil auf sich vereint. Auf den folgenden Rängen liegen mit 19,1 % Güter, die in die Kategorie andere Schüttgüter zusammengefasst werden sowie Agrarprodukte (11 %) und Kohle (10,7 %) (Central Statistical Office of Poland 2012: 110f.).

Die Umschlagsprozesse im Seehafen Gdynia sind seit 2006 überwiegend durch eingehende Verkehre geprägt. Während im Jahr 2005 die ausgehenden Verkehre einen Anteil von mehr als 50 % aufwiesen, hat sich das Verhältnis zwischen ein- und ausgehenden Verkehren seitdem deutlich gewandelt. Im Jahr 2011 betrug der Anteil, der in den Seehafen eingehenden Gütermengen rund 61 % und zeigt somit eine Verstetigung der Vorjahresentwicklungen (siehe Tabelle 13). Der Anstieg der eingehenden Güterverkehre ist Folge der positiven Entwicklung der polnischen Volkswirtschaft, deren kontinuierliches Wachstum die Nachfrage nach Importgütern stetig gesteigert hat. Als Hauptmarktgebiete in Polen zählen für den Seehafen der Agglomerationsraum Warschau und die bevölkerungsreiche Region Schlesien, die zusammen mehr als die Hälfte des polnischen Marktanteils ausmachen (Interview SHIb). Die Bedeutung des polnischen Markts sowohl als Quell- und Zielregion wird auch im Verhältnis des Transitverkehrs zum Inlandsverkehr deutlich (siehe Abbildung 20), bei welchem der Umschlag von Transitgütern einen Anteil von weniger als 5 % einnimmt. Die relativ geringen Transitverkehre verteilen sich dabei vor allem auf die Nachbarländer Ukraine und Slowakei. Lediglich ein sehr kleiner Anteil des Umschlags, etwa ein Prozent, steht in Verbindung mit anderen Staaten (Interview SHIb).

Tabelle 13: Verhältnis der ein- und ausgehenden Verkehre im Seehafen Gdynia zwischen 2005 und 2011 (in %)

	2005	2006	2007	2008	2009	2010	2011
eingehende Verkehre	46,0	56,5	62,2	66,1	60,0	60,7	60,9
ausgehende Verkehre	54,0	43,5	37,8	33,9	40,0	39,3	39,1

Quelle: eigene Darstellung nach Central Statistical Office of Poland 2010a: 104, 2012: 110

6.1.1.2 Eigentums- und Organisationsformen der Hafenstandorte Gdańsk und Gdynia

Gdańsk

Nach den wirtschaftlichen und politischen Umbrüchen in Polen zu Beginn der 1990er Jahre wurden auch im Seehafen Gdańsk strukturelle Veränderungen vorgenommen und der Seehafen in marktwirtschaftliche Strukturen überführt. Im Frühjahr 1991 wurde dabei der Commercial Seaport of Gdańsk in eine Kapitalgesellschaft umgewandelt, deren Anteile zu 100 % dem polnischen Finanzministerium zugeordnet wurden (Pieczek/Roe 2001: 22, Erwin et al. 2005: 17). Mit diesem Entwicklungsschritt wurde die Privatisierung einzelner Hafenleistungen eingeleitet. Dabei wurden die Hafendienste in selbstständige Gesellschaften mit beschränkter Haftung überführt, deren Anteile zu 55 % auf die Arbeiter und zu 45 % auf die Hafenbehörde überführt wurden. Ab 1993 begann der Seehafen Gdańsk die eigenen Anteile an den bestehenden Gesellschaften zu veräußern, wodurch eine Abkehr der Seehafenverwaltung vom operativen Hafengeschäft eingeleitet wurde. Zudem verkaufte der Seehafen zunehmend Einrichtungen der Suprastruktur an die Unternehmen, so dass diese selbst für den Betrieb und die Aufrechterhaltung verantwortlich wurden (Pieczek/Roe 2001: 22).

Auf der Grundlage des „Laws on Seaports and Harbours" wurde im Jahr 1996 die administrative Struktur des Seehafens weiterentwickelt und es entstand die Port of Gdańsk Authority (Erwin et al. 2005: 17). Die Port of Gdańsk Authority wird seitdem von unterschiedlichen Anteilseignern, dem polnischen Finanzministerium, der Stadt Gdańsk sowie einigen befugten Beschäftigten gehalten (Port of Gdańsk Authority 2012). Seit der Etablierung dieser neuen Struktur haben sich die Anteile der einzelnen Eigner immer wieder verändert. Während im Jahr 1998 das Finanzministerium 51 % und die Stadt Gdańsk 49 % der Anteile an der Port of Gdańsk Authority hielten, veränderte sich dieses Verhältnis durch Anteilsverkäufe der Stadt Gdańsk in den Folgejahren. Bis 2002 erwarb das Finanzministerium Anteile der Stadt und steigerte den eigenen Besitz auf über 80 %. Die Stadt Gdańsk behielt einen eigenen Restbesitz von 2 % und die restlichen rund 17 % der Anteile wurden von Beschäftigten übernommen. Trotz des relativ geringen Anteils innerhalb der Seehafenstruktur sieht die Stadt Gdańsk darin eine gute Möglichkeit bei der Entwicklung des Seehafens mitzuwirken (Erwin et al. 2005: 17).

Durch die Einführung der neuen Struktur wurden die Aufgaben der Seehafenverwaltung so festgelegt, dass alle Umschlagsaktivitäten im Seehafen an private Unternehmen abgegeben werden und die Hafenverwaltung nur noch Managementaufgaben ausführen sollte (Erwin et al. 2005: 17). Das neue System folgt somit den Grundlagen des Landlord-Prinzips und sieht vor, dass die Seehafenverwaltung neben dem Management des Eigentums, sich um die Weiterentwicklung des Seehafens, die Aufrechterhaltung und den Ausbau der Hafeninfrastrukturen sowie um die Sicherheit und Zugänglichkeit des Hafenverkehrs kümmert (Erwin et al. 2005: 17, Port of Gdańsk Authority 2013b).

Gdynia

Im Zuge der Systemtransformationen in Polen hat auch der Seehafen Gdynia weitgehende Strukturveränderungen erfahren. So wurde im November 1991 auf der Grundlage des Gesetztes zur Privatisierung staatseigener Unternehmen der frühere staatliche Commercial Sea Port of Gdynia in eine Kapitalgesellschaft mit dem Namen Commercial Sea Port of Gdynia S.A. überführt, deren Anteile zu 100 % dem polnischen Finanzministerium zugeschrieben wurden (Piezcek/Roe 2001: 22, Port of Gdynia 2012a). Die Entwicklung bis zu diesem Zeitpunkt glich dem Vorgehen in Gdańsk, jedoch wurde im Fortgang des Verfahrens ein anderes Vorgehen gewählt. Anstelle der Etablierung von Gesellschaften mit beschränkter Haftung, deren Anteile zwischen der Hafenbehörde und den Beschäftigten aufgeteilt sind, wurde die gesamte Seehafenbehörde in eine Holdinggesellschaft umgewandelt. Hierbei wurden verschiedene Unternehmen im Hafenbereich gegründet, die jeweils zu 100 % der neuen Port of Gdynia Holding S.A. zugeordnet waren. Hierdurch wurde angestrebt, die operationalen Funktionen des Seehafens von den Managementfunktionen zu trennen und darüber hinaus die Effizienz einzelner Hafenbereiche zu erhöhen (Piezcek/Roe 2001: 22, Żurek/Oniszczuk 2002: 26, Port of Gdynia 2012a).

Als Resultat dieser Umstrukturierungen übernahmen die zahlreichen eigenständigen Gesellschaften die Verantwortung für die operativen Vorgänge im Hafenbereich, während die gegründete Port of Gdynia Holding Zuständigkeiten für Managementaufgaben, wie Strategieentwicklung, Finanzverwaltung und Personalentwicklung übernahm und somit die Entwicklungsstrategien für die gesamten Hafengesellschaften vorgab und koordinierte (Żurek/Oniszczuk 2002: 26).

Ein weiterer Restrukturierungsschritt des Seehafens Gdynia fand im November 1999 statt als auf der Grundlage des im Jahr 1996 veränderten „Law on seaports and harbours" durch das polnische Finanzministerium und die Stadt Gdynia die Port of Gdynia Authority S.A. ins Leben gerufen wurde. Die Anteile liegen zu 51 % beim polnischen Finanzministerium und zu 49 % bei der Stadt Gdynia (Żurek/Oniszczuk 2002: 27). Als Hauptaufgabe wurde der Hafenbehörde die Verwaltung der Hafeninfrastruktur zugeschrieben, wie das Management und die Entwicklung von Hafengrundstücken, die Aufrechterhaltung und der Ausbau der Hafeninfrastruktur sowie die Gewährleistung von Sicherheitsstandards im Hafenbereich. Hierdurch finden die Grundsätze des Landlord-Prinzips Anwendung. Im Mai 2000 wurden die Port of Gdynia Authority S.A und Port of Gdynia Holding S.A. zur Port of Gdynia Authority S.A. fusioniert (Żurek/Oniszczuk 2002: 27, Port of Gdynia 2012a, Port of Gdynia 2012b), die seitdem für den Seehafen Gdynia zuständig ist.

6.1.1.3 Hafeninfra- und -suprastrukturen der Standorte Gdańsk und Gdynia

Gdańsk

Der Seehafen Gdańsk ist ein Universalhafen mit vielfältigen Güterumschlagstrukturen. Das Seehafengelände umfasst insgesamt eine Fläche von 1.065 ha, wovon 652 ha auf Land- und 413 ha auf Wasserflächen entfallen. Im gesamten Hafengebiet bestehen Kaianlagen mit einer Gesamtlänge von 23,7 km, offene Lagerflächen im Umfang von 55 ha sowie 10 ha Lagerhausflächen (Port of Gdańsk Authority 2013c).

Der Seehafen Gdańsk besteht aus zwei getrennten Hafenbereichen, den inneren Hafen und den äußeren Hafen, die jeweils unterschiedliche nautische Bedingungen und Infrastrukturausstattungen aufweisen (Port of Gdańsk Authority 2013d).

▪ Der innere Hafen in dem überwiegend Stückgutverkehre und Massengüter umgeschlagen werden, erstreckt sich entlang der Toten Weichsel (Martwa Wisła) sowie des in den Hafen hineinführenden Hafenkanals. Dieser Hafenbereich bietet eine maximale Umschlagskapazität von 11,5 Mio. t und ist durch Schiffe mit einem maximalen Tiefgang von 10,2 m und einer Maximallänge von 225 m anlaufbar (Port of Gdańsk Authority 2013c).

▪ Der äußere Hafen, in dem hauptsächlich Massengüter wie Öl, Flüssiggas oder Kohle umgeschlagen werden und wo auch ein Tiefwasserterminal für den Containerumschlag lokalisiert ist, erstreckt sich entlang der Küstenlinie der Danziger Bucht und bietet einen direkten Zugang zu dieser. Durch diese Lage verfügt der Hafenbereich über einen optimalen Tiefgang von 15 m, der von den größten Ostseeschiffen genutzt werden kann. Die Umschlagskapazitäten betragen rund 48,5 Mio. t (Port of Gdańsk Authority 2013c).

Insgesamt umfasst der Seehafen Gdańsk 38 unterschiedliche Terminals beziehungsweise Anlegestellen, von denen 25 im inneren Hafen und 13 im äußeren Hafen lokalisiert sind. Während einige Anlegestellen auf einzelne Güter spezialisiert sind, werden an anderen Anlegestellen mehrere verschiedene Güter umgeschlagen. Einigen Anlegestellen lässt sich keine Güterkategorie zuordnen. Insgesamt werden Stückgutverkehre an zehn Anlegestellen (davon zwei für Containerverkehre), Massengüter an 14 Anlegestellen und Flüssiggüter an 9 Anlegestellen abgewickelt. Für die Abwicklung von Passagierverkehren gibt es vier Anlegestellen (Port of Gdańsk Authority 2013e).

Gdynia

Der Seehafen Gdynia ist ein Universalhafen, dessen Hauptumschlagsprozesse sich vor allem auf den Umschlag von Stückgütern im Container- beziehungsweise Ro-ro-Verkehr konzentrieren. Insgesamt umfasst der Seehafen eine Fläche von rund 755 ha, wovon 508 ha auf Landflächen entfallen. Es bestehen Kaianlagen mit einer Gesamtlänge von 17,7 km, von denen rund 11 km für Umschlagsvorgänge genutzt werden (Port of Gdynia 2012c). Der maximale Tiefgang entlang der Kaimauern beträgt 13 m (Jarosiński 2012: 2). Die Zufahrt zum Seehafen erfolgt über einen Hafenkanal, der mit einer Breite von 150 m und einem Tiefgang von 14 m für viele auf der Ostsee verkehrende Schiffe sehr gute Bedingungen bietet. Durch die vorgelagerte Halbinsel Hel und einer 2,5 km langen Mole ist der Seehafen gut gegenüber hohen Wellen geschützt (Port of Gdynia 2012c).

Insgesamt umfasst das Seehafengebiet in Gdynia zehn verschiedene Terminals, die von jeweils unterschiedlichen Unternehmen betrieben werden (Jarosiński 2012: 3). Acht dieser zehn Terminals können als direkte Bestandteile des Seehafens bezeichnet werden, die in den 1990er Jahren im Zuge des Restrukturierungsprozesses des Seehafens unter dem Dach der Port of Gdynia Holding S.A. gegründet wurden. Unter den Bedingungen der neuen Seehafenstrukturen sollten diese Terminals schrittweise privatisiert werden, was bis heute in weiten Teilen abgeschlossen ist. Lediglich für zwei Terminals laufen momentan noch Privatisierungsverhandlungen (Port of Gdynia 2012c).

Bei einer Unterscheidung der Terminalnutzung hinsichtlich der umgeschlagenen Gütergruppen (Flüssiggüter, Massengüter und Stückgüter) zeigt sich, dass für den Umschlag von Massengütern insgesamt vier Terminals, von Flüssiggütern zwei Terminals und von Stückgütern drei Terminals zur Verfügung stehen. Darüber hinaus existiert ein Terminal für Fährverkehre. Von den drei Stückgutterminals sind zwei auf den Umschlag von Containern spezialisiert.

Infrastrukturelle Anbindung der Seehäfen Gdańsk und Gdynia

Obwohl die Seehäfen Gdańsk und Gdynia in der vorliegenden Arbeit in erster Linie als einzelne Standorte betrachtet und hinsichtlich der formulierten Fragestellung analysiert werden, wird an dieser Stelle bei der Darstellung der infrastrukturellen Anbindung eine gemeinsame Betrachtung vorgenommen. Dieses Vorgehen leitet sich aus der Lage der beiden Hafenstandorte ab, die nur etwa 40 km voneinander entfernt im Agglomerationsraum der Dreistadt (Gdynia, Sopot, Gdańsk) lokalisiert sind und daher weitestgehend die gleichen Voraussetzungen bezüglich der verkehrsinfrastrukturellen Einbindung in das Hinterland haben. Eine getrennte Betrachtung würde im weiteren Verlauf zu vielen Dopplungen führen.

Die Anbindung der Seehäfen an überregionale Verkehrsinfrastrukturen ist sowohl über den Schienen- als auch Straßenverkehr gewährleistet. Den höchsten Stellenwert in der Hafenanbindung nehmen eindeutig die nach Süden verlaufenden Verkehrsinfrastrukturen und hier insbesondere die neuerrichtete Autobahn A1 ein (Interview TMI). Obwohl die Autobahn zwar noch nicht vollständig fertiggestellt ist, bietet sie aus Sicht der Verkehrspolitik bereits große Vorteile für die Seehafenstandorte, da die Anbindung sukzessive durch die zahlreichen vom Staat initiierten Baumaßnahmen besser geworden ist (Interview TMI). Diese Straßenverbindung ist auch Bestandteil des transeuropäischen Verkehrskorridors VI, der offiziell im Seehafen Gdańsk beginnt und in südlicher Richtung dabei das oberschlesische Industrierevier sowie den Norden der Slowakei anbindet. Der Verlauf des Korridors deckt somit in weiten Teilen die in den transeuropäischen Verkehrsnetzen festgelegten Schienen- und Straßenachsen 23 beziehungsweise 25 ab, die als wichtige Verbindungen zwischen Gdańsk, Warschau, Katowice, Wien und Bratislava gedacht sind (HB-Verkehrsconsult/ VTT Technical Research Centre of Finland 2006: 101f.) und bietet Anbindungen an in ost-westlicher Richtung verlaufenden Verkehrsachsen.

Obwohl der Verkehrskorridor offiziell im Seehafen Gdańsk beginnt und nicht direkt den Seehafen Gdynia einschließt, wird aufgrund der räumlichen Nähe beider Seehafenstandorte in den Expertenaussagen darauf hingewiesen, dass diese bei der Hinterlandanbindung als durchaus zusammenhängend begriffen werden können (Interview SHIa). Die Hinterlandanbindung lässt sich demnach für beide Häfen gemeinsam als sehr gut bezeichnen. Zwar gibt es laut Expertenaussage noch Bedarf an einigen Infrastrukturausbaumaßnahmen, jedoch hat sich in den letzten Jahren, und vor allem seit dem Beitritt Polens zur EU, die Qualität der Anbindungen deutlich erhöht. *„Wir sind zwar zwei Häfen, aber eigentlich sind wir eins. Beide haben wir sehr gute Aussichten bezüglich des Aufwachsens des Hafenhinterlands. Damit ist die Infrastruktur gemeint, die jetzt ausgebaut wird. Vor sechs Jahren [2004, A.d.V.] sind wir der Europäischen Union beigetreten, womit der Auf- und Ausbau der Infrastruktur begann und zurzeit sieht es sehr gut aus. Es ist natürlich immer eine Sache der Perspektive, wir wissen das. Aber, es ist hier dennoch im Aufbau"* (SHIa).

Auch in einer anderen Expertenaussage wird die tendenziell gute Anbindung der Seehäfen an das Hinterland bestätigt. Dabei kommt auch zum Ausdruck, dass die Entfernung des Seehafens Gdynia zur Autobahn im Süden von Gdańsk kein Problem darstellt, da die Stadt Gdynia über eine autobahnähnliche Umgehungsstraße der Agglomeration Dreistadt sehr gut an die Autobahn A1 angebunden ist (Interview SHIb). Dieser positiven Einschätzung der überregionalen Anbindung des Seehafens Gdynia steht jedoch eine starke Kritik an der unzureichenden lokalen Verkehrsanbindung gegenüber, die aufgrund mangelnder Kapazitäten nicht dem aktuellen Verkehrsaufkommen gerecht wird. *„Die einzige Verbindung, die wir jetzt haben, ist der Kwiatkowskiego Überflieger. Diese ist nicht ausreichend, denn im Fall von Behinderungen oder Unfällen ist es notwendig, eine zweite Verbindung zu haben"* (SHIb). Obwohl mittlerweile konkrete Planungen einer verbesserten Anbindung vorgenommen wurden, sieht der Experte Probleme bei einer zügigen Realisierung, was darin begründet liegt, dass die Stadt aufgrund der innerstädtischen Lage des Seehafens für Planungen und

Realisierungen der den Hafen umschließenden Straßenverkehrsinfrastruktur zuständig ist. Laut Expertenaussage sollten jedoch idealerweise die wichtigen Zubringerstraßen zu Seehäfen nicht auf lokaler, sondern auf staatlicher Ebene geplant und unterhalten werden. *„In Gdynia gibt es die spezielle Situation, dass der Hafen innerhalb der Stadt liegt, deshalb ist in diesem Fall [Verbesserung der infrastrukturellen Anbindung, A.d.V.] der wichtigste Partner die Stadtverwaltung. Aber eine unserer generellen Bemerkungen, die wir zu den Ministerien geben ist, dass wir der Meinung sind, alle Hauptstraßen, auch die in den Städten, sollten als nationale Straßen reorganisiert werden"* (SHIb). Trotz verschiedenerer Gespräche zwischen der Seehafenverwaltung und Vertretern des Verkehrsministeriums wurden bislang keine konkreten Ergebnisse in dieser Sache erzielt (Interview SHIb).

6.1.2 Das Containerverkehrssegment in den Seehäfen Gdańsk und Gdynia

6.1.2.1 Terminalfazilitäten und Umschlagsleistungen

Gdańsk

Der Beginn des spezialisierten Containerumschlags im Seehafen Gdańsk begann Ende der 1990er Jahre mit der Gründung des Gdańsk Container Terminals (GTK), das im Herbst 1998 eingeweiht und 1999 erstmals ganzjährig durchgehend betrieben wurde (Port of Gdańsk Authority 2008). Die relativ späte Orientierung auf den Containerverkehr in Gdańsk kann im Zusammenhang mit der früheren Ausrichtung der polnischen Seehäfen auf spezifische Umschlagsgüter gesehen werden, bei welcher der Hafen Gdańsk im Gegensatz zu Gdynia nicht auf Stückgüter konzentriert, sondern vor allem im Bereich der Massengüter aktiv war.

Die Einführung des Containerverkehrs im Seehafen Gdańsk startete auf einem relativ niedrigen Umschlagsniveau und erreichte erst ab 2004 eine dynamische Entwicklung, die insbesondere ab 2007 zu einer Vervielfachung der Umschlagszahlen führte. So wurde der im Jahr 2007 erreichte Wert von knapp 100.000 TEU im Jahr 2009 bereits mehr als verdoppelt und in den Jahren 2010 (rund 500.000 TEU) und 2011 (rund 685.000 TEU) deutlich übertroffen (siehe Abbildung 21).

Der enorme Entwicklungsschub im Containerumschlag Ende der 2000er Jahre ist auf die Neuerrichtung eines großen Containerterminals im Jahr 2007 zurückzuführen. Bis zu diesem Zeitpunkt war das Gdańsk Container Terminal (GTK) das einzige auf den Containerumschlag spezialisierte Terminal im Seehafen Gdańsk, dessen Entstehung durch die Restrukturierungsmaßnahmen des Seehafenmanagements hervorgerufen wurde. Hierbei wurde das Terminal als ein operatives Unternehmen gegründet, das später durch die Hafengesellschaft privatisiert werden sollte. Trotz vieler erfolgreicher Privatisierungsmaßnahmen im

Seehafen hat eine Privatisierung dieses Terminals bisher jedoch nicht stattgefunden, und es agiert vielmehr als ein dem Hafen angebundenes Unternehmen. Laut Expertenaussage wird die Privatisierung weiterhin angestrebt. *„Dieses Terminal wurde bereits vor der Phase der Privatisierung angelegt. Die Eigentumsangelegenheiten und der Sachverhalt zum Land sind etwas kompliziert. Aber das Terminal soll verkauft und privatisiert werden"* (SHIa).

Abbildung 21: Entwicklung des Containerumschlags im Seehafen Gdańsk von 2000 bis 2011

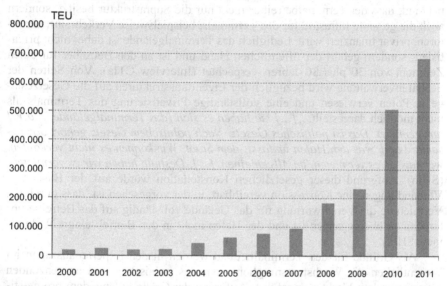

Quelle: Port of Gdańsk Authority 2013d

Das GTK liegt im Bereich des inneren Hafens am Szczecińskie Kai und ist ein kleines Containerterminal mit einer relativ geringen Umschlagskapazität. Das Terminal verfügt über Kaianlagen mit einer Länge von 367 m und einem Tiefgang von 9,8 m, an denen Schiffe mit einer Gesamtlänge von 225 m anlegen können. Insgesamt stehen rund 67.500 m² offene Stellflächen für die Lagerung von Containern bereit, zudem verfügt das Terminal über 95 Stellflächen für Kühlcontainer. Der Weitertransport von Containern erfolgt sowohl über Straßen- als auch Schienenanbindungen (Gdańsk Container Terminal 2013).

Ab dem Jahr 2007 veränderte sich die Situation für den Containerverkehr im Seehafen Gdańsk erheblich, da am Standort durch den internationalen Investor Macquarie Group ein neues, für tiefgehende Schiffe geeignetes, Containerterminal (Deepwater Container Terminal Gdańsk [DCT]) errichtet wurde. Das

DCT zeichnet sich durch wesentlich größere Dimensionen und durch deutlich bessere nautische Voraussetzungen aus. Die Schaffung dieses Terminals basierte dabei nicht auf der Nutzung bereits bestehender Hafenflächen, sondern auf der Errichtung eines grundlegend neuen Hafengeländes am Standort Gdańsk. *„Der Betrieb wurde 2005 gegründet. Das Terminal selbst wurde von Oktober 2005 bis Oktober 2007 errichtet, genau zwei Jahre lang. Es war eine 200 Mio. Euro Investition"* (SHIa).

Die Errichtung des Terminals folgte den Eigentumskriterien einer BOT-Konzession (*build operate and transfer*) (siehe 3.4.2), die dadurch gekennzeichnet sind, dass der Terminalbetreiber nicht nur die Suprastruktur besitzt, sondern auch die gesamte Infrastruktur des Terminals, beispielsweise Verkehrsinfrastrukturen, privat finanziert wird. Lediglich das Terminalgelände ist dabei nicht privatisiert, sondern gehört der öffentlichen Hand und ist an den Betreiber für einen Zeitraum von 30 plus 30 Jahren verpachtet (Interview CTIa). Von Seiten der Seehafenverwaltung wird bezüglich der Eigentumsstrukturen auf die Gesetzeslage in Polen verwiesen und eine vollständige Privatisierung des Terminals als nicht möglich dargestellt. *„[...] sie haben es sich [das Terminalgelände, A.d.V.] nur gemietet. Das ist polnisches Gesetz. Nach polnischem Gesetz gehört das gesamte Land, was den Hafen umfasst, dem Staat. Wir können es nicht verkaufen, wir müssen es vermieten, im Allgemeinen. [...]. Deshalb haben wir es vermietet"* (SHIa). Aufgrund dieser gesetzlichen Konstellation wurde auf der Basis von Verhandlungen eine Konzession vereinbart, in der vorgesehen ist, dass durch die Vermietung die Verantwortung für das Gelände vollständig auf das Betreiberunternehmen übergegangen ist und der Hafen nicht in den Betrieb eingreift (Interview SHIa).

Als Gründe für den Terminalneubau werden in den Expertenaussagen im Wesentlichen die Wachstumsmöglichkeiten des polnischen und angrenzenden osteuropäischen Marktes angeführt. Aufgrund der Größe Polens, dem prognostizierten Wirtschaftswachstum sowie mehrerer Nachbarstaaten, deren wirtschaftliche Entwicklungen noch nicht abgeschlossen sind, wird hier eine große Nachfrage an Containerverkehren in den nächsten Jahrzehnten erwartet. Der Standort Gdańsk wird als optimal angesehen, um diese Nachfrage zu bedienen. *„Die Leute reden viel über Klaipėda und das Baltikum. Diese baltischen Staaten sind sehr kleine Länder. Gdańsk liegt in einem Land mit knapp 40 Mio. Einwohnern, es hat mehrere Nachbarstaaten, die Binnenstaaten sind, die keinerlei Zugang zum Meer haben. [...]. Und diese Region bleibt immer noch die Region mit dem wichtigsten Wachstumspotenzial in der Zukunft. [...]. Das ist auch der Grund für Gdańsk und gegen Klaipėda, das ist der Hauptgrund. Zuerst haben wir Zugang zu einem nationalen Markt, der der Größte in der Region ist. Und man hat hier eine geographische Lage, die sich darüber hinaus als vorteilhaft erweist"* (CTIa).

Für das Gelände des DCT wurde eine circa 44 ha große Fläche östlich der bestehenden Hafenanlagen erschlossen. Das Gelände bietet momentan Stellplätze für bis zu 18.000 beladene, 5.000 leere Container sowie 336 kühlbedürftige Standardcontainer. Zudem gibt es Lagerhauskapazitäten von rund 7.000 m². In den ersten von mehreren Ausbaustufen wurden bisher Kaianlagen mit einer Gesamtlänge von 650 m errichtet, an denen ein Tiefgang zwischen 13,5 m und 16,5 m möglich ist. Somit kann das Terminal durch die größten in der Ostsee agierenden Containerschiffe (Baltimax) angelaufen werden. Der Vor- beziehungsweise Nachlauf von Containern wird im Terminal sowohl per Lkw als auch per Eisenbahn abgewickelt (Deepwater Container Terminal Gdańsk 2013a).

Wie bereits angedeutet, lagen die Containerumschläge am Standort Gdańsk vor der Errichtung des DCT auf einem relativ geringen Niveau. Mit dem Abschluss der Baumaßnahmen am DCT und dem ersten vollständigen Betriebsjahr 2008, das relativ erfolgreich verlief, stiegen die Umschläge deutlich an. Ein Blick auf die Umschlagsleistungen der beiden am Standort vorhandenen Containerterminals zeigt, dass diese sich hierbei erheblich voneinander unterscheiden. Gemessen an den 658.643 TEU, die im Jahr 2011 umgeschlagen wurden, konnte das DCT einen sehr großen Anteil von 615.586 TEU (93,5 %) auf sich vereinen. Das GTK verzeichnete demnach nur einen sehr geringen Anteil von 43.057 TEU (6,5 %). Die Anteile der beiden Terminals am jährlichen Gesamtumschlag haben sich dabei seit 2008 stark verändert. Obwohl bereits das DCT im ersten vollen Betriebsjahr 2008 einen höheren Containerumschlag als das Gdańsk Container Terminal verzeichnen konnte, lagen die jeweiligen Werte noch nicht so gravierend weit auseinander. Aufgrund der sehr dynamischen Entwicklung des DCT haben sich die Anteile jedoch stark verschoben. Einen weiteren Einfluss hatte zudem die Abnahme der jährlichen Umschlagswerte im GTK seit 2008, was auch durch den Verlust einer für das Terminal wichtigen Schiffslinie an ein Terminal in Gdynia bedingt war. Obwohl diese Entwicklung für das GTK negative Auswirkungen hatte, war die Wirkung in Bezug zum Gesamtumschlag in Gdańsk aufgrund des starken Wachstums im DCT eher marginal (siehe Tabelle 14).

Aufgrund fehlender Daten sind keine konkreten Aussagen zur Auslastung der einzelnen Terminals möglich. Da das GTK jedoch momentan Umschlagswerte aufweist, die gegenüber dem bisher besten Jahr 2007 eine Halbierung bedeuten, wird deutlich, dass dieses Terminal momentan ausreichende Kapazitäten aufweist. Beim DCT ist trotz der relativ hohen und schnell angestiegenen Umschlagswerte kein Kapazitätsengpass auszumachen. Zudem gibt es für die nächsten Jahre Ausbauplanungen, die zu einer deutlichen Kapazitätserhöhung führen werden.

Tabelle 14: Anteile der Containerterminals im Seehafen Gdańsk am
Gesamtcontainerumschlag im Seehafen von 2007 bis 2011

		2007	2008	2009	2010	2011
Deepwater Container Terminals Gdańsk	TEU	5.746	107.772	165.814	449.567	615.586
	%	*5,9*	*58,0*	*68,9*	*87,8*	*93,5*
Gdańsk Container Terminals	TEU	88.978	75.345	66.973	59.212	68.985
	%	*94,1*	*42,0*	*31,1*	*12,2*	*6,5*

Quelle: eigene Darstellung und Berechnung nach Gdańsk Container Terminal o.J., Port of
Gdańsk Authority 2013d

Gdynia

Die Anfänge des Containerumschlags am Hafenstandort Gdynia lassen sich auf
das Ende der 1970er Jahre datieren und sind somit auf Entwicklungen während
der sozialistischen Zeit in Polen zurückzuführen. Zur damaligen Zeit wurde am
Standort Gdynia das erste spezialisierte Containerterminal Polens errichtet, das
im Jahr 1980 erstmals durchgängig betrieben wurde (Interview SHI, Interview
CTIb, Buchhofer 2006: 63). Von Beginn an bis 1988 stieg mit einer Ausnahme
im Jahr 1986 der jährliche Containerumschlag kontinuierlich auf rund 119.000
TEU an. Dieses Umschlagsniveau konnte annähernd bis 1991 gehalten werden.
Im Jahr 1992 sank der Umschlag aufgrund der veränderten wirtschaftlichen
Rahmenbedingungen in Polen, die sich auch auf die Seeverkehrswirtschaft
auswirkten, erstmals wieder unter die 100.000 TEU Marke. Mit dem Jahr 1993
setzte jedoch eine rasche Erholung und dynamische Entwicklung ein, die im Jahr
1998 zu einer Höchstmarke von über 200.000 TEU führte. Nach einer zwischen-
zeitlichen Schwächephase zog die Umschlagsentwicklung zwischen 2002 und
2008 erneut dynamisch an und führte ab 2003 (über 300.000 TEU) bis 2007
(über 600.000 TEU) zu jeweils neuen jährlichen Höchstmarken. Im Jahr 2009
wurde diese Entwicklung aufgrund der wirtschaftlichen Krise im weltweiten
Containerverkehrsgeschäft abrupt gestoppt und der Umschlag sank deutlich ab.
Die Folgejahre 2010 und 2011 waren durch eine Erholung und hohe Wachstumsraten gekennzeichnet, jedoch konnte der bisherige Höchstwert von 2007 nicht
erreicht werden (siehe Abbildung 22).

Aus Expertensicht gibt es genügend Potenzial, um in Zukunft die bisher
erzielten Höchstwerte wieder zu erreichen und nachhaltig zu steigern. In erster
Linie werden dabei Umschlagssteigerungen erwartet, die sich aus dem Wachstum der polnischen Volkswirtschaft ergeben. *„Die Wachstumsrate zwischen den
Jahren 2001 und 2008 hat etwa 20 % betragen und dann kam natürlich die Krise, aber dennoch zeigt das erste Halbjahr 2010 wieder Wachstumsraten von et-*

wa 30 %. Somit ist das Wachstum definitiv da. Es gibt eine starke Basis für inländische Verkehre [...]. Und daher gibt es dort auch eine Menge an Wachstumspotenzialen, [...]" (CTIc).

Abbildung 22: Entwicklung des Containerumschlags im Seehafen Gdynia von 1980 bis 2011

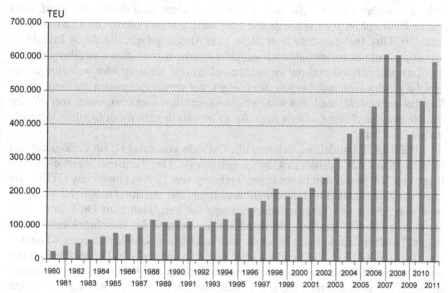

Quelle: Central Statistical Office of Poland 2007: 86, 2010a: 123, 2012: 130, Baltic Container Terminal Gdynia o. J.: 2

Seit Beginn der Umschlagsoperationen war das Ende der 1970er Jahre errichtete Containerterminal über viele Jahre hinweg im Besitz des Seehafens Gdynia. Im Jahr 2003 setzte jedoch im Zuge einer vollständigen Übernahme der Betreibergesellschaft Baltic Container Terminal Ltd. durch den philippinischen internationalen Terminalbetreiber International Container Terminal Services Inc. (ICTSI) eine Veränderung der Organisations- und Eigentumsstrukturen des Terminals ein (Baltic Container Terminal Gdynia 2013).

Das Unternehmen ICTSI setzte sich dabei in einem Wettbewerbsverfahren gegenüber anderen interessierten Betreiberunternehmen durch. Die Übernahme des Terminals wurde in Form eines Leasingvertrages mit einer Laufzeit von 20 Jahren ausgehandelt. Dieser sieht vor, dass ICTSI die Konzession erhält das BCT am Standort Gdynia zu betreiben und weiterzuentwickeln (Interview CTIb, Baltic Container Terminal Gdynia 2013).

Die Entscheidung in das Terminal in Gdynia einzusteigen wird auf die grundsätzliche Strategie des Betreibers ICTSI zurückgeführt, die eher darauf ausgerichtet ist, Terminals zu erschließen, die nicht so stark im Wettbewerb mit anderen Terminals stehen und ein hohes Entwicklungspotenzial aufweisen (Interview CTIb). Diese Strategie konnte dabei insbesondere beim BCT angewendet werden, da dieses zum Zeitpunkt des Einstiegs eine Vormachtstellung im polnischen Markt hatte. *„Sie haben einfach erkannt, und daher investiert, dass dieses Terminal im polnischen Markt eine nahezu monopolistische Situation inne hatte"* (CTIb). Insbesondere über diese gute Ausgangslage, die durch Investitionen in die technische Infrastruktur gestärkt wurde, war es dem Betreiber möglich das Terminal schnell optimal zu nutzen. *„Und der Einstieg hier war für sie ein absolut großes Geschäft, wegen des Geldes, der vorherrschenden Stellung, ziemlich gut entwickelt, auch aus einem technologischen Gesichtspunkt, von all den Investitionen und den Geldern her, die es technisch sehr fortschrittlich gemacht haben"* (CTIb).

Beim BCT handelt es sich um ein Gelände von rund 60 ha Größe, das am Helsinki Kai I des Seehafens Gdynia gelegen ist. Das Terminal weist eine Kailänge von 800 m auf und bietet einen Tiefgang von 12,5 m (Interview CTIb). Die Lage der Kaianlagen im Hafeninnenbereich und der maximal mögliche Tiefgang wird von Seiten des Terminalmanagements im Vergleich zum DCT in Gdańsk als eher nachteilig gesehen, da hierdurch navigatorische Beschränkungen vorliegen. Die Beschränkungen beziehen sich jedoch auf Schiffe mit einer Kapazität von über 6.000 TEU, die deutlich über den Kapazitäten von Feederschiffen liegen. Da das BCT momentan jedoch ausschließlich auf Feederschiffe fokussiert ist, stellt der vorhandene Tiefgang keinen unmittelbaren Nachteil dar (Interview CTIb).

Entlang der Kaianlagen stehen fünf Anlegestellen für Containerschiffe und eine Anlegestelle für Ro-ro-Schiffe zur Verfügung, die mit zahlreichen Umschlagsvorrichtungen ausgestattet sind. Der Ausstattungs- und Modernisierungsgrad der Umschlagsvorrichtungen wird vom Experten als ein Wettbewerbsvorteil gesehen. *„Wir sind immer noch das Terminal, das die größte Zahl an Hafeneinrichtungen hat (Stand 2010, A. d. V.). Somit können wir die höchste Zahl an Schiffen zur gleichen Zeit bedienen. Und es ist nicht sehr oft, dass wir drei oder vier Feederschiffe zur gleichen Zeit bekommen. Das ist aber der Vorteil, den wir gegenüber den anderen Terminals haben"* (CTIb).

Für die Lagerung von Containern stehen 20.000 Stellplätze für Standardcontainer sowie 400 gesonderte Stellflächen für kühlbedürftige Container zur Verfügung. Zudem existieren rund 21.000 m² Lagerhauskapazitäten (Baltic Container Terminal Gdynia o.J.: 1). Die infrastrukturelle Ausstattung des Terminalgeländes ermöglicht die Beladung von Containerzügen. Als Hemmnis stellen sich hierbei aus Sicht der Seehafenverwaltung die relativ kurzen Gleisanlagen im angeschlossenen Güterbahnhof dar, wodurch mehr Zeit für Umladevorgänge benötigt wird (Interview SHIb). Neben Containerstellflächen bietet das Terminal auch Flächen für das Abstellen von 6.500 Pkw (Baltic Container Terminal Gdynia o.J.: 1). In diesem Umschlagsegment verfügt der Terminalbetreiber über Möglichkeiten das eigene Tätigkeitsportfolio zu diversifizieren.

Bis zum Jahr 2005 war das BCT das einzige spezialisierte Containerterminal am Hafenstandort Gdynia und hatte auf ganz Polen bezogen eine monopolistische Position inne (Interview CTIb). Diese Situation änderte sich langsam ab dem Jahr 2005, in dem durch das internationale Unternehmen Hutchison Port Holdings (HPH) ein zweites Containerterminal, das Gdynia Container Terminal (GCT), am Hafenstandort Gdynia errichtet wurde. Die Etablierung eines Terminals durch das global agierende Unternehmen HPH war bereits früher geplant und es stand dabei die Übernahme des vorhandenden Containerterminals in Gdynia im Fokus. Obwohl dieses Terminal damals an das Konkurrenzunternehmen ICTSI vergeben wurde, wird in Expertenaussagen dargelegt, weshalb HPH dennoch am Standort Gdynia einige Gründe für sich sah, ein Terminal im Seehafen zu eröffnen. *„Da gibt es eine Reihe von Gründen, ein Grund war vielleicht der, dass HPH daran interessiert war, Anteile an einem Containerterminal in Polen zu erwerben, insbesondere am BCT. Dies war im Jahr 2003, und man kann sagen, dass HPH dadurch vertraut war mit dem Gelände, aber der andere Betreiber, ICTSI, gewann die Ausschreibung. Aber, nach Analyse der Märkte war weiterhin ein Interesse von HPH vorhanden, insbesondere auch weil HPH Polen als einen sehr dynamischen Wirtschaftsmarkt identifiziert hat"* (CTIc).

Das GCT befindet sich am Bułgarskie Kai und liegt direkt gegenüber dem BCT-Gelände. Die Errichtung des Terminals erfolgte im Zuge einer Mehrheitsübernahme des Werftunternehmens Wolny Obszar Gospodarczy S.A., in dessen Zuge das gesamte Betriebsgelände als Containerterminal umgestaltet wurde (Interview SHIb, World Port Source 2013, GlobMaritime 2013). Durch diese private Investition in ein vormaliges Werftgelände ist das Terminalgelände nicht im Besitz des Seehafens Gdynia, sondern Privateigentum des Betreiberunternehmens HPH. Hierdurch nimmt das Terminal eine Sonderstellung ein, da es mit der Hafenbehörde keine Leasing-Vereinbarung in Form des *landlord*-Prinzips gibt. *„Es ist einzigartig für Polen und insbesondere für Seehäfen. Wir haben einen Titel vom Staat, dieser gilt bis 2089. [...]. Kein anderes Containerterminal in Polen besitzt eigentlich das jeweilige Land. Es ist hier so etwas zwischen free-hold und lease-hold. Denn man kann den Titel handeln, aber das Land ist unseres und es ist unser Land bis 2089. Andere Terminals laufen unter Konzessionen, sie bezahlen Pachtgebühren. Somit haben wir unser eigenes Land. Wir besitzen die Kaianlagen, wie besitzen all die Infrastruktur und wir mögen diese Art, auch wenn dies bedeutet, dass wir in viele Dinge selber investieren müssen"* (CTIc).

Das Gelände des GCT umfasst eine Fläche von insgesamt 19,1 ha. Die Kaianlagen weisen einen Tiefgang von 11 m auf und sind 450 m lang, wovon 366 m für Containerumschlagsprozesse zwischen Schiffen und der Landseite genutzt werden (Gdynia Container Terminal 2013). Von Seiten des Terminals werden diese Bedingungen als momentan ausreichend für die Abwicklung der im Ostseeraum gängigen Feederverkehre bezeichnet. *„[Die seewärtige Anbindung ist in Ordnung, A.d.V.], obwohl es so ist, dass die Lage im Inneren des Hafens ist. Aber es liegt eine gute Anbindung vor und es dauert nicht lange, um die Güter hereinzubringen, umzuschlagen und weiter zu transportieren" [...]. Die 11 m, die wir im Moment haben, sind für all unsere Kunden mehr als genug. Die größten Schiffe, die wir haben, gehen auf 10,5 m runter"* (CTIc).

Für Lager- und Umladeprozesse von Containern steht auf dem Terminalgelände eine 6,9 ha große Fläche zur Verfügung, die neben einfachen Containerstellplätzen auch Plätze für Spezialcontainer, beispielsweise rund 200 Kühlcontainer bereithält. Darüber hinaus ist eine Containerfrachtstation vorhanden, in der Container be- und entladen werden können. Der Anschluss des Terminals an weiterführende Verkehrsinfrastrukturen wird sowohl über Straßenzugänge als auch Gleisanschlüsse gewährleistet (Gdynia Container Terminal 2013).

Tabelle 15: Anteile der Containerterminals im Seehafen Gdynia am Gesamtcontainerumschlag im Seehafen von 2006 bis 2011

		2006	2007	2008	2009	2010	2011
Gdynia Container Terminal	TEU	56.173	118.087	170.220	149.192	194.702	228.819
	%	12,2	19,3	27,9	39,7	40,9	38,7
Baltic Container Terminals	TEU	402.557	493.860	440.591	226.742	281.142	361.856
	%	87,8	80,7	72,1	60,3	59,1	61,3

Quelle: eigene Berechnungen nach: Central Statistical Office of Poland 2010a: 123, 2012: 130, Baltic Container Terminal Gdynia o. J.: 2

Ein Blick auf die Umschlagsleistungen der beiden Terminals zeigt, dass deren jeweilige Anteile am Gesamtcontainerumschlag sich in den letzten Jahren angenähert haben. Während das GCT im ersten Betriebsjahr 2006 lediglich einen Anteil von rund 12 % am Gesamtumschlag verzeichnete, konnte dieser Wert in den nachfolgenden Jahren kontinuierlich gesteigert werden. Seit 2009 weist das GCT einen jährlichen Anteil zwischen 39 % und 41 % auf und hat sich somit relativ stark an die Werte des Wettbewerbers BCT angenähert. Die starke Annäherung der Umschlagswerte ist vor allem in den Umschlagseinbußen des BCT im Jahr 2009 zu sehen. Obwohl beide Terminals in jenem Jahr gegenüber dem Vorjahr Umschlagseinbußen hinnehmen mussten, war der Rückgang im BCT stärker als im GCT (siehe Tabelle 15). Die negative Entwicklung war dabei in beiden Terminals durch die wirtschaftliche Krise im Ostseeraum bedingt, jedoch spielte bei dem starken Umschlagseinbruch im BCT auch die Eröffnung des DCT am Standort Gdańsk eine wesentliche Rolle. *„Und natürlich leiden wir unter der Krise [Stand 2010, A.d.V.], die 2008 begonnen hat. Wir haben auch andere Probleme, die uns einen großen Verlust bei den Umschlägen gebracht haben. Wir haben unseren Hauptkunden verloren, der jetzt größter Kunde in Gdańsk beim DCT ist. Und alles, was dieser Art passierte, führte uns zu einem mehr oder weniger 50%igen Verlust des Umschlags, insbesondere im Jahr 2009. Das war der Effekt im Zusammenspiel mit den beiden Dingen. Der wirtschaftliche Abschwung und der Verlust des Kunden"* (CTIb).

Gemessen an den maximal möglichen Umschlagswerten weist das BCT gegenüber dem GCT derzeit höhere Umschlagskapazitäten auf. Während das BCT eine Kapazität von 750.000 TEU besitzt, verfügt das GCT je nach Ablauforganisation der Umschlagsprozesse über eine Kapazität von etwa 250.000 TEU (Interview CTIb, Interview CTIc). Auf der Basis der Umschlagswerte aus dem Jahr 2011 liegt die Auslastung der beiden Terminals somit bei rund 48 % beziehungsweise rund 92 %. Ersterer Wert zeigt, dass das BCT im Falle steigender Umschlagswerte über ausreichende Terminalkapazitäten verfügt. Daher wird vom Terminal momentan auch keine Notwendigkeit für große Investitionen in neue Kapazitäten gesehen (Interview CTIb). Letzterer Wert macht deutlich, dass im GCT die ursprüngliche Kapazitätsgrenze nahezu erreicht ist. Für das Terminal ist dies jedoch nicht unbedingt problematisch, da die Kapazität auf dem Terminalgelände durch verschiedene Maßnahmen auf etwa 500.000 TEU erhöht werden kann (Interview CTIc).

6.1.2.2 Akteure und Strategien im Terminalgeschäft

Wie die bisherigen Ausführungen zu den Hafenstandorten Gdańsk und Gdynia zeigen, sind diese durch verschiedene Containerterminals mit jeweils eigenständigen Betreibern gekennzeichnet. Im Folgenden sollen diese Terminalbetreiber näher betrachtet und hinsichtlich ihrer unternehmerischen Strategien und Ausrichtungen vor Ort analysiert werden.

Strategien der Terminalbetreiber in Gdańsk

Bei Berücksichtigung der beiden Containerterminals am Standort Gdańsk zeigt sich, dass diese hinsichtlich der Betreiberstruktur, der geographischen Ausrichtung der Betreiber und des unternehmerischen Ursprungs der Betreiber große Unterschiede aufweisen. Während das GTK durch ein mit dem Hafen verbundenes Betreiberunternehmen geführt wird und somit weiterhin ein quasi öffentliches Unternehmen ist, wird das DCT von einem privatwirtschaftlichen Unternehmen betrieben. Die spezifische Betreiberstruktur des GTK wirkt sich unmittelbar auf die Strategie und den geographischen Wirkungsbereich des Terminalbetreibers aus. Da dieser als lokales Unternehmen in Verbindung mit dem Seehafen agiert, ist der Betrieb nur auf den Standort Gdańsk fokussiert. Das Terminal agiert dabei als Anlaufpunkt für Feederverkehre der großen Nordseehäfen. Eine Veränderung dieser Ausrichtung wäre denkbar, wenn das Terminal, den Vorstellungen des Hafens entsprechend, an einen privaten Betreiber abgegeben würde und ein Betreiber mit internationaler Ausrichtung einsteigen würde.

Das privatwirtschaftlich organisierte DCT ist Bestandteil des Macquarie Global Infrastructure Funds und somit, wie bereits angesprochen, der international agierenden und investierenden australischen Macquarie Group. Diese Unternehmensgruppe ist in verschiedenen Bereichen, wie dem Bankwesen, dem Beratungsgeschäft oder der Fondsverwaltung tätig und investiert im Auftrag verschiedener Kunden, unter anderem Pensionsfonds, in diese Bereiche (Interview CTIa, Macquarie Group 2013). Ein wichtiges Standbein stellen dabei Verkehrsinfrastrukturprojekte dar, in denen Macquarie einen Großteil der Investitionen tätigt. Die Investition in das DCT am Standort Gdańsk war jedoch die erste Investition im Bereich von Seehäfen. *„Macquarie, unser Hauptanteilseigner, ist der größte Privatinvestor in Infrastruktur auf der Welt. Sie investieren über 100 Milliarden Dollar in Infrastruktur, aber traditionellerweise in Straßen, Tunnel, Brücken in der ganzen Welt – nicht viel in Afrika – aber Amerika, Kontinentaleuropa, natürlich Australien und jetzt auch China. Dies war ihre erste Investition in einen Hafen, also eine Art Pionierinvestition"* (CTIa). Nach dieser ersten Investition im maritimen Bereich sind jedoch mittlerweile weitere Hafeninvestitionsprojekte, insgesamt zwölf, gestartet worden. Hierbei wird jedoch durch den Experten Wert darauf gelegt, dass Macquarie keine Hafenmarke ist, sondern den Fokus auf viele Infrastrukturbereiche legt (Interview CTIa).

Die Investitionen in den neuen Terminalstandort sind von der Investorengruppe so angelegt worden, dass es sich bei dem DCT um ein Tiefwasserterminal im Ostseeraum handelt und somit größere Schiffe als die herkömmlichen Feederschiffe empfangen und mit ausreichenden Umladekapazitäten bedient werden können. Durch diese Ausrichtung hat der Betreiber ein weitgehendes Alleinstellungsmerkmal, da Terminals dieser Art bisher im Ostseeraum kaum oder nicht vorhanden sind. Der Experte aus dem Terminal verweist diesbezüglich auch darauf, dass die Investition von Macquarie an diesem Standort ein Pionierprojekt ist, da die Planungen für ein Tiefwasserterminal im Seehafen von Gdańsk zwar schon längere Zeit bestanden hatten, jedoch niemand ernsthaft an eine Realisierung zu wagen glaubte. *„[...], natürlich war zu dieser Zeit das Konzept des DCT ein Hirngespinst für die Hafenbehörde; so wie jede Hafenbehörde den Traum hat, fantastische Dinge zu erbauen, was niemals passiert. Und dies war einer dieser Träume, der auch zehn Jahre lang in den Geschäftsbüchern des Hafens verweilte. Und niemand glaubte, dass hier der Bedarf für einen Tiefseehafen besteht"* (CTIa).

Durch die Ausrichtung des Standortes als ein Tiefwasserterminal ist es für den Betreiber wichtig, dieses optimal zu nutzen und Kunden zu gewinnen, die mit tiefgehenden Schiffen das Terminal anlaufen. Da die Ostsee für dieses Verkehrssegment bisher eher nicht genutzt, sondern nahezu ausschließlich durch Feederschiffe bedient wurde, wird in den Expertenaussagen betont, dass mit dieser strategischen Ausrichtung ein großes Risiko für den Investor vorhanden war (Interview CTIa). Diese strategische Orientierung hat sich bisher jedoch als sehr erfolgreich erwiesen, da mit der Schiffslinie Maersk ein Kunde gewonnen werden konnte, der seit Beginn des Jahres 2010 Hochseeschiffe einsetzt, die Gdańsk als einen Anlaufhafen in weltweiten Containerrouten nutzen (Interview CTIa, Interview SHIa). Aufgrund des erfolgreichen Starts als Tiefwasserterminal und den Entwicklungsmöglichkeiten am Standort Gdańsk sieht der Experte im Terminal für die Zukunft einen positiven Trend für das Aufrechterhalten von direkten Hafenanläufen (Interview CTIa).

Trotz der als sehr gut eingestuften Zusammenarbeit des Terminals mit der Schiffslinie Maersk und deren hoher Bedeutung für den erfolgreichen Start des DCT als Tiefwasserterminal wird in den Expertenaussagen deutlich, dass keine exklusive Partnerschaft zwischen beiden Unternehmen besteht, sondern Maersk als wichtiger Kunde im Rahmen vertraglicher Vereinbarungen am Terminal agiert. Gemessen am Gesamtumschlag im Terminal nimmt die Schiffslinie nach Aussage des Experten einen sehr großen Anteil ein, jedoch gibt es auch andere Schiffslinien als Kunden. *„Nein, nein [Maersk sind nicht die einzigen, die uns anlaufen A.d.V.]. Maersk dominiert lediglich nach Volumen. Wir haben viele Containerschiffbetreiber, die Feeder nutzen und anlaufen. Team Lines und Unifeeder bringen eine Vielzahl an Containern verschiedener Linien hierher. Wir haben etwa zwölf Linien, die meisten Linien, aber diese haben teilweise viel kleinere Volumen. [...]. Maersk ist wie gesagt sehr groß und dominant. Maersk macht etwa zwei Drittel oder so unseres Volumens aus"* (CTIa).

Obwohl Maersk den mit Abstand größten Kunden des DCT darstellt, ist der Betreiber daran interessiert auch anderen Schiffslinien den Zugang zum Terminal jederzeit zu ermöglichen. Dabei wird davon ausgegangen, dass durch die Entscheidung von Maersk, Gdańsk direkt anzulaufen, mittelfristig weitere Schiffslinien den Standort als direkt anzulaufenden Hafen in Betracht ziehen werden. *„Alle Gesellschaften, die heutzutage die Hauptakteure auf der Asien-Europa-Route sind, werden innerhalb der nächsten, vielleicht fünf Jahre unsere Kunden werden. Denn sie werden mit Maersk konkurrieren müssen, auf gleicher Höhe [...]. Wenn die anderen Schiffslinien sehen, dass etwas passiert, dann müssen sie auch aktiv werden. Wie ich gesagt habe, die Schiffslinien sind sehr konservativ"* (CTIa).

Eine Reservierung des gesamten Terminals für die Schiffslinie Maersk in Form eines *dedicated terminals* kommt aufgrund der strategischen Ausrichtung des Terminalbetreibers nicht in Frage, da dies das Anwerben anderer großer potenzieller Kunden verhindern würde. Zusätzlich würde auch der Anlauf von Feederverkehren erschwert werden, die das Terminal bedienen und somit die Verbindung von Maersk unterstützen. Dies ist insbesondere wichtig, da sich das Terminal nicht nur als ein *gateway* für den polnischen Markt etablieren soll, sondern der Betreiber auch eine Wachstumsdynamik im Bereich des *transshipments* sieht. *„Ja, natürlich haben wir transshipment. Ich kann Ihnen wirklich nicht viel darüber sagen, weil es für den Kunden sehr sensible Daten sind. [...]. Aber ja, das transshipment macht eine beachtliche Menge der Güterumschläge aus. Für die kommenden Jahre erwarten wir einen hälftigen Umschlag von transshipment-Verkehr und inländischen Verkehr. Zurzeit dominiert, denke ich, noch das lokale Cargo"* (CTIa).

Überlegungen einzelne Bereiche von Anlegestellen eventuell in *dedicated-terminals* umzuwidmen sind für den Experten des Terminals jedoch nicht ganz abwegig. In diesem Zusammenhang wird betont, dass eine Mischung von reservierten und freien Anlegestellen für das Terminal durchaus Vorteile für die Entwicklung bringen könnte. *„Das, was gemacht werden soll, ist eine Kombination. Mit Potenzial für 4.000.000 TEU [prognostizierter Umschlag für die geplante letzte Ausbaustufe, A.d.V.] kann man eine Mischung haben. Man hat zweckbestimmte Anlegestellen für einige Kunden und einen allgemeinen nutzbaren Anlegeplatz. Bei einem zweckbestimmten Anlegeplatz hätte man eine Art Joint Venture mit der Schifffahrtslinie. Das ist für mich der beste Weg sehr schnell zu wachsen. Auf diese Weise muss man nicht erst die Anteilseigner fragen, ob diese hunderte Millionen geben, um Anlegestellen zu entwickeln. [...]. Und man hat die Schiffslinie, die der Langzeitkunde ist. Die haben auch ein Interesse daran. Und für all die Kleineren, für diejenigen, die aus strategischen Gründen nicht daran interessiert sind, hier eine Investition zu tätigen, hat man einen allgemein nutzbaren Anlegeplatz"* (CTIa).

Strategien der Terminalbetreiber in Gdynia

Das Containerterminalgeschäft am Hafenstandort Gdynia ist, wie bereits dargestellt, durch zwei Containerterminals gekennzeichnet, in denen internationale Terminalbetreiber aktiv sind. Eine Analyse der vor Ort aktiven Terminalbetreiber zeigt, dass diese sowohl hinsichtlich ihres unternehmerischen Ursprungs als auch hinsichtlich des geographischen Wirkungsbereichs starke Ähnlichkeiten aufweisen. So sind beide Terminalbetreiber, HPH im GCT und ICTSI im BCT, international agierende Unternehmen, die auf den Betrieb von Containerterminals ausgerichtet sind. Die Ausdehnung der jeweiligen Unternehmensstandorte erstreckt sich dabei bei beiden Unternehmen auf Seehäfen, die über die ganze Welt verteilt sind. So ist das BCT in Gdynia ein Standort innerhalb des insgesamt 22 Standorte umfassenden Terminalnetzwerks von ICTSI (ICTSI 2012). Das GCT bildet einen Terminalstandort im 52 Hafenstandorte umfassenden Netzwerk des global agierenden Unternehmens HPH (Hutchison Port Holding 2013). Diese Einbindung der Terminals in die Strukturen weltweit aktiver Hafen- und Terminalbetreiberunternehmen lässt die Frage entstehen, inwieweit die Terminals vor Ort Vorgaben der Mutterkonzerne aufgreifen und umsetzen müssen beziehungsweise in ihren Entscheidungen unabhängig sind.

Für das BCT kommt in den Expertenaussagen zum Ausdruck, dass der Standort Gdynia in seinen Entscheidungen relativ frei ist und das Terminal trotz Einbindung in den Mutterkonzerns ICTSI eigenständig handeln kann. Dabei ist das Management am Standort auch allein für die Vermarktung der Terminalleistungen und somit für die wirtschaftliche Entwicklung verantwortlich. Eine direkte Unterstützung in diesem Bereich ist nicht vorgesehen, sondern erfolgt wenn, dann nur indirekt. *„Ich glaube, dass es die Idee der Kooperation ist, die von ICTSI vermarktet wird, uns so viel wie möglich Unabhängigkeit zu geben. Natürlich, wir zahlen an die Gemeinschaft, [...], aber wir bekommen keine Regulierungen bezogen auf die Arbeitsoperationen. Wir sind verantwortlich hier Kunden zu bekommen. Wir bekommen keine Kunden von der Gemeinschaft, auch wenn es weltweite Kunden darunter gibt, wie große Schiffslinien und so weiter. Wenn wir versuchen jemanden zu gewinnen, könnten wir durch die Gemeinschaft unterstützt werden, jedoch nicht in einem Weg, wie soll ich sagen, in Form einer Werbung von Exklusivität oder so etwas. Sie können uns helfen Kunden zu bekommen, wenn es irgendwelche Vertragsgespräche oder Treffen auf einem höheren Level gibt, aber unser Tagesgeschäft, unser operationelles Geschäft, unsere Verkaufsarbeit liegt absolut bei uns. [...]. Wir haben selbst alle Verträge zu initieren, auch wenn wir über eine internationale Firma sprechen"* (CTIb).

Auch das GCT, das von HPH betrieben wird, ist als lokaler Akteur in seiner geschäftlichen Vorgehensweise weitgehend unabhängig von der Zentrale und muss für einen erfolgreichen Betrieb selbst sorgen. Die Abstimmung über die jeweiligen Ziele erfolgt dabei mit dem Mutterkonzern. *„Auf der einen Seite sind wir eine unabhängige Geschäftseinheit, auf der anderen Seite bekommen wir schon auch Ratschläge, Expertenwissen, Know-how und wissen auch um die Finanzstärke der Gruppe. Was die kommerziellen Entscheidungen angeht und unsere Arbeit hier, so sind wir in sehr großem Maße unabhängig. Wir haben unsere Budgets, wir stellen die Budgets und Prognosen der Gruppe vor, aber wie wir unsere Ergebnisse erreichen, liegt in unserer Hand"* (CTIc).

Das Hauptaufgabengebiet beider Terminals liegt im Umschlag von Containern, was nur durch ausreichend viele Schiffsanläufe gesichert werden kann. Bei der Gewinnung von Schiffsanläufen für das jeweilige Terminal wird deutlich, dass beide Unternehmen offen für alle im Ostseeraum operierenden Schiffslinien sind und versuchen mit diesen zu sprechen und als Kunden zu gewinnen. Aus Sicht des Experten im GCT gibt es bei den Schiffslinien verschiedene Typen, deren spezifisches Wirkungsfeld für die Verhandlungen des Terminals entscheidend ist. Zum einen sind dies die Feederlinien und zum anderen die Hochseelinien. Als grundlegend wichtige Kunden werden dabei die im Ostseeraum agierenden Feederdienste angesehen, da diese häufig und regelmäßig die Seehäfen und Terminals bedienen. *„So müssen wir als erstes sicher stellen, dass wir wöchentliche Dienste haben, eine gute Auslastung, so müssen wir also zu den kommerziellen Feederdiensten sprechen, wie Team Lines, Unifeeder, Mann Lines. Wenn wir den Service haben, und wenn wir sagen können, dass wir bis zu 14 Anläufe in der Woche haben, das bedeutet, dass der Container hier nicht rumstehen wird und auf eine weitere Verbindung wartet, dann kann man auch beginnen mit den Hochseelinien zu sprechen"* (CTIc).

Bei den Hochseelinien muss nach Aussage des Experten eine Zweiteilung beachtet werden. Zum einen gibt es Linien, die das GCT als ein bevorzugtes Terminal betrachten und dieses mit eigenen Schiffen oder beauftragten Feederdiensten anlaufen. Aufgrund der Stabilität der Vertragsverhältnisse im Schifffahrtsbereich kann das Terminal bei diesen Schiffslinien davon ausgehen, dass es zu einer hohen Wahrscheinlichkeit weiterhin angelaufen wird und die Verhandlungen darüber etwas einfacher zu führen sind. Zum anderen gibt es aber auch Schiffslinien, die eher mit anderen Terminals zusammenarbeiten und somit nicht das GCT bevorzugen, was die Akquise dieser Linien erschwert. Dennoch ist das Management des GCT bestrebt auch mit diesen Schiffslinien zu verhandeln und diese als Kunden zu gewinnen. Hierbei merkt der Experte aber auch an, dass es dabei nicht immer nur auf den Willen der Schiffslinie ankommt, sondern insbesondere auch auf die Versender der zu transportierenden Güter sowie die logistische Organisation des Gütertransports im Hinterland des Terminals. Diesbezüglich können letztendlich Voraussetzungen gegeben sein, die direkten Einfluss auf den Versand von Gütern über bestimmte Terminals nehmen (Interview CTIc).

Wie in den Expertenaussagen zum Ausdruck kommt, hat jedes Terminal in Gdynia, aber auch in Gdańsk, eine Schiffslinie als großen Kunden, die über 50 % der Terminalumschläge auf sich vereint (Interview CTIb, Interview CTIc). Genaue Angaben zu Umschlagsanteilen einzelner Schiffslinien in den Terminals werden aufgrund der Vertraulichkeit dieser Daten nicht gemacht. Es kann aber festgestellt werden, dass das BCT stärker auf eine Schiffslinie (MSC) fokussiert ist, wohingegen das GCT zwei große Kunden (CMA-CGM und Hapag-Lloyd) aufweist (Interview CTIc). In den Aussagen der Terminalexperten kommt aber deutlich zum Ausdruck, dass die Größe einzelner Kunden nicht mit einer Bevorzugung dieser bei den Terminalaktivitäten gleichzusetzen ist. Vielmehr wird darauf verwiesen, dass auch die anderen kleineren Kunden einen wichtigen Stellenwert für den wirtschaftlichen Betrieb des Terminals darstellen und daher gleich behandelt werden. Aus diesem Grund gibt es auch keine Bestrebungen *dedicated terminals* zu entwickeln. *„Andere Kunden haben sehr häufig Anteile zwischen 2 % und 8 %. Somit sind diese kleiner, was die Volumen betrifft, aber wir haben eine sehr große Kundenbasis, wir werden nicht von einem Kunden dominiert. Denn, wir haben eben sehr kleine Anteile von Kunden, von kleinen Unternehmen und diese fühlen sich hier bei uns gut, denn sie haben nicht das Gefühl, dass sie hier dominiert werden von einem größeren Kunden, der alles* *bestimmt. Wir können jeden respektieren, denn die zwei großen Akteure machen rund die Hälfte aus und eine gewisse Anzahl an Kunden machen die andere Hälfte des Volumens aus, sehr kleine Anteile, die uns mehr zu einem öffentlichen Terminal machen"* (CTIc).

Konkurrenzbeziehungen der Terminals in Gdańsk und Gdynia

Bei der Betrachtung der Kundenstrukturen an den Terminals in Gdynia und Gdańsk darf die räumliche Nähe dieser Hafenstandorte mit ihren Containerterminals zueinander nicht unberücksichtigt bleiben. Aus diesem Grund werden an dieser Stelle die Konkurrenzbeziehungen der Terminals nicht nur auf den einzelnen Hafenstandort, sondern auf die Agglomeration Dreistadt bezogen. Diese Sichtweise wird auch in Aussagen der befragten Experten deutlich, die zwar das Vorhandensein zweier unabhängiger Häfen ansprechen, jedoch immer wieder die Nähe beider Standorte zueinander und somit die Erhöhung der Wahrnehmung des Agglomerationsraums Dreistadt als Hafenregion betonen (Interview SHIa).

In Bezug auf die beiden einzelnen Hafenstandorte zeigen sich die Seehafenverwaltungen zufrieden damit, dass es an den jeweiligen Standorten zwei Containerterminals gibt. Ohne direkt Bezug auf die wirtschaftlichen Konkurrenzbeziehungen zu nehmen, wird von Seiten der Hafenverwaltung Gdynia das Vorhandensein zweier unterschiedlicher Containerterminals als sehr positiv bewertet. Insbesondere die Ansiedlung des GCT durch HPH hat laut Experten zwei wichtige Effekte mit sich gebracht: Einerseits eine direkte Wirkung auf die Verbesserung der Leistungsfähigkeiten der Terminals insgesamt und andererseits eine erhöhte Wahrnehmung des Hafenstandortes Gdynia für Containerverkehre. Insbesondere die Investition eines weltweit führenden Unternehmens wie HPH am lokalen Hafenstandort wird als sehr positiv gesehen. *„Aus unserer Sicht ist es eine sehr gute Situation, dass wir zwei Terminals haben, die Wettbewerb untereinander haben. Denn ich denke, dass dieser Druck das BCT fordert, sich zu verbessern, flexibel zu sein, wettbewerbsfähig. Und auch für uns ist es gut, dass ein Unternehmen wie HPH hier in Gdynia investiert hat, es ist wie eine Handelsmarke für den Hafen. [...]. Denn so kann man sehen, dass der Hafen gute Bedingungen bietet"* (SHIb).

Obwohl der Hafen Gdańsk mit dem neuen Containerterminal DCT sehr gut aufgestellt ist und dadurch innerhalb eines kurzen Zeitraums einen enormen Stellenwert im Containerverkehr des Ostseeraums eingenommen hat, wird auch an diesem Hafenstandort von der Seehafenverwaltung das zweite Terminal als wichtiger Bestandteil für die Zukunft und Anziehung potenzieller neuer Seehafenkunden gesehen. *„Und nun zur Situation des zweiten Terminals. Die Position des zweiten Terminals ist, dass wir es haben wollen. Egal, welche Art gegenseitiger Konkurrenz herrscht, wollen wir ein starkes zweites Terminal haben. Dies ist auch im Sinne der Kunden"* (SHIa). Hierbei wird davon ausgegangen, dass ein Verkauf des Terminals an einen privaten Investor die Bedeutung des Terminals steigern wird.

In den Expertenaussagen wird auf die Notwendigkeit verwiesen beide Hafenstandorte im Agglomerationsraum Dreistadt gemeinsam zu analysieren. Dies ergibt sich schon allein daraus, dass sich die großen Schiffslinien des Ostseecontainerverkehrs nicht auf jeweils beide Hafenstandorte gleichzeitig konzentrieren, sondern lediglich ein Terminal in Gdańsk oder Gdynia als Hauptanlaufpunkt für sich nutzen. *„Hier in der Dreistadt haben wir vier Containerterminals und die vier größten Schiffslinien sind hier auch präsent. Und hier gibt es eine gewisse Aufteilung: In Gdańsk im DCT ist Maersk, im BCT ist MSC, auf der anderen Seite bei HPH ist es CMA-CGM und in dem anderen kleinen Terminal in Gdańsk ist die vorherrschende Schiffslinie OOCL"* (CTIb). Die Verteilung der großen Schiffslinien auf die Terminals in der Dreistadt basiert dabei nicht auf bestimmten Absprachen, sondern ist ein Ergebnis aus Verhandlungen zwischen den Terminals und den Schiffslinien und hat sich als informelle Struktur herausgebildet (Interview CTIb). Dass diese Situation kein feststehender Status ist, sondern hierbei ein starker Wettbewerb zwischen den Terminals herrscht, zeigt sich daran, dass in der Vergangenheit Schiffslinien ihre Terminals in der Dreistadt gewechselt haben.

Als wichtiges Beispiel kann hierbei der Wechsel der Schiffslinie Maersk vom BCT in Gdynia zum DCT in Gdańsk im Jahr 2010 genannt werden. Bis zu diesem Zeitpunkt war Maersk ein großer Kunde des BCT, wo der Wechsel hohe Umschlagseinbußen verursachte (Interview CTIb). Ein Grund für diese Entscheidung kann sicherlich in der Einführung von Direktanläufen am DCT gesehen werden, die in dieser Größenordnung nur dort möglich sind und bei denen das BCT momentan nicht konkurrieren kann. Wie jedoch durch einen Experten angemerkt wird, ist ein Wechsel von Schiffslinien zu anderen Terminals oft mit hohen Risiken verbunden, weshalb Schiffslinien bei derartigen Entscheidungen eher konservativ agieren und diese sehr gut abwägen (Interview CTIa). Im Fall der Entscheidung von Maersk das DCT als neues Terminal zu nutzen, wird neben der Nutzung als Tiefwasserterminal, eine Situation des Jahres 2008 angeführt, als es im BCT zu Arbeitsniederlegungen kam, die für kurze Zeit dazu führten, dass der Service für die dort anlegenden wichtigen Schiffslinien am DCT übernommen wurde. *„Es gab [im Jahr 2008, A.d.V.] auf dem BCT in Gdynia einen Streik, sodass der Hafen geschlossen wurde. Die Schiffe konnten nirgends hin, also kamen sie hierher. In der Zeit hatten wir einige Ansteuerungen von MSC und Maersk. Und später begannen Verhandlungen mit Maersk und sie wurden unser Kunde"* (CTIa). Ausgehend von den Erfahrungen der Schiffslinie mit dem Service am DCT und den Planungen für Direktverkehre im Ostseeraum, wurde der Wechsel des Terminals durchgeführt.

Ein weiteres Beispiel für den Wettbewerb zwischen den Terminals ist der Wechsel der Schiffslinie OOCL vom GTK in Gdańsk zum BCT in Gdynia im

Jahr 2010. Die Schiffslinie OOCL stellte für das GTK zum damaligen Zeitpunkt den größten Kunden dar (Interview CTIc, Baltic Container Terminal Gdynia 2010). Das Abwerben durch das Terminal in Gdynia kann als eine Reaktion auf den Verlust der Schiffslinie Maersk gesehen werden, der hierdurch etwas kompensiert werden konnte.

Die aufgezeigten Entwicklungen machen deutlich, dass die Konkurrenz der Containerterminals in und zwischen beiden Hafenstandorten trotz der Verteilung der großen Schiffslinien auf die einzelnen Standorte absolut vorhanden ist. Von den Experten wird dieser Wettbewerb bestätigt und insbesondere aus Sicht der Hafenbehörden als wichtiges Element für die Entwicklung der Standorte angesehen. Diese Wettbewerbssituation wird dabei auch mit einer liberalen, marktfreudigen Einstellung der polnischen Wirtschaftspolitik in Verbindung gesetzt. „Wir haben vier Terminals in der Umgebung. Zwei in Gdynia und zwei in Gdańsk. Aber sie konkurrieren miteinander und das sollen sie auch. Und das ist der Inhalt der Strategie in Polen, wo generell eine liberale Wirtschaft gewollt wird. In Polen noch ausgeprägter, liberaler als in anderen Ländern, speziell in dieser Hinsicht, im Hafensektor. Wir wollen, dass die Terminals miteinander konkurrieren, insbesondere auch um Fracht und Güter zu sichern" (SHIa).

Seitens der Terminals, insbesondere in Gdynia, wird der Wettbewerb vor Ort als sehr intensiv bezeichnet, was vor allem auf freie Terminalkapazitäten zurückgeführt werden kann, die durch das jeweilige Terminalmanagement ausgelastet werden wollen. „[...] momentan gibt es einen ziemlich starken und heftigen Konkurrenzkampf zwischen den vier Containerterminals in Gdańsk und Gdynia, die sich innerhalb eines kleinen Radius befinden. Und dies ist ein sehr harter und heftiger Wettbewerb, denn es gibt Überkapazitäten. Letztes Jahr gab es im Durchschnitt für die vier Containerterminals eine Terminalausnutzung von unter 40 %, und unter 40 % bedeutet nichts" (CTIc). Diese relativ geringen Auslastungen der Terminals bedeuten für die Betreiber teilweise Gewinneinbußen, da den Einnahmen hohe Kosten für die Instandhaltung der Terminalanlagen gegenüberstehen. Als besonders wettbewerbsverschärfend hat sich dabei die Krise des Jahres 2009 mit ihren Folgen ausgewirkt, da die Terminals deutlich an Umschlag verloren haben und es schwer war die Kapazitäten zu füllen. Dies wird auch von einem Experten aus dem Terminalbereich deutlich unterstrichen. „[Der Wettbewerb, A.d.V.] ist sehr stark. Ich würde sagen, im Containerbusiness ist es wirklich sehr stark. Es gibt hier in der Dreistadt vier Containerterminals. Jedes Terminal hat seinen eigenen Hauptkunden und versucht diesen auch zu halten und neue zu bekommen. Wir haben hier aber auch Überkapazitäten, jedes Terminal hat welche. Sie versuchen neue Kunden zu bekommen. So, im letzten Jahr [2009, A.d.V.] gab es wirklich einen Preiskampf. Dies war wirklich sehr, sehr heftig. Jeder senkte die Preise unter die verantwortbare Grenze. [...]. Ich kann mich nicht erinnern, dass der Wettbewerb schon einmal so stark war" (CTIb).

Aufgrund der enorm positiven Entwicklung des DCT am Standort Gdańsk ist zu hinterfragen, inwieweit dieses Terminal in der Tat den Konkurrenzdruck auf die anderen Terminals in der Dreistadt erhöht hat und ob hierdurch der Wettbewerb zwischen den Terminals noch stärker geworden ist. Deutlich wird in den Aussagen der Experten, dass die Errichtung des Terminals zu einer grundlegend neuen Situation geführt und es Veränderungen bei den Hafenanläufen durch Schiffslinien gegeben hat. Eine finale Abschätzung dieser neuen Situation ist jedoch zum gegenwärtigen Zeitpunkt noch nicht möglich, jedoch wird davon ausgegangen, dass es hierdurch zu weiteren Veränderungen kommen kann. *"[...] aber beispielsweise jetzt, da Maersk entschieden hat Gdańsk als Hub zu nutzen, schauen auch andere Schiffslinien auf die neue Situation, sehr aufmerksam. Denn wenn Maersk zu den anderen Linien eine größere Konkurrenz herstellt, müssen sich die Anderen auch an die neue Situation gewöhnen und annähern"* (SHIb). Diesbezüglich kann argumentiert werden, dass das DCT keine unmittelbare Gefahr für die anderen Terminals darstellt, da diese nicht auf Direktverkehre großer Schiffslinien ausgerichtet sind und somit nicht in einem direkten Wettbewerb mit dem DCT stehen. Jedoch kann sich hierbei eine neue Konstellation ergeben, wenn beispielsweise andere große Schiffslinien der Region, die bisher nur im Feederverkehr tätig sind, ebenfalls Direktverkehre anbieten wollen und hierfür auf die Kapazitäten des DCT zurückgreifen wollen. Aus Sicht des Wettbewerbs ist es des Weiteren auch denkbar, dass einige Verkehre, die an den Terminals in Gdynia oder dem GTK in Gdańsk als Feederverkehre in den Nordseeraum laufen, zukünftig als Direktverkehre im DCT abgewickelt werden. Hierdurch könnten sich für diese Terminals Umschlagseinbußen ergeben.

Neben dieser eher negativen Einschätzung der Situation zwischen dem Tiefwasserterminal und den anderen Terminals kann das Vorhandensein der insgesamt vier Containerterminals als eine sehr gute Entwicklungschance für die Seehafenregion Dreistadt gesehen werden. So wird von Seiten eines Experten die Möglichkeit angesprochen, dass sich die Terminals trotz wettbewerblicher Strukturen gegenseitig ergänzen könnten. Als Idee wird dabei eine Rollenverteilung aufgebracht, bei der das Tiefwasserterminal als zentrales Anlaufterminal für Direktverkehre fungiert und die Terminals in Gdynia für den Feederverkehr zuständig sind. Eine Arbeitsteilung der Terminals könnte dabei unter anderem durch Schiffsverbindungen zwischen den Terminals stattfinden, bei denen über kleine Schiffe Container ausgetauscht werden, die entweder vom DCT aus als Direktverkehre weggebracht werden sollen oder als abgeladene *transshipment*-Verkehre von den Terminals in Gdynia als Feederverkehr verteilt werden sollen (Interview CTIa). Dieser Gedanke wird von Seiten des Experten mit einer anderen Entwicklungsmöglichkeit in Verbindung gesetzt, bei der Polen realisieren sollte, dass der Standort Dreistadt ein Konkurrenzhafen zu Nordseehäfen werden könnte, was aber nur gehen kann, wenn die Terminals in der Dreistadt im Sinne einer Kooperation agieren. *„Nur man braucht dazu eine kritische Masse, denn* *wir hier sind nur ein Terminal. Wir können behaupten, ein großes Terminal zu sein, aber wir sind nur ein einziges. Ein großer Hafen besteht aus mehreren Terminals und in unserem Fall sollte es, denke ich, eine Mischung, ein Hafen-komplex Gdansk-Gdynia sein"* (CTIa).

Logistische Integration der Terminals in Gdańsk und Gdynia

Bei der Betrachtung der Containerterminals an den Standorten Gdańsk und Gdynia ergibt sich die Frage, inwieweit diese Terminals und deren Betreiber in Transportlogistikabläufe eingebunden sind und hierbei direkte oder indirekte Steuerungen von vor- beziehungsweise nachgelagerten Aktivitäten vorhanden sind.

Ein Blick auf die seewärtige Anbindung aller vorhandenen Terminals zeigt, dass eine direkte Steuerung in diesem Bereich nicht stattfindet, da die Terminals keine Beteiligungen an Schiffslinien haben. Zwar haben die Terminals an den Standorten jeweils mindestens eine Schiffslinie als großen Kunden vorzuweisen, jedoch ist das Verhältnis zu diesen Kunden ebenso wie zu den kleineren auf einer vertraglichen Basis geregelt und kann jederzeit, wie bereits erwähnt, Veränderungen unterworfen sein.

Da es sich bei den Terminals in Gdynia um Betriebe innerhalb weltweiter Terminalnetzwerke handelt und auch das DCT einer von mehreren Hafeninvestitionsstandorten des Investors ist, kann vermutet werden, dass es Beziehungen gibt, bei denen Schiffslinien unter anderem ihre Routen so legen, dass verschiedene Terminals eines großen Terminalbetreibers angelaufen werden, wodurch eine indirekte Steuerung von Logistikprozessen durch das lokale Terminal gegeben sein könnte. In den Aussagen der Experten ergeben sich hierzu jedoch keine Anhaltspunkte einer solchen Steuerung. Bezüglich des BCT wird hierbei auf die weltweite Streuung der ICTSI-Terminals hingewiesen, die eine direkte Verknüpfung von Terminals eher unwahrscheinlich macht. *„Ich denke nicht so, denn die geographische Verteilung des Terminals ist sehr groß. Das nächste ICTSI-Terminal ist lokalisiert in Georgien und ein anderes in Syrien, so werden sie nicht planen irgendwelche Güterflüsse von diesen Terminals in die Ostsee zu bewegen"* (CTIb). Auch für die anderen Terminals wird verdeutlicht, dass es zwischen den Terminals der weltweiten Gruppe keine signifikanten Güterflüsse gibt. Als Grund wird angeführt, dass es nicht die Terminals sind, die über die Güter verfügen, sondern die Besitzer der Güter und diese daher auch den Weg der Güter bestimmen. *„Und so ist es nicht so einfach, wenn man sagt, dass man es steuert: Wir können vorschlagen, empfehlen, wir können Vorteile aufzeigen, wir können bequeme Lösungen zeigen und darauf hinweisen, dass etwas einen Sinn ergibt, aber wir sind nicht die Güterbesitzer. Und so, wenn wir die Güterbesitzer wären, da wäre es anders"* (CTIc). Trotz dieser Einschätzung, dass es keine Steuerungen zwischen den Terminals gibt, deutet der Experte dennoch

Möglichkeiten an, Verbindungen von Terminals gleicher Terminalbetreiber herzustellen. Einerseits kann es sich hierbei um Transporte von Gütern der eigenen Konzerngruppe handeln, andererseits kann das Unternehmen versuchen, den Kunden bestimmte Vorteile aufzuzeigen, wenn Verbindungen zwischen den Unternehmensterminals genutzt werden. Deutlich wird jedoch in den Aussagen, dass derartige Verbindungen nur über normale Marktbeziehungen entstehen können und eine aktive Steuerung durch den Terminalbetreiber nicht möglich ist. *„Also, in einigen spezifischen Fällen, in denen wir über unseren Mutterkonzern Güterbesitzer sind, könnten wir es versuchen, zu prüfen und zu analysieren, wie man Gütern einen guten Verlauf gibt und sicherstellt, dass die Güter auch durch die Terminals des Konzerns laufen und um dann die Benefits für die Gruppe zu maximieren. Aber nochmals, dies ist auf einem weltweiten Gütervolumenmaßstab nicht signifikant. Und deshalb ist es sehr schwer zu sagen. Aber ja, ich meine, wir versuchen dies zu verbessern, wir versuchen solche Synergien zu maximieren und Gütern eine bestimmte Route vorzugeben. Beispielsweise, wenn man schaut CKYH ist ein Joint-Venture Partner unseres Konzerns auf dem Euromaxx-Terminal in Rotterdam, und ja dies ergibt einen Sinn, zu diesen Kunden zu sprechen und diesen zu erklären, dass diese es in Betracht ziehen könnten, Feederverkehre zu starten und über andere Konzernterminals abzuwickeln und warum kein Netzwerk zu haben und somit ein geradliniges Konzept. Aber nochmals, die letztendliche Entscheidung liegt immer in der Hand des Kunden [...] und [...] normalerweise sind es die Hochseelinien, die ihre Konzepte über Frachtraten anbieten und diese sagen, dies sind meine Routenläufe, dies sind meine Terminals, wenn sie meine Frachtraten und Produkte mögen, sind dies die Bedingungen"* (CTIc). Deutlich wird in dieser Aussage, dass es für die Terminalbetreiber sinnvoll sein kann, Verbindungen zwischen eigenen Terminals herzustellen, es jedoch auch äußerst schwierig ist, bei den Abläufen eine Einflussnahme herzustellen.

In diesem Zusammenhang wird von einem Experten darauf verwiesen, dass eine solche Beeinflussung oder Absprache innerhalb eines Terminalnetzwerkes aus wettbewerbsrechtlicher Sicht äußerst schwierig ist, jedoch derartige Abstimmungen innerhalb von Terminalnetzwerken anderer Unternehmen denkbar sind. Der Experte betont hierbei aber auch, dass das eigene Unternehmen andere Möglichkeiten nutzt, beispielsweise Servicequalitäten und Zuverlässigkeit, um partnerschaftlich mit Kunden zu agieren. *„Wir machen das nicht. Wir haben aber selbst mehr so etwas wie eine partnerschaftliche Herangehensweise mit unseren Kunden. [...] Und es ist auch nicht notwendigerweise so, dass wir ihnen gute Raten geben an einem Ort, um Gefälligkeiten an einem anderen Ort zu bekommen"* (CTIa).

Die Betrachtung möglicher logistischer Integrationsprozesse von Terminals kann neben der seewärtigen Anbindung auch auf die Verbindung mit landseitigen Logistikdienstleistungen geschaut werden. Dabei stellt sich die Frage, ob die

Terminalbetreiber in irgendeiner Weise in nachgelagerte Logistikprozesse involviert sind und hier eventuell weiterführende Logistikdienstleistungen anbieten. In
diesem Zusammenhang zeigt sich für die Containerterminalstandorte in Gdańsk
und Gdynia, dass diese sich im Wesentlichen auf das Containerumschlagsgeschäft konzentrieren. Keines der Terminals ist darüber hinaus in Aktivitäten im
Bereich der Hinterlandlogistik aktiv, sondern agiert nur als Dienstleister für den
Containerumschlag. Dieser Sachverhalt wird von einem Experten aus dem Terminalgeschäft verdeutlicht. *„Nein, wir sind nur der Dienstleister. Wir geben den
Service für die Spediteure und die Schiffslinien. Wir sind nicht in irgendwelche
Speditions- oder Transportaktivitäten involviert. Also, nur Umschlag der Container, Warenhausdienste auf dem Terminalgelände, nichts anderes. Und auch
ICTSI hat solche Ideen nicht. Ich würde sagen, ICTSI ist ein reiner Terminalbetreiber. Sie sind nicht daran interessiert, irgendwelche anderen Aktivitäten verbunden mit dem Hafen zu haben. Bezogen auf das Terminal ist der Hauptdienst,
den sie anbieten das Umschlagen von Containern und das ist es dann"* (CTIb).

Bei der Einbindung der Containerterminals als Schnittstellen zwischen den
see- und landbezogenen Transportvorgängen zeigt sich in den Aussagen der Experten eine Besonderheit der polnischen Seehäfen und Terminals, die einen großen Einfluss auf die Nutzung der Terminals als Umschlagspunkte hat. Anders als
in Terminals, beispielsweise, westeuropäischer Seehäfen, in denen die Kundenbasis eines Containerterminals in erster Linie aus den Schiffslinien besteht und
diese wichtig für das Terminalgeschäft sind, weisen die polnischen Containerterminals mit den Güterspediteuren eine weitere große Kundengruppe auf. Bei
diesen Spediteuren handelt es sich um unterschiedlich große Unternehmen, die
den Gesamttransport der Container organisieren. Da hierzu auch relativ kleine
Unternehmen gehören, können die Terminals auf der Landseite eine sehr große
Kundenbasis haben. Diese zweiteilige Kundenstruktur ergibt sich aus dem System, wie die Containerumschläge dem Terminal vergütet werden. Hierbei zahlen
die Schiffslinien für alle Containerumschlagsprozesse, die von den Containerstellflächen auf das Schiff durchgeführt werden und die Spediteure für alle Umschlagsprozesse, die von den Schiffen auf die Landverkehrsträger stattfinden (Interview CTIa, Interview CTIb, Interview CTIc).

Die beiden Kundengruppen der Terminals dürfen jedoch nicht unabhängig
voneinander betrachtet werden, sondern sind aufgrund ihrer Transportaufgaben
geschäftlich miteinander verbunden. Die Nutzung des Terminals für Umschlagsprozesse hängt dabei von den beiden Akteuren ab, da diese sich gegenseitig beeinflussen und den Verlauf der Container über bestimmte Terminals festlegen.
*„Und mehr als sonstwo muss hier deswegen auch die Schifffahrtsgesellschaft zu
einem großen Teil diesen Kunden folgen. Aber es nicht nur so. Auch die Spediteure folgen der Schifffahrtsgesellschaft, denn die Schiffslinien lenken wiederum
den Markt durch ihre Frachtraten. Wenn alle Schiffslinien exakt dieselben
Frachten haben, dann bestimmen wirklich die Spediteure den Containerfluss.*

Aber hier stehen die Schiffslinien stark im Wettbewerb mit den Spediteuren und diese entscheiden auch, ob sie in einem oder dem anderen Terminal arbeiten" (CTIa). Wie einige Experten zu diesem Sachverhalt anmerken, gibt es aber in den letzten Jahren Veränderungen bei der Struktur der landseitigen Spediteure. Neben einer zunehmenden Konzentration der Aktivitäten auf größere Akteure bei gleichzeitiger Verdrängung kleinerer Anbieter, ist zudem eine immer stärkere Verknüpfung von Schiffslinien mit eigenen Landspediteuren zu verzeichnen (Interview SHIa, Interview SHIb). *„Und die Spediteure von der damaligen Zeit, werden ihre besondere Stellung nicht länger aufrechterhalten können. Sie werden aufgeben, wir werden es sehen. Das ist es, wie es läuft. Lassen sie uns sagen, dass früher eine Schiffslinie einen Spediteur hier hatte, jetzt haben sie drei eigene Leute eingestellt, die diesen Job machen. So läuft das. Jetzt gibt es die Tendenz, dass große Shippers eine Office eröffnen und in der Office ihre eigenen Leute beschäftigen"* (SHIb).

6.1.2.3 Hinterlandanbindung und Transitfunktion

Hinterlandanbindung und Transit allgemein

Bei den in den Seehäfen Gdańsk und Gdynia umgeschlagenen Containern lässt sich eine Unterscheidung hinsichtlich ein- und ausgehender Container vornehmen. Hierbei zeigt sich für den Zeitraum von 2004 bis 2011 zwischen beiden Seehäfen ein Unterschied. Während in Gdańsk im genannten Zeitraum in jedem Jahr mehr Container aus dem Hafen versendet als empfangen wurden, war dies im Seehafen Gdynia genau umgekehrt der Fall (siehe Abbildung 23 und Abbildung 24). Obwohl sich diese Situation innerhalb der letzten Jahre grundsätzlich nicht verändert hat, ist dennoch in beiden Häfen eine Annäherung zwischen ein- und ausgehenden Verkehren festzustellen. Als spezifisch für die jeweils einzelnen Hafenstandorte zeigt sich der Anteil der Leercontainer an den ein- und ausgehenden Containerverkehren (siehe Abbildung 23 und Abbildung 24). Entscheidend ist hierbei, dass eine relativ gute Auslastung von Containern und wenig Leercontainertransporte den Containerumschlag insgesamt günstiger machen, da nicht der Abtransport leerer Container in die Transportkosten für beladene Container einbezogen werden muss. Für Gdańsk zeigt sich im Zeitraum von 2004 - 2011, dass sich der Anteil der Leercontainertransporte bei den eingehenden Verkehren auf 20 % deutlich verringert hat. Im Bereich der ausgehenden Verkehre ist der Anteil im Zuge einer wellenförmigen Entwicklung von 14,6 % auf 33 % angestiegen. Am Hafenstandort Gdynia ist es bei den eingehenden Verkehren nach einer deutlichen Minimierung des Leercontaineranteils in den Jahren 2007 - 2009 zu einem Anstieg auf rund 25 % gekommen. Bei den ausgehenden Verkehren zeigt sich, dass insbesondere die Jahre 2007 - 2009 durch hohe Leercontaineranteile geprägt waren und dieser Anteil im Jahr 2011 rund 20 % beträgt.

Abbildung 23: Containerumschlag im Seehafen Gdańsk unterteilt in geladene und abgeladene Container mit Berücksichtigung von Leercontaineranteilen von 2004 bis 2011

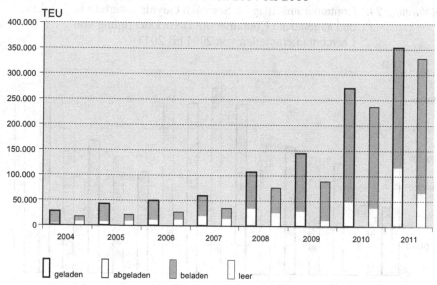

Quelle: eigene Darstellung nach Central Statistical Office of Poland 2007: 86, 2010: 123, 2012: 130

Bei den gesamten Containerverkehren, die in den Seehäfen Gdańsk und Gdynia abgewickelt werden, stellt sich die Frage inwieweit diese nur für den polnischen Markt umgeschlagen werden oder darüber hinaus Transitverkehre anderer Staaten darstellen.

Wie bereits in 6.1.1.3 ausgeführt wurde, verfügen die Seehäfen Gdańsk und Gdynia über verschiedene Anbindungen an Verkehrsinfrastrukturen, die den Wietertransport von Containern sowohl per Straße als auch per Eisenbahn ermöglichen. Aufgrund der direkten Anbindung an den transeuropäischen Verkehrskorridor VI sind die beiden Seehäfen wichtige Umschlagspunkte im Nord-Süd-Verkehr Ostmitteleuropas. Durch diese verkehrsinfrastrukturelle Erschließung umfasst das potenzielle Hinterland der Seehäfen neben Polen zahlreiche weitere Staaten, wie Tschechien, Slowakei, Ungarn und Österreich, aber auch weiter entfernte Staaten wie Rumänien, Bulgarien oder die Nachfolgestaaten Jugoslawiens und Norditalien. Zudem können zum potenziellen Hinterland auch die weiter östlich gelegenen Staaten Weißrussland, der westliche Teil der Ukraine sowie die baltischen Staaten, insbesondere Litauen, hinzu gezählt werden (Kapsa/Roe 2005: 57). Die jeweiligen Akteure in den Seehäfen sind dabei sehr bestrebt die vorhandenen Transitpotenziale für die einzelnen Gütersegmente auszunutzen (Interview TMI).

Abbildung 24:   Containerumschlag im Seehafen Gdynia unterteilt in geladene und abgeladene Container mit Berücksichtigung von Leercontaineranteilen von 2004 bis 2011

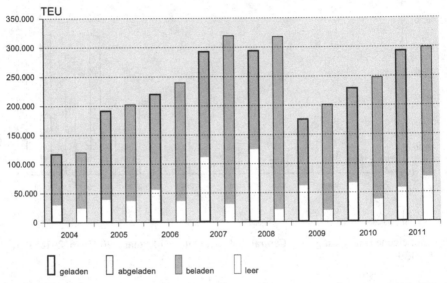

Quelle: eigene Darstellung nach Central Statistical Office of Poland 2007: 86, 2010: 123, 2012: 130

Trotz des großen potenziellen Hinterlands wird in den Experteninterviews deutlich, dass die Containerterminals in Gdańsk und Gdynia in erster Linie den polnischen Markt als direktes Einzugsgebiet betrachten. Genaue Angaben zur Verteilung der umgeschlagenen Containerverkehre werden jedoch weder von den Terminals noch von den Seehafenverwaltungen gemacht. Es wird lediglich darauf eingegangen, dass der größte Anteil des Containerumschlags auf den polnischen Markt bezogen ist und andere Länder so gut wie keine Rolle spielen. So verweisen die befragten Experten der Terminals in Gdynia vor allem auf die Bedeutung des polnischen Marktes und stellen deutlich heraus, dass Auslandsmärkte momentan keine Rolle spielen. *„[...], dies ist unser vorherrschender Markt. Etwas von den Containern, aber wirklich nur sehr wenig, geht nach Tschechien,* *in die Slowakei und Litauen. [...]. Unser internationales Marktgebiet ist eigentlich nicht sehr groß. Wir haben kein transshipment. Die meisten Container, die hier in unserem Terminal landen, haben Güter für den polnischen Markt"* (CTIb). Vom zweiten Terminalexperten wird aber auch darauf hingewiesen, dass aus historischer Sicht der Stückguttransitverkehr für den Seehafen Gdynia durchaus eine Rolle gespielt hat und die früheren Auslandsmärkte nicht ganz abgeschrieben werden sollten. Insbesondere bei weiteren Verbesserungen der Verkehrsinfrastrukturen und der wirtschaftlichen Lage einiger Nachbarstaaten werden Potenziale für den Containertransit gesehen. *„Und vielleicht und hoffentlich werden wir sehen, dass der Anteil der Transitverkehre, der gerade bei nahezu null Prozent liegt, auf ein paar Prozent ansteigen wird. Vielleicht nicht so sehr im Falle Ungarns, was etwas schwierig sein könnte oder Tschechien, aber vielleicht die Slowakei, die Ukraine oder Weißrussland. Wenn insbesondere die Wirtschaftskraft in der Ukraine und Weißrussland aufwachen wird, könnten wir auch ein paar Transitgüter von dort empfangen. Und dann könnten wir mit diesem Hinterlandmarkt mehr mit den Baltischen Staaten konkurrieren und ebenso mit den Schwarzmeerhäfen, wer weiß"* (CTIc).

Auch von Seiten der Seehafenverwaltung Gdańsk wird vor allem Polen als Hauptmarktgebiet der umgeschlagenen Containerverkehre betrachtet. Dennoch wird darauf hingewiesen, dass auch dieses Gütersegment ein spezifisches Hinterland hat und hierbei auch Transitverkehre eingebunden sind. So gibt es beispielsweise Container, die über Gdańsk in die Ukraine weiterlaufen. Diese Verkehrsbeziehung ist jedoch nicht so stark ausgeprägt, da es hierbei einige konkurrierende Faktoren gibt, unter anderem die Möglichkeit ukrainische Containertransporte über den ukrainischen Schwarzmeerhafen Odessa abzuwickeln (Interview SHIa).

Verkehrsträger im Hinterlandverkehr

Aufgrund fehlender Daten ist keine konkrete Unterteilung des Containerhinterlandverkehrs hinsichtlich der Verkehrsträger Straße und Schiene möglich. Den Expertenaussagen lässt sich aber entnehmen, dass an beiden Hafenstandorten dem Verkehrsträger Straße die deutlich größere Bedeutung zukommt und der Verkehrsträger Schiene bei den Containertransporten demnach einen geringeren Stellenwert einnimmt. Zwar werden bezüglich der Schiene Zuwachsraten in den letzten Jahren angesprochen, jedoch wird darin aufgrund verschiedener Probleme kein fortlaufender Trend gesehen. Vielmehr gehen die Experten davon aus, dass die Straße zukünftig weiterhin den Hinterlandverkehr dominieren und es nicht zu weiteren Anteilsverschiebungen kommen wird. *„[Die Konzentration erfolgt, A.d.V.] definitiv auf den Straßentransport. Die Anteile des Eisenbahnverkehrs haben sich erhöht, denn als wir anfingen, hatte die Eisenbahn einen Anteil von 6 % und der Bahnanteil liegt jetzt bei 11 %. Ob es signifikant zunehmen kann,* *über 30 % oder wie auch immer wie viel Prozent, darüber habe ich meine Zweifel. Aber es wächst und es wird wachsen und ob es bei 15 oder 20 % anhalten wird, das kann ich nicht sagen, aber definitiv dominiert die Straße"* (CTIc). Die Dominanz der Straße wird dabei auch unter anderem als ein Ergebnis einer Bevorzugung dieses Verkehrsträgers gesehen. *„[...], besonders, weil wir sehen, dass eine Dominanz des Straßenverkehrs verfolgt wird. Absolut dominierend, wenn irgendjemand über intermodal und multimodal spricht oder Verlagerung von der Straße zur Schiene. Wir haben einen Anteil von 12 % aller Container, die aus dem Terminal über die Schiene rausgehen oder hineinkommen. Dies ist ein Vorteil. Wir wollen auch, dass mehr Container in das Terminal und aus dem Terminal raus mit der Schiene kommen. Wir haben auch die Infrastruktur vor Ort, aber seit die Straßenanbindung so gut ist, möchte keiner die Schiene nutzen"* (CTIb).

Der Experte der Seehafenverwaltung Gdynia verweist trotz der deutlichen Dominanz der Straße darauf, dass die Abwicklung des Containerverkehrs über die Schiene aus infrastruktureller Sicht ohne Probleme möglich wäre und es auch im Rahmen der stattfindenden Verkehre Blockzugverbindungen gibt. Der relativ geringe Anteil der Schiene wird einerseits auf die Krise während des Jahres 2009 zurückgeführt, die zu Rückgängen im Schienengütertransport führte. Andererseits sind es aber auch strukturelle Probleme der Eisenbahn, die eine Umsetzung von Schienencontainerverkehren erschweren. Unter Berücksichtigung der Kapazitäten im Bereich der Schieneninfrastruktur wäre eine Steigerung der Containerverkehre in Gdynia relativ leicht möglich. *„ Blockzüge sind möglich in Gdynia und es gibt Güter, die so versendet werden. Der Bahnanteil ist aber niedriger als 15 %. Dieser Wert stieg in der Vergangenheit und 2007 war er nahe der 20 % Marke, aber jetzt ist es weniger als 15 %. Der Grund dafür liegt natürlich im generellen Rückgang des Containerverkehrs. Und auch weil der Schienenverkehr teuer ist, ist er zurückgegangen. Technisch gesehen, gibt es ein viel größeres Potenzial für Zug- und multimodale Operationen, denn theoretisch gesehen, könnten mehr als die Hälfte der Container in Gdynia mit der Eisenbahn transportiert werden. Von der technischen Seite her ist dies nicht limitiert. Aber, es ist natürlich eine Frage des Preises und vielleicht der Stabilität der Eisenbahn. Die polnischen Eisenbahnen sind in einer dramatischen Situation"* (SHIb).

Als größtes Problem bei der Realisierung von Containerverkehren auf der Schiene werden die Strukturen der Eisenbahn im Land gesehen, bei denen es zwischen den einzelnen Unternehmen der staatlichen Eisenbahn-Holding Abstimmungsprobleme gibt. Zudem wird auch die Finanzierung neuer Eisenbahnprojekte als problematisch betrachtet, da von Seiten der polnischen Eisenbahn viele Projekte nicht finanziert und somit auch EU-Gelder nicht abgerufen werden können, was letztendlich die Modernisierung der Infrastrukturen deutlich verzögert (Interview SHIb). Trotz dieser Schwierigkeiten geht der Experte davon aus, dass es in Zukunft Planungen für die Etablierung von Blockzugprojekten geben wird, die vor allem durch private Unternehmen angeboten werden können. Als wichtiger Punkt wird dabei aber die notwendige Kooperation zwischen den privaten Betreibern und den Containerterminals gesehen. *„Ich denke, es gibt neue, fremde Unternehmen, [...], sie planen langfristig und bauen eigene Terminals und haben Geld für Investitionen. Ich denke in den nächsten wenigen Jahren wird es einen offenen Markt geben und es wird unbegrenzte Möglichkeiten für modale Operationen geben. Die Terminals in den polnischen Häfen müssen aber stark genug sein, um kommerzielle Angebote schaffen zu können. [...]. Und da ist ein Problempunkt, dass die Terminals im Hafen und die Eisenbahntransporteure zusammenarbeiten und kooperieren müssen und finanziell stark genug sein müssen um investieren zu können"* (SHIb).

Ein Blick auf die beiden Seehäfen Gdańsk und Gdynia zeigt, dass in den letzten Jahren Containerblockzugprojekte an den Containerterminals gestartet worden sind. Als eines der ersten Projekte dieser Art wird durch einen Experten der Service des Unternehmens PCC Intermodal erwähnt, das ursprünglich am BCT in Gdynia gestartet wurde (Interview SHIb). Dieser Service, der verschiedene Inlandterminals mit dem Seehafenterminal verbindet, ist mittlerweile auch auf den Seehafen Gdańsk ausgedehnt worden (PCC-Gruppe 2013). Zwei weitere Blockzugprojekte sind im Jahr 2012 gestartet worden: So betreibt das Unternehmen Baltic Rail seit dem Frühjahr 2012 zwei Zugverbindungen zwischen den Terminals BCT und GCT in Gdynia sowie dem DCT in Gdańsk Verbindungen zu Inlandterminals im Süden Polens. Gegebenenfalls sollen diese in die Länder Slowakei, Österreich und Slowenien verlängert werden, was bisher jedoch nicht als regelmäßiger Service umgesetzt werden konnte (Baltic Rail 2013: 5). Zudem wurde Ende 2012 zwischen dem DCT in Gdańsk und Moskau das Blockzugprojekt Gdańsk-Moskau-Shuttle gestartet, das in zwei Teilabschnitten von Gdańsk nach Tschernjachowsk (Kaliningrader Gebiet) und dann von dort weiter nach Moskau verläuft (Deepwater Container Terminal Gdańsk 2013b: 2).

Wettbewerbssituation zu anderen Häfen

Durch die große Bedeutung des polnischen Marktes für die Containerterminals der Seehäfen Gdynia und Gdańsk ergeben sich Überlegungen, inwieweit andere Seehäfen des Ostseeraums als Konkurrenten zu den Terminals in Gdańsk und Gdynia agieren. Diese Diskussion kann aus zwei verschiedenen Blickwinkeln geführt werden. Zum einen aus dem Blickwinkel der möglichen Konkurrenz um Containerverkehre, die für den polnischen Markt bestimmt sind, und die alle Terminals in der Dreistadtregion betreffen können. Zum anderen mit Blick auf mögliche Wettbewerber bei der Etablierung eines *hub-terminals* im Ostseeraum, was insbesondere für das DCT in Gdańsk von Bedeutung sein kann.

Ein Blick auf andere Seehäfen des Ostseeraums, die eventuell eine Funktion für polnische Containerverkehre einnehmen können zeigt, dass es hier kaum

Konkurrenten zu den Terminals in Gdańsk und Gdynia gibt. Dies ergibt sich vor allem aus den Einzugsgebieten der anderen Seehäfen entlang der südlichen und östlichen Ostseeküste. Insbesondere die weiter östlich der Dreistadt gelegenen Seehäfen und Containerterminals, wie beispielsweise in Kaliningrad, Klaipėda, Riga oder Tallinn, können nicht den polnischen Markt als wichtiges Hinterland aufweisen und es gibt daher keinen Wettbewerb mit diesen (Interview CTIc). Eine mögliche Option für eine Konkurrenz könnte der Seehafen Szczecin sein, der grundlegende Voraussetzungen für den Containerverkehr bietet und einen Zugang zum polnischen Hinterland hat. Dieser Seehafen spielt jedoch als Konkurrent der Terminals in der Dreistadtagglomeration keine Rolle, da der Seehafen Szczecin zum einen aufgrund einer anderen strategischen Ausrichtung ein anderes Hinterland bedient (Interview CTIc), und zum anderen ungünstigere verkehrsinfrastrukturelle Voraussetzungen sowohl seeseitig als auch landseitig aufweist (Interview TMI, Interview CTIc).

Die Wettbewerbssituation bei der Etablierung eines *hub-terminals* für Direktverkehre im Ostseeraum betrifft aufgrund der Ansteuerung durch die Schifffahrtslinie Maersk eigentlich nur das DCT in Gdańsk. Hierbei sehen die interviewten Experten aus Gdańsk kaum große Gefahrenpotenziale, die die Entwicklung des Tiefwasserterminals als *hub-terminal* stark beeinträchtigen könnten. Aufgrund der Einbindung in weltweite Liniendienste wird dieses Terminal und somit der Hafen Gdańsk vom Experten der Hafenverwaltung Gdańsk als weitgehend konkurrenzlos im Ostseeraum angesehen. Insbesondere mit Blick in Richtung Nordosten, wo die baltischen und russischen Seehäfen lokalisiert sind, argumentiert der Experte, dass dort aufgrund nautischer und klimatischer Bedingungen keine wirkliche Konkurrenz in Form eines *hub*-Hafens für Containerverkehre entstehen kann. *„Schauen wir mal darauf, wo ein hub-Hafen sein könnte. Schauen wir nach St. Petersburg, nein. Schauen wir uns mal die Vereisungszeiten an. Feeder und Short-Sea-Schiffe haben kein Problem, wenn es vereist ist. Sie laufen dann aus, wenn das Eis aufgebrochen ist. Aber was ist mit Überseeschiffen? Wer kümmert sich um diese? Sie sind also gezwungen nur im Sommer diese Strecken zu fahren. [...]. Aber, ein Hub wird nicht in St. Petersburg kommen. Und auch die Häfen Riga und Tallinn haben keine guten Ausgangsbedingungen, sie sind im Winter zugefroren. Dann noch Aarhus, das ist eigentlich ganz gut und gut gelegen, aber die haben dort kein Hinterland"* (SHIa). Dieser eher positiven Einschätzung zur Entwicklung eines dauerhaften *hub-terminals* am Standort Gdańsk stehen jedoch auch kritische Ansichten einiger Experten gegenüber. So sind sich einige Experten nicht sicher, ob die Etablierung eines Direktanlaufs am DCT eine sich verfestigende Entwicklung ist, oder ob nicht eventuelle andere wirtschaftliche Rahmenbedingungen zu einer Veränderung führen werden (Interview CTIb, Interview CTIc).

Neben der Betrachtung der Ostsee als potenziellem Wettbewerbsraum für die Terminals in Gdańsk und Gdynia wird der Blick von den befragten Experten auch auf die Nordsee gelenkt und die dortigen Häfen als direkte Wettbewerber eingestuft (Interview SHIa). Bei dieser Betrachtung stehen insbesondere die deutschen Seehäfen und allen voran der Seehafen Hamburg im Fokus, die als ernsthafte Wettbewerber im Containerverkehr gesehen werden. So wird durch die Experten angemerkt, dass der Hamburger Hafen ein zentraler Logistikknoten für die polnische Volkswirtschaft ist und es deshalb von dort aus einen großen Wettbewerb gibt. *„Mehr Wettbewerb kommt aus Hamburg, kurz bemerkt Hamburg hat letztes Jahr viel verloren und auch während des ersten Quartals haben sie überraschenderweise verloren, obwohl es Wachstum gibt und wir auch 30% Wachstum haben, also mehr Wettbewerb kommt aus Hamburg, denn Hamburg bekommt eine Reihe von Straßen- und Schienenverkehr und versendet diesen auch nach Polen. Der Wettbewerb ergibt sich aus einer Reihe von Gründen"* (CTIc).

Ein Grund für die starke Position Hamburgs wird im Ausbauzustand der Verkehrsinfrastrukturen gesehen. Die Modernisierungen der Verkehrswege erfolgten in den ersten Jahren nach der politischen Wende Anfang der 1990er Jahre vor allem in ost-westlicher Richtung erfolgte, wodurch die Anbindung polnischer Gütertransporte in Richtung Hamburg erleichtert, jedoch im gleichen Zuge die Verknüpfung der polnischen Ostseeküste mit dem Hinterland vernachlässigt wurde. *„Heutzutage ist Hamburg Polens größter Hafen. Die Gründe dafür sind, dass es schneller ist, die deutsche Autobahn südwärts herunterzufahren und dann ostwärts nach Polen, als von den polnischen Seehäfen direkt runterzufahren"* (CTIa). Diesbezüglich erwähnt ein Experte auch, dass es zur Stärkung der polnischen Seehafenstandorte essentiell ist, eine nationale Seehafenstrategie zu entwickeln, die den Ausbau von Verkehrsinfrastrukturen umfasst (Interview CTIa). Als weitere Gründe für die Nutzung der deutschen Seehäfen werden von den Experten der Terminals zudem bessere Umsatzsteuerkonditionen beim Umschlag und die zu strenge Umsetzung europäischer Zoll- und Einfuhrvorschriften in Polen genannt. Hierdurch erhalten die polnischen Hafenstandorte Nachteile (Interview CTIa, Interview CTIc).

Der angesprochene Wettbewerbszustand ist jedoch nicht als statisch aufzufassen und unterliegt laut Expertenaussagen einem Wandel. Eine wichtige Veränderung hat dabei während der Wirtschaftskrise 2009 eingesetzt, als einige Verkehre, die für den Ostseeraum bestimmt waren, nicht mehr über Hamburg abgewickelt worden sind, sondern nach Rotterdam verlegt wurden. In Folge dieser Entwicklung hat der Wettbewerbsdruck der Nordseehäfen auf die polnischen Seehäfen etwas nachgelassen, da die Bedienung des polnischen Marktes mit Landverkehrsträgern von Rotterdam aus aufwendiger zu gestalten ist und die spezifischen Vorteile des Feederverkehrs besser zur Geltung kommen (Interview CTIc). Obwohl es diesen Wandel bei der Abwicklung von Feederverkehren in Richtung Dreistadt gegeben hat, wird Hamburg weiterhin Konkurrent der polnischen Seehäfen bleiben. *„Aber trotzdem wird Hamburg ein sehr wichtiger Wett-*

bewerber sein und Rotterdam weitet für uns die Möglichkeiten, da hier die grö-
ßere Entfernung hilfreich ist, die zwischen den Niederlanden und Polen liegt
(CTIc).

6.1.2.4 Ausbauplanungen und Entwicklungsperspektiven im Containerverkehr

Die Entwicklungen der Containerstandorte Gdańsk und Gdynia hängen von verschiedenen Faktoren ab. Zum einen von den Bedingungen des Marktes, die über
die Auslastung der Terminals und deren Wirtschaftlichkeit entscheiden. Zum anderen von Maßnahmen, die von Seiten der Terminals oder der Seehäfen ergriffen
werden, um die Wettbewerbsfähigkeit und die Entwicklungsperspektiven zu verändern.

Gdańsk

Für den Containerstandort Gdańsk wird die Zukunft eng in Verbindung mit der
Entwicklung des DCT gesehen. Aufgrund der Ausrichtung als Tiefwasserterminal mit Direktanläufen und somit der *hub*-Funktion im Ostseeraum werden Potenziale gesehen, die Umschlagszahlen weiter zu steigern. Als Zielgebiete werden neben dem wichtigen polnischen Markt auch andere Regionen des Ostseeraums gesehen, die insbesondere auch durch *transshipment* über den Standort
Gdańsk bedient werden sollen (CTIa). Hierfür ist es jedoch wichtig, dass die Direktverkehre am Standort Gdańsk weiterhin aufrechterhalten bleiben. Diesbezüglich sieht der befragte Experte des DCT keine Probleme, da der Markt noch ein
großes Potenzial bereithält. Aus diesem Grund ist auch die maximale Kapazität
des Terminals mit rund 4.000.000 TEU sehr hoch angesetzt worden (Interview
CTIa). Die gegenwärtigen Entwicklungen mit stetig steigenden Umschlagszahlen geben diesen Planungen bisher recht.

   Als wichtiger Schritt für die zukünftige Entwicklung des Seehafens Gdańsk
wird die Errichtung eines Logistik- und Distributionszentrums (*Pomeranian Logistics Centre)* in direkter Nähe zum DCT gesehen. Obwohl dieses Logistikzentrum aus Sicht der Hafenverwaltung zwar mit anderen Logistikzentren des Ostseeraums in Konkurrenz tritt, werden jedoch die Voraussetzungen mit dem DCT
und dem Containerstandort Gdańsk als optimal betrachtet, um das Containerverkehrssegment auszubauen. „*Es ist nicht nur eine Planung, sondern weit voran-
geschritten. Wir befinden uns kurz vor den finalen Verhandlungen. Wir haben zu
Beginn 200 ha als Start dafür vorgesehen, aber da ist eine Menge an Logistikzentren, welche hier und da auftauchen auf kommerzieller Basis. (...). Es ist alles
auch wegen der Containeraufkommen geplant worden, von uns geplant worden.
Dies wird natürlich auch Einfluss auf den Containerverkehr in der Danziger
Bucht haben, denn dadurch gibt es ein besseres Angebot. Man kann dann viel
mehr Operationen mit den Containern durchführen, beladen, entladen und so
weiter"* (SHIa). Auch aus der Sicht des Experten des DCT wird das Logistik-

zentrum als wichtiger Schritt für die Weiterentwicklung des Seehafencontainer-standortes Gdańsk gesehen, da dieses bei einer guten Auslastung zur Ansiedlung zahlreicher Investoren und zur längerfristigen Stärkung des Standorts führen würden. Zudem sieht der Experte Möglichkeiten die eigenen Terminalaktivitäten in dem Logistikzentrum optimal einzubinden und beispielsweise Terminalcon-tainerstellflächen direkt mit den Lagerhäusern zu verknüpfen (Interview CTIa). Hinsichtlich des neuen Logistik- und Distributionszentrums gibt es von Seiten der Hafenverwaltung Gdynia kritische Anmerkungen, die sich auf die angestreb-ten Dimensionen sowie die tatsächliche spätere Auslastung beziehen (Interview SHIb).

Obwohl die meisten Entwicklungsmöglichkeiten von den Experten im Be-reich des Tiefwasserterminals gesehen werden, sieht der Experte der Hafenver-waltung auch das andere Terminal im Seehafen als Bestandteil des Container-standortes Gdańsk. Hierbei geht der Experte davon aus, dass auch dieses Termi-nal mittelfristig privatisiert werden wird und als ein Akteur im Containerverkehr des Ostseeraums mitspielen wird. *„Also, es wird schon was passieren. Und ich denke, dass es gut ist. Man muss nur mal in die Zukunft schauen, wenn bei-spielsweise verschiedene Schiffslinien aus unterschiedlichen Häfen hierher kommen, dann ist es doch besser, wenn man in einem kleinen Terminal als Nummer 1 abgewickelt wird, als wenn man irgendwie der Achtundzwanzigste in einem großen Terminal ist* (SHIa).

Gdynia

Für den Containerstandort Gdynia sehen die Experten die Entwicklung noch nicht als abgeschlossen an. Insbesondere das GCT plant für die Zukunft einen Ausbau der eigenen Kapazitäten, um insbesondere im Wettbewerb mit anderen Terminals zu bestehen. *„Auf dem einen oder den anderen Weg müssen wir ex-pandieren. Denn wenn man sich nicht erweitert, dann schrumpft man. (...). Aber wenn man nicht expandiert und die Wettbewerber größer sind, kann man Prob-leme bekommen. Wir werden also auf dem einen oder anderen Weg expandieren. Wir können auf unserem eigenen Land expandieren, da haben wir eine Menge Platz und Potenzial. Wir können auch expandieren, in dem wir die Vorteile von aufkommenden Möglichkeiten nutzen, aber dann muss man eine auslaufende Konzession als Option haben. Oder man hat andere Terminalbetreiber, die ge-willt sind, Anteile zu verkaufen oder mit einem zusammenarbeiten wollen. Wir können keinen Zwingen mit uns zu kooperieren, aber wir wollen definitiv expan-dieren, daran gibt es keinen Zweifel* (CTIc). Für die Expansionsmöglichkeit auf dem eigenen Land verfügt das Unternehmen neben Optimierungsmöglichkeiten bei den Umschlagprozessen auch über Landreserven, mit denen ein Ausbau auf 800.000 bis 900.000 TEU möglich ist (Interview CTIc).

Wie die Aussage des Experten verdeutlicht, spielt in den Expansionsgedanken auch der Wettbewerb mit dem neuen Tiefwasserterminal in Gdańsk eine Rolle. Daher strebt das GCT zumindest theoretisch die Möglichkeit an, ebenfalls tiefgehende Schiffe empfangen zu können. Diese Überlegungen werden dabei nicht gleich mit Direktanläufen in Verbindung gesetzt, sondern dienen der Abdeckung eventuell zukünftig auftretender Forderungen von Schiffslinien nach höheren Tiefgängen. *„Aber man kann sich auch sagen, dass man es gleich etwas tiefer baut, da es dann nur ein wenig mehr kostet, aber auch für viele Jahre so bleiben kann. Und deshalb ergibt dies Sinn, vielleicht werden die Feederschiffe größer, vielleicht wollen sie auch verschiedene Produkte anbieten, bei denen man die 13,5 Meter nutzen kann und Optionen für 15 Meter hat. Warum nicht. Und man muss über die Zukunft nachdenken, ohne dabei Dinge von vornherein auszuschließen. Und deshalb werden wir auch eine Tiefseeanlegestelle anbieten. Und man muss es nochmal erwähnen, die Anfahrt an unser Terminal ist ziemlich direkt möglich, denn es gibt kaum Risiken hier (CTIc).*

Ein wichtiger Aspekt im Rahmen der Diskussion um Expansionsstrategien, ist die Frage nach dem Weiterbetrieb des BCT nach Ablauf der vergebenen Konzession im Jahr 2023. Neben dem Szenario, dass das gegenwärtige Betreiberunternehmen ICTSI den Terminalstandort weiterbetreibt, wovon das Unternehmen vor Ort aufgrund der guten Zahlen auch ausgeht (Interview CTIb), gibt es zumindest auch Überlegungen, dass auch das andere Betreiberunternehmen Interesse an einer Konzession anmelden könnte (Interview CTIc). Da die Konzession jedoch noch relativ lang läuft, steht eine Entscheidung darüber erst in den nächsten Jahren an.

Neben den individuellen Zukunftsinteressen der Terminalbetreiber gibt es am Standort Gdynia ebenso wie in Gdańsk Planungen zur Errichtung eines Logistik- und Distributionszentrums. Dabei soll es sich nach Abschluss aller Baumaßnahmen um ein rund 30 ha großes Gelände handeln, auf dem Lagerhäuser errichtet werden, die verschiedenen Logistikunternehmen zur Nutzung überlassen werden sollen. Für den Experten der Hafenverwaltung ist die Errichtung des Logistikzentrums vor allem eine Folge der Containerverkehrsentwicklung, die derartige Einrichtungen verlangt und was zu einer Steigerung des Verkehrs und der Wertschöpfung im Logistikbereich beitragen kann (Interview SHIb). Die Etablierung des Logistikzentrums unterliegt jedoch einigen Startschwierigkeiten, da das Land den interessierten Logistikunternehmen nur zur Pacht überlassen werden und nicht an diese verkauft werden kann. *„Wir haben bereits begonnen es zu bauen und im November (2010, A.d.V.) wird das erste Hochlagerhaus mit 6.000m² fertiggestellt sein. Dann können wir ein anderes bauen, denn nachdem wir sehr viele Investoren kontaktiert haben, haben wir herausgefunden, dass niemand interessiert ist, auf geleastem Boden zu bauen. Die Investoren bevorzugen es Land zu kaufen, aber unsere Gesetze schließen so etwas, absurderweise, aus. Wir können das Land nur verleasen. Dies ist ein weiteres Hindernis bei der*

Entwicklung eines Logistikzentrums (SHIb). Trotz der genannten Schwierigkeiten wird von einem sukzessiven Ausbau des Logistikzentrums und der Beteiligung ausreichend privater Investoren ausgegangen (Interview SHIb).

6.1.3 Zusammenfassung der Fallbeispiele unter Berücksichtigung theoretisch-konzeptioneller Aspekte

Gdańsk

Im Seehafen Gdańsk, der als Universalhafen ausgerichtet ist, werden seit Ende der 1990er Jahre Container in speziell dafür errichteten Terminals umgeschlagen. Seitdem sind am Standort mit dem GTK (1998) und dem DCT (2007) zwei spezialisierte Containerterminals errichtet worden, die dieses Gütersegment bedienen. Die beiden Terminals unterscheiden sich in vielfältiger Weise voneinander. Neben einem Größen- und Ausstattungsunterschied gibt es auch hinsichtlich der Betriebs- und Organisationsstrukturen Abweichungen zwischen beiden Umschlagseinrichtungen.

Während das GTK seit der Gründung noch nicht privatisiert wurde und somit quasi durch die öffentliche Hand betrieben wird, handelt es sich beim DCT um ein rein privatwirtschaftlich betriebenes Terminal. Für das GTK ist eine Privatisierung vorgesehen, jedoch hat sich bisher kein Investor dafür gefunden. Die Grundlage der Investition im DCT basiert auf dem BOT-Prinzip, bei dem durch die Hafenverwaltung lediglich das Gelände des Terminals an den Terminalbetreiber verpachtet worden ist und dieser die Supra- als auch Infrastruktur vom Reißbrett aus selbst geplant und errichtet hat.

Bei dem privaten Betreiber des DCT handelt es sich um einen internationalen Finanzinvestor, der weltweit unter anderem in Verkehrsinfrastrukturen investiert und auf Basis dieser Geschäftsgrundlage die Erwirtschaftung von Gewinnen anstrebt. Die Investition am Standort Gdańsk ist vor allem mit Blick auf den großen Wachstumsmarkt Polen getätigt worden, der für die Zukunft hohe Steigerungen im Containerverkehr erwarten lässt. Hierbei wurde die Ausrichtung des Terminal so gewählt, dass dieses als ein Terminal für Direktanläufe innerhalb der Ostsee fungieren soll. Während das GTK als ein relativ kleines Terminal ausschließlich für die Abwicklung von Feederverkehren zwischen den Nordseehäfen und der Ostsee fungiert, agiert das DCT als Terminal im System der weltweiten Direktanläufe großer Schiffslinien. Zur Erfüllung dieser Funktion ist das Terminal sehr großflächig angelegt und mit notwendigen Umschlagstechnologien ausgestattet worden. Die Strategie als direkt anzulaufender Hafen in weltweiten Schiffsverbindungen zu fungieren, wird momentan durch Direktanläufe der Schiffslinie Maersk gewährleistet. Hierbei steht das Terminal grundsätzlich auch anderen Schiffslinien für Direktanläufe, aber auch für Feederverkehre zur Verfügung. Trotz Unterschieden in der Kundenausrichtung weisen die beiden Terminals Ähnlichkeiten in der Kundenakquise auf, da diese für alle potenziellen Kunden als Ansprechpartner zur Verfügung stehen. Obwohl die Terminals unterschiedliche Funktionen erfüllen und erhebliche Unterschiede in der Ausstattung aufweisen, kann theoretisch von einem Wettbewerb untereinander ausgegangen werden, da Feederverkehre an beiden Terminals umgeschlagen werden können.

Hinsichtlich der *Abgrenzung der Aktivitäten der Terminalbetreiber innerhalb von Transportkettenabläufen* hat die Analyse gezeigt, dass sowohl das DCT als auch das GTK am Standort Gdańsk jeweils nur auf das Containerumschlagsgeschäft spezialisiert sind. Weiterführende direkt von den einzelnen Terminalbetreibern forcierte vor- und nachgelagerte Logistikaktivitäten sind nicht zu identifizieren. Unter Rückgriff auf Aussagen des Filiére-Ansatzes können somit die an den Terminals stattfindenden Umschlagsvorgänge zwischen den Land- und Seeverkehrsträgern als eine innerhalb des logistischen Transportablaufs abgeschlossene Handlung (Segment) betrachtet werden. Durch den Umschlag von Containern entsteht eine Dienstleistung (Logistikdienstleistung) innerhalb eines gesamtheitlichen Transportlogistikablaufs, die sich als eigenständiges marktfähiges Produkt gegenüber vorhergehenden und nachfolgenden Segmenten abgrenzt und in ein folgendes Segment des logistischen Transportablaufs (See- oder Landverkehr) übergehen kann.

In Folge der genauen Abgrenzung der Terminalbetreiberaktivitäten innerhalb der über die Terminals laufenden Transportkettenabläufe können unter Rückgriff auf den GVC-Ansatz vorhandene *Macht- und Koordinierungsverhältnisse zwischen den an den Terminals agierenden Akteuren* dargestellt werden. Insgesamt zeigt sich bei den beiden Terminals in Gdańsk, dass sowohl im DCT als auch im GTK die Einbindung in logistische Transportabläufe auf marktlichen Prinzipien basiert: Beide Terminals bieten als eigenständige Unternehmen ihre Dienstleistung, den reinen Containerumschlag, am Markt an und sind über Verhandlungen und Verträge mit den Schiffslinien und Landtransporteuren als Kunden in Logistikketten eingebunden. Bei der Art der marktlichen Einbindung lassen sich jedoch Unterschiede zwischen den beiden Terminals aufzeigen. Während das DCT als Terminal in den Umschlag von Direktverkehren der Linie Maersk eingebunden ist, weist das GTK als Terminal lediglich Umschlagsprozesse im Feederverkehr auf. Da im Umschlag von Feederverkehren jedoch die Konkurrenz mit den nahe gelegenen Terminals in Gdynia und theoretisch auch zum DCT sehr groß ist, zeigt sich hier die Gefahr der Austauschbarkeit des Terminals. Als wichtige Aspekte der Konkurrenzfähigkeit können dabei Servicequalitäten und der Preis betrachtet werden, worüber Kunden gewonnen beziehungsweise gehalten werden können.

Demgegenüber ist die Situation im DCT anders ausgeprägt. Zwar sind auch hier bezogen auf Feederverkehre marktliche Beziehungen möglich, bei denen anhand von Servicequalitäten und Preisen über die Einbindung von Transportabläufen entschieden werden kann, jedoch lässt sich aufgrund der spezifischen

Ausrichtung des Terminals auf Direktverkehre eine andere Ausgangsposition erkennen. Diese ist durch eine stärkere Beziehungskonstellation zwischen der im Direktverkehr agierenden Schiffslinie und dem Terminalbetreiber gekennzeichnet. Zu erkennen ist dies darin, dass das DCT aufgrund seiner infra- und suprastrukturellen Ausstattungsmerkmale eine vor Ort nicht zu ersetzende Schnittstelle für Direktanläufe der Schiffslinie und weiter gedacht des damit verbundenen gesamtheitlichen logistischen Transportablaufs ist. Ohne das Serviceangebot des Terminals wäre eine derartige Abwicklung am Standort nicht möglich. Andererseits zeigt sich aber auch, dass die Schiffslinie mit der Entscheidung Direktverkehre in den Ostseeraum durchzuführen für das Terminal der entscheidende Kunde und somit für dessen Entwicklung wichtig ist. Es kann demnach in diesem Fall eine vorherrschende Art der gegenseitigen Abhängigkeit abgeleitet werden, die mit Blick auf den GVC-Ansatz der relationalen Koordinationsform nahe kommt.

Bezüglich der *Analyse externer und institutioneller Einflüsse verschiedener Maßstabsebenen auf das Agieren der Terminalbetreiber* lassen sich mit Blick auf Aussagen des GPN-Ansatzes zu den grundlegenden Elementen power und embeddedness verschiedene Beeinflussungsebenen am Hafenstandort Gdańsk darstellen. Bezüglich des Elements power können aus der Analyse in erster Linie institutionelle Einflüsse von nationalstaatlicher sowie weiterführend auf lokaler Ebene (Seehafenverwaltung) herausgearbeitet werden. Zu nennen sind die staatlichen Regelungen zur Neustrukturierung von Organisations- und Eigentumsstrukturen in den polnischen Seehäfen in den 1990er Jahren, bei denen Möglichkeiten zur Privatisierung des Terminalbetriebs auf Basis des Landlord-Prinzips und des Einstieg privater Investoren geschaffen wurden. In der Folge konnte zum einen das GTK entstehen, für dessen Betrieb jedoch noch nach einem privaten Investor gesucht wird sowie zum anderen der Bau des neuen Tiefwasserterminal in Form einer BOT-Konzession ermöglicht werden. Einflüsse auf diese Entwicklungen nimmt auch die Seehafenverwaltung auf der lokalen Ebene, da diese die maßgeblichen Entscheidungen im operativen Geschäft trifft. Diese tritt als Landlord bei Verhandlungen mit interessierten Terminalbetreibern auf und verhandelt mit diesen bestimmte Rahmenbedingungen bezüglich des Terminalbetriebs und der -verpachtung. Aufgrund er spezifischen Eigentümerstruktur des Seehafens, bei der die Anteile sowohl zwischen Staat, der Stadt und Anteilseignern in der Belegschaft aufgeteilt sind, kann bei der strategischen Ausrichtung des Seehafens, die Auswirkungen auf Entscheidungen im operativen Geschäft haben, von fließenden Übergängen zwischen verschiedenen Maßstabsebenen ausgegangen werden. Zudem zeigen sich in der Analyse andeutungsweise andere institutionelle Einflüsse, wie gewerkschaftliche Aktionen (beispielsweise Streiks), die vor Ort die Einbindung von Containerterminals und das Agieren von Terminalbetreibern innerhalb logistischer Kettenabläufe beeinflussen können. So haben gewerkschaftlich begründete Streiks im Konkurrenzhafen Gdynia dazu geführt, dass Teile des dortigen Verkehrs zwischenzeitlich in Gdańsk abgewickelt wurden und teilweise dort verblieben sind.

Mit Blick auf das im GPN-Ansatz formulierte Element embeddedness lassen sich entscheidende Einflüsse aufgrund der Einbindung in einen spezifischen Hinterlandmarkt ableiten. Die Analyse zeigt, dass beide Terminals vor Ort ihr Haupteinzugsgebiet im polnischen Markt haben und Transitverkehre in andere Länder keine oder nur eine marginale Rolle spielen. Diesbezüglich ist das Agieren und die Entwicklung der Terminals stark von der Entwicklung der polnischen Volkswirtschaft und deren Import- und Exportstrategien abhängig, da hierdurch die Kundenbasis der Terminals wesentlich beeinflusst wird. Als ebenfalls wichtig unter dem Stichwort embeddedness ist aber auch die verkehrsinfrastrukturelle Verbindung zu Akteuren zu sehen, die als potenzielle Kunden den Containerverkehr am Standort befördern können. Diesbezüglich zeigt sich eine Verknüpfung zu nationalstaatlichen Einflussmöglichkeiten, die im Bereich der verkehrsinfrastrukturellen Ausbaumaßnahmen zu sehen sind und einen Beitrag zur Verbesserung der Einbindung von Containerterminals leisten können. Konkret lassen sich dabei die Ausbaumaßnahmen der Nord-Süd-Verbindungen in den vergangenen Jahren anführen, durch die der Standort Gdańsk eine positive Beeinflussung erfahren hat und der Nachteil, der durch gut ausgebaute Ost-West-Verbindungen viele Jahre bestand, minimiert worden ist. In erster Linie sind hierbei Straßenverbindungen zu nennen, jedoch können auch die Schienenverbindungen mit einbezogen werden. Bei diesen nimmt auch die polnische Eisenbahn die Funktion eines staatlichen Akteurs ein, der in Abstimmung mit staatlichen Finanzierungen und Fördermöglichkeiten durch die EU mittels Prioritäten des Streckenausbaus und des Erarbeitens bestimmter Serviceangebote (Ganzzugverbindungen) das Containerverkehrssegment im Seehafen beeinflussen kann.

Im Bereich der infrastrukturellen Anbindung spielen aber auch Aktivitäten auf der lokalen Ebene eine große Rolle, die durch die Hafenverwaltung, aber auch durch die Stadtverwaltung betrieben werden und eine Verbesserungen der Erreichbarkeit und eventuell der Servicequalitäten erreichen können. Als ein Beispiel, bei dem viele Akteure zusammenarbeiten, ist die Errichtung des Logistikzentrums in direkter Nähe zum DCT, das den Containerstandort stärken soll.

Gdynia

Der Seehafen Gdynia ist bereits seit den 1970er Jahren durch ein Spezialterminal auf den Containerumschlag ausgerichtet, das bis in die 1990er Jahre hinein das einzige Containerterminal in Polen war. Dieses Terminal (BCT) wurde nach den politischen und wirtschaftlichen Umbrüchen in Polen Anfang der 1990er Jahre im Zuge von Privatisierungsmaßnahmen im Jahr 2003 auf der Grundlage des

Landlord-Prinzips an einen internationalen privaten Betreiber abgegeben. Das weitere, im Jahr 2005 errichtete, Containerterminal (GCT) wird nicht über das Landlord-Prinzip betrieben, sondern ist direkt im Privatbesitz des Betreibers. Unabhängig von der Eigentums- und Organisationsstruktur sind sich die beiden Terminals am Standort ähnlich. Sowohl das BCT als auch das GCT sind Bestandteile in weltweiten Netzwerken international agierender Terminalbetreiber, die durch den Standort Gdynia im Ostseeraum aktiv sind und hier vor allem den wachsenden polnischen Markt bedienen können. Die Wachstumsaussichten des polnischen Markts haben in beiden Terminals zu den Investitionen geführt. Trotz der Einbindung in die internationalen Netzwerke der Muttergesellschaften sind beide Terminals für die betriebswirtschaftliche Entwicklung vor Ort selbst zuständig und müssen sich um die Akquise von Kunden kümmern.

Hinsichtlich der *Abgrenzung der Aktivitäten der Terminalbetreiber innerhalb von Transportkettenabläufen* hat die Analyse gezeigt, dass die Hauptaktivitäten der Terminals im Containergeschäft in der Bedienung von Containerfeederverkehren zwischen den Nordseehäfen und Polen liegen. Beide Containerterminals sind nicht in vor- oder nachgelagerte Logistikaktivitäten involviert, sondern schlagen lediglich die Container im Auftrag der Kunden zwischen See- und Landverkehren um. Unter Berücksichtigung des Filiére-Ansatzes lassen sich die Umschlagsvorgänge in beiden Terminals jeweils als eigenständige abgeschlossene Handlungen (Segmente) innerhalb gesamtheitlicher Transportlogistikabläufe verstehen. Trotz der weltweiten Aktivität der Terminalmutterkonzerne lassen sich keine direkten und stark ausgeprägten Verbindungen der Terminals zu anderen Containerterminals im Netzwerk der eigenen Muttergesellschaft und somit eine mögliche Ausdehnung des Segments innerhalb des gesamtheitlichen Transportlogistikablaufs identifizieren.

In Folge der genauen Abgrenzung der Terminalbetreiberaktivitäten innerhalb der über die Terminals laufenden Transportkettenabläufe können unter Rückgriff auf den GVC-Ansatz vorhandene *Macht- und Koordinierungsverhältnisse zwischen den an den Terminals agierenden Akteuren* dargestellt werden. Hierbei zeigt sich deutlich, dass die Terminals auf Basis marktlicher Prozesse in die kettenartigen Transportlogistikabläufe integriert sind. Beide lokalen Terminalbetreiber werben am Markt um Kunden und stehen dabei allen interessierten Schiffslinien offen gegenüber. Jedes einzelne Terminal weist hierbei eine eigene spezifische Kundenstruktur mit mindestens einen großen Kunden auf. Bezüglich der Kundenakquise stehen die Terminals untereinander im Wettbewerb und es besteht aufgrund der Ähnlichkeit der angebotenen Leistungen der Terminals aus theoretischer Sicht die Möglichkeit durch ein anderes Terminal ersetzt zu werden und somit Kunden zu verlieren. Ein Wettbewerb besteht dabei nicht nur untereinander am Standort Gdynia, sondern auch zu den Terminals in Gdańsk, da sowohl das GTK als auch das DCT Feederverkehre aufnehmen können. Gegenüber dem GTK haben die Terminals in Gdynia aufgrund der infra- und suprastrukturellen Ausstattungen deutliche Wettbewerbsvorteile. Der Wettbewerb zum DCT ist aufgrund der dortigen Ausstattung wesentlich härter. Ein weitgehend offener Aspekt der Analyse bleibt, inwieweit die Betreiber der Terminals in Gdynia als weltweit führende Akteure im Terminalgeschäft gegenüber den Schiffslinien als Kunden verstärkte Macht- und Koordinationsmöglichkeiten aufweisen und somit auch gegenüber den Landspediteuren. Da die Terminals vor Ort laut Expertenaussagen weitestgehend selbstständig verhandeln, kann ein solcher Einfluss jedoch hier nicht aufgezeigt werden.

Bezüglich der *Analyse externer und institutioneller Einflüsse verschiedener Maßstabsebenen auf das Agieren der Terminalbetreiber* können mit Blick auf Aussagen des GPN-Ansatzes zu den grundlegenden Elementen power und embeddedness verschiedene Beeinflussungsebenen am Hafenstandort Gdynia dargestellt werden. So lassen sich bezüglich des Elements power insbesondere Auswirkungen auf das Containerverkehrssegment durch Aktivitäten auf nationalstaatlicher Ebene, aber auch auf lokaler Ebene aufzeigen. Als wichtiger nationalstaatlicher Einfluss sind die Folgen staatliche Regelungen zur der Neustrukturierung von Organisations- und Eigentumsformen der polnischen Seehäfen in den 1990er Jahren zu nennen. Durch diese konnten die vorhandenen Seehafenterminals, auch das seit den 1970er Jahren bestehende Containerterminal, in marktwirtschaftliche Strukturen überführt und von privaten Betreiber auf der Basis des Landlord-Prinzips übernommen werden. Als wichtiger Akteur agiert hierbei die Seehafenverwaltung, die als Landbesitzer als Ansprech- und Verhandlungspartner beim Interesse privater Unternehmen am Terminalbetrieb auftritt. Da der Seehafen in etwa zu gleichen Teilen dem Staat (Finanzministerium) und der Stadtverwaltung gehört, ist zu berücksichtigen, dass hierbei der Staat, auch wenn er nicht in das aktive Geschäft der Seehafenverwaltung eingreift, zumindest bei Strategieentscheidungen des Seehafens Einfluss nehmen kann. Als anderer Einflussaspekt, der in der Vergangenheit auf das Containerverkehrssegment am Standort Gdynia gewirkt hat, sind gewerkschaftlich begründete Aktivitäten zu nennen, in deren Folge der Containerumschlag an Terminals teilweise unterbrochen war und zeitweise nach Gdańsk verlagert wurde, mit der Folge, dass bestimmte Verkehre dort geblieben sind.

Beim Blick auf das im GPN-Ansatz dargelegte Element der embeddedness ergeben sich auch für den Standort Gdynia Einflüsse aufgrund des Hinterlandeinzugsgebiets. Identisch den Terminalbetreibern am Standort Gdańsk haben auch die Terminalbetreiber in Gdynia ihr Haupteinzugsgebiet in Polen und weisen darüber hinaus kaum Transitverkehre in andere Länder auf. Hierdurch sind die Betreiber in erster Linie von der volkswirtschaftlichen Situation in Polen und von den durch die polnische Wirtschaft generierten Güterströmen abhängig, da diese das Umschlagpotenzial bilden. Als besonders wichtig zeigt sich hierbei die An- und Einbindung der lokalen Terminalbetreiber an die polnischen Verkehrsinfrastrukturen, die über Maßnahmen der nationalstaatlichen Ebene beein-

flusst werden können. Analog zu den Aussagen zu Gdańsk lassen sich die Ausbaumaßnahmen der Nord-Süd-Straßenverbindungen in Polen in den vergangenen
Jahren anführen, durch die der Hafenstandort Gdynia eine positive Beeinflussung erfahren hat. Eine Beeinflussung des Containerverkehrssektors ist auch
Maßnahmen im Schienenverkehrsbereich zugesprochen werden, bei denen die
polnische Bahn als auf staatlicher Ebene agierender Akteur durch Entscheidungen Einfluss auf den Containerverkehr nehmen kann. Zu nennen sind hierbei der
Ausbau von Verkehrsinfrastrukturen, auch im direkten Hafenumfeld, und die Er-
arbeitung und das Angebot von Serviceangeboten wie Blockzugverbindungen.
Im Bereich der infrastrukturellen Anbindung des Seehafens Gdynia spielen aber
auch Aktivitäten auf der lokalen Ebene eine große Rolle, bei der vor allem die
Stadtverwaltung ein wichtiger Akteur zum Beispiel bei der Sanierung oder dem
Ausbau des direkten Hafenzubringers im Stadtgebiet ist. Aber auch die Seehafenverwaltung kann durch Maßnahmen zur Errichtung eines Logistikzentrums
auf dem Hafengebiet einen Beitrag zur Stärkung des Angebots leisten.

6.2 Der Seehafenstandort Klaipėda (Litauen)

6.2.1 Charakteristika des Hafenstandortes

6.2.1.1 Entwicklungslinien und Umschlagskapazitäten des Hafenstandortes Klaipėda

Der Seehafen Klaipėda ist der einzige Ostseehafen Litauens und spielt als Verkehrsknotenpunkt für den Güterumschlag des Landes eine herausragende Rolle[18]. Diese Bedeutung wird zudem dadurch gestärkt, dass der Logistiksektor in
Litauen aufgrund fehlender natürlicher Ressourcen oder endogener Hochtechno-
logien einen wichtigen Bereich der volkswirtschaftlichen Entwicklung darstellt
und hierbei insbesondere Klaipėda als nationaler maritimer Standort und Drehscheibe von internationalen Ost-West-Verkehren ein wichtiger Impulsgeber für
die gesamte litauische Transportpolitik ist (Interview TMII).
   Als Hafenstandort weist Klaipėda, wie viele Ostseehäfen, bereits seit dem
Mittelalter eine Tradition als Umschlags- und Handelsplatz auf. Eine starke Entwicklung setzte, wie an anderen Standorten in Europa, im 19. Jahrhundert mit
der einsetzenden Industrialisierung ein, in deren Folge die Umschlagszahlen anstiegen und Hafen- und Umschlagsanlagen sukzessive erweitert wurden. Insbesondere in den 1920er und 1930er Jahren erlebte der Seehafen eine sehr prospe-

---

[18] Eine Ausnahme bildet noch das Ölterminal in Būtingė, das sich in direkter Nachbarschaft zu den
Anlagen des Seehafens Klaipėda befindet. In diesem Ölterminal, das vollkommen privat betrieben
wird, werden ausschließlich Rohölprodukte umgeschlagen. Es gilt als eigenständiger Hafen und zählt
nicht zum Seehafen Klaipėda (ISL 2006: 112f.).

rierende Phase, da der nach dem Ersten Weltkrieg gegründete litauische Staat enorme Investitionen in den Aus- und Neubau des Hafenareals tätigte. Zudem siedelten sich im Hafenbereich viele neue Unternehmen an (Demereckas 2007: 63, Port of Klaipėda 2012a).

Mit dem Zweiten Weltkrieg und den damit verbundenen Kampfhandlungen kam es im Seehafen Klaipėda (Memel), der zu dieser Zeit zu Deutschland gehörte, zu erheblichen Zerstörungen, die durch Wiederaufbauarbeiten bis zum Jahr 1951 behoben wurden (Demereckas 2007: 69). Vor Ort entwickelten sich in der Folgezeit zwei unabhängige Häfen. Neben dem kommerziellen Hafen, der für alle Güterumschlagsprozesse genutzt wurde, errichtete die sowjetische Zentralregierung einen Fischereihafen, der der Versorgung weiter Teile der Sowjetunion mit Fisch diente (Demereckas 2007: 70).

Die Zeit nach dem Wiederaufbau war durch einen stetigen Anstieg des Güterumschlags geprägt, bei dem anfänglich noch der Import von Gütern gegenüber dem Export dominierte. Dies änderte sich jedoch ab Mitte der 1950er Jahre und der Hafenstandort entwickelte sich zunehmend zu einem wichtigen Exporthafen sowjetischer Güter in Richtung Westen. Dieser Bedeutungszugewinn schlug sich zwischen den 1960er und 1980er Jahren in enorm steigenden Umschlagswerten nieder (1960: 1,8 Mio. t, 1970: 3,3 Mio. t, 1980: 6,6 Mio. t). Im Zuge dieser Entwicklung wurde der Seehafen sukzessive erweitert (Demereckas 2007: 78).

Ein bedeutender Entwicklungsschub für den Seehafen Klaipėda erfolgte im Jahr 1986 durch die Eröffnung eines zentralstaatlich geplanten internationalen Fährterminals. Das Terminal diente dem Ziel, eine schnelle Verbindung zwischen der Sowjetunion und der DDR zu errichten und insbesondere die in der DDR stationierten sowjetischen Truppen zu versorgen[19] (Belous/Gulbinskas o.J.: 5, Port of Klaipėda 2012a). Konzipiert war diese Fährverbindung in erster Linie als Eisenbahnfähre, jedoch verlor im Zuge des Transformationsprozesses zu Beginn der 1990er Jahre dieser originäre Zweck an Bedeutung und die Fährverbindung wurde zunehmend für den Straßengüterverkehr immer wichtiger (Demereckas 2007: 87). Die Entwicklung des Fährverkehrs hat sich in den 2000er Jahren positiv fortgesetzt und die Umschlagszahlen im Ro-ro- und Fährhafengeschäft prägen die Stellung des Seehafens im Ostseeraum (MariTerm AB/Lloyds Register- Fairplay Research 2004: 30). Daher unternimmt die Seehafenverwaltung viele Anstrengungen, den Ro-ro-Verkehr gezielt zu stärken und auszubauen. Beispielsweise wurden während der Wirtschaftskrise im Jahr 2009 durch die Seehafenverwaltung spezielle Angebote, wie vergünstigte Hafentarife, an die Ro-ro-Linien unterbreitet, damit diese ihre Verkehre im Seehafen aufrechterhalten sollten. Laut Expertenaussage kann diese Strategie als erfolgreich bezeichnet

---

[19] Diese direkte Verbindung wurde auch unter dem Einfluss der politischen Situation in Polen errichtet, da die dortig Staatsführung beabsichtigte für Landtransporte zwischen der DDR und der Sowjetunion höhere Transitgebühren zu verlangen (Klietz 2012: 16.f.).

werden und es zeigt sich, dass nach der Krise neue Linienverbindungen im Hafen hinzugekommen sind (Interview SHII). Maßnahmen zur Stärkung des Ro-ro-Geschäfts als wichtiges Standbein des Hafens werden auch von der nationalen Verkehrspolitik befürwortet und gefördert (Interview TMII).

Im Jahr 2011 erreichte der Seehafen Klaipėda einen Gesamtumschlag von 36,6 Mio. t (siehe Abbidlung 25), was einer Steigerung gegenüber dem Vorjahr von 17 % entsprach und die positive Entwicklung seit Anfang der 1990er Jahre (Gesamtumschlag 1992: rund 12,9 Mio. t) unterstreicht (Sinkevičius 2012: 6). Bei den im Hafen umgeschlagenen Güterkategorien (Massengüter, Stückgüter und Flüssiggüter) lässt sich keine absolute Dominanz eines Umschlagsgutes verzeichnen. Während die Massengüter im Jahr 2011 einen Anteil von rund 40 % am Gesamtumschlag aufwiesen, lag der Anteil der Stückgüter und Flüssiggüter bei jeweils rund 30 % (Sinkevičius 2012: 9f.). Ein detaillierter Blick auf spezifische Güter ergibt, dass in den letzten Jahren insbesondere vier Güter den Umschlag im Seehafen Klaipėda dominieren und zusammen rund 81,5 % des Gesamtumschlags auf sich vereinen. Dies sind Düngemittel (Anteil von 31,7 %), Ölprodukte (25 %), Ro-ro-Güter (13,4 %) und Container (11,7 %). Während die ersten drei genannten Güter bereits seit langer Zeit hohe Anteile aufweisen, haben die Anteile des Containerverkehrs im Zuge einer stark einsetzenden Containerisierungsphase erst seit Beginn der 2000er deutliche Zuwächse verzeichnen können (Sinkevičius 2012: 10ff.).

Trotz einiger Veränderungen im Güterumschlag seit Beginn des Transfomationsprozesses Anfang der 1990er Jahre hat der Seehafenstandort Klaipėda seine bereits zu Sowjetzeiten bestehende Funktion als Exporthafen beibehalten können. So wird ein sehr hohen Güteranteil von rund drei Vierteln (2011: 76,6 %) im Seehafen für den Export verladen. Ledig rund ein Viertel des Umschlags sind Importe. Dieses Verhältnis zwischen Im- und Exporten liegt vor allem in der Lage Litauens und somit des Seehafens Klaipėda zu den Nachbarländern begründet. Das Land grenzt an industriell ausgerichtete und rohstoffreiche Staaten, deren Rohstoffe und Industrieprodukte über den Seehafen in Klaipėda in andere Länder versendet werden. Zudem hat sich in Litauen selbst in den vergangenen Jahren eine exportorientierte industrielle Produktion entwickelt (Sinkevičius 2012: 8f.).

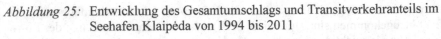

Abbildung 25: Entwicklung des Gesamtumschlags und Transitverkehranteils im Seehafen Klaipėda von 1994 bis 2011

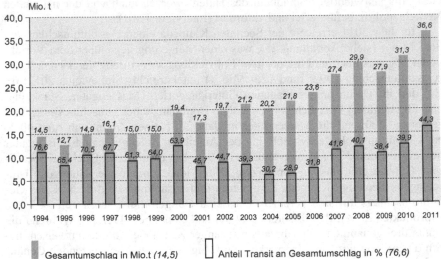

■ Gesamtumschlag in Mio.t *(14,5)*   ☐ Anteil Transit an Gesamtumschlag in % *(76,6)*

Quelle: eigene Darstellung nach Sinkevičius 2011: 37 und 2012: 29

Von den im Seehafen umgeschlagenen Gütern sind rund 44 % Transitgüter, deren Ziel und Ursprung außerhalb Litauens liegt (Sinkevičius 2012: 28f.). Der Anteil der litauischen Güter am Gesamtumschlag ist erst seit dem Jahr 2001 höher als der Transitgüteranteil, was in den Jahren zuvor teilweise deutlich anders war (siehe Abbildung 25). Ursachen hierfür werden einerseits im Wachstum der litauischen Wirtschaft zu Beginn der 2000er Jahre und andererseits in veränderten Entscheidungen von Nachbarstaaten zur Abwicklung von Außenhandelsverkehren gesehen (Sinkevičius 2012: 29).

Als wichtige Hinterlandmärkte für den Transitverkehr gelten die Nachbarländer Weißrussland und Russland sowie die Ukraine und zentralasiatische Länder (Interview SHII). Der größte Anteil an den Transitverkehren entfällt auf Weißrussland gefolgt von Russland. Alle weiteren Länder weisen deutlich geringere Werte auf (siehe Tabelle 16). Trotz der geringen Anteile der anderen Länder kann bei einer entsprechenden verkehrsinfrastrukturellen Erschließung ein potenziell wachsender Hinterlandmarkt für den Seehafen Klaipėda gesehen werden.

Tabelle 16: Anteile einzelner Staaten am Gesamttransitverkehr des Seehafens Klaipėda in den Jahren 2010 und 2011 sowie Veränderungen zwischen beiden Jahren

Land	Anteil am Transitverkehr		Veränderung des Transitumschlags von 2010 zu 2011	
	2010	2011	in Mio. t	in %
Weißrussland	64.8 %	70,8 %	3.356,5	29,3 %
Russland	28,9 %	23,7 %	216,1	5,6 %
Lettland	1,3 %	1,9 %	132,1	44,0 %
Ukraine	2,3 %	1,4 %	- 63,1	- 27,8 %
Kasachstan	1,5 %	1,3 %	22,6	11,0 %
Usbekistan	< 0,1 %	0,2 %	17,9	69,1 %
Estland	0,1 %	0,1 %	5,1	23,7 %
Andere Staaten	1,0 %	0,8 %	1,7	1,4 %

Quelle: eigene Berechnung nach Sinkevičius 2011: 34 und 2012: 30

6.2.1.2   Eigentums- und Organisationsform des Hafenstandortes Klaipėda

Im Zuge der Unabhängigkeit sowie der Systemtransformation in Litauen Anfang der 1990er Jahre hat auch der Seehafen Klaipėda Strukturveränderungen erfahren. So wurde im Jahr 1991 durch ein Dekret der neuen Staatsregierung die Seehafenverwaltung Klaipėda ins Leben gerufen. 1992 erfolgte die Ernennung des Seehafens zum Staatsseehafen der Republik Litauen (Port of Klaipėda 2012b). Eine wichtige Grundlage für die Strukturreformen im Seehafen bildete das „Law on Klaipėda State Seaport of the Republic of Lithuania", das 1996 verabschiedet und im Jahr 2002 erweitert wurde. Das Gesetz regelt, dass das gesamte Hafengebiet dem Staat Litauen gehört und nicht privatisiert werden darf. Der Staat hat sich demnach in eigener Regie um das Anlagevermögen zu kümmern. Dies wird durch die Klaipėda State Seaport Authority gewährleistet, die hierfür als Staatsunternehmen gegründet wurde und unter der direkten Kontrolle des litauischen Transportministeriums steht (Port of Klaipėda 2012b).

Die Arbeitsziele der Seehafenbehörde liegen in der Weiterentwicklung des Seehafens, der Aufrechterhaltung der Wettbewerbsfähigkeit sowie der Steigerung des Umschlagvolumens. Zur Erreichung dieser Ziele verfolgt die Seehafenbehörde verschiedene Aufgaben, unter anderem die Aufrechterhaltung der Nutzbarkeit aller Hafenflächen, die Erhebung von Hafengebühren oder die Gewährleistung der Navigationssicherheit auf den Wasserflächen des Hafens (Port of Klaipėda 2012b). Zudem agiert die Seehafenbehörde im Sinne des *landlord*-Prinzips und verleast Hafenflächen an private Unternehmen, die darauf ihren eigenen unternehmerischen Aktivitäten nachgehen und für die Entwicklung der benötigten Suprastrukturen verantwortlich sind (Interview TMII).

Innerhalb des Seehafengebiets sind alle Terminalflächen an private Unternehmen verpachtet und es gibt trotz einer hohen Nachfrage aufgrund bestehender Verträge keine Möglichkeit für Unternehmen weitere Flächen und Anlagen zu betreiben. *„Ja, es gibt eine hohe Nachfrage nach Terminals. Wir haben Anfragen von anderen Unternehmen, von Newcomern. Aber wir haben keinen Platz mehr für sie zum Anbieten. Daher haben sie nur die Möglichkeit mit den bereits vorhandenen Unternehmen zu kooperieren, um gemeinsam im Umschlagsgeschäft zu agieren"* (SHII). Im Falle eines Einstiegs eines Unternehmens bei einem bestehenden Terminalbetreiber wird in den Expertenaussagen deutlich, dass hierauf die Seehafenverwaltung als *landlord* keinen Einfluss nehmen kann und auch bestehende Leasingverträge davon nicht berührt werden. *„Da können wir nichts machen, weil die Firmen privat sind. Da es private Unternehmen sind, können sie verkaufen wohin sie wollen. Das hat keinen Einfluss auf den Kontrakt"* (SHII).

Bei der Vergabe der Terminalflächen werden laut Expertenaussage keine Konzessionen vergeben, sondern Leasingverträge ausgehandelt, deren Laufzeiten variieren können, jedoch meistens 50 Jahre betragen (Interview SHII). Obwohl für den Seehafen die Länge von Leasingverträgen mit Terminalbetreibern nicht die entscheidende Rolle spielt, strebt die Hafenverwaltung jedoch längerfristige Leasingverträge an. Im Falle von kurzen Laufzeiten bestehender Leasingverträge ist die Seehafenverwaltung laut Expertenaussage bestrebt, diese mit gut arbeitenden Unternehmen jederzeit zu verlängern. Hiermit verbunden ist der Gedanke, dass diese Unternehmen bei längerfristigen Laufzeiten in den meisten Fällen stärker in Suprastrukturen und Terminalgelände investieren und somit zur Attraktivität des Gesamtstandortes beitragen (Interview SHII).

Obwohl sich die Wahl des *landlord port*-Modells als relativ erfolgreich für den Seehafen Klaipėda erwiesen hat, wird von dem Experten aus dem Bereich des Transportministeriums die Wahl dieses Organisationsmodells nicht als zwangsläufig beste Variante beschrieben. *„Aber ich kann auch sagen, dass das landlord-Modell nicht das beste Modell darstellt. Ich kann mich erinnern, dass wir sehr viele Modelle analysiert haben und uns für dieses entschieden haben, das in vielen europäischen Ländern angewendet wird"* (TMII). Dieser eher kritische Blick auf das *landlord*-Modell wird damit begründet, dass ein anderes Modell, bei dem vollständige Privatisierungen ganzer Hafenareale möglich sind, bessere Entwicklungspotentiale für Investoren bieten könnte. Beispielsweise könnten diese Investoren dann in den Infrastrukturausbau investieren, der im *landlord*-Modell lediglich dem Staat und der Hafenverwaltung gesetzlich vorbehalten ist (Interview TMII).

6.2.1.3 Hafeninfra- und -suprastrukturen des Seehafens Klaipėda

Der Seehafen Klaipėda erstreckt sich auf einer Fläche von 1.416 ha (519 ha Landflächen und 897 ha Wasserflächen) und weist Kaianlagen mit einer Gesamtlänge von rund 27 km auf. Für die Lagerung von Gütern bietet das Seehafengelände rund 93 ha offene Lagerflächen, rund 28 ha Lagerhausflächen und 738.300 m³ Kapazitäten für Flüssiggüter (Port of Klaipėda 2012c).

    Zur Steigerung der Attraktivität und Stärkung des Hafenstandorts ergreift die Seehafenverwaltung verschiedene Maßnahmen, die vom Experten als essentiell angesehen werden. Der Fokus liegt insbesondere auf der Verbesserung der Fahrwassertiefen und Manövriermöglichkeiten sowie der landseitigen Straßen- und Schienenanbindung von Terminals. So erfolgte in den letzten Jahren vor allem eine Verbesserung der Zufahrtsbedingungen im Hafenkanal, in dem dieser auf 150 m verbreitert und bis 2008 sukzessive auf 15,5 m vertieft wurde sowie der Wellenbrecher im Bereich der Hafeneinfahrt ausgebaut wurde (Interview SHII). Zudem wurde in den letzten Jahren ein weiterer Schwerpunkt auf den Ausbau der Kaianlagen sowohl wasser- als auch landseitig gelegt (Hinz 2008: 53, Port of Klaipėda o.J.: 8).

    Insgesamt gibt es im Seehafen 39 Terminals, die durch zwölf Terminalbetreiber betrieben werden. Die relativ geringe Anzahl an Umschlagsunternehmen verdeutlicht, dass einige Unternehmen den Umschlag mehrerer Gütersegmente abdecken. Lediglich fünf Unternehmen sind ausschließlich an einem Terminal tätig. Unterteilt nach einzelnen Gütergruppen zeigt sich, dass für den Umschlag von Flüssiggütern elf Terminals und für Massengüter sowie Stückgüter jeweils 14 Terminals zur Verfügung stehen (Port of Klaipėda 2012d).

    Innerhalb des Hafens gibt es mit 79 km Länge eine weitläufig ausgebaute Schieneninfrastruktur, die der Anbindung der Terminals an weiterführende Schienenrelationen dient (Port of Klaipėda 2012c). Die Anbindung des Seehafens an das weiterführende Schienennetz erfolgt über verschiedene Bahnstationen sowie Verschiebe- und Rangierbahnhöfe, die in den letzten Jahren durch die Litauischen Bahn sukzessive erneuert und ausgebaut wurden. Hieraus resultieren für den Seehafen unter anderem Zeitvorteile bei der pünktlichen Bereitstellung von Waggons an einzelnen Terminals (Sinkevičius 2010: 12f., Port of Klaipėda 2012e).

    Die Bedeutung der Schieneninfrastrukturanbindung des Seehafens Klaipėda zeigt sich deutlich bei der Verkehrsträgerwahl im Hinterlandverkehr. Bezogen auf die Gütermenge konnte die Schiene im Zeitraum von 2004 bis 2011 stets einen Anteil zwischen 69 % und 78 % aufweisen. Bei den Gütern, die über den Schienenweg transportiert werden, handelt es sich größtenteils um Transitgüter, insbesondere Massengüter. Auf den Straßengüterverkehr entfiel demnach im genannten Zeitraum ein jährlicher Anteil zwischen einem Viertel und einem Drittel der transportierten Gütermenge. Insbesondere der Stückgutverkehr (Ro-ro-Güter und Container) wird über Straßentransporte abgewickelt (Sinkevičius 2012: 27).

Trotz des mengenmäßig gesehen relativ geringen Anteils der Straße kommt diesem Verkehrsträger aufgrund der intensiven Nutzung für hochwertige Güter dennoch eine wichtige Bedeutung bei der Hinterlandanbindung des Seehafens zu. Die Anbindung des Seehafens an das Straßensystem erfolgt über drei Schnellstraßenanschlüsse, die sich im nördlichen, südlichen und zentralen Bereich des Seehafens befinden. Insbesondere die südliche Anbindung wird durch Erweiterungen von Fahrstreifen in ihrer Leistungsfähigkeit gestärkt. Aufgrund der räumlichen Nähe des Seehafengeländes zum Stadtgebiet von Klaipėda gestalten sich die Ausbauplanungen für die Straßenanbindungen als relativ schwierig (Port of Klaipėda 2012e).

Die Anbindung des Seehafens Klaipėda an die weiterführende Verkehrsinfrastruktur in Litauen ist aus Sicht der nationalen Verkehrs- und Wirtschaftspolitik eine wichtige Aufgabe, um den Seehafenstandort, aber auch die litauische Wirtschaft zu stärken. So weist der Experte aus dem Transportministerium darauf hin, dass sich Litauen als eine Drehscheibe für Verkehre zwischen Ost- und Westeuropa betrachtet und diese Funktion unbedingt als eine treibende Kraft der Wirtschafsentwicklung des Landes aufrechterhalten werden soll. *„Unsere geographische Lage als ein Zwischenland für sehr intensiven Transitverkehr, ist eine unserer Hauptbedingungen für die Entwicklung unserer Wirtschaft. Nicht nur der Transport, nicht nur Logistik, wir versuchen auch andere Investitionen in diesem Bereich anzuziehen, jedoch ist es sehr schwer, da die Marktanteile bereits stark verteilt sind. Aber, Logistik ist sehr attraktiv und wir haben sehr positive Dynamiken, trotz der wirtschaftlichen Krise. Wir haben einen starken Wirtschaftsrückgang [bezogen auf 2009, A.d.V.], aber das Transportwesen steht sehr stark da"* (TMII). Aus diesem Grund werden durch das Transportministerium nationale Strategien und Pläne entworfen, die der Entwicklung des nationalen Transportwesens und der -infrastrukturen dienen. Diese Entwicklungsstrategien orientieren sich dabei an EU-Strategien sowie -Programmen und den damit verbundenen Budgets. *„Und eines dieser operationalen Programme der EU, das Programm der wirtschaftlichen Entwicklung, beinhaltet Sachverhalte zur Entwicklung der Verkehrsinfrastruktur. Und der Seehafen von Klaipėda ist natürlich mit der Entwicklung der Landinfrastruktur und der Entwicklung des Ost-West-Korridors [Paneuropäischer Verkehrskorridor IX von Klaipėda über Kaunas, Vilnius, Minsk und Kiew, A.d.V.] verknüpft. So also mit den Eisenbahnverbindungen und Straßenverbindungen. Der Hafen hat demnach eine Hauptpriorität für unser Land"* (TMII). Die Investitionen der EU-Mittel in die Verkehrsinfrastrukturen orientieren sich dabei am Modal Split der Verkehrsträger gemessen am Verkehrsaufkommen und werden nach Expertenaussagen zu etwa gleichen Anteilen auf Straße und Schiene verteilt (Interview TMII).

6.2.2 Das Containerverkehrssegment im Seehafen Klaipėda

6.2.2.1 Terminalfazilitäten und Umschlagsleistungen

Parallel zur Umstrukturierung der Hafenorganisation des Seehafens Klaipėda Anfang der 1990er Jahre setzte der kommerzielle Umschlag von Containern im Seehafen ein. Zwar gab es bereits seit den 1970er Jahren während der Sowjetzeit Containerverkehre im Seehafen Klaipėda (Central Intelligence Agency [CIA] 1973), jedoch lagen diese auf einem sehr geringen Niveau und auch die technischen Umschlagsanlagen waren nicht mit denen der heutigen Zeit zu vergleichen. Auch die Umschlagswerte zu Beginn der 1990er Jahre lagen auf einem sehr niedrigen Niveau von deutlich unter 10.000 TEU und erst Mitte der 1990er Jahre konnte ein höherer Containerumschlag auf rund 30.000 - 40.000 TEU verzeichnet werden. Nach einer Schwächeperiode in den Folgejahren setzte ab 2000 ein dynamischer Anstieg im Containerumschlag ein, wodurch im Jahr 2003 erstmalig einen Wert von über 100.000 TEU erreicht wurde und der Umschlag bis 2008 auf über 350.000 TEU anstieg. Bedingt durch die Wirtschaftskrise 2009

Abbildung 26: Entwicklung des Containerumschlags im Seehafen Klaipėda von 1994 bis 2011

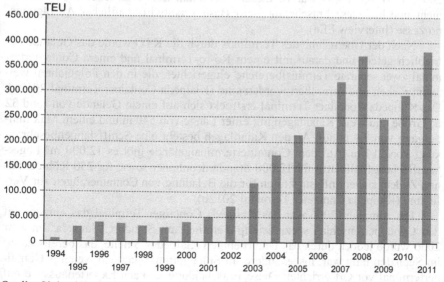

Quelle: Sinkevičius 2012: 25

endete die sehr starke Entwicklungsdynamik abrupt. Seit 2010 steigt der jährliche Containerumschlag erneut an und hat 2011 wieder das Niveau von 2008 erreicht (siehe Abbildung 26) (Sinkevičius 2012: 25).

Der Anstieg des Containerumschlags Mitte der 1990er Jahre ist neben einem allgemeinen Wachstumstrend im internationalen Containerseeverkehr auf die Errichtung des ersten Containerterminals im Seehafen Klaipėda (Container Terminal Klaipėda) zurückzuführen. Hierfür wurde im Jahr 1994 auf einem früheren Umschlagsgelände für Stück- und Ro-ro-Güter eine Fläche von rund 6,4 ha für den spezialisierten Containerumschlag umgewidmet (Klaipėda Container Terminal 2012a). Als Betreiber des Containerterminals agierte das Unternehmen Klasco Stevedoring Company (KLASCO), das heute zu den größten Terminalbetreibern im gesamten Seehafengebiet von Klaipėda zählt. Zur damaligen Zeit war das Unternehmen noch ein Staatsunternehmen und es wurde in Verhandlung mit dem Seehafen entschieden, dass dieses den Betrieb des Containerterminals übernehmen sollte. *„Ja, das Terminal wurde vom Hafen, der Behörde, gebaut, jedoch wurde es nicht direkt an KLASCO übertragen. Die Infrastruktur wurde vom Hafen gebaut und die Suprastruktur wurde von KLASCO erworben. [...] Es war nicht so, dass KLASCO selbst entschieden hat, sich im Containergeschäft zu beteiligen, es war eine gemeinsame Entscheidung der Hafenbehörde und von KLASCO [...]"* (EEa). Das Containerterminal wurde bis Ende 2005 von KLASCO betrieben und dann an die Klaipėda Terminal Group (KTG) verkauft, die das Klaipėda Container Terminal seitdem betreibt (Ocean Shipping Consultants 2009: 169). KLASCO war zu diesem Zeitpunkt kein staatliches Unternehmen mehr und traf diese Entscheidung auf Basis privatwirtschaftlicher Abwägungsprozesse (Interview EEa).

Nach der Übernahme des Terminals durch die KTG wurde das Gelände betrieblich geteilt und darauf mit einem Ro-ro-Terminal und einem Containerterminal zwei separate Terminalbereiche eingerichtet, die in den Folgejahren weiterentwickelt und vergrößert worden sind (Klaipėda Container Terminal 2012a). Das Klaipėda Container Terminal erstreckt sich auf einem Gelände von rund 32 ha Größe und weist Kaianlagen mit einer Länge von 540 m und einem Maximaltiefgang von 9,9 m auf. An den Kaianlagen besteht eine Schiffslängenbeschränkung von 214 m. Auf dem Containerterminalgelände gibt es 12.000 m² Lagerhausflächen, Stellplätze für 12.000 Standardcontainer sowie für 250 Kühlcontainer. Zudem stehen Infrastrukturen für die Beladung von Containerzügen zur Verfügung (Klaipėda Container Terminal 2012b).

Bis zum Jahr 2006 war das Klaipėda Container Terminal das einzige auf den Containerumschlag spezialisierte Terminal am Standort Klaipėda. Im Jahr 2006 wurde jedoch durch das Unternehmen Klaipėdos Smeltė, das bereits zuvor im Seehafen tätig war, insbesondere im Stückgutumschlag, ein weiteres Containerterminal vor Ort errichtet. Diese Entscheidung ist nach Expertenaussage auf die damalige Entwicklungsdynamik im Containergeschäft zurückzuführen. *„Vor* *einigen Jahren waren wir noch ein konventionelles Güterterminal, aber 2004 entschieden sich das Management und der vorherige Eigentümer dafür, etwas komplett Neues zu machen. Dies war gerade die Zeit, in der die Containerisierungsquoten sehr intensiv waren und die Güterflüsse weltweit stark anstiegen. Und dies war dann die Zeit, in der wir den Bau eines Containerterminals initiierten"* (CTIIb). Der Bau des Containerterminals wird von Expertenseite mit zwei Hauptgründen angegeben: 1) aus den Beobachtungen der positiven Entwicklung des damaligen Containerverkehrs im Ostseeraum, 2) auf das bereits vorhandene Terminalgelände und dessen gute infrastrukturelle Voraussetzungen für den Containerumschlag. *„Der erste Grund war die ansteigende Größe der Feederschiffe. Zu der damaligen Zeit bemerkten wir, dass die Feederschiffe im Ostseeraum immer größer wurden, von rund 700 TEU auf 1000 - 1400 TEU. [...]. Der zweite Grund waren die Kühlgebäude. Wir hatten ein sehr gut entwickeltes System von Kühllagern auf dem Gelände und wir haben potenzielle Synergien ausgemacht. Denn wenn in einigen Fällen Kühlcontainer mit den Reedereien kommen, könnten diese danach erfolgreich in die Kühllager umgefrachtet werden [...]"* (CTIIb).

Obwohl die ersten Umschlagsprozesse am Terminal lediglich eine geringe Jahreskapazität von maximal 60.000 TEU vorsahen (WorldCargo News 2005: 26), wird der Start des Containerumschlags am Terminal von Klaipėdos Smeltė im Jahr 2006 als sehr erfolgreich bezeichnet, da es gleich gelungen ist eine große Überseelinie als Kunden zu gewinnen (Interview CTIIb). Eine gravierende Änderung der Ausrichtung des Terminals setzte 2008 ein, als das Terminal an einen ausländischen Mehrheitseigner, die Terminal Investment Ltd. (TIL) verkauft wurde. *„Aber die wirkliche Veränderung kam im Jahr 2008, September 2008, als der vorherige Eigentümer, eine litauische Familie, sich dafür entschied, den Kontrollanteil zu verkaufen. Und so wurden mehr als 90 % der Anteile an das internationale Containerterminalnetzwerk Terminal Investment Ltd. (TIL), ein Unternehmen mit Hauptsitz in Bergen op Zoom, in den Niederlanden, verkauft"* (CTIIb).

Das Containerterminal Klaipėdos Smeltė ist Bestandteil des 42 ha großen Unternehmensgeländes im Seehafen von Klaipėda (Terminal Investment Limited 2013a). Für den Containerumschlag stehen Anlegestellen mit einer Gesamtlänge von 554 m und einer Wassertiefe von 12,5 m zur Verfügung. Die Maximallänge anlaufender Schiffe beträgt rund 260 m, wobei jedoch auch schon Schiffe mit einer Länge von 275 m zugelassen worden sind. Das Terminalgelände bietet Stellplätze für 10.000 Standardcontainer sowie 144 Kühlcontaineranschlüsse (Klaipėdos Smeltė 2013a).

Ein Blick auf die Umschlagsleistungen der beiden Containerterminals im Seehafen Klaipėda zeigt, dass das Klaipėda Container Terminal höhere Umschlagswerte aufweist als das Klaipėdos Smeltė Terminal. Gemessen an den 382.184 TEU, die im Jahr 2011 insgesamt im Seehafen umgeschlagen wurden, hatte das Klaipėda Container Terminal einen Anteil von 223.953 TEU (58,6 %) und das Klaipėdos Smeltė Terminal von 158.231 TEU (41,4 %). Das Verhältnis der Umschlagsanteile hat sich jedoch in den letzten Jahren relativ stark verändert, da insbesondere beim Klaipėdos Smeltė Terminal eine sehr dynamische Entwicklung zu verzeichnen war. Noch im Jahr 2007 lag der Anteil dieses Terminals am Gesamtcontainerumschlag im Seehafen bei lediglich rund 10 % und konnte in den Folgejahren durch enorme Umschlagssteigerungen erhöht werden (siehe Tabelle 17).

Ein wichtiger Grund, der zur Verschiebung der Anteile geführt hat, ist der starke Umschlagseinbruch, den das Klaipėda Container Terminal im Krisenjahr 2009 zu verzeichnen hatte (siehe Tabelle 17). Beim Klaipėdos Smeltė Terminal wirkte sich dieses Krisenjahr nicht negativ aus, sondern führte lediglich zu einem gegenüber den Vor- und Folgejahren geringeren Wachstum. Die Krise des Jahres 2009 wird daher auch vom befragten Experten des Klaipėda Container Terminals als wesentlich dramatischer empfunden. *„Vor der Krise im letzten Jahr [2009, A.d.V.] waren wir das führende Container Terminal in den baltischen Staaten [...], da waren wir die Nummer eins. Eigentlich, aktuell, stehen wir immer noch gut da, an der oberen Position. Das beste Jahr hatten wir 2008, in dem wir einen Umschlag von über 300.000 TEU hatten. Aufgrund der Krise und des Rückgangs des Verkehrs im Ostseeraum haben wir einen starken Rückgang verzeichnen müssen, der etwa 40-50 % ausgemacht hat"* (CTIIa). Die starke negative Entwicklung im Terminal wird auf die schwache Auslastung der Containerschiffslinien zurückgeführt sowie auf die schwachen Ex- und Importzahlen von Nachbarländern, wie beispielsweise Weißrussland (Interview CTIIa).

Tabelle 17: Anteile der Containerterminals im Seehafen Klaipėda am Gesamtcontainerumschlag im Seehafen von 2007 bis 2011

		2007	2008	2009	2010	2011
Klaipėda Container Terminal	TEU	283.932	302.654	162.669	181.426	223.953
	%	88,3	81,1	65,6	61,5	58,6
Klaipėdos Smeltė	TEU	37.500	70.609	85.313	113.795	158.231
	%	11,7	18,9	34,4	38,5	41,4

Quelle: eigene Darstellung und Berechnung nach Sinkevičius 2012: 25, Klaipėda Container Terminal 2012c, Klaipėdos Smeltė 2012

In Bezug auf die jährlichen Umschlagkapazitäten weist das Klaipėda Container Terminal mit derzeit rund 450.000 TEU gegenüber dem Klaipėdos Smeltė Terminal mit rund 200.000 TEU eine höhere Kapazität auf (Klaipėda Container

Terminal 2012b, Klaipėdos Smeltė 2012: 8). Auf der Basis der Umschlagswerte aus dem Jahr 2011 liegt die Auslastung der Terminals somit bei rund 50 % beziehungsweise 80 %. Dies verdeutlicht einerseits, dass momentan ausreichend Kapazitäten für den Umschlag vorhanden sind. Anderseits können die Auslastungsgrenzen bei steigenden Umschlagswerten relativ schnell erreicht werden. Auch aufgrund einer anzunehmenden weiter ansteigenden Containerverkehrsentwicklung gibt es aktuelle Überlegungen zum Ausbau der Terminalkapazitäten (siehe 6.2.2.4).

6.2.2.2 Akteure und Strategien im Terminalgeschäft

Nach der vorangegangenen Darstellung des Containerterminalgeschäfts in Klaipėda werden im Folgenden die beiden vor Ort aktiven Terminalbetreiber hinsichtlich ihrer unternehmerischen Strategien am Standort analysiert.

Strategien der Terminalbetreiber

Die Containerterminalbetreiber im Hafen Klaipėda weisen sowohl hinsichtlich ihres unternehmerischen Ursprungs als auch geographischen Wirkungsbereichs Unterschiede auf. So ist das Klaipėda Container Terminal ein zu 100 % litauisches Unternehmen, das keine weiteren Anteilseigner hat und nur am Standort Klaipėda arbeitet (Interview CTIIa). Das Unternehmen agiert dabei als ein ausschließlich im nationalen Umfeld tätiger Terminalbetreiber. Diese auf den Standort Klaipėda bezogene Ausrichtung im Containerverkehr wird aus Unternehmenssicht als gut funktionierend betrachtet. Insbesondere die Unabhängigkeit als eigenständiges Unternehmen wird hierbei hoch und als absolut nicht veränderungswürdig eingeschätzt. *„Das Terminal arbeitet sehr gut mit anderen Unternehmen zusammen. Es gibt Abstimmungen im Management, mit den Kunden und der Kundengemeinschaft. Es werden untereinander Informationen geteilt. Aber, es gibt in naher Zukunft keine Absicht das Unternehmen an andere Unternehmen teilweise zu veräußern"* (CTIIa).

Der Betrieb des Klaipėda Container Terminals ist von einem Geschäftsmodell geprägt, das sich im Wesentlichen auf den Umschlag von Containern beschränkt. Als wichtigste Aufgabe hierbei wird durch den Betreiber die Akquisition neuer Kunden (Schiffslinien) genannt, wodurch die Umschlagszahlen stabil gehalten oder gesteigert werden sollen. *„Unser Ziel ist es die Kapazität des Terminals auszulasten. [...] [Hierbei, A.d.V.] ist es natürlich unser Ziel Schiffslinien anzuziehen und anzuwerben, und diese dafür zu gewinnen, mit unserem Terminal zusammenzuarbeiten"* (CTIIa). Als Kunde steht für das Terminal dabei keine spezielle Schiffslinie als vorrangiger Ansprechpartner im Fokus und das Unternehmen betrachtet sich als für alle Seiten offener Ansprechpartner. *„Ich denke, wir arbeiten mit allen vertretenden Linien, außer MSC, zusammen. MSC läuft nur Smeltė an. Die anderen Schiffslinien laufen uns an, wie Maersk, Contai-*

nerships, Unifeeder, K-Line. Einige dieser Linien kommen mit eigenen Schiffen, beispielsweise Maersk. Andere Linien nutzen Feederlinien" (CTIIa).

Im Vergleich zum Klaipėda Container Terminal sind die unternehmerischen Rahmenbedingungen beim Klaipėdos Smeltė Terminal anders strukturiert, da es sich bei dem Betreiber TIL um ein global agierendes Terminalunternehmen handelt. Das Klaipėdos Smeltė Terminal ist hierbei nur ein Standort innerhalb eines weltumspannenden Terminalnetzwerks von TIL, das insgesamt 27 Terminalstandorte in 18 Staaten umfasst, wovon vier Standorte momentan errichtet werden (Terminal Investment Limited 2013b). Als Besonderheit der Terminals von TIL ist die enge Zusammenarbeit mit der Schiffslinie MSC zu nennen, die als der größte Kunde oder sogar Kooperationspartner angesehen werden kann. *„[TIL, A.d.V.] ist ein Terminaloperator, der in einer sehr engen Kooperation mit MSC steht. Und das Prinzip der Kooperation liegt darin, dass TIL in Terminals investiert, in welche MSC reingehen möchte. Wenn MSC kommt und sagt, dass ein bestimmter Hafen entwickelt werden soll, dann kommt TIL und baut entweder ein Terminal oder kauft einen Anteil oder macht eine Kombination einer Beteiligung"* (CTIIb). In diesem Rahmen funktioniert auch die Arbeit am Klaipėdos Smeltė Terminal, das ebenfalls die Schiffslinie MSC als Hauptkunden hat und wodurch diese Kooperation auch am Standort Klaipėda zum Tragen kommt. Diese Geschäftsbeziehung zwischen MSC und dem Klaipėdos Smeltė Terminal wird vom Experten aber nicht als dauerhaft ausgehandelt und feststehend bezeichnet, vielmehr findet auch hierbei ein Verhandlungsprozess zwischen den beteiligten Akteuren statt. *„Es gibt einen Vertrag zwischen uns und MSC. Sie sind unter normalen Bedingungen unser Kunde. Wir verpflichten uns und sie sich. Die Verhandlungen finden normalerweise jedes Jahr statt. Dies ist Praxis im Hafen von Klaipėda. Jedes Jahr werden die Verträge neu verhandelt und man schaut, was sich verändert hat und was angepasst werden muss"* (CTIIb).

Diese enge Beziehung des Terminals zur Schiffslinie MSC und die Einbindung des lokalen Terminalstandorts Klaipėda in das weltumspannende Terminalnetz von TIL lässt die Frage aufkommen, inwieweit das Terminal vor Ort Entscheidungen der Unternehmenszentrale in den Niederlanden unterliegt beziehungsweise seine Handlungen eigenverantwortlich bestimmt und welche Kunden dabei bedient werden können. In den Aussagen des Experten aus dem Terminalmanagement ergibt sich dazu, dass das Terminal zwar die Strategien der großen Betreibergesellschaft kennt und diesen teilweise folgt, jedoch viele Entscheidungen auch vor Ort in Eigenregie getroffen werden können. *„Wir gehören zu TIL und kennen die Hauptrichtlinien. Aber, wenn man nach den internationalen Strategien fragt, dann ist dies mehr eine globale Frage. Aber, wenn Sie fragen, wie frei wir sind, obwohl man sieht, dass TIL ein Anteilseigner ist, sehen wir uns immer noch als öffentliches Terminal. Dies ist unser offizielles Anliegen. MSC ist unser größter Kunde im Moment, im Containerterminal, und auch insgesamt, wenn man die konventionellen Güter mit einbezieht. Demnach ist MSC* *unser größter Kunde. Aber auch unabhängig von MSC sind wir frei andere Kunden zu bedienen"* (CTIIb). Trotz der Freiheiten auch andere Schiffslinien am Terminal zu bedienen, zeigt sich in den Expertenaussagen die große Bedeutung von MSC für Klaipėdos Smeltė. *„Im Moment haben wir 80 - 83 % des Güterumschlags durch MSC-Güter. Neben MSC bedienen wir aber auch andere Hochseelinien, wie Maersk, APL, Hapag-Lloyd und andere"* (CTIIb).

Konkurrenzbeziehungen der Terminals

Die offene Orientierung beider Containerterminals zu verschiedenen Schiffslinien als Kunden ist eng mit der Frage der Konkurrenz zwischen den Marktteilnehmern gekoppelt. Hierzu kommt in den Aussagen der befragten Experten zum Ausdruck, dass eine Konkurrenzbeziehung bei der Akquise von Kunden zwischen beiden Terminals am Standort durchaus vorhanden ist. Die Ausprägung des Wettbewerbs wird dabei jedoch unterschiedlich bewertet.

Insbesondere aus Sicht des Klaipėda Container Terminals wird der Wettbewerb zwischen den Terminals deutlich betont, insbesondere im Zusammenhang mit dem Einstieg des Unternehmens TIL in das Klaipėdos Smeltė Terminal. Im Zuge dieses Einstiegs wechselte die Schiffslinie MSC zum Klaipėdos Smeltė Terminal und ging dem Klaipėda Container Terminal als relativ großer Kunde verloren. Da jedoch das Klaipėdos Smeltė Terminal nicht nur für eine Schiffslinie arbeitet, sondern auch andere potenzielle Kunden anspricht, um die eigenen Kapazitäten auszulasten, existiert aus Sicht des Klaipėda Container Terminals ein starker Wettbewerb. *„Und wir sagen uns, okay, sie nehmen die MSC-Container und wir schauen auf die Container, die wir hier in unserem Terminal umschlagen. In dieser Lage wird aber klar, dass der Umschlag dort relativ klein ist und so versuchen sie nun einige andere Schiffslinien für ihr Terminal zu gewinnen. Und dies ist natürlich immer ein sehr großer Wettbewerb"* (CTIIa).

Seitens des Klaipėdos Smeltė Terminals wird der Wettbewerb zwischen den Containerterminals vor Ort etwas differenzierter eingeschätzt. So benennt der befragte Experte zwei wesentliche zeitliche Phasen des Wettbewerbs, die am Standort zwischen beiden Containerterminals gesehen werden können. Die erste Wettbewerbsphase fällt in die Zeit vor der Übernahme des Smeltė Terminals durch TIL und war durch einen intensiven Wettbewerb zwischen beiden Terminals geprägt. *„Zu diesem Zeitpunkt haben wir um die gleichen Kunden gekämpft. Zu dieser Zeit hat das Wettbewerbsunternehmen an seiner Kapazitätsgrenze gearbeitet und zu diesem Zeitpunkt sind wir in den Markt gegangen. Und wir haben angenommen, dass, wenn sich die Wirtschaft so weiterentwickelt in den nächsten fünf Jahren, dann werden beide Terminals genug Dinge im Markt zu tun haben"* (CTIIb). Die zweite Wettbewerbsphase bezieht sich auf die Zeit nach der Übernahme des Smeltė Terminals durch TIL und der damit einhergehenden Verbindung zur Schiffslinie MSC. Obwohl diese Phase mit einem Wechsel eines großen Terminalkunden eingeleitet wurde, ist sie nach Aussagen des Experten nicht mehr in dem Maße von Wettbewerb gekennzeichnet, wie es die erste Phase noch war. *„Dann nach dem Jahr 2008, als Smeltė von TIL gekauft wurde und wir begannen uns auf MSC zu konzentrieren, war dies im ersten Moment sicher eine sehr drückende Situation für das Konkurrenzterminal, denn sie haben mit MSC einen großen Kunden verloren, den besten Kunden am Terminal. Momentan würde ich aber nicht sagen, dass wir noch Konkurrenten sind. Sie haben ihre Kunden, wir haben unsere Kunden. In einigen Dingen [Umschläge gleicher Schiffslinien, A.d.V.] konkurrieren wir. [...] Dieser Wettbewerb ist schon da, aber der Wettbewerb ist nicht länger wild und hart, würde ich sagen,,* (CTIIb).

Am deutlichsten zeigt sich der Wettbewerb darin, dass es bei den Schiffslinien als Terminalkunden keine direkten Stammkunden, MSC tendenziell ausgenommen, gibt und die Terminals immer wieder Verhandlungen führen müssen. Dabei werden die Verhandlungen zwischen den Terminals und den Schiffslinien oftmals parallel geführt und die Schiffslinien loten die für sie besseren Angebotsoptionen aus. Der Erfolg des Terminals hängt demnach in erster Linie von den Verhandlungsergebnissen ab und weniger von anderen Faktoren, wie beispielsweise der Art der Güter im Container oder den Herkunfts- oder Zielregionen der Container. *„Ja, man spricht gleichzeitig mit den Schiffslinien, um diese für sich als Kunden zu gewinnen. Es kann auch sein, dass eine Schiffslinie beide Terminals anläuft. So ist es beispielsweise bei Maersk, die sowohl bei uns als auch im anderen Terminal umschlagen. Dieser Anteil wird eben dort umgeschlagen und somit auch die Gebühr dort bezahlt. Aber bei den Gütern zwischen den Terminals gibt es keine Unterschiede, das können durchaus die gleichen Güter sein. Auch sind die Destinationen hier am Standort egal, so dass man nicht sagen kann, dass hier Container für ein Land umgeschlagen werden und am anderen Terminal Container für ein anderes umgeschlagen werden. Es ist letztendlich nur eine Angelegenheit von Verhandlungen zwischen der Schiffslinie und dem Terminal"* (CTIIa). In Bezug auf den Wettbewerb um Schiffslinien als Kunden wird aus Sicht des Klaipėdos Smeltė Terminals noch einmal darauf verwiesen, dass das Terminal als öffentliches Terminal fungiert und somit allen potenziellen Kunden zur Verfügung steht. Dabei wird aber auch erwähnt, dass es durchaus Auswirkungen auf die Nachfrage anderer Kunden haben kann, wenn ein Terminal bereits stark mit einer Schiffslinie zusammenarbeitet. *„Und nochmals, wir positionieren uns als ein öffentliches Terminal. Normalerweise sind die Schiffslinien frei in der Wahl, ob sie uns oder den Wettbewerber anlaufen. Die Bedingungen werden durch die Preise vorgegeben. Die Servicequalität der Terminals ist relativ gleich. In vielen Fällen hängt die Entscheidung von den Schiffslinien und deren bestimmten, spezifischen Bedürfnissen ab, die sie haben. Wir fühlen, dass wahrscheinlich in der Mehrzahl der Fälle, eine Schiffslinie eher zu einem Terminal geht, das unabhängig ist von einem großen Containercarrier. Denn, wenn Sie sehen, dass hier eine Mehrzahl an MSC-Containern steht, den-*

ken sie vielleicht, dass ein anderes Terminal längerfristig ein sicherer, besserer Ort für sie ist. Aber ich habe das Gefühl, dass wir mit allen eine gute Kooperation haben" (CTIIb).

Das Vorhandensein der geschilderten Wettbewerbssituation zwischen den Containerterminals wird von allen befragten Experten vor Ort als gut für die Entwicklung der Terminalunternehmen selbst aber auch des Hafenstandorts angesehen. Insbesondere der Einstieg des internationalen Terminalbetreibers am Standort wird von Seiten der Politik als ein wichtiger Schritt für die zukünftige Entwicklung des Hafenstandorts und ein Signal für die Wirtschaft gesehen. Hierbei wird durch den Experten aus dem Bereich der Verkehrspolitik kritisiert, dass einige politische und wirtschaftliche Akteure derartigen Entwicklungen, die von der aktuellen Politik befördert werden, argwöhnisch gegenüberstehen. *„Diese jetzige Politik ist die Politik der existierenden Regierung. Offen gesprochen, es ist manchmal sehr schwierig unseren nationalen Geschäftsleuten klar zu machen, dass fremde Partner sehr gute Partner sind, um ihr Geschäft zu entwickeln. Dies hängt auch von der Mentalität der Leute ab, da oft auf wenige Jahre geschaut wird. Der Weitblick muss aber auch gesehen werden"* (TMII).

Logistische Integration der Terminals

Bei der Arbeit der Containerterminals ergibt sich die Frage, wie weitgehend diese in logistische Transportkettenabläufe eingebunden sind und hierbei vor- oder nachgelagerte Prozesse steuern oder mit beeinflussen können. Wie die Darstellung der Wettbewerbssituation zwischen den beiden Containerterminals bereits gezeigt hat, sind die Terminals mit Schiffslinien verbunden und seewärtig in deren Logistikaktivitäten involviert. Die Zusammenarbeit ist hierbei jedoch auf vertraglich festgelegte Zeiträume beschränkt, die immer wieder neu ausgehandelt werden. Eine direkte Beeinflussung oder Bestimmung der seewärtigen Logistikprozesse durch die Terminals ist dabei nicht vorhanden.

Hinsichtlich möglicher landseitiger Verknüpfungen zeigt sich ebenfalls, dass die beiden Terminals keine logistischen Dienste über die Containerumschlagsleistungen hinaus anbieten, sondern den Schwerpunkt im Containergeschäft auf den Containerumschlag für Schiffslinien legen. Dieser Geschäftsprozess basiert auf vertraglich festgesetzten Konditionen mit der Schiffslinie. Von Seiten des Experten aus dem Klaipėda Container Terminal wird erläutert, dass im Anschluss daran keine direkten Beziehungen des Terminals zu Transportunternehmen bestehen, sondern der Weitertransport der umgeschlagenen Container auf der Basis von Vereinbarungen zwischen der Schiffslinie und verschiedenen Transportunternehmen geschieht. *„Unsere Kunden, Schiffslinien, haben bestimmte Vereinbarungen mit anderen Transportunternehmen. Sie haben beispielsweise eigene Verträge mit diesen Unternehmen. Wir für uns haben nur einen Vertrag mit der Schiffslinie und gewährleisten den Umschlag von Contai-*

nern. Uns ist es in der Folge eigentlich egal, wer dann die Container weiterbe-fördert und wo das hingeht" (CTIIa). Deutlich wird in den Expertenaussagen zudem, dass es von Unternehmensseite keine Bestrebungen gibt, sich eventuell stärker im nachgelagerten Transportgeschäft zu engagieren. Zwar wird dieses Geschäft als durchaus ertragsreich angesehen, jedoch werden dafür auch spezifische Ressourcen benötigt, die es im Unternehmen, wie es momentan aufgestellt ist, nicht gibt. *„[Es gab mal Gedanken darüber, A.d.V.] aber bisher gab es keinen Grund dafür. Es ist aus unserer Sicht nicht so sinnvoll. Weniger wegen der möglichen Mehrwerte und Gewinne. Es liegt vielmehr daran, dass wir nicht genug Möglichkeiten haben, dies zu tun. Unsere Strategie zielt stärker auf den Umschlag und wir schauen vor allem auf das Umschlagsgeschäft. Und es ist keine Strategie dieses Geschäft zu erweitern"* (CTIIa)

Auch das Smeltė Container Terminal ist in seiner Arbeitsausrichtung insbesondere auf das Umschlagsgeschäft und somit den Service für Schiffslinien fokussiert. Das Terminal bietet ebenfalls keine weiterführenden Transportdienste nach dem Containerumschlag an. *„Aber wenn man über das Angebot von Logistikdienstleistungen spricht, in dieser Hinsicht haben wir als Terminal kein Angebot an Leistungen vom Punkt A zum Punkt B. Sie werden das gleiche System im Konkurrenzterminal sehen. Unsere Verantwortung liegt nur im Hafen- und Terminalbereich. Wir sind nur ein Stevedoring-Unternehmen und ein Hafenbetreiber"* (CTIIb). Diese Fokussierung auf das Umschlagsgeschäft steht im Smeltė Container Terminal in einer Linie mit der Unternehmenspolitik des Anteilseigners TIL, der nicht in weiterführenden Transportaktivitäten involviert ist. *„TIL bietet keine Logistik an. Sie werden so etwas bei TIL nicht finden, dass dort Transporte ins Hinterland angeboten werden oder andere Dinge aus dem Bereich der Speditionsdienste"* (CTIIb).

Obwohl es vom Terminal selbst keine direkte Beteiligung in vor- und nachgelagerten Transportangeboten gibt, wird in den Expertenaussagen jedoch deutlich, dass es am Standort Klaipėda für einen Containerterminalbetreiber sehr wichtig ist, direkte Beziehungen zu Transport- oder Speditionsunternehmen zu haben. Begründet wird dies mit den Aufgaben, die die Speditionsunternehmen bei der Zusammenstellung oder dem Entladen von Containern in den Containerfrachtstationen des jeweiligen Terminals ausüben. *„[Die überwiegend lokalen Transport- und Speditionsunternehmen, A.d.V.] kontrollieren die meisten Güter des Imports, aber auch die Güter, die als Transit weiter nach Weißrussland und die Ukraine gehen. Das bedeutet, sie mieten bei uns die Containerfrachtstation. Wenn man mal die baltischen Containerterminals analysiert, im Speziellen die Containerterminals in Klaipėda, dann kann man sehen, dass die Terminals sehr gut entwickelte Containerfrachtstationen haben. Und wenn man hier in diesem Markt eine erfolgreiche Geschichte im Containergeschäft schreiben möchte, muss man eine gut entwickelte Containerfrachtstation haben. Denn es ist normal, dass Container im Import in Richtung Zentralasien und Weißrussland [über*

reguläre Züge verschickt werden, um Güter nach Klaipėda zu bringen oder an-
dersherum, A.d.V.]. Und erst dann werden die Güter in der Containerfrachtsta-
tion in Container gesteckt oder aus diesen herausgeladen. Und aus diesem
Grund haben wir direkte Kontakte zu Speditionsunternehmen, die die Güter für
die Container kontrollieren" (CTIIb).

6.2.2.3 Hinterlandanbindung und Transitfunktion

Bei den in den Seehafen Klaipėda ein- und ausgehenden Containerverkehren
zeigt sich, dass zwischen 2007 und 2011 (Ausnahme 2009) stets mehr Container,
wenn auch im geringen Umfang, über Schiffe nach Klaipėda ein- als ausgegangen sind (siehe Abbildung 27). Hinsichtlich der Beladung der Container wird innerhalb dieser Verkehre ein erheblicher Unterschied beim Anteil der Leerconta-
ner deutlich: Während die Container der eingehenden Verkehre zu einem sehr
hohen Anteil mit Gütern gefüllt sind und nur wenige leere Container umgeschlagen werden, bestehen die ausgehenden Containerverkehre zu einem großen An-

Abbildung 27: Containerumschlag im Seehafen Klaipėda unterteilt in geladene
beziehungsweise abgeladene Container mit Berücksichtigung
von Leercontaineranteilen

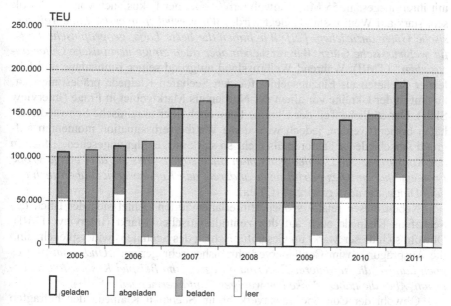

Quelle: Statistics Lithuania 2012: 19

teil aus leeren Containern (siehe Abbildung 27). Dieser Anteil hat sich zwar zwischen 2005 und 2011 verringert, jedoch kann aufgrund dieses hohen Leercontaineranteils davon ausgegangen werden, dass der Containerumschlag mit Mehrkosten belastet wird, da die Kosten des Abtransports der leeren Container in die Transportpreise einkalkuliert werden müssen.

Bei den ein- und ausgehenden Containerverkehren stellt sich die Frage, inwieweit diese nicht nur für den litauischen Markt bestimmt sind, sondern als Transitverkehre in direkt angrenzende Staaten oder darüber hinaus abgewickelt werden und welche Rolle die jeweiligen Containerterminals in diesen Transitverkehren einnehmen.

Transit allgemein

Wie bereits in 6.2.1.3 dargestellt, verfügt der Seehafen über eine Verkehrsinfrastrukturanbindung, die den Weitertransport von Transitgütern in Containern sowohl über Straßen- als auch Schieneninfrastrukturen ermöglicht. Bei den Containertransittransporten stehen mit Russland, Weißrussland, der Ukraine sowie einigen zentralasiatischen Staaten nahezu die gleichen Länder als Ziel- und Quellregion im Fokus, wie auch bei den übrigen Verkehrssegmenten. Eine besondere Rolle spielen hierbei die beiden Länder Weißrussland und die Ukraine mit ihren insgesamt 55 Mio. Einwohnern, wobei der Fokus auch von der Politik sehr stark auf Weißrussland gelegt wird. *„ Wir versuchen in erster Linie weißrussische Güter anzuziehen, [...]. Wir haben die beste Lage, geographische Lage, für weißrussische Güter. Wir versuchen aber auch einige ukrainische Güter anzuziehen"* (TMII). Während Weißrussland aufgrund seiner Binnenlage und fehlender Seehäfen als Einzugsgebiet für den Seehafen Klaipėda prädestiniert ist, kommt in der Ukraine vor allem der Norden als Marktgebiet in Frage (Interview SHII). Der südliche Teil der Ukraine kann auch über ukrainische Schwarzmeerhäfen bedient werden, jedoch wird diese Wettbewerbssituation momentan aufgrund verschiedener Faktoren als nicht so stark ausgeprägt angesehen. *„Aber in der Konkurrenz zur Ukraine muss man auch sagen, dass sie dort einige große Probleme haben. Dies betrifft unter anderem den Kundenservice, aber auch andere Dinge, die dazu gehören"* (CTIIa).

Neben diesen relativ großen Hinterlandmärkten richtet sich der Blick des Seehafens Klaipėda auch auf den zentralasiatischen Markt (Interview TMII). Obwohl sich dieser Markt im Gesamtumschlag des Seehafens widerspiegelt, sind die Ausprägungen im Containerverkehr bisher sehr gering. *„Und dann gibt es noch Länder, die in weiterer Entfernung liegen, zum Beispiel Kasachstan, Usbekistan. Aber die haben, denke ich, weniger Containermengen"* (SHII).

Obwohl der Containertransitverkehr im Seehafen Klaipėda den befragten Experten zu Folge einen hohen Stellenwert einnimmt, lassen sich hierzu keine konkreten Aussagen treffen, da weder von der Seehafenverwaltung noch von den einzelnen Containerterminals aussagekräftige Daten vorliegen. Aus Sicht der Terminals wird dies mit der Vertraulichkeit interner Geschäftsangelegenheiten begründet und die Experten gehen jeweils nur grob darauf ein. So äußert sich ein Experte folgendermaßen: *„Litauen [ist sehr gut lokalisiert, A. d. V.] für die Verteilung von Containern über Land in Länder wie Weißrussland, Ukraine und vielleicht auch Russland. Russland vielleicht noch nicht heute, aber schon eines Tages. So ist also das Einzugsgebiet des Hafens sehr gut. Wir decken ganz gut Zentralasien ab, obwohl dies 4.000 km sind,,* (CTIIb). Ein anderer Experte reißt diese Thematik ebenso nur kurz an: *„Wie sie sicher wissen, arbeiten wir mit vielen Gütern in Form von Transitverkehren oder in Form von Im- und Exportverkehren, die Weißrussland zugerechnet werden können."* (CTIIa).

Aufgrund der starken Bindung von Containertransporten in Richtung Weißrussland und die Ukraine wird durch die Experten die Bedeutung der Wirtschaftsentwicklung dieser Länder für die Entwicklung des Seehafens und der Containerterminals angesprochen und darauf verwiesen, dass sich wirtschaftliche Schwächephasen dieser Volkswirtschaften schnell auf die Transitverkehre des Seehafens und der Containerterminals auswirken können. Beispielhaft werden die Verkehrsbeziehungen zu Weißrussland angeführt, die durch die Wirtschaftskrise im Jahr 2009 erheblich geschwächt wurden (Interview CTIIa).

Neben den wirtschaftlichen Beziehungen werden aber auch politische Beziehungen Litauens zu anderen Staaten angesprochen, die ebenso die Verkehrsbeziehungen und den Austausch von Waren beeinflussen können. Insbesondere Weißrussland steht dabei im Vordergrund der Expertenaussagen. *„Denn wir sind sehr nahe an Weißrussland und viele Güter gehen nach Klaipėda. Und hierbei ist es wichtig, wie die Wirtschaftsbeziehungen aussehen und auf welchem Niveau sie sich bewegen. Damit müssen wir umgehen [...]" „Es kommt natürlich auch immer auf die Beziehungen zu den Nachbarstaaten an. Und wenn sich insbesondere die Situation zu Weißrussland ändert, dann kann das was am Güter- beziehungsweise Containeraufkommen verändern. Beispielsweise wie vor einigen Monaten als sich unsere Präsidentin mit dem weißrussischen Präsidenten traf und danach hat das Güteraufkommen zugenommen"* (CTIIa).

Obwohl durch die Interviewpartner keine Zahlen zum Containertransitverkehr zur Verfügung stehen, ermöglichen jedoch Daten, die von Ocean Shipping Consultants (2009: 143) veröffentlicht worden sind, einen Blick auf die Ausprägung des Containertransitverkehrs am Standort Klaipėda (siehe Tabelle 18). Die Daten verdeutlichen, dass der Containertransit seit 2000 parallel zum Gesamtcontainerumschlag angestiegen ist und 2008 einen Anteil von rund einem Drittel aufweisen konnte. Die Entwicklungsdynamik des Transitverkehrs war dabei wesentlich stärker ausgeprägt. Während der Containerumschlag von 2000 bis 2008 etwa um das Neunfache gewachsen ist, stieg der Transit demgegenüber deutlich überproportional um den Faktor 28 an (Ocean Shipping Consultants 2009: 142f.).

Tabelle 18: Anteile des Containertransitverkehrs am Gesamtcontainerumschlag
im Seehafen Klaipėda von 2000 bis 2008

	2000	2001	2002	2003	2004	2005	2006	2007	2008
Gesamtumschlag (1.000 TEU)	40,0	51,7	71,6	118,4	174,2	214,3	231,5	321,4	373,3
Transitanteil (1.000 TEU)	4,0	7,8	14,3	29,6	45,3	57,9	64,8	96,4	112,0
Transitanteil (%)	10,0	15,1	20,0	25,0	26,0	27,0	28,0	30,0	30,0

Quelle: teilweise eigene Berechnung nach Ocean Shipping Consultants 2009: 142f.

Blockzüge als Verkehrsträger im Transit

Aufgrund fehlender Daten ist eine genaue Untergliederung des Containertransitverkehrs in die Verkehrsträger Straße und Schiene nicht möglich. Aus den Aussagen der Terminalexperten lässt sich aber entnehmen, dass dem Verkehrsträger
Schiene hierbei eine bedeutende Rolle zukommt. Als Vorteile werden die gute
infrastrukturelle Anbindung des Seehafens an das nationale Schienennetz sowie
die mit den Zielländern des Transits kompatiblen technischen Standards genannt,
wodurch Transporte zwischen Litauen und dem Ausland reibungslos abgewickelt werden können. *„Von der Landseite her, haben wir kaum große nennens-
werte Nachteile. Wir haben sehr gut entwickelte Zugverbindungen und gute Verbindungen in Länder wie Weißrussland. Wir haben ein gut entwickeltes Zugsys-
tem und die gleiche Spurbreite wie die GUS-Staaten, wie Russland, Weißrussland, Ukraine und andere"* (CTIIb).

Bei der Abwicklung von Eisenbahntransitverkehren gab es seit Ende der
1990er Jahre in Litauen verschiedene Überlegungen zur Einführung von Contai-
nerblockzügen (UNECE 2006). Einige dieser Projekte wurden nach einer kurzen
Umsetzungsphase wieder abgebrochen, andere wurden erst in den letzten Jahren
entwickelt. Momentan gibt es vier, den Transit betreffende, Containerblockzugprojekte, die mit dem Seehafen Klaipėda in Verbindung stehen: der Viking-
Blockzug, der Sun-Blockzug, der Mercury-Blockzug sowie der Baltic Transit-
Blockzug. Letzterer fungiert als Blockzug, der in allen drei baltischen Staaten
eingesetzt wird und neben Klaipėda auch die Seehäfen Riga und Tallinn bedient.
Alle Blockzugprojekte sind auf Verbindungen in verschiedene GUS-Staaten sowie in einigen Fällen optional darüber hinaus in asiatische Länder ausgerichtet.
Die Auslastung und der Erfolg der jeweiligen Projekte zeigen deutlich unter-
schiedliche Ausprägungen.

Als bisher am besten entwickeltes Vorhaben kann der im Jahr 2003 initiier-
te Containerblockzug Viking bezeichnet werden, das als erstes litauisches Projekt dieser Art in Verbindung mit dem Seehafen Klaipėda begonnen wurde. Der

Blockzug verbindet den litauischen Seehafen Klaipėda mit den ukrainischen Seehäfen Odessa und Illichivsk auf einer Strecke von rund 1.750 km Länge und erschließt dabei unter anderem die Agglomerationsräume Minsk und Kiew sowie andere Umschlagsterminals in Weißrussland und der Ukraine (Ponomariovas o.J.: 7, UNECE 2006, Viking Train 2013a). Von den befragten Experten wird der Viking-Zug als erfolgreiches Projekt beschrieben, dessen Stärke insbesondere in der Erschließung eines erweiterten Seehafenhinterlands in Richtung Ukraine und Weißrussland liegt (Interview TMII, Interview SHII).

Die Entstehung des Viking-Zugs geht auf politische Initiativen des litauischen Staates beziehungsweise des Transportministeriums in Zusammenarbeit mit anderen Regierungen zurück, die bereits im Jahr 1999 durch gegenseitige Absichtserklärungen mit der Ukraine gestartet wurden (UNECE 2006: 2). Obwohl von der Politik angestoßen, handelt es sich bei dem Zugprojekt um ein privatwirtschaftliches Unterfangen der daran beteiligten staatlichen Eisenbahnunternehmen und Logistikdienstleister (Interview TMII, Viking Train 2013b, Viking Train 2013c). *„Der Zug ist ein absolut privatwirtschaftliches Projekt. Aber, nun gut, politisch haben sich Minister in Litauen, Weißrussland und der Ukraine verabredet, um diesen Zug zu initiieren und die Leistungen anzubieten. Aber, wie ich gesagt habe, es ist ein absolut kommerzielles Projekt, sehr attraktives Projekt, und die Hauptpartner darin sind die Eisenbahnen von Litauen und der Ukraine sowie weitere Logistikunternehmen aus den Ländern"* (TMII).

Anhand der Entwicklung des jährlichen Transportaufkommens lässt sich der angesprochene bisherige Erfolg des Projekts nachvollziehen. Seit der Einführung im Jahr 2003 haben sich die jährlichen Containertransporte bis 2007 sehr dynamisch auf rund 40.000 TEU entwickelt und sind nach einem Einbruch im Jahr 2008 wieder auf rund 56.000 TEU im Jahr 2011 gestiegen. Die Auslastung in beide Fahrtrichtungen ist annähernd ausgeglichen (siehe Abbildung 28) (Port of Klaipėda 2013a), was für den wirtschaftlichen Betrieb des Blockzugs enorm wichtig ist.

Als wichtige Erfolgsvoraussetzung des Viking-Blockzugprojekts gelten die geschaffenen Rahmenbedingungen bei den Transportzeiten und Transportkosten. So ist die Versendung von Containern im Vergleich zu Lkw-Transporten etwa 20-30 % günstiger. Auf die Transportdauer, die für die gesamte Wegstrecke circa 52 Stunden beträgt, wirken sich insbesondere die geringe Wartezeiten von maximal 30 Minuten an der EU-Außengrenze zwischen Weißrussland und Litauen aus. Als weiterer Vorteil des Zuges gilt dessen häufige Frequenz sowie die mögliche Einbindung in Tür-zu-Tür-Transporte (Ponomariovas o.J.: 6, UNECE 2006, Viking Train 2013a).

Abbildung 28: Entwicklung der jährlichen Containertransporte des Viking-Zugs

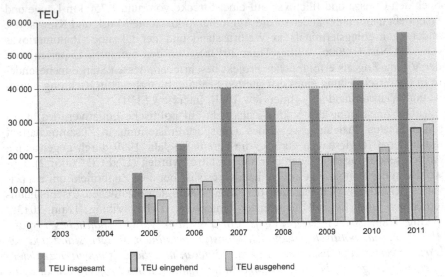

Quelle: Port of Klaipėda 2013a

Zur Stärkung des Zugprojekts Viking streben die politischen Entscheidungsträger Litauens eine Ausdehnung dessen multinationaler Transportbedeutung an.
Hierbei wird insbesondere die Nord-Süd-Transportroute zwischen der Ostsee
und dem Schwarzen Meer als Entwicklungschance gesehen, weshalb versucht
wird andere Anrainerstaaten und Seehäfen des Schwarzen Meers im Projekt zu
involvieren. *„Aber erst letzte Woche hatten wir eine Vereinbarung mit ukrainischen Kollegen und türkischen Geschäftsleuten den Markt des Viking-Zugs auszudehnen und auf türkische Seehäfen auszudehnen. Denn türkische Transporteu-
re sind daran interessiert in diesem Geschäft involviert zu sein, insbesondere in
Transporte in Richtung Norden, Skandinavien"* (TMII). Diese Einbindung erfolgt über Fähranschlüsse in den ukrainischen Seehäfen, die direkt als Service
gebucht werden können und den Weitertransport der Container über das Schwar-
ze Meer realisieren. Neben dem türkischen Schwarzmeerhafen Samsun bestehen
mittlerweile auch weiterführende Anschlüsse in die georgischen Seehäfen Ba-
tumi und Poti (Viking Train 2013d).

Die anderen bestehenden Containerblockzugprojekte Sun und Mercury sind
deutlich jüngeren Datums und wurden erst im Jahr 2011 initiiert, weshalb die
zukünftige Entwicklung abzuwarten bleibt. Aktuelle Zahlen belegen jedoch eine
noch geringe Auslastung, die hinter den ursprünglichen Erwartungen zurück-
bleibt. Da es sich bei dem Mercury-Zug um ein Projekt handelt, das bereits

schon einmal im Jahr 2005 gestartet wurde (UNECE 2006: 4), zeigt sich, dass eine Etablierung von Ganzzugprojekten relativ schwierig ist. Der Neustart des Projektes im Jahr 2011 ist ebenfalls auf Initiativen der litauischen Regierung zurückzuführen. Als großes Problem derartiger Projekte wird vom Experten des Ministeriums die nationale Tarifgestaltung auf den Schienenstrecken von Nachbarländern angesprochen. Insbesondere die Tarife auf russischem Boden werden als teilweise hemmend für den wirtschaftlichen Betrieb von Blockzugprojekten angesehen. *„Wir versuchen jetzt auch einen ähnlichen Zug [wie den Viking-Zug, A.d.V.] in Richtung Moskau zu etablieren. Dieser Zug soll von Kaliningrad über Klaipėda nach Moskau verlaufen. Aber die russische Tarifpolitik ist nicht sehr attraktiv und Straßentransporte sind in dieser Hinsicht ein großer Wettbewerber"* (TMII). Als besonders kritischer Punkt wird dabei die unterschiedliche Festlegung von Tarifen für einzelne Zugverbindungen angesprochen. So gab es laut Expertenaussage zum Zeitpunkt der Verhandlungen teilweise höhere Streckentarife für Transporte die von Russland nach Litauen gingen, als für Transporte, die nur auf russischem Boden stattgefunden haben beziehungsweise durch Litauen nach Kaliningrad geführt wurden. Durch diese Preisunterschiede entstehen mitunter Wettbewerbsbedingungen, die ein wirtschaftliches Angebot nahezu ausschließen *„Also, der Kunde oder der Besitzer der Güter zahlt für alle Transportkosten, für alle Leistungen, die auf russischem Gebiet in Richtung Klaipėda erbracht werden. Wie bereits angedeutet, bei Bahntransporten nach China, da ist die Transsib nicht im Wettbewerb zu vergleichen. Und das ist das größte Problem, um mit unseren Partnern im Osten Vereinbarungen zu treffen, die ein wettbewerbsfähiges Umfeld schaffen, in Sachen Wirtschaftlichkeit und Tarifen. Das sind riesige Verhandlungsprozesse"* (TMII). Wie der Experte andeutet, ist es auch für Litauen möglich eine derartige Tarifpolitik auf dem eigenen Territorium anzuwenden. Aufgrund der längeren Streckenabschnitte, die in den Nachbarländern zurückgelegt werden müssen, ist dennoch dadurch die Gleichbehandlung von Logistikprojekten nicht unbedingt gegeben. *„Aber natürlich wenden wir die gleiche Politik an. Wir haben höhere Tarife für ukrainische Transporte, die nach Kaliningrad gehen. Aber auf Klaipėda bezogen lässt sich sagen, dass unser Gebiet nur eine Größe von etwa 200 km umfasst. Im Vergleich dazu hat das russische Gebiet eine Ausdehnung von tausenden Kilometern. Also, das ist natürlich unsere eigene Politik, um den russischen Export auf unsere Schienen und zu unserem Hafen Klaipėda zu bekommen"* (TMII).

Neben den genannten Blockzügen existiert mit dem Projekt Baltika Transit ein weiteres derartiges Projekt, das den Seehafen Klaipėda sowie die baltischen Seehäfen Ventspils, Riga und Tallinn mit Destinationen in den GUS-Staaten und asiatischen Ländern verbindet (siehe 6.3.2.3).

Wettbewerbssituation zu anderen Häfen

Für die Experten der Containerterminals ist die Anbindung an die Blockzüge ein wichtiger Wettbewerbsaspekt und wird für die Entwicklung des Umschlaggeschäfts als ein wesentliches Element betrachtet. Ein anderer Aspekt, der bei der Hinterlandanbindung betrachtet werden muss, ist der Wettbewerb mit Containerterminals in anderen Seehäfen im Ostseeraum. Als Wettbewerber gelten dabei dem Experten der Hafenverwaltung nach vor allem die Containerseehäfen, die entlang der südlichen und östlichen Ostseeküste lokalisiert sind. *„Wir sehen uns selbst eher als Konkurrent in einer Linie, die in Gdańsk oder Gdynia beginnt und bis St. Petersburg oder Ust-Luga verläuft und dort endet. So positionieren wir uns selbst. Und eigentlich sind in dieser Hinsicht nicht einmal Gdańsk und Gdynia große Konkurrenten für uns, weil ich mir nicht vorstellen kann, dass sehr viele Container, die für Litauen bestimmt sind, über Gdańsk und Gdynia Richtung Norden verlaufen. [...] Ich würde sagen, das Maß der Konkurrenten ist daher viel kleiner. Mit Kaliningrad konkurrieren wir eigentlich auch nicht, aufgrund des EU- und Nicht-EU-Status. Eng gesehen [sind unsere Konkurrenten im Containergeschäft, A.d.V.] Riga, Tallinn, St. Petersburg und demnächst Ust-Luga"* (SHII).

Trotz dieser potenziellen Konkurrenzsituation stellen nicht alle dieser genannten Häfen wirklich Wettbewerber für den Containerstandort Klaipėda dar. Zum einen wird hierbei argumentiert, dass es über das momentan vorhandene Umschlagsvolumen hinaus, ein hohes Wachstumspotenzial für weitere Containerverkehre im Ostseeraum gibt. Dieses ergibt sich vor allem aus den ökonomischen Entwicklungsmöglichkeiten in den Nachbarländern sowie aus Transitverkehren zwischen Asien und Europa. Zum anderen sind die Seehäfen nicht alle auf die gleichen Ziel- und Quellregionen ausgerichtet, wodurch sich die Verkehre eher auf die einzelnen Seehäfen verteilen, als dass diese darum sehr stark ringen müssen.

Aus Sicht der Containerterminals in Klaipėda bestehen insbesondere Konkurrenzbeziehungen zum Hafen in Riga, da dieser ein ähnliches Einzugsgebiet im Hinterlandcontainerverkehr aufweist, wie der Seehafen Klaipėda. *„[Dieser Wettbewerb besteht, A.d.V.], weil oftmals die Distanzen von beiden Häfen die gleichen sind. Wenn man beispielsweise nach Vilnius möchte, dann sind es von Klaipėda etwa 200 km und von Riga ist es in etwa gleichviel. So sieht es auch mit Destinationen im weiteren Hinterland, im Ausland, aus, wie beispielsweise Russland oder der Ukraine"* (CTIIa). Trotz dieses Wettbewerbs mit Riga wird die Situation für Klaipėda als momentan besser eingeschätzt, da es vor Ort einige Wettbewerbsfaktoren gibt, beispielsweise die Qualität der Containerabwicklung am Hafenstandort, die für den Standort Klaipėda sprechen. *„Und da würde ich sagen, hat Klaipėda momentan bessere Voraussetzungen gegenüber Riga und den anderen Wettbewerbern. Dies sind verschiedene Faktoren, wie Schnelligkeit* *und Qualität. Was jedoch nicht genannt werden kann, ist der Tiefgang, denn dieser ist an anderen Terminals durchaus besser.* Aber jetzt im Moment ist es ausreichend eine entsprechende Qualität anzubieten und diese zu halten und somit die anlaufenden Schiffe nicht zu verlieren" (CTIIa).

6.2.2.4 Ausbauplanungen und Entwicklungsperspektiven im Containerverkehr

Die Entwicklung des Containerverkehrs im Seehafen Klaipėda hängt von der Kapazitätsauslastung der Terminals ab, die jedoch über verschiedene Ausbauplanungen und -maßnahmen beeinflusst werden können. Aus diesem Bewusstsein heraus unternimmt die Seehafenverwaltung Maßnahmen zur Verbesserung im Seehafengebiet, beispielsweise zur Verbesserung der Fahrwasserbedingungen sowie zur Instandhaltung und Erneuerung der Kaianlagen. Hierdurch soll größeren Schiffen der Hafenanlauf erleichtert und der Gesamthafenumschlag gesteigert werden. *„Unsere Hauptaufgabe ist die Vertiefung des Fahrwasserkanals auf 14,5 Meter, wir können dann 13 Meter Tiefgang anbieten, was den Anlauf größerer Schiffe erlaubt. Dann müssen wir des Weiteren den Wendekreis für Schiffe erweitern, also auch den Tiefgang des Manövriergebietes vergrößern"* (SHII). Die Umsetzung dieser Maßnahmen durch den Seehafen ist eine langfristige Aufgabe, die verbunden mit hohen Investitionskosten über einen Zeitraum mehrerer Jahre vollständig umgesetzt werden kann. So wurden allein im Jahr 2012 für die Vertiefung des Fahrwassers rund 37,5 Mio. € aufgebracht (Gontier 2012: 3). Teilweise können diese Maßnahmen jedoch durch Fördergelder unter anderem der EU kofinanziert werden. Für die Ausbauplanungen im Jahr 2013 stehen im Seehafen verschiedene Um- und Ausbaumaßnahmen von Kaianlagen, Verkehrsinfrastrukturen und der Fahrwasserbedingungen im Umfang von mindestens 74,5 Mio. € auf der Agenda (Port of Klaipėda 2013b).

Die Notwendigkeit der Ausbau- und Instandhaltungsmaßnahmen im Seehafenbereich kommt in den Aussagen der Experten aus den Containerterminals deutlich zur Sprache. Insbesondere die Vertiefung der Fahrwasserbedingungen im Hafenkanal aber auch an den Kaianlagen wird als ein wichtiger Wettbewerbsfaktor Klaipėdas im Containerverkehrssegment gesehen (Interview CTIIa, Interview CTIIb). Die Arbeit der Seehafenbehörde wird von Seiten der Terminals als grundsätzlich gut eingeschätzt. Als eher problematisch wird jedoch gesehen, dass Forderungen der Terminals nach Ausbau- und Vertiefungsmaßnahmen aufgrund der oftmals damit verbundenen hohen Kosten von der Seehafenbehörde nicht zeitnah oder gleichzeitig erfüllt werden können. *„[Bei Tiefgang und Kailängen, A.d.V.] ist eher die Hafenbehörde zuständig [...]. Wenn es diesbezüglich Anforderungen wegen irgendwelcher Investitionen gibt, muss dies mit der Hafenbehörde geklärt werden. Hierbei gibt es oftmals einen harten Wettbewerb zwischen den Umschlagsunternehmen, da alle immer bessere und größere Anlagen haben* *möchten. Da es ein Staatshafen ist, trägt man diese Belange dann eben an die Behörde weiter"* (CTIIa).

Im Vergleich der Containerterminals zeigt sich, dass die Ausbaumaßnahmen beiden Terminals zu Gute kommen. Insbesondere für die Zukunftsplanungen des Klaipėdos Smeltė Containerterminals, die mittelfristig die Etablierung des Terminals als ein *transshipment-hub* vorsehen, sind die Ausbaumaßnahmen jedoch essentiell sind, da hierfür größere Tiefgänge und andere Ausstattungsmerkmale an den Kaianalgen notwendig sind. Da diese Entwicklungsoption für die Seehafenverwaltung positiv wäre, wird im Rahmen des Möglichen an einer Verbesserung der Bedingungen gearbeitet. *„Unser Hafen ist kein transshipment-Hafen, er ist ein Feederhafen. Aber zusammen mit der Terminal Investment Limited, die vor einigen Jahren das Unternehmen Klaipėdos Smeltė erworben hat und sehr nahe zur Schiffslinie MSC steht [...], kann sich da etwas ändern. Und wir glauben, dass dieses Unternehmen, und sie haben es bereits angekündigt, dass sie hier gern einen Hub im östlichen Ostseeraum für ihre Containerverkehre haben würden. Natürlich haben sie Nachfragen, die ziehen mehr an, bedienen größere Schiffe und schaffen zusätzliche Kapazitäten durch verschiedene Baumaßnahmen, um ihre Terminals besser erreichen zu können, die im Hafengebiet liegen. Wir sehen diese Entwicklung, wir wissen, dass dieser Partner sehr stark ist und wir werden unser Bestes geben, um die Notwendigkeiten der Marktnachfrage zu befriedigen. So werden wir Maßnahmen beginnen, die den Hafenkanal verbessern, so dass sie mit 6.000 TEU Schiffen einfahren können. Gerade fahren sie mit 4.000 TEU Schiffen ein"* (SHII).

Aus Sicht des Unternehmens Klaipėdos Smeltė werden die angestrebten Maßnahmen der Hafenbehörde positiv eingeschätzt, jedoch wird auch Kritik laut, die sich auf bestimmte Restriktionen für einlaufende Schiffe bezieht. So erwähnt der Experte aus dem Containerterminal, dass durch kleine Änderungen an Vorgaben ein Entwicklungspotenzial für den Anlauf größerer Schiffe entfaltet werden könnte. *„Das wichtigste sind dabei die Beschränkungen der Schiffslänge und des Tiefgangs. Unglücklicherweise, aber wir kämpfen um eine Änderung, haben wir immer noch einen erlaubten Minimalabstand zwischen Schiffsrumpf und Grund von 1,5 m. Wir denken, das ist sehr viel. Wir haben hier keinen Tidenhub und wir denken, dass 1 m genug sein könnten, was einen riesigen Vorteil bringen würde. Und ein zweiter Punkt ist, dass die Hafenbehörde weiterhin sehr konservativ ist, was die Schiffslänge anbelangt und die Navigationsbedingungen. Im Moment sind wir auf etwa 260 m beschränkt. Wir würden aber gern auf 300 m Maximallänge gehen. Dies würde helfen um hier das Transshipment von Containern zu starten und zu stärken, hier im Hafen"* (CTIIb).

Für die zukünftigen Entwicklungen des Klaipėdos Smeltė Terminals wird ein deutliches Umschlagswachstum angestrebt sowie das Ziel verfolgt, in den nächsten Jahren das größte Terminal am Standort Klaipėda zu werden. *„Ich erwähne keine Zahlen, was wir erreichen wollen, aber es wird deutlich mehr sein,* *als wir heute haben. Es ist nicht eine Frage von Prozenten, sondern eine Frage eines Anstiegs um ein Vielfaches. Ja, und der Plan ist, dass wir mehr haben werden als das andere Terminal"* (CTIIb). Diese klare Zielstellung wird im Terminal durch verschiedene Ausbauvorhaben und -maßnahmen untermauert, die in den nächsten Jahren sukzessive umgesetzt werden sollen. Als wesentliche Entwicklungsschritte werden durch den Terminalexperten die zunehmende Ausdehnung der Containerterminalflächen innerhalb des gesamten Areals von Klaipėdos Smeltė sowie die sukzessive Vergrößerung der Kaianlagen genannt (Interview CTIIb). Für die zukünftige Etablierung des *transshipment-hubs* sollen konkret existierende Planungen umgesetzt werden. Dabei ist für 2023 eine Ausbaustufe mit einer Kapazität von 1.000.000 TEU vorgesehen. Das ausgebaute Terminal soll dann insgesamt eine Kailänge von 1.430 m haben, Stellflächen für 24.000 Standardcontainer aufweisen und über 1.400 Containerkühlanschlüsse verfügen (Klaipėdos Smeltė 2012: 11).

Im Gegensatz zu den konkreten Erweiterungsplänen im Klaipėdos Smeltė Terminal wird im Klaipėda Container Terminal mittelfristig davon ausgegangen, dass ausreichend Kapazitäten sowohl für das Unternehmen selbst als auch für den Seehafen Klaipėda vorhanden sind. Daher wird momentan auch kein eigener Bedarf für die Terminalerweiterung gesehen. Im Falle eines entstehenden Bedarfs ist es möglich jederzeit auf der vorhandenen Terminalfläche Kapazitäten zu schaffen. *„Wir denken nicht, dass wir mehr als unsere momentanen Kapazitäten in den nächsten Jahren erreichen werden. Zusammen mit unserem Wettbewerber Smeltė haben wir vor Ort rund eine 1 Million TEU als Kapazitäten. Für die weitere Zukunft haben wir freie Flächen für eine weitere Entwicklung"* (CTIIa).

Eine andere zukünftige Entwicklungsmöglichkeit im Seehafen Klaipėda, die auch den Containerverkehr betrifft, sind Hafenerweiterungsplanungen. Vor dem Hintergrund der seit Jahren steigenden Umschlagzahlen gibt es seit Beginn der 2000er Jahre Planungen, die darauf abzielen, die Bedeutung und Funktionsfähigkeit des Seehafens für die litauische Volkswirtschaft aufrechtzuerhalten und zu stärken. Da die spezielle Lage des Seehafens entlang des schmalen Mündungsbereichs des Kurischen Haffs in die Ostsee, der direkt an den Hafen angrenzenden Stadtgebiete sowie in Nähe liegender naturräumlicher Schutzgebiete keine Erweiterungsmöglichkeiten im direkten Hafenumland ermöglicht, wird erwogen Teile des Hafen an anderer Stelle neu zu errichten. Die Ergebnisse einer Machbarkeitsstudie aus dem Jahr 2004 empfehlen ein Szenario, das eine Erweiterung der Hafenflächen nördlich des gegenwärtigen Hafengeländes vorsieht (JICA 2004: 4f., Port of Klaipėda 2013c). Die Seehafenverwaltung verfolgt dieses Hafenerweiterungsprojekt intensiv und lässt erste Ergebnisse und Planungsansätze seit einiger Zeit durch eine weitere Machbarkeitsstudie konkretisieren. *„Wir müssen im Hafen neue Kapazitäten schaffen und entwickeln. In dem jetzigen Gebiet können wir keine Kapazitäten mehr schaffen, wir haben keinen Platz. Wir müssen langfristig einen neuen Hafen bauen, wenn man über eine Periode von*

20 Jahren spricht. Wo dieser Hafen lokalisiert sein wird, wird sich durch eine Machbarkeitsstudie zeigen, die wir starten werden" (SHII). Momentan wird ein Hafenneubauprojekt in der Nähe von Klaipėda in Erwägung gezogen, dessen Umsetzung für 2020 angestrebt wird. Innerhalb dieses neuen Hafenareals ist auch der Umschlag von Containern vorgesehen (Port of Klaipėda 2013c). Hierzu gibt es jedoch noch keine konkreten Planungen, weshalb Aussagen zu angestrebten Umschlagskapazitäten und den Terminalbedingungen nicht gemacht werden können. Bei Realisierung dieses Vorhabens ist jedoch davon auszugehen, dass der Containerverkehr am Standort Klaipėda neu strukturiert wird.

6.2.3 Zusammenfassung des Fallbeispiels unter Berücksichtigung theoretischkonzeptioneller Aspekte

Am Seehafenstandort Klaipėda gibt bereits seit den 1990er Jahren eine spezialisierte Ausrichtung auf den Containerumschlag. Zurzeit sind im Seehafen mit dem Klaipėda Container Terminal und dem Klaipėdos Smėlte Terminal zwei Containerterminals vorhanden, die beide auf der Grundlage des Landlord-Prinzips von privaten Unternehmen betrieben werden. Das Klaipėda Container Terminal hat gegenüber dem Klaipėdos Smėlte Terminal einen höheren Marktanteil, was unter anderem auf die längere Marktpräsenz zurückzuführen ist. Hinsichtlich ihrer Betreiberstruktur unterscheiden sich die beiden Terminals. So wird das Klaipėdos Smėlte Terminal von einem internationalen Terminalbetreiber (TIL) betrieben, der weltweit verschiedene Terminalstandorte unterhält und eine geschäftliche Kooperation zur Schiffslinie MSC unterhält. Das Terminal ist dabei aber nicht als dedicated terminal für diese Schiffslinie ausgerichtet, sondern steht ähnlich wie das Klaipėda Container Terminal für unterschiedliche Kunden zur Verfügung. Bei der Gewinnung von Kunden agiert das lokale Management des Klaipėdos Smėlte Terminals weitgehend unabhängig. Eine direkte und ausschließliche logistische Verknüpfung zu anderen Terminals des internationalen Betreibers, insbesondere durch die Verbindung zur Schiffslinie MSC, kann nicht erkannt werden. Das Klaipėda Container Terminal wird dahingegen von einem inländischen Betreiber unterhalten, der auch nur an diesem einen Standort tätig ist.

Trotz struktureller Unterschiede der Terminals lassen sich die vor Ort zu beobachtenden unternehmerischen Strategien als ähnlich bezeichnen. Beide Terminalbetreiber haben ihr Hauptbetätigungsfeld im Umschlag von Containern zwischen der Land- und der Seeseite. Darüber hinaus gibt es keine Bestrebungen in vor- oder nachgelagerten Logistikaktivitäten beteiligt zu sein. Dieses Aufgabenfeld wird spezialisierten Unternehmen überlassen. Somit zeigt sich hinsichtlich der *Abgrenzung der Aktivitäten der Terminalbetreiber innerhalb von Transportlogistikabläufen*, dass sich die beiden Terminals mit ihren Umschlagsprozessen im Sinne des Filiére-Ansatzes als jeweils ein gegenüber vor- oder nachgelagerten Prozessen abgegrenztes Segment betrachten lassen. Durch das Erbringen der Umschlagsleistung zwischen zwei Verkehrsträgern kommt es demnach zur Erstellung eines marktfähigen Produkts (spezifische Logistikdienstleistung), das in einen nächsten Produktionsschritt der Gesamterstellung einer Transportlogistikkette eingebracht werden kann.

Durch die Abgrenzung der Terminalbetreiberaktivitäten innerhalb der über die Terminals laufenden Transportkettenabläufe können unter Rückgriff auf den GVC-Ansatz vorhandene *Macht- und Koordinierungsverhältnisse zwischen den an den Terminals agierenden Akteuren* dargestellt werden. Für das Klaipėdos Smėlte Terminal kann dabei durch die enge Kooperation des internationalen Terminalbetreibers TIL mit der Schiffslinie MSC eine Ausprägung von Macht- und Koordinierungsverhältnissen abgeleitet werden, die im Sinne der gebundenen Wertkette ausgestaltet ist. Obwohl hierbei laut Expertenaussage zwischen Terminal und Schiffslinie marktliche Verhandlungsprozesse stattfinden, ergibt sich dies daraus, dass der Terminalbetreiber aufgrund der Größe des Kunden in einer gewissen Abhängigkeit von den Anläufen der Schiffslinie gesehen werden kann. Die Schiffslinie könnte theoretisch mit den durchgeführten Verkehren (Feederverkehren) das Terminal innerhalb des Seehafens wechseln. Durch parallel dazu existierende marktliche Beziehungen und Versuche andere Schiffslinien als Kunden zu gewinnen, wird die mögliche Ausprägung einer ausschließlichen Abhängigkeit von einem Kunden minimiert.

Im Gegensatz zum Klaipėdos Smėlte Terminal lassen sich für das Klaipėda Container Terminal ausschließlich marktliche Beziehungen identifizieren. Der Terminalbetreiber ist dabei als Anbieter von Umschlagsleistungen bestrebt eine solide Kundenbasis aufzubauen und betreibt daher Kundenakquise bei allen in Klaipėda agierenden Schiffslinien. Hierin steht der Betreiber in einer Konkurrenz zum Smėlte Terminal, da die potenziellen Kunden des Terminals die gewünschten Umschlagsleistungen auch im anderen Terminal bekommen können und daher ein Wechsel möglich ist. Teilweise sind Schiffslinien an beiden Terminals als Kunden aktiv.

Bezüglich der *Analyse externer und institutioneller Einflüsse verschiedener Maßstabsebenen auf das Agieren der Terminalbetreiber* zeigen sich unter Rückgriff auf Aussagen des GPN-Ansatzes sowohl Einflüsse im Bereich der darin genannten Elemente power als auch embeddedness. So lassen sich bezüglich machtspezifischer Aspekte vor allem nationalstaatliche und auch lokale Einflüsse identifizieren. Zum einen betrifft dies die gesetzlichen Regelungen, die in den 1990er Jahren zur Neustrukturierung der Organisationsform des Seehafens Klaipėda getroffen worden und die die Voraussetzungen zur Einführung des international weit verbreiteten Landlord-Prinzips geschaffen haben. Hierdurch können private Unternehmen beispielsweise in die Containerterminals des Seehafens einsteigen und diese betreiben. Als Verhandlungspartner tritt dabei die Seehafenverwaltung auf, die als Landverwalter mit Investoren über die Ausgestaltung von Pachtverträgen verhandelt. Im operativen Geschäft ist die Seehafenverwaltung in ihren Entscheidungen frei. Zu berücksichtigen ist jedoch, dass der Seehafen Klaipėda zu 100 % im Staatsbesitz ist und somit von staatlicher Seite Strategieentscheidungen der Seehafenverwaltung zumindest mitentschieden werden können.

Bei Berücksichtigung des im GPN-Ansatz dargelegten Elements der embeddedness ergeben sich aus der Analyse für den Standort Klaipėda beim Blick auf das Hinterlandeinzugsgebiet spezifische Einflüsse. So zeigt sich, dass beide am Ort tätigen Terminals einen großen Teil der abgewickelten Containerverkehre als Transitverkehre in Richtung GUS-Staaten abwickeln und nicht nur auf das relativ kleine litauische Hinterland beschränkt sind. Hierbei sind sie zum einen abhängig von der wirtschaftlichen Entwicklung potenzieller Hafenkunden in Litauen und den GUS-Staaten und zum anderen von der verkehrsinfrastruktrellen Einbindung innerhalb Litauens und zu anderen Staaten. Insbesondere zur verkehrsinfrastrukturellen Einbindung ergeben sich durch Maßnahmen des Verkehrsinfrastrukturausbaus nationalstaatliche Einflussmöglichkeiten. Da der Seehafen Klaipėda einen wichtigen Bestandteil der Verkehrswirtschaft in Litauen darstellt, wird seitens der nationalen Verkehrspolitik sehr viel in die Schienen- und Straßenverkehrsanbindung investiert. Bezüglich der Transitverkehre sind über die nationalstaatlichen Verkehrsinfrastrukturprojekte hinaus weitere Aspekte wichtig, um den Seehafenstandort und die Einbindung der Containerterminals zu stärken. Wie die Analyse zeigt, sind es vor allem auch gute bilaterale Beziehungen der litauischen Regierung zu den Nachbarstaaten, die den Hafenumschlag und die Abwicklung von Transitverkehren beeinflussen können. Neben reinen diplomatischen Beziehungen können hierbei auch konkrete Verhandlungen und gestartete Initiativen im Transportbereich angeführt werden, die beispielsweise zur Einführung von Blockzugprojekten durch verschiedene nationale Eisenbahngesellschaften geführt haben. In diesem Bereich wirkt der Seehafen als lokaler Akteur stark mit, in dem dieser direkt mit der nationalen Eisenbahngesellschaft über Blockzugprojekte spricht und zudem innerhalb des Hafens durch Baumaßnahmen, die über EU-Programme kofinanziert werden können, die infrastrukturelle Anbindungen stärkt. Hierbei ist auch die Stadtverwaltung als Akteur auf lokaler Ebene zu nennen, der aufgrund der innerstädtischen Lage des Seehafens an der Verbesserung der Verkehrsanbindungen zum Hafen beteiligt ist.

6.3 Der Hafenstandort Riga (Lettland)

6.3.1 Charakteristika des Hafenstandortes

6.3.1.1 Entwicklungslinien und Umschlagskapazitäten des Hafenstandortes Riga

Mit einem Anteil von rund 49 % aller im Jahr 2011 in lettischen Seehäfen umgeschlagenen Güter nimmt der Hafen Riga in Lettland die führende Position ein. Der Seehafen Riga befindet sich im Mündungsbereich der in die Ostsee fließenden Daugava. Die Wurzeln des Hafens Riga reichen bis in das Mittelalter zurück, in dem der Standort bereits als wichtiger Impulsgeber für die Entwicklung der gesamten Stadt und der damit verbundenen Region fungierte. Bereits zur damaligen Zeit wurde der Hafen kontinuierlich erweitert und vom Nebenfluss Ridzene in die Daugava verlegt (Asaris 1994: 103). Bis in die Industrialisierung hinein verschob sich die Bedeutung des Hafens in Abhängigkeit verschiedener politischer Einflüsse mehrfach, wobei sich der Standort sowohl unter schwedischer Verwaltung (17. Jahrhundert) als auch unter russischer Verwaltung (18. und 19. Jahrhundert) als wichtiger Exporthafen entwickelte (Asaris 1994: 103, Freeport of Riga Authority 2012a).

Insbesondere während der Zeit der russischen Verwaltung erfolgte eine Stärkung des Standorts durch den Ausbau von Hafenanlagen und die Verbesserung der Schiffbarkeit im Hafenbereich. So wurde damals am Standort Riga rund ein Fünftel des russischen Exports abgewickelt (wichtigster Exporthafen für Holz) und der Seehafen war Anfang des 20. Jahrhunderts der drittgrößten Hafen des zaristischen Russlands hinter St. Petersburg und Odessa (Asaris 1994: 103f.). Einer Aufschwungphase nach der Unabhängigkeit Lettlands nach dem Ersten Weltkrieg folgte mit dem Ausbruch des Zweiten Weltkriegs ein starker Einbruch der Leistungsfähigkeit (Freeport of Riga Authority 2012a).

Nach dem Zweiten Weltkrieg, in dem der Seehafen Riga stark zerstört wurde, und der Inkorporation Lettlands in die Sowjetunion verfolgte das zentralstaatliche Regime in Moskau einen Ausbau des Seehafens. Neben notwendigen Wiederaufbauarbeiten wurden der Hafen weiter in Richtung Daugavamündung ausgeweitet und neue Hafenanlagen errichtet. So kam es ab den 1960er Jahren unter anderem zur Errichtung eines neuen Passagierterminals und von Umschlagsanlagen für den Flüssiggasexport (Mürl 1970: 126, Asaris 1994: 104).

Zu Beginn der 1980er Jahre wurde im Seehafengebiet auf der Insel Kundziņsala ein modernes Containerterminal errichtet, das zu den größten Containerterminals in der Sowjetunion zählte. Da das Terminal als Umschlagspunkt für japanische Güter konzipiert wurde, die durch die Transsibirische Eisenbahn in Richtung Westen verschickt werden sollten, wurde der Fokus der verkehrsinfrastrukturellen Anbindung insbesondere auf den Schienenverkehr gelegt. Die Errichtung und der Betrieb des Terminals führten zu einer deutlichen Steigerung des Güterumschlags im Seehafen Riga (Asaris 1994: 104, Dreifelds 1996: 135f., Freeport of Riga Authority 2012a).

Nach dem Zusammenbruch der Sowjetunion und dem beginnenden Transformationsprozess im wiedergegründeten Lettland sank das Umschlagsniveau im Seehafen Riga zu Beginn der 1990er Jahre auf sehr niedrige Werte ab. Der niedrigste Umschlagswert wurde dabei 1993 mit 4,6 Mio. t erreicht. Ab 1994 konsolidierte sich die Umschlagsentwicklung und die Werte stiegen in den Folgejahren kontinuierlich, teilweise sehr dynamisch an (1997: 11,2 Mio. t, 2003: 21,7 Mio. t, 2010: 30,4 Mio. t) (Latvijas Statistika 2013). 2011 erreichte der Seehafen Riga einen Güterumschlag von rund 34,1 Mio. t, was im Vergleich zu den Vorjahren 2010 und 2009 einen Zuwachs um 11,8 % beziehungsweise 14,6 % bedeutete und die seit Jahren verlaufende dynamische Entwicklung bestätigte (Freeport of Riga Authority 2011: 1, Freeport of Riga Authority 2012b: 1) (siehe Abbildung 29).

Abbildung 29: Entwicklung des Gesamtgüterumschlags im Seehafen Riga (Mio. t.)

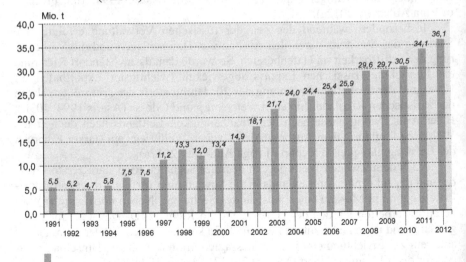

Gesamtumschlag in Mio.t *(5,5)*

Quelle: eigene Darstellung nach Latvijas Statistika 2013

Bei einer Untergliederung der im Seehafen Riga umgeschlagenen Güter in die einzelnen Güterkategorien (Massengüter, Flüssiggüter und Stückgüter) zeigt sich, dass die Massengüter mit 58,6 % deutlich den Umschlag dominieren und auf Stückgüter (19,1 %) und Flüssiggüter (22,3 %) annähernd gleiche Anteile entfallen (Latvijas Statistika 2013).

Eine detaillierte Betrachtung der drei Güterkategorien ergibt, dass innerhalb der Massengüter der Umschlag von Kohle absolut dominierend ist. Dieses Umschlagsgut nimmt auch gemessen am Gesamtumschlag des Seehafens mit 39,6 % die dominierende Position ein. Innerhalb der Flüssiggüter sind es Ölprodukte, die den größten Umschlagsanteil verzeichnen und gleichzeitig mit 22,1 % den zweitgrößten Anteil aller im Hafen Riga umgeschlagenen Güter aufweisen. Mit größerem Abstand belegen Container (9,3 %) und Holzprodukte (7,8 %), die zu den Stückgütern gezählt werden, die weiteren Ränge der wichtigsten Umschlagsgüter (Freeport of Riga Authority 2012b: 1).

Während der Anteil der Ölprodukte am Gesamtumschlag im Hafen seit dem Jahr 2000 relativ stabil geblieben ist, gab es bei den anderen Gütern teilweise erhebliche Veränderungen in den letzten Jahren. So weisen die Umschlagszahlen bei Kohle erst seit dem Jahr 2004 einen Anteil von über 35 % auf. Dahingegen hat der Anteil der Holzprodukte zwischen 2000 und 2011 deutlich von 31,1 % auf 7,8 % abgenommen und der Anteil der containerisierten Güter im gleichen Zeitraum bei einigen jährlichen Schwankungen zugenommen (Latvijas Statistika 2013).

Der Umschlag im Seehafen Riga ist vor allem durch ausgehende Verkehre geprägt (siehe Tabelle 19). Lediglich in den ersten Jahren nach der politischen Unabhängigkeit Lettlands waren die eingehenden Verkehre höher als die ausgehenden. Ab 1993 hat sich dieses Verhältnis jedoch gedreht und der Anteil der ausgehenden Güter am Gesamtumschlag beträgt seither stets über 70 % und seit 2000 deutlich über 80 %. Die bislang höchsten Werte wurden 2004 (92,4 %) und 2009 (91,2 %) erreicht.

Tabelle 19: Verhältnis der ein- und ausgehenden Verkehre im Seehafen Riga im Zeitraum von 1991 - 2011 (in %) (ausgewählte Jahre)

	1991	1992	1993	1995	2000	2002	2004	2006	2008	2009	2010	2011
eingehende Verkehre	74,5	62,7	29,3	26,4	12,7	12,3	9,8	11,2	10,6	8,1	10,3	12,5
ausgehende Verkehre	25,5	37,3	70,7	73,6	87,3	87,7	92,4	88,8	89,4	91,9	89,7	87,5

Quelle: eigene Darstellung nach Latvijas Statistika 2013

Einen wesentlichen Anteil an den aus dem Hafen ausgehenden Umschlagsgütern hat der Umschlag russischer Rohstoffe, wie Ölprodukte, Kohle und Holz, die als Transitgüter in den Hafen gebracht werden. 2011 waren von den im Seehafen umgeschlagenen 34 Mio. t Gütern rund 78 % (26,5 Mio. t) Transitgüter, deren Ziel oder Ursprung in den GUS-Staaten lag. Der Transit dominierte mit 81 % (24,1 Mio. Tonnen) insbesondere die aus dem Seehafen ausgehenden Güter, aber auch bei den eingehenden Gütern wurde ein Wert von 51 % (2,4 Mio. t) erreicht (Freeport of Riga Authority 2012e: 5). Obwohl zu den Haupttransitländern, die über Lettland bedient werden, keine genauen Angaben vorliegen, sind es insbesondere Russland und Weißrussland, die die höchsten Anteile am Transit aufweisen und somit das wichtigste Hinterland bilden. Darüber hinaus zielt der Seehafen aber auch auf andere GUS-Staaten als Hinterlandmärkte ab, beispielsweise Kasachstan, die vor allem über gute Verkehrsverbindungen in den russischen Raum gut zu erreichen sind (Belanina 2012: 55).

Für die Entwicklung von Transitströmen zwischen den GUS-Staaten und dem Seehafen Riga spielt Russland mit seiner Tarifpolitik für Gütertransporte eine wichtige Rolle. Als Schwierigkeit zeigt sich hierbei, dass in der Vergangenheit insbesondere für Exporte in Seehäfen außerhalb Russlands, die jedoch über russisches Territorium verliefen, oftmals erhöhte Streckentarife verlangt wurden. *„ [Es gibt Probleme mit Transitgebühren, A.d.V.]. Ja, man kann dies schon sagen und sehen. [...]. Heutzutage [2010, A.d.V.] ist der Unterschied nicht so groß, aber im Jahr 2005 war dies viel deutlicher. Wenn man beispielsweise einen fiktiven Produktionsort in Russland nimmt, dann sind es von dort nach St. Petersburg 1.500 km und die Gesamtfrachtrate für Metallprodukte liegt bei 27 $. Zur lettischen Seite beträgt die Entfernung nur die Hälfte, aber der Preis ist mit 54 $ zweimal höher und insgesamt beläuft sich der Unterschied auf den Faktor vier. Die Preise für die einzelnen Abschnitte werden von den jeweiligen Eisenbahnunternehmen festgelegt. Den Unterschied der Tarife kann man also sehen. [...]. Man muss sagen, dass sich die Situation in den letzten Jahren verbessert hat. Heutzutage ist der größte Unterschied [unterschiedliche Güter werden differenziert behandelt, A.d.V.] bei etwa 50%, es ist nicht mehr das Vierfache. [...]. So ist der Unterschied nicht mehr so groß, aber es gibt sie noch. Russland verspricht die Tarife anzugleichen. Das hängt auch mit dem Beitritt zur WTO zusammen "* (TMIII).

6.3.1.2   Eigentums- und Organisationsform des Hafenstandorts Riga

Nach der Unabhängigkeit Lettlands im Jahr 1991 wurde der Seehafen Riga neu konstituiert und in den Folgejahren durch verschiedene Erlasse (1994, 2001 und 2004)[20] wichtige Regelungen zur Geschäftsform und den Aktivitäten des Seehafens formuliert (BMT Transport Solutions GmbH [BMT] 2009: 12f.).

Bei der Freeport of Riga Authority handelt es sich um eine öffentliche Institution, die auf der Grundlage des im Jahr 1994 verabschiedeten Law on Ports

---

[20] Im Jahr 1994 wurde das Law on Ports, im Jahr 2001 das Law on the Freeport of Riga und 2004 die Regulations of the Freeport of Riga Authority verabschiedet.

durch die Stadtverwaltung Riga gegründet worden ist. Die Freeport of Riga Authority steht unter der Aufsicht des Regierungskabinetts der Republik Lettland. Das Law on Ports definiert, dass die Seehafenbehörde einerseits als öffentliche Körperschaft fungiert, andererseits aber auch privatwirtschaftlich agiert. Als öffentliche Körperschaft ist die Seehafenbehörde für die Gestaltung des Hafenmanagements zuständig und kümmert sich somit unter anderem um die Erhebung von Hafentarifen, die Einhaltung festgelegter Sicherheits- und Umweltschutzbestimmungen sowie die Erstellung und Begutachtung behördlicher Dokumente. Unter privatrechtlichen Gesichtspunkten bestehen die Aufgaben darin, verschiedene Verträge mit Unternehmen abzuschließen, die ihrerseits wirtschaftliche Aktivitäten auf dem Hafengelände verfolgen möchten. Zudem soll die Hafenbehörde Pläne zur Entwicklung der Hafeninfrastrukturen entwickeln und deren Realisierung aktiv begleiten (BMT 2009: 13). Das Aufgabenspektrum der Seehafenbehörde Riga entspricht dem Organisationsmodell eines landlord ports.

Die Verwaltungsorganisation des Seehafens Riga sieht als höchstes Entscheidungsgremium einen Aufsichtsrat mit acht Mitgliedern vor, von denen vier durch die Stadtverwaltung und vier durch das Regierungskabinett (die Minister für Verkehr, Finanzen, Wirtschaft und Umweltschutz), ernannt werden sowie durch die Kabinettsmitglieder entlassen werden können (Interview TMIII, BMT 2009: 13, Freeport of Riga Authority 2012c). Vom Experten aus dem Verkehrsministerium wird diese Konstellation als wichtige und einzige Möglichkeit gesehen, um Entscheidungsprozesse im Hafen mit beeinflussen zu können (Interview TMIII). Die Möglichkeit einzelner Ministerien über die Besetzung des Aufsichtsrats mitzuentscheiden, kann jedoch auch zur Problematik führen, dass wechselnde politische Verhältnisse in Lettland zu Veränderungen im Aufsichtsrat führen und somit eine diskontinuierliche Hafenentwicklung zur Folge haben können (Belanina 2012: 27).

6.3.1.3 Hafeninfra- und -suprastrukturen des Seehafens Riga

Der Seehafen Riga umfasst insgesamt eine Fläche von 6.348 ha, wovon 1.962 ha auf Land- und 4.386 ha auf Wasserflächen entfallen. Im Seehafen bestehen Kaianlagen mit einer Länge von 13,8 km, an denen der maximale Tiefgang einiger Anlegestellen 14,7 m beträgt. Zudem gibt es rund 180 ha offene Lagerflächen, 18 ha Lagerhausflächen, Kühlhauskapazitäten für 13.000 Tonnen kühlbedürftiger Güter sowie Lagerkapazitäten für 350.000 m³ Flüssiggüter (Freeport of Riga Authority 2012e: 4). Rund ein Fünftel der Landflächen im Hafenbereich (415 ha) sind momentan noch keiner Nutzung zugeführt worden und stehen als potenzielle Entwicklungsflächen für Investoren bereit (Freeport of Riga Authority 2012f: 34f.).

Die Umschlagsvorgänge im Seehafen werden von insgesamt 32 Umschlagsunternehmen durchgeführt, die an jeweils eigenen Terminals arbeiten. Einige dieser Unternehmen sind dabei im Umschlag verschiedener Gütersegmente (Schüttgüter, Flüssiggüter, Stückgüter oder Container) tätig (Freeport of Riga Authority 2012e: 4). Neben Güterverkehren werden im Seehafen Riga auch Passagierverkehre abgewickelt, die sowohl Fähr- als auch Kreuzfahrtverkehre umfassen (Riga Passenger Terminal 2012).

Für den Umschlag von Flüssiggütern stehen im Hafenbereich insgesamt zehn Terminals zur Verfügung, die ausschließlich für dieses Gütersegment genutzt und von unterschiedlichen Unternehmen betrieben werden. Die maximale Umschlagskapazität für Flüssiggüter beträgt dabei insgesamt 10 Mio. t (Freeport of Riga Authority 2012f: 19). Schüttgüter werden an insgesamt 19 Terminals umgeschlagen, wovon 16 Terminals auch für den Umschlag von Stückgütern genutzt werden. Lediglich drei Terminals dienen ausschließlich dem Umschlag von Schüttgütern. Die Gesamtumschlagskapazität für Schüttgüter im Seehafen beträgt rund 25 Mio. t. (Freeport of Riga Authority 2012f: 18). Für den Stückgüterumschlag stehen 20 Terminals zur Verfügung und die Gesamtumschlagskapazitäten betragen rund 5 Mio. t. (Freeport of Riga Authority 2012f: 21). Ein Segment des Stückgutverkehrs bildet der Containerverkehr, der jedoch aufgrund seiner gewachsenen Bedeutung als eigenständiges Gütersegment aufgeführt wird. Im Seehafen Riga stehen für den Containerumschlag drei Terminals zur Verfügung, von denen zwei Terminals ausschließlich dem Containerumschlag gewidmet sind und ein Terminal auch für den Umschlag von Stück- und Schüttgütern genutzt wird (Freeport of Riga Authority 2012e: 4). Weitere Ausführungen zum Containerverkehrssegment folgen in Kapitel 6.3.2.

Für die Abwicklung des Güterverkehrs an den verschiedenen Terminals spielt der Verkehrsträger Schiene eine sehr wichtige Rolle. Bezogen auf die umgeschlagenen Gütermengen betrug der Anteil der Schiene in den Jahren 2007 - 2011 stets über 70 % und erreichte im Jahr 2011 einen Wert von 74,8 %. Insbesondere Flüssiggüter und trockene Massengüter werden über die Eisenbahn transportiert (BMT 2009: 18). Die hohe Bedeutung des Verkehrsträgers Schiene im Zusammenspiel mit dem Hafen wird auch daran ersichtlich, dass dieser im gesamten Land einen Anteil von 52 % am Gesamtgüterverkehrsaufkommen aufweist (Latvijas Statistika 2013). Die Verkehre, die vom Seehafen Riga per Eisenbahn abgewickelt werden, sind auch für die Lettische Eisenbahn selbst sehr wichtig und haben einen Anteil von rund 43 % des Gesamtverkehrsaufkommens im Unternehmen[21].

Trotz des mengenmäßig gesehen relativ geringen Anteils der Straße kommt diesem Verkehrsträger aufgrund der Nutzung für den Transport von Containern und Stückgütern eine ebenso wichtige Bedeutung für den Seehafenhinterlandverkehr zu. Die Anbindung des Seehafens an das weiterführende Straßensystem

---

[21] Die Angaben basieren auf eigenen Berechnungen nach Latvijas Dzelzceļš (2012: 30) und Latvijas Statistika (2013)

Lettlands erfolgt über verschiedene Hafenzufahrten. Als Problem erweist sich hierbei die Lage großer Teile des Hafens im nördlichen Bereich des Rigaer Stadtgebiets, wodurch die durch den Hafen induzierten Straßengüterverkehre gezwungen sind das Stadtgebiet zu passieren und sich in der Folge Stauprobleme, Zeitverluste und Umweltbelastungen ergeben (BMT 2009: 18).

Über die lokale verkehrsinfrastrukturelle Einbindung hinaus ist der Seehafen Riga als wichtiger Verkehrsknotenpunkt Lettlands in weiterführende nationale und internationale Verkehrskorridore, beispielsweise den paneuropäischen Verkehrskorridor I eingebunden. Dieser Verkehrskorridor verläuft sowohl als Straßen- sowie auch als Schienenverbindung von Helsinki über Tallinn, Riga, Kaunas weiter nach Warschau (HB-Verkehrsconsult/VTT Technical Research Centre of Finland 2006: 17f.). Im Eisenbahnverkehr ist der Hafen zudem direkt an die Transsibirische Eisenbahn angebunden, wodurch direkte Verbindungen für transkontinentale Verkehre gewährleistet sind (BMT 2009: 18).

Aus den Expertenaussagen wird deutlich, dass die vorhandenen Infrastrukturen für den Gütertransport theoretisch ausreichend sind, jedoch an einigen Stellen Verbesserungen an der Schienen- und Straßeninfrastruktur vorgenommen werden müssen (Interview TMIII). Als großes Problem der Verkehrsinfrastrukturen gilt deren Abnutzungsgrad, der zu Geschwindigkeitsbegrenzungen und somit zu längeren Fahrzeiten führt (Belanina 2012: 24). Verbesserungsbedarf wird im Straßenbereich vor allem beim generellen Zustand der Straßen sowie bei der Beseitigung von Engpässe bei Ortsdurchfahrten durch Umgehungsstraßen gesehen. Durch die angestrebten Maßnahmen soll Sicherheits- aber auch Wirtschaftlichkeitsaspekten Rechnung getragen werden (Interview TMIII). Im Schienenbereich liegt der Fokus von Verbesserungsmaßnahmen laut dem Experten des Transportministeriums im Bereich des Kapazitätsausbaus. *„Wir haben Abschnitte, die zweigleisig verlaufen, aber auch Abschnitte, auf denen nur eingleisig gefahren werden kann. Aber die Kapazitäten sollen erhöht werden, um mehr Güter befördern zu können, rund 45 Mio. Tonnen nach Russland und 40 Mio. Tonnen nach Weißrussland. Es gibt auch Streckenabschnitte, wo es wirklich notwendig ist, ein zweites Gleis zu bauen, um die Kapazitäten aufrechtzuerhalten"* (TMIII). Diese Verbesserungsmaßnahmen werden von Seiten der Eisenbahnverwaltung als absolut notwendig angesehen, da viele Strecken zurzeit einen schlechten Zustand aufweisen. Als Problem erweist sich hierbei die konkrete Finanzierung der Vorhaben, da die Lettische Eisenbahn Baumaßnahmen meist nur in Zusammenhang mit EU-Geldern durchführt und auch der lettische Staat keine rein eigenfinanzierten infrastrukturellen Bauvorhaben forciert, die nicht durch EU-Gelder kofinanziert werden (Belanina 2012: 63).

6.3.2 Das Containerverkehrssegment im Seehafen Riga

6.3.2.1 Terminalfazilitäten und Umschlagsleistungen

Der Umschlag von Containern spielt im Seehafen Riga bereits seit über drei Jahrzehnten eine wichtige Rolle. Durch zentralstaatliche Planungen der Sowjetunion wurde zu Beginn der 1980er Jahre durch den Bau eines Containerterminals auf der im Seehafengebiet gelegenen Insel Kundziņsala der spezialisierte Containerumschlag eingeführt (Asaris 1994: 104, Dreifelds 1996: 135f., Freeport of Riga Authority 2012a). Zwar gab es bereits zuvor im Seehafen Containerumschläge, die jedoch nur relativ geringe Werte aufwiesen und noch nicht in spezialisierten Terminals abgewickelt wurden (CIA 1973).

Abbildung 30: Entwicklung des Containerumschlags im Seehafen Riga von 2000 bis 2011

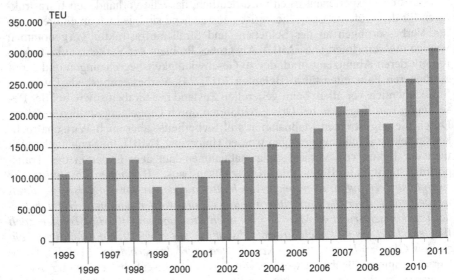

Quelle: Rippe/Tholen 2009: 39, Freeport of Riga Authority 2009, Freeport of Riga Authority 2012a

Die Containerumschlagswerte im Seehafen Riga haben sich seit 2000 bis 2011 dynamisch entwickelt (siehe Abbildung 30). Nach dem erstmaligen überschreiten der Marke von 200.000 TEU im Jahr 2007 waren die Jahre 2008 und 2009 in Folge der Wirtschaftskrise durch einen Rückgang des Containerumschlags geprägt. Insbesondere im Jahr 2009, in dem ein Umschlag von rund 183.000 TEU erreicht wurde, waren die Auswirkungen der Wirtschaftskrise deutlich zu spüren.

Seit 2010 ist der Containerumschlag in Folge einer wirtschaftlichen Erholung in Lettland und den Nachbarstaaten sehr dynamisch angestiegen und hat seitdem jeweils neue Umschlagsrekorde erreicht (2010: rund 255.000 TEU, 2011: rund 303.000 TEU).

Bezüglich des Containerumschlags lassen sich im Seehafen Riga vier potenzielle Terminalunternehmen identifizieren, die für dieses Gütersegment Umschlagsanlagen vorhalten: Baltic Container Terminal (BCT), Man-Tess, Riga Container Terminal (RIGACT) und Riga Universal Terminal (BMT 2009: 21). Jedoch gibt es in nur zwei dieser Terminals (BCT und RIGACT) tatsächlich Containerumschläge[22]. Das BCT weist dabei den mit Abstand größten Anteil am Containerumschlag auf, der bis 2009 bei weit über 90 % lag. Die dominierende Position ergibt sich laut Expertenaussage daraus, dass das BCT momentan das einzige speziell auf den Umschlag von Containern ausgerichtete Terminal im Seehafen ist, wohingegen andere Terminalunternehmen weitere Güterarten umschlagen und diese bisher priorisieren (Interview CTIII). Zudem sind die anderen Unternehmen erst sehr viel später in das Terminalgeschäft eingestiegen, wodurch sich dort bisher nur langsam oder noch keine Containerumschlagsmengen entwickelt haben.

Die dominierende Stellung des BCT liegt in dessen historischer Entwicklung begründet. Das Terminal war das erste Containerterminal am Standort Riga und wurde, wie bereits erwähnt, in den 1980er Jahren durch die Sowjetunion auf der Insel Kundzinsala errichtet. Die Wahl des Standortes Riga wurde von der Zentralregierung getroffen, da in einem Einzugsradius von rund 1.000 km ein großer Bevölkerungsanteil der Sowjetunion in die Versorgung durch containerisierte Güter einbezogen werden konnte (Interview CTIII).

Im Zuge des Transformationsprozesses in Lettland erfolgte eine Privatisierung des Terminals und im Jahr 1996 wurde der Terminalbetrieb im Rahmen einer Minderheitsbeteiligung durch die maltesische Hili Group übernommen. Der Hauptanteilseigner des Terminals war der Riga Trade Port, der 54 % der Anteile hielt. Mit Beginn des Jahres 1999 wurden in einem weiteren Privatisierungsschritt die verbliebenen Anteile im Unternehmen SIA BCT, einem Bestandteil der Hili Group, zusammengeführt (Kilpeläinen/Lintukangas 2005: 20, Ocean Shipping Consultants 2009: 169, Charts Investment Management Service 2012). Im Jahr 2003 wurden die Terminalanteile komplett durch das Unternehmen Mariner Ltd., einem Zweig der Hili Group, der für Investitionen und das Management in Seehäfen und Terminals zuständig ist, erworben. So betreibt die Mariner Ltd. neben dem BCT in Riga auch ein Container- und Stückgutterminal im See-

---

[22] Obwohl Man-Tess und Riga Universal Terminal den Containerumschlag als einen Zweig ihres Terminalgeschäfts bezeichnen und dafür auch Umschlagsanlagen vorhalten, ist aufgrund nicht vorhandener Angaben zu jährlichen Containerumschlägen davon auszugehen, dass dieses Gütersegment zurzeit nicht bedient wird.

hafen von Venedig (Hili Company 2012, Charts Investment Management Service 2012). Der Einstieg in den Standort Riga basiert auf Unternehmensüberlegungen, das bereits vorher am Standort Venedig bestehende Terminalgeschäft um einen weiteren Standort zu erweitern und die darin liegenden Geschäftsmöglichkeiten zu nutzen (Interview CTIII).

Das Terminalgelände des BCT umfasst insgesamt eine Fläche von 57 ha und verfügt über Kaianlagen mit einer Länge von 450 m und einem Tiefgang von 12,5 m. Auf dem Terminalgelände existieren 5.000 Stellplätze für Standardcontainer, 500 Stellflächen für kühlbedürftige Container, 15.000 m² Lagerhausflächen und eine Containerfrachtstation für die Be- und Entladung von Containern. Die jährliche Umschlagskapazität des Terminals beträgt 450.000 TEU (Baltic Container Terminal Riga 2013, Mariner 2013a).

Über einen längeren Zeitraum war das BCT das einzige Containerterminal am Standort Riga und somit prinzipiell für den gesamten Containerumschlag im Hafen verantwortlich. Seit 2009 ist jedoch mit dem RIGACT ein weiteres Terminal im Containergeschäft tätig. Beim RIGACT handelt es sich um ein im Jahr 2009 gegründetes Tochterunternehmen von Riga Commercial Port LLC[23]. Das RIGACT ist auf integrierte Logistikprozesse zwischen See- und Schienenverkehren fokussiert und strebt darüber die Verknüpfung von Destinationen in Europa, den GUS-Staaten und Zentralasien an (Riga Container Terminal 2013a, Riga Commercial Port 2013b)

Das RIGACT verfügt über Kaianlagen mit einer Länge von 195 m und einem Tiefgang von 10,5 m. Die jährliche Terminalumschlagskapazität beträgt 100.000 TEU. Auf dem Terminalgelände stehen Stellflächen im Umfang von rund 68.000 m², 4.000 Einzelstellplätze für Standardcontainer sowie eine 8.300 m² große Lagerhausfläche zur Verfügung. Die Umladung zwischen den Containerschiffen und den Eisenbahnwaggons wird durch eine weitläufige Schieneninfrastruktur gewährleistet, die eine tägliche Umladekapazität von rund 600 Waggons aufweist (Riga Container Terminal 2013a, Riga Container Terminal 2013b, Riga Commercial Port 2013b).

Seit der Betriebsaufnahme im Jahr 2009 hat das RIGACT einen signifikanten Umschlagsanteil erreicht. Parallel zum Anstieg des Gesamtcontainerumschlags im Seehafen Riga konnten auch die Umschlagswerte im Terminal jährlich gesteigert werden. Gemessen an den 302.973 TEU, die im Jahr 2011 im Seehafen Riga umgeschlagen wurden, hatte das BCT einen Anteil von 268.483 TEU (88,6 %) und das RIGACT von 34.490 TEU (11,4 %). Seit dem Einstieg des RIGACT hat sich dieses Verhältnis zwischen beiden Terminals kaum verän-

---

[23] Das Unternehmen *Riga Commercial Port LLC* agiert als Investor, Entwickler und Betreiber von transportbezogenen Dienstleistungsunternehmen und Hafenanlagen. Die Ausrichtung erfolgt dabei auf vier Säulen: Grundbesitz und Infrastruktur, Terminalbetrieb, Eisenbahnbetrieb und Angebot von Dienstleistungen (Riga Commercial Port 2013a).

dert und ist annähernd gleich geblieben (siehe Tabelle 20). Die Entwicklung beider Terminals zeigt demnach einen positiven Trend und der Betrieb des RIGACT scheint keinen nennenswerten Einfluss auf den Betrieb des BCT zu nehmen.

Tabelle 20: Anteile der Containerterminals im Seehafen Riga am Gesamtcontainerumschlag im Seehafen von 2009 bis 2011

		2009	2010	2011
Baltic Container Terminal	TEU	161.187	228.252	268.483
	%	88,1	89,7	88,6
Riga Container Terminal	TEU	21.793	26.223	34.490
	%	11,9	10,3	11,4

Quelle: eigene Berechnungen nach Freeport of Riga Authority 2010a, Freeport of Riga Authority 2011, Riga Container Terminal 2013c[24]

Beim Vergleich der beiden momentan genutzten Containerterminals zeigt sich, dass das BCT mit rund 450.000 TEU über eine wesentlich höhere jährliche Kapazität verfügt als das RIGACT (100.000 TEU). Auf der Basis der Umschlagswerte aus dem Jahr 2011 liegt die Auslastung der Terminals demnach bei rund 60 % beziehungsweise 34,5 %. Die Terminals verfügen daher noch über freie Umschlagskapazitäten, die in den nächsten Jahren genutzt werden können. Dennoch gibt es in beiden Unternehmen Überlegungen, die eigenen Kapazitäten in den nächsten Jahren auszubauen (siehe 6.3.2.4).

6.3.2.2 Akteure und Strategien im Terminalgeschäft

Nach den vorangegangenen Ausführungen zum Containerterminalgeschäft am Standort Riga werden im Folgenden die beiden vor Ort agierenden Terminalbetreiber hinsichtlich ihrer unternehmerischen Strategien analysiert.

Strategien der Terminalbetreiber

Ein Blick auf die beiden Terminalbetreiber im Seehafen Riga zeigt, dass diese sowohl hinsichtlich ihres unternehmerischen Ursprungs als auch des geographischen Wirkungsbereichs Unterschiede aufweisen. So ist das BCT ein Terminal, das zu 100% dem Betreiberunternehmen Mariner Ltd. gehört und hierüber in die

---

[24] Die Werte für das BCT wurden auf der Grundlage des Gesamtcontainerumschlags im Seehafen Riga und dem Containerumschlag im RIGACT berechnet. Für die zwei weiteren Terminals mit Containerumschlagsanlagen wurden keine Umschläge zu Grunde gelegt.

Unternehmensgruppe Hili eingebettet ist. Mariner Ltd. wird mit dem Ziel geführt, in mittelgroße Containerterminals einzusteigen und diese zu betreiben (Mariner 2013b). Neben dem Standort Riga ist Mariner Ltd. in zwei weiteren Terminals, einem intermodalen Terminal in Venedig und seit 2012 im Durres Container Terminal in Albanien aktiv. Darüber hinaus werden weitere Investitionen in anderen Regionen, wie dem Schwarzen Meer, in Afrika und Asien geprüft (Mariner 2013b). Das Betreiberunternehmen ist somit momentan ein internationaler Terminalbetreiber, der auf einen Kontinent ausgerichtet ist, jedoch in die Phalanx der internationalen Terminalbetreiber vorstoßen möchte.

Das BCT wird als reines Containerterminal betrieben, bei dem der Fokus auf den Containerumschlag gerichtet ist. Hierbei gibt es laut Expertenaussage keine spezifische Ausrichtung auf eine bestimme Schiffslinie, sondern alle den Seehafen Riga ansteuernden Schiffslinien werden als potenzielle Kunden angesehen. Hinsichtlich der Kundenstruktur wird durch den Experten darauf verwiesen, dass es keinen absolut dominierenden Kunden gibt, von dem das Terminal abhängig ist. Es gibt jedoch zwei Schiffslinien (MSC und CMA-CGM), die als große Kunden höhere Anteile von jeweils rund 20 % am Gesamtterminalumschlag beitragen. Andere weltweit tätige Schiffslinien steuern das Terminal nicht selbst an, sondern nutzen Feederdienste (Interview CTIII).

Als besonders wichtiger Punkt bei der Ausrichtung des Terminals gilt die Konzentration auf den russischen Hinterlandmarkt und hier insbesondere auf den Agglomerationsraum Moskau. Der lettische Markt mit seinen rund 2,2 Mio. Einwohnern wird in Expertenaussagen als alleiniges Hinterland als zu klein bezeichnet. Neben dem russischen Hinterland gibt es jedoch auch sehr gute Verkehrsanbindungen in andere GUS-Staaten, wie Weißrussland oder die Ukraine sowie in die baltischen Nachbarländer mit deren jeweiligen Agglomerationsräumen. Diese bieten dem Terminalbetreiber gute Möglichkeiten in einem größeren Hinterlandmarkt Container umzuschlagen (Interview CTIII).

Im Vergleich zum BCT sind die unternehmerischen Rahmenbedingungen des RIGACT anders strukturiert. Das Betreiberunternehmen *Riga Commercial Port LLC* ist ein Unternehmen, das nicht in mehreren Ländern in Containerterminals tätig ist, sondern lediglich in Lettland agiert. Das Terminal in Riga ist daher der einzige Containerstandort des Unternehmens.

Konkurrenzbeziehungen der Terminals

Eine Analyse der Konkurrenzbeziehungen von Containerterminals im Seehafen Riga ist zum gegenwärtigen Zeitpunkt aufgrund der geringen Datenlage relativ schwer vorzunehmen. Dies liegt zum einen daran, dass hierfür bisher zu wenige Erfahrungswerte von den Experten am Standort vorliegen. Zum anderen zeigt sich, dass das BCT den Containermarkt über viele Jahre als alleiniger Akteur dominiert hat, aber auch durch den Markteintritt des RIGACT keine Umschlagseinbußen hinnehmen musste, sondern eine konjunkturabhängige Entwicklung stattgefunden hat. Ausgehend von diesen Entwicklungen kann erst einmal keine negative Wirkung durch eine mögliche Konkurrenz gesehen werden.

Bezüglich der derzeitigen Situation strebt die Seehafenverwaltung eine Stärkung im Bereich des Containerverkehrs an und es gibt Planungen ein weiteres Containerterminal neben den bisher bestehenden Kapazitäten zu errichten (siehe 6.3.2.4). Mit diesem Vorhaben plant die Seehafenverwaltung den Wettbewerb am Standort zu befördern und die Leistungsfähigkeit vor Ort zu stärken (Interview CTIII, Belanina 2012: 26). Diese Haltung zum Wettbewerb und dessen Auswirkungen auf die Leistungsfähigkeit des Seehafens Riga wird auch aus Sicht des Experten im Transportministerium geteilt, der die Entwicklung neuer Terminalkapazitäten am Standort Riga sowie an den anderen lettischen Hafenstandorten als wichtigen Schritt sieht, um im zukünftig wachsenden Containermarkt wettbewerbsfähig bleiben zu können. Inwieweit ein zukünftig steigender Containerverkehr von einem Terminalbetreiber oder verschiedenen Wettbewerbern abgewickelt wird, überlässt die Politik dem Markt, zeigt dabei aber Interesse an Wettbewerb im Hafen. *„Der Verkehr als solcher wird zunehmen, im Containergeschäft. Ob wir ein neues Terminal wirklich entwickeln müssen oder nicht, hängt immer von den Investoren ab. [...]. Und zudem denken wir, dass Wettbewerb im Hafen die Entwicklung insgesamt befördert und somit der Druck auf das bisher existierende Terminal [BCT, A.d.V.] erhöht wird. Denn wir haben auch gehört, dass das existierende Terminal höhere Tarife hat und diese hält und nicht richtig weiterentwickelt"* (TMIII). Der Wunsch nach Wettbewerb wird vom Experten aus dem Transportministerium nochmals in einer Aussage unterstrichen. *„[In Containern werden immer mehr Güter transportiert, A.d.V.]. Wir müssen uns in dieser Hinsicht daher selbst gut aufstellen. Wir benötigen deshalb auch die Entwicklung des Wettbewerbs, damit die Terminals miteinander konkurrieren können, den Service erhöhen und dabei auch gute Tarifraten anbieten können"* (TMIII).

Die Diskussion um den Wettbewerbsgedanken im Containerbereich wird von Seiten des Terminalbetreibers als legitim und im Sinne der Hafenentwicklungspolitik sinnvoll erachtet. Jedoch wird diesbezüglich die Frage aufgeworfen, in welcher Weise der Wettbewerb ausgeprägt sein soll: Entweder durch die Eröffnung eines neuen großen Terminals, dass zu einer Erhöhung der Gesamtcontainerumschläge führen könnte, oder aber in Form eines Betreibers, der mit dem existierenden Terminal um vorhandene Güterströme kämpft. Insbesondere diese Frage stellt der Experte des Terminals als bisher von der Hafenverwaltung und der Politik nicht beantwortet heraus (Interview TMIII).

6.3.2.3 Hinterlandanbindung und Transitfunktion

Die Containerseeverkehre im Hafen von Riga setzen sich aus in den Hafen ein- und ausgehenden Verkehren zusammen. Aufgrund fehlender Daten lassen sich jedoch keine Angaben zum Verhältnis dieser Verkehre zueinander machen. Es ist jedoch eine Analyse möglich, inwieweit die Containerverkehre nicht nur für den lettischen Markt bestimmt sind, sondern als Transitverkehre umgeschlagen werden und welche Rolle die jeweiligen Containerterminals hierbei einnehmen.

Transit allgemein

Wie bereits in 6.3.1.3 dargestellt, verfügt der Seehafen Riga über Verkehrsinfrastrukturanbindungen, die den Weitertransport von Transitgütern in Containern sowohl über Straßen- als auch Schieneninfrastrukturen ermöglichen. Obwohl keine genauen quantitativen Angaben durch die Experten zum Containertransit zur Verfügung stehen, lassen sich als Hauptzielländer des Containertransits, ebenso wie bei den anderen Gutarten des Seehafens Riga, Russland und Weißrussland nennen. Darüber hinaus spielt auch Kasachstan eine größere Rolle (Freeport of Riga Authority 2010b: 52). Durch den Ausbau von Blockzugverbindungen könnten zukünftig zudem die Ukraine und auch zentralasiatische Staaten in den Fokus als Hinterland des Seehafens gelangen (Interview TMIII).

Auf der Basis von Daten, die durch Ocean Shipping Consulting (2009: 143) erarbeitet worden sind, zeigt sich, dass rund knapp zwei Drittel des Containerverkehrs im Seehafen Riga Transitverkehre sind (siehe Tabelle 21). Die vorliegenden Daten verdeutlichen, dass der Transit von Containern im Seehafen Riga einen ebenso hohen Stellenwert einnimmt, wie der Transitverkehr bezogen auf den Gesamtumschlag im Hafen. Zwar ist der Anteil des Containertransitverkehrs seit Mitte der 1990er Jahre bis zu Beginn der 2000er Jahre von 90 % auf 65 % gesunken, jedoch konnte sich dieser Wert seitdem auf diesem relativ hohen Niveau halten und in den Jahren 2006 und 2007 einen Anteil von rund 70 % erreichen (siehe Tabelle 21). Für das Containerterminal BCT werden die über Schiffe eingehenden Containerverkehre zu 80 % als weiterführende Transitverkehre angeben (Freeport of Riga Authority 2010b: 52).

Blockzüge als Verkehrsträger im Transit

Aufgrund fehlender statistischer Daten ist eine genaue Untergliederung des Containertransitverkehrs im Rigaer Seehafen auf die Verkehrsträger Straße und Schiene nicht möglich. Aus den Aussagen der Experten ist jedoch ableitbar, dass dem Verkehrsträger Schiene eine bedeutende Funktion im Transitverkehr zukommt. So gibt es bei der Abwicklung des Containertransitverkehrs über die Schiene seit einigen Jahren verschiedene Containerblockzugprojekte, deren Umsetzung unter anderem durch das Transportministerium unterstützt wird. Vor al-

Tabelle 21: Anteile des Containertransitverkehrs am Gesamtcontainerumschlag im Seehafen Riga 1995 und 2000 bis 2008

	1995	2000	2001	2002	2003	2004	2005	2006	2007	2008
Gesamtumschlag (1.000 TEU)	119,6	84,8	101,0	127,5	132,1	152,7	169,0	176,8	211,8	207,1
Transitanteil absolut (1.000 TEU)	107,7	55,1	65,7	82,8	85,8	91,6	109,8	123,8	148,3	128,4
Transitanteil relativ (%)	90,1	65,0	65,0	64,9	65,0	60,0	65,0	70,0	70,0	62,0

Quelle: teilweise eigene Berechnung nach Ocean Shipping Consulting 2009: 142f.

lem in der Verknüpfung der Seehafeninfrastrukturen mit den Hinterlandanbindungen wird laut Expertenaussage die eigentliche Stärke des maritimen Standorts Lettland gesehen. *„Daher ist es auch wichtig nicht nur vom Hafen als einem transshipment-Punkt zu sprechen, sondern auch über die Dienstleistungen, die sich daran anschließen. Es ist also nicht nur der Blick auf Infrastruktur, sondern auch auf Dienstleistungen, wie die Unternehmen arbeiten, also, wie schnell, wie regelmäßig werden Dienstleistungen angeboten. Daher liegen unsere Hauptstärke und unser Haupterfolg in unserem Blockzug, der in Lettland startet und Richtung Zentralasien läuft. [...]. Dies ist, was ebenso wichtig ist, nämlich was sich hinter dem Hafen verbirgt. Dahinter ist auch Infrastruktur und Service"* (TMIII).

Vom Seehafen ausgehend gibt es momentan insgesamt sechs, den Transit betreffende, Containerblockzugprojekte (Freeport of Riga Authority 2012e: 3):

▪ Blockzugprojekt Baltika-Transit. Dieses Zugprojekt wurde im Jahr 2003 gestartet und verbindet regelmäßig die baltischen Seehäfen Riga, Klaipėda und Tallinn über ein Inlandsterminal im lettischen Rezekne mit Almaty in Kasachstan. Von dort können die Container in andere Richtungen, beispielsweise zentralasiatische Staaten, weitergeleitet werden. Die Fahrzeiten betragen acht bis zehn Tage. Der Zug wird von FIT (Fesco Integrated Transport), einem Tochterunternehmen der russischen FESCO-Transportgruppe betrieben. Die jährlich transportierten Containermengen wiesen bisher relativ große Schwankungen auf (siehe Tabelle 22). Zur Auslastung der Zugverbindung werden in die Gegenrichtung Massengüter versendet (Grigoryev 2009, Latvijas Dzelzceļš 2012: 27, Freeport of Riga Authority 2012e: 3).

Tabelle 22: Entwicklung der transportierten Containermengen des Blockzugs Baltika-Transit von 2006 bis 2011 (in TEU)

	2006	2007	2008	2009	2010	2011
TEU	10.139	21.748	16.019	14.630	20.188	15.606

Quelle: Latvijas Dzelzceļš 2012: 27

- Blockzugprojekt ZUBR. Dieser Containerzug, der die Seehäfen Tallinn und Riga mit der weißrussischen Hauptstadt Minsk verbindet, wurde im Jahr 2009 als eine Logistikkooperation zwischen den nationalen Eisenbahnunternehmen und -verwaltungen Lettlands, Weißrusslands und Estlands gestartet. 2011 wurde beschlossen, das Projekt zu erweitern und eine Verbindung zwischen den Ostseehäfen und den ukrainischen Schwarzmeerhäfen Odessa und Illichivsk zu schaffen. Durch diese Verbindung sollen neue logistische Optionen erschlossen werden. Der Transit zwischen der Ostsee und dem Schwarzen Meer dauert rund drei Tage. Je nach Staatsgebiet wird der Zug von verschiedenen Unternehmen betrieben. In Lettland ist der Betreiber die LDZ Cargo Loģistika Ltd., ein Tochterunternehmen der Lettischen Bahn. Die Transportmengen des Zuges haben sich seit Beginn des Vorhabens erhöht und auf einem relativ hohen Niveau stabilisiert. Im Jahr 2009 wurden in Lettland 971 TEU mit diesem Zug transportiert. In den darauffolgenden Jahren 2010 und 2011 waren es 2.400 und 2.200 TEU (Transportministerium der Republik Lettland 2011: 5, Freeport of Riga Authority 2012e: 3, Latvijas Dzelzceļš 2012: 26f., USCTS Liski 2013).
- Blockzugprojekt Riga Express. Dieser Zug verkehrt einmal wöchentlich zwischen dem Seehafen Riga und dem Agglomerationsraum Moskau und bietet eine Kapazität zwischen 80 und 100 TEU. Überlegungen sehen vor, den Containertransit bis in die russischen Städte Kaluga oder Jekatarinburg weiterzuführen. In den Jahren 2010 und 2011 wurden mit dem Zug 603 beziehungsweise 1.088 TEU transportiert. Der Betrieb des Zuges basiert auf einer Zusammenarbeit zwischen der SRR Gruppe, einem lettischen Speditionsunternehmen, und Logistic Operator, einem russischen 3 PL[25] (Freeport of Riga Authority 2012e: 3, Latvijas Dzelzceļš 2012: 27, SRR Group 2013a)
- Blockzugprojekte EURASIA 1 und EURASIA 2. Beide Projekte werden von der lettischen SRR Gruppe betrieben. EURASIA 1 verbindet Riga mit Destinationen in Nordkasachstan. EURASIA 2 verläuft bis in zentralasiatische Städte, wie Taschkent, Duschanbe oder Bishkek und ist darüber hinaus mit einem Blockzugprojekt zwischen China und Zentralasien gekoppelt

---

[25] Zur Begriffserklärung siehe Kapitel 2.2.4.

(Freeport of Riga Authority 2012e: 3, SRR Group 2013b, SRR Group 2013c). Daten über die Auslastung dieser Züge liegen bisher nicht vor.

▪ Das sechste Containerzugprojekt basiert auf Versorgungstransporten amerikanischer Truppen in Afghanistan mit nicht militärischen Gütern. Auf dieser Verbindung sind im unterschiedlichen Maße Container transportiert worden (2010: 14.000 TEU, 2011: 5.400 TEU) (Freeport of Riga Authority 2012e: 3, Latvijas Dzelzceļš 2012: 27).

Bei den Transittransporten von Containern durch das Territorium Russlands ergibt sich die Frage nach einer möglichen Benachteiligung durch höhere Tarife für Transporte, die nicht für russische Seehäfen bestimmt sind. Hierzu verdeutlichen die Expertenaussagen aus dem Ministerium, dass es diesbezüglich früher größere Probleme gab, die aktuell nicht mehr so gravierend sind. *„[Früher was es schwieriger, A.d.V.]. Es muss aber gesagt werden, dass der Containerverkehr davon nicht beeinträchtigt ist, da es hier eigentlich kaum einen Unterschied gibt. Insbesondere für die Blockzüge, die nach Zentralasien gehen, ist es besser, da gibt es bessere Raten, die mit der russischen Bahn ausgehandelt sind und sie verbessern die Lage. Für Blockzüge ist es kein Problem"* (TMIII). Trotz dieser eher nicht vorhandenen Benachteiligung für die Containertransporte durch höhere Tarife, gibt es laut Expertenaussage dennoch von russischer Seite Versuche, Containertransitverkehre zu steuern und auf das eigene Territorium zu ziehen, um somit auch Transitgebühren verlangen zu können. *„Das Einzige ist, dass Russland auch gern den Transit entwickeln möchte, um etwa chinesische Güter anzuziehen. Sie haben spezielle Raten für den Containerverkehr eingeführt von Peking nach St. Petersburg, rund 800 - 900 $. Dies ist eine sehr niedrige Rate. Aber sie haben als eine Notwendigkeit einen Transport auf dem russischen Gebiet von mindestens 5.000 km eingeführt. Und wenn man diesen Transit durch Kasachstan durchführen möchte, dann kann man keine 5.000 km auf dem russischen Gebiet zurücklegen. Es ist also nur in ihrem Sinne den transsibirischen Verkehr zu entwickeln"* (TMIII). Inwieweit diese Maßnahmen den Containertransit in Richtung Zentralasien auf lettischer Seite beeinflussen, kann nicht genau abgeschätzt werden. Es ist dabei eher anzunehmen, dass auch ein Umschwenken auf transsibirische Verkehrswege dem Seehafen Riga nicht schaden würde, da dieser sehr gut an die Transsibirische Eisenbahn angeschlossen ist.

Wettbewerbssituation zu anderen Häfen

Die Wettbewerbssituation des Rigaer Seehafens zu anderen Seehäfen kann aus zwei Perspektiven gesehen werden: Einerseits aus Sicht der Konkurrenz zu den anderen lettischen Seehäfen und andererseits in Form von Konkurrenzbeziehungen zu Seehäfen außerhalb Lettlands. Dabei kann der Blick sowohl auf alle Umschlagsgüter oder nur auf das Containerverkehrssegment gelegt werden. Bezogen auf alle Güterarten zeigt sich, dass die Konkurrenzsituation zu den anderen lettischen Seehäfen für den Rigaer Hafen durchaus vorhanden ist und es hier einen Wettbewerb untereinander gibt. Als problematisch zeigt sich hierbei das Fehlen einer nationalen Hafenentwicklungsstrategie, wodurch die lettischen Seehäfen, beispielsweise Ventspils und Riga, teilweise um gleiche Güter kämpfen (Belanina 2012: 26).

Ein Wettbewerb um Güter existiert für den Seehafen Riga auch mit anderen Seehäfen außerhalb Lettlands, beispielsweise in den baltischen Nachbarstaaten. Im Annehmen eines harten Wettbewerbs ist sich die Seehafenverwaltung in Riga jedoch bewusst, dass hierbei die besonderen Stärken der anderen Seehäfen berücksichtigt werden müssen. Ein Angriff auf bestimmte Stärken dieser Seehäfen könnte dazu führen, dass sich der Konkurrenzdruck untereinander erhöht und sich kontraproduktiv auswirkt. Vielmehr wird Wert auf die Etablierung eines eigenen Hafenstandortprofils gelegt (Belanina 2012: 55).

Bezogen auf alle Umschlagsgüter verdeutlichen die Expertenaussagen, dass insbesondere die russischen Seehäfen als Konkurrenz gesehen werden, da diese ihre Fazilitäten zurzeit erneuern und ausbauen. Vor allem Rohstofftransporte könnten dadurch in Zukunft andere Transportrouten nehmen. Dahingegen geht der Experte davon aus, dass Containerverkehre hierbei nicht so stark betroffen sein dürften. *„Wir müssen auch in Betracht ziehen, dass Russland auch seine eigenen Häfen entwickelt und die Rohstoffe, die wir jetzt umschlagen, Ölprodukte und Kohle, werden vielleicht verstärkt zu den russischen Häfen laufen und daher müssen wir neue Geschäftsfelder finden"* (TMIII). Zu diesen neuen Geschäftsfeldern zählt der Experte das Containerumschlagsgeschäft, das positive Wachstumsaussichten hat und in der Entwicklung weniger politisch gesteuert werden kann, wie etwa Rohstoffgüterströme. *„Deshalb konzentrieren wir uns so stark auf die Entwicklung des Containerhandels, um die Containerdienste zu entwickeln. Denn dieser Verkehr hängt nicht stark von der russischen Politik, von russischen Rohstoffen ab oder den Energiesektor, sondern es ist viel stärker mit privaten Geschäften, Konsumgütern und höherwertigen Gütern verbunden. Darum positionieren wir das Containergeschäft als wichtig für uns in Lettland. Die Volumina sind nicht so groß, aber die Zukunftsaussichten sehen eine gute Entwicklung"* (TMIII). Trotz dieser guten Einschätzung der Containerverkehrsentwicklung bestehen für den Seehafen Riga innerhalb dieses Gütersegments Konkurrenzbeziehungen zu anderen Seehäfen. Als Konkurrenten Rigas gelten dabei alle Seehäfen, in denen Container für ein ähnliches Einzugsgebiet umgeschlagen werden. Dies sind der Seehafen Klaipėda und auch der Seehafen Tallin, die mit Weißrussland, der Ukraine oder Russland ähnliche Zielregionen haben. Zudem darf hierbei die Entwicklung der russischen Häfen nicht vernachlässigt werden. Daher wagt der Experte aus dem Ministerium auch keine genaue Einschätzung über die zukünftige Konkurrenz russischer Containerhäfen. *„Dies ist letztendlich schwierig zu sagen, Russland entwickelt Ust-Luga und nun ja, was da kommt*

*weiß man noch nicht. Wie auch immer, wir konkurrieren mit ihnen und ich den-
ke, dass die Route wettbewerbsfähig ist und es wird auch wettbewerbsfähig sein.
Dies wird die Zeit zeigen" (TMIII).*

6.3.2.4 Ausbauplanungen und Entwicklungsperspektiven im Containerverkehr

Hinsichtlich der Containerterminalkapazitäten gibt es innerhalb des Seehafens
verschiedene Planungen, die vor allem den Ausbau der Umschlagskapazitäten in
den einzelnen Terminals sowie die technische Verbesserung von Umschlagsvorgängen vorsehen. So gibt es für das BCT Planungen die Ausstattung im Terminal
zu verbessern, in dem größere Lagerhausflächen geschaffen werden und die Umladevorgänge zwischen Containerschiffen und Containerzügen technologisch
aufgewertet werden sollen (Mariner 2013a).

Für das RIGACT gibt es für die nächsten Jahre eine Entwicklungsstrategie,
die den Zeitraum von 2014 bis 2020 umfasst und vier wesentliche Ziele definiert.
So sollen neue Umschlagsanlagen zur Abwicklung größerer Schiffe gebaut, die
Schieneninfrastruktur für die Zusammenstellung längerer Containerzüge erweitert, vorhandene Containerstellflächen erweitert und zusätzliche Lagerhauskapazitäten errichtet werden (Riga Container Terminal 2013d).

Aus Sicht des Ministeriums ist es sinnvoll die Kapazitäten für den Containerumschlag auszubauen. Hierfür existieren laut Expertenaussage auf dem Seehafengelände verschiedene Entwicklungsflächen, die speziell für das Containergeschäft vorgehalten werden. Bestimmte Flächen stehen dabei für die Ansiedlung eines komplett neuen Containerterminals zur Verfügung, das sich ebenfalls
auf der Insel Kundziṇsala, in direkter Nähe zum BCT ansiedeln soll. *„Wenn man
also nach Riga schaut, dann gibt es für das Containergeschäft verschiedene Gebiete für neue Entwicklungen. Für Terminals gibt es dabei zwei Flächen. Dies ist
auf der Kundziṇsala Insel, wo auch schon das existierende Terminal ist, das Baltic Container Terminal, was bereits in sowjetischer Zeit gebaut wurde. Und dieses neue Gebiet wird als Entwicklungsgebiet für ein Containerterminal angenommen. Dieses Gebiet ist an eine russische Firma, National Container Company, die eine Außenstelle hier in Lettland hat, in Form eines Joint Ventures
vergeben"* (TMIII).

Die Planungen dieses weitere Terminal am Standort zu etablieren sind bereits älter und gibt es seit Mitte der 2000er Jahre. Nach einer Verhandlungsphase
wurde 2007 zwischen dem Seehafen Riga und dem Unternehmen National Container Terminal (NCT) ein über 45 Jahre laufender Leasingvertrag für ein Hafen-
grundstück auf der Kundziṇsala Insel vereinbart (Ocean Shipping Consultants
2009: 169). Bei dem vor Ort agierenden Unternehmen handelt es sich um ein
Joint Venture zwischen der National Container Company, dem Betreiberunternehmen von NCT und dem Kundzinsalas Parks SIA. Dieses Joint Venture zielt
darauf ab Fazilitäten eines Containerterminals zu errichten und diese gleichzeitig

mit einem Logistikzentrum zu verknüpfen (Interview TMIII, National Container Company 2013). Aus Sicht der Hafenverwaltung handelt es sich dabei um ein sehr wichtiges Projekt für den Seehafen, da hierdurch der Containerumschlag im Seehafen modernisiert werden kann, insbesondere auch, weil das alte vorhandene Terminal bisher wenige Schritte zur Modernisierung unternommen hat (Belanina 2012).

Die vollständige Realisierung des neuen Terminals war für den Zeitraum zwischen 2009 und 2021 vorgesehen und sollte die Errichtung der kompletten Terminalinfra- und -suprastruktur umfassen (BMT 2009: 75f.). Jedoch gab es in der Umsetzung erhebliche Verzögerungen und der Containerumschlag konnte bisher nicht beginnen (Ocean Shipping Consultants 2009: 169). Als Grund hierfür wird aus Sicht des Transportministeriums die Wirtschaftskrise im Jahr 2009 angegeben, die die Unternehmensentwicklung in Russland behindert hat. *"Ja, es ist momentan unterbrochen. Geplant war, die Operationen im Jahr 2010 zu beginnen, aber es ist momentan gestoppt und wurde verschoben. Dies liegt daran, dass die Entwicklungen in Russland nicht so schnell vorangekommen sind. [...]. Ich habe gehört, dass die Krise dazu geführt hat, dass auch bei ihnen die Güterumschläge sehr stark gefallen sind und dann gab es da finanzielle Schwierigkeiten. Also momentan ist das Projekt angehalten, aber es wird gesagt, dass es weitergeführt wird"* (TMIII). Seit dem Ende der Krise sind die Maßnahmen zur Errichtung des Terminals wieder aufgenommen worden. Die neueren Planungen sehen nun vor, das gesamte Bauvorhaben zwischen 2012 und 2024 umzusetzen, wobei ab 2015 ein erster Terminalbereich errichtet sein soll. Die Terminalkapazitäten sollen nach Abschluss der momentan zwei geplanten Bauphasen bei 540.000 TEU liegen (National Container Company 2013).

Mit der Aufnahme des Terminalbetriebs im NCT würde mit dem Betreiber NCC ein internationaler Betreiber am Standort aktiv werden, der den vorhandenen Wettbewerb am Standort erhöhen würde. Inwieweit hierbei Umschlagssteigerungen für den gesamten Hafen verbunden sein würden, kann noch nicht abgeschätzt werden. Das Marktgebiet dieses Terminals würde jedoch auch im russischen Raum liegen.

Neben allen Ausbau- und Erweiterungsplanungen für den Containerstandort Riga wird von vielen Akteuren vor Ort die Verbesserung der Verkehrsinfrastrukturen im Hafenumfeld und in Lettland selbst als essentiell empfunden. Nur wenn die Kapazitäten der Verkehrswege den Hafenumschlagswerten gerecht werden können, ist eine positive Entwicklung im Containerverkehr realisierbar (Belanina 2012: 26).

6.3.3 Zusammenfassung des Fallbeispiels unter Berücksichtigung theoretisch-konzeptioneller Aspekte

Aufgrund eines bereits während der Zeit der Sowjetunion errichteten speziali-sierten Containerterminals spielt der Containerverkehr im Seehafen Riga bereits seit den 1980er Jahren eine bedeutende Rolle. Dieses Containerterminal wurde in den 1990er Jahren privatisiert und modernisiert. Die Analyse hat für den Seeha-fen Riga zwei aktive auf den Containerumschlag spezialisierte Terminals identi-fiziert, die beide von privaten Betreibern auf der Grundlage des Landlord-Prin-zips betrieben werden: das BCT, als Fortführung des früheren Containertermi-nals, sowie das RIGACT als Neugründung der letzten Jahre. Unter anderem auf-grund der unterschiedlich langen Marktpräsenz und der Anlagengrößen hat das BCT die deutlich höheren Marktanteile am Containerumschlag.

Hinsichtlich der Betreiberstrukturen gibt es zwischen beiden Containerter-minals Unterschiede. So wird das BCT durch ein ausländisches, international tä-tiges Unternehmen betrieben, das innerhalb Europas drei Terminals mit Contai-nerumschlag besitzt und bestrebt ist, diese Aktivitäten auf andere Standorte aus-zudehnen. Eine direkte Verknüpfung von Transportlogistikabläufen zwischen diesen Terminals lässt sich nicht nachvollziehen. Das RIGACT dahingegen wird durch einen inländischen Betreiber betrieben und ist Bestandteil eines inländi-schen Unternehmens, das im Bereich von Logistikdienstleistungen und -stand-orten agiert. Die Strategie der beiden Terminals vor Ort ist in einigen Bereichen ähnlich, bietet aber auch Unterschiede. Im Bereich der Kundengewinnung bei den Schiffslinien gibt es keine Unterschiede, da beide Terminals allen Schiffsli-nien offen gegenüberstehen und nicht als dedicated terminals für bestimmte Li-nien agieren. Die Ausrichtung liegt dabei klar auf der Abwicklung von Feeder-verkehren zwischen der Nordsee und dem Standort Riga.

Hinsichtlich der *Abgrenzung der Aktivitäten der Terminalbetreiber inner-halb von Transportlogistikabläufen* zeigt die Analyse, dass es zwischen den Terminalbetreibern Unterschiede gibt. Während das BCT nur im Umschlagsge-schäft tätig ist, gibt es beim RIGACT anzunehmende Ansätze zur Verknüpfung von Umschlagsprozessen und weiterführenden Eisenbahntransporten. Aus die-sem Grund ergibt sich unter Verwendung des Filiére-Ansatzes zur Abgrenzung der Terminalstandorte und dortigen Leistungen innerhalb gesamtheitlicher Transportlogistikabläufe ein differenziertes Bild. Wenn nur auf die Tätigkeit im Terminal geschaut wird, können beide Terminals anhand der darin stattfindenden Umschlagsleistungen zwischen zwei Verkehrsträgern und dem Erstellen eines marktfähigen Produkts als jeweils ein Segment betrachtet werden. Da jedoch der Betreiber des RIGACT die Umschlagsprozesse mit dem Angebot an Eisenbahn-hinterlandverkehren kombiniert, ist es möglich die Größe des Segments inner-halb des Transportablaufs zu erweitern. Das Segment und das mit diesem ver-bundene marktfähige Produkt ist dann nicht nur auf den Umschlagsprozess zu beziehen, sondern zusätzlich auf einen vor- oder nachgelagerten Transportprozess an Land. Hierbei wird deutlich, dass die Segmentgröße innerhalb des Transportablaufs variieren kann, da der vom Betreiber angebotene Landtransport nur eine Option für den Gütertransport darstellt. Eine detaillierte Analyse ist aufgrund fehlender Daten an dieser Stelle jedoch nicht möglich.

Durch die Abgrenzung der Terminalbetreiberaktivitäten innerhalb der über die Terminals laufenden Transportkettenabläufe können unter Rückgriff auf den GVC-Ansatz vorhandene *Macht- und Koordinierungsverhältnisse zwischen den an den Terminals agierenden Akteuren* dargestellt werden. Wie die Analyse am Fallbeispiel Riga aufzeigt, ergeben sich für die untersuchten Terminals marktlich strukturierte Einbindungen in Transportkettenabläufe. Beide Terminalbetreiber verhandeln auf Basis des eigenen Leistungsangebots mit potenziellen Kunden (Schiffslinien) über die Einbeziehung in Logistikketten. Obwohl das BCT vor Ort über die Muttergesellschaft mit anderen Terminals in Europa zusammenhängt, gibt es keine offensichtlich direkten Beziehungen zueinander, die sich auf die Kundenstruktur und Transportabläufe auswirken. Aufgrund der ähnlichen Ausrichtung der Terminals auf Feederverkehre gibt es einen potenziellen Konkurrenzkampf untereinander, aber auch zu anderen Hafenstandorten, wodurch eine Austauschbarkeit der Terminals durch Schiffslinien möglich ist. Die Einbindung der Terminals wird demnach vor allem über die angebotenen Serviceleistungen bestimmt. Über das Angebot unternehmenseigener Schienenlandtransporte durch das RIGACT und somit eine Erweiterung des eigenen Angebots ist eine Veränderung der Wettbewerbsfähigkeit dieses Terminals denkbar, was in Bezug zu bestimmten Kunden Auswirkungen auf die Ausprägung von Macht- und Koordinierungsverhältnissen haben kann. Inwieweit dies zutrifft, ist innerhalb der Analyse aufgrund fehlender Daten nicht eindeutig zu sagen.

Bezüglich der *Analyse externer und institutioneller Einflüsse verschiedener Maßstabsebenen auf das Agieren der Terminalbetreiber* zeigen sich unter Rückgriff auf Aussagen des GPN-Ansatzes sowohl Einflüsse im Bereich der darin erwähnten Elemente power als auch embeddedness. Bezüglich des Aspekts power lassen sich insbesondere Einflüsse von nationalstaatlicher, aber auch lokaler Ebene (Seehafenverwaltung) aufzeigen. Als wichtiger Aspekt sind hierbei staatliche Regelungen zu nennen, die die Neustrukturierung der Organisations- und Eigentumsform im Seehafen Riga in den 1990er Jahren festgelegt haben und in deren Zuge Möglichkeiten des Einstiegs privater Terminalbetreiber in Seehafenterminals auf Basis des Landlord-Prinzips geschaffen wurden. Über diesen nationalstaatlichen Einfluss werden Regelungen geschaffen, die auf der lokalen Maßstabsebene durch die Seehafenverwaltung Umsetzung finden. Diese verhandelt als Verwalterin und Eigentümerin der Landflächen im Seehafengebiet mit privaten Investoren über Bedingungen von Pachtverträgen für Terminalgelände, beispielsweise den Terminalstandorten des BCT und RIGACT.

Mit Blick auf das im GPN-Ansatz formulierte Element embeddedness können für das Agieren der Containerterminalbetreiber in Riga entscheidende Einflüsse aufgrund der Einbindung in deren spezifisches Hinterland abgeleitet werden. Hierbei zeigt die Analyse, dass die Terminals neben Verkehren für den relativ kleinen lettischen Markt insbesondere in Transitverkehre der Nachbarländer Russland und Weißrussland, aber auch anderer GUS-Staaten eingebunden sind. Das Agieren der Terminalbetreiber hängt dabei von zwei wesentlichen Aspekten ab: 1) einer guten wirtschaftlichen Entwicklung der potenziellen Kunden des Containerverkehrs in diesem Hinterland und 2) einer guten verkehrsinfrastrukturellen Anbindung. Während ersterer Aspekt von konjunkturellen, teilweise weltwirtschaftlichen Entwicklungen geprägt ist, zeigen sich beim letztgenannten Aspekt starke Einflussmöglichkeiten nationalstaatlicher Akteure. Diese beziehen sich auf Maßnahmen der Regierung zur Finanzierung von Verkehrswegen sowohl im Straßen- als auch Schienenverkehr. Deutlich wird in der Analyse, dass der Ausbau der Verkehrsinfrastrukturen aufgrund eines in Teilen schlechten Ausbaustandes bestehender Verkehrswege und knapper monetärer Ressourcen in einigen Bereichen relativ langsam voranschreitet. Die ergriffenen Verbesserungsmaßnahmen werden von staatlicher Seite insbesondere mit Blick auf die Stärkung der lettischen Seehafenstandorte durchgeführt, da diese wichtige Impulsgeber der inländischen Wirtschaft sind. Einflussmöglichkeiten zur besseren Abwicklung von Containertransitverkehren können dabei aber auch der lettischen Bahn zugesprochen werden, die als nationales Unternehmen den Schienenverkehrswegeausbau koordiniert, jedoch aufgrund der enorm hohen benötigten Investitionskosten die Bedürfnisse nicht eigenständig erfüllen kann und auf Kofinanzierungen seitens der EU angewiesen ist. Darüber hinaus ist die lettische Eisenbahn in Zusammenarbeit mit Partnern aus den Nachbarländern bei der Initiierung von Ganzzugprojekten aktiv, die auch von der lettischen Regierung unterstützt werden. Beim qualitativen Zustand der Verkehrswege sind aber auch die verkehrsinfrastrukturellen Bedingungen in den Nachbarländern zu beachten, die nicht von lettischer Seite beeinflusst werden können, sondern von Investitionen in den Nachbarstaaten Russland und Weißrussland abhängen. Bezüglich dieser Zusammenarbeit zeigt sich in der Analyse des Fallbeispiels Riga, dass die über den Seehafenstandort abgewickelten Containerverkehre neben den wirtschaftlichen Bedingungen in den angrenzenden Ländern auch von guten außenpolitischen Verhältnissen Lettlands zu den Nachbarstaaten abhängen. Da die außenpolitischen Beziehungen zu den Nachbarn als eher unproblematisch gelten, gibt es in der Abwicklung des wichtigen Transitverkehrs keine schwerwiegenden Hemmnisse. Schwierigkeiten können sich eher im Bereich der Streckengebühren auf russischem Territorium ergeben, da hierdurch Transporte, die mit lettischen Seehäfen in Verbindung stehen, teurer sein können. Im Falle einer zu starken Beeinträchtigung von Containerverkehrsabwicklungen besteht die Gefahr der Verlagerung von Verkehren zu Konkurrenzhäfen Klaipéda, Tallinn oder gar russischen Standorten, die mitunter die gleichen Marktgebiete für Containerverkehre haben. Als weiterer wichtiger Faktor im Bereich der optimalen Einbindung von Containerverkehren in Lettland agiert auf lokaler Ebene der Seehafen. Dieser unterstützt durch Baumaßnahmen innerhalb des Hafenareals die Verbesserung der Verkehrsanbindungen und den Ausbau des Containerverkehrssegments. Die Entscheidungsmacht des Seehafens auf lokaler Ebene wird aber auch über die nationale Ebene beeinflusst, da der Aufsichtsrat, der über Hafenstrategien mitentscheiden darf, zur Hälfte durch Vertreter der Landesregierung besetzt ist.

6.4   Der Hafenstandort Tallinn (Estland)

6.4.1   Charakteristika des Hafenstandortes Tallinn (Estland)

6.4.1.1   Entwicklungslinien und Umschlagskapazitäten des Hafenstandortes Tallinn

Der Hafenstandort Tallinn stellt in Estland den mit Abstand größten und zugleich wichtigsten Seehafen dar. Die Struktur des Seehafens ist sehr komplex, da dieser räumlich nicht nur auf einen Standort konzentriert ist, sondern sich entlang der estnischen Küstenlinie auf fünf Einzelstandorte verteilt: den Alten Stadthafen, den Paljassaare Hafen, den Paldiski Südhafen, den Saaremaa Hafen und den Muuga Hafen (Port of Tallinn 2012a: 4).

Der Ursprung des Hafenkomplexes Tallinn ist der in der Nähe zur Innenstadt Tallinns gelegene Altstadthafen. Dieser Hafenbereich wurde bereits in der Hansezeit als Hafenstandort genutzt und war für viele Jahrhunderte ein wichtiger Impulsgeber für die Entwicklung der Stadt. Mit den stark angestiegenen Güterverkehrsaufkommen im Laufe des 20. Jahrhunderts hat dieser Hafenstandort seine Bedeutung als Güterumschlagsplatz sukzessive verloren, da viele Verkehrsströme aufgrund mangelnder Umschlagskapazitäten auf andere Standorte verlagert worden sind (Assmann 1999: 126f.). Heutzutage nimmt der Altstadthafen vor allem für Passagierverkehre eine sehr wichtige Rolle ein und ist der größte Passagierhafen in Estland. Es bestehen jedoch auch weiterhin Umschlagsvorgänge im Güterverkehr, die sich vornehmlich auf sogenannte saubere Umschlagsprozesse (Ro-ro-Verkehre und Stückgutverkehre) konzentrieren (Brodin 2003: 190, Port of Tallinn 2012b).

Gemessen am Güterumschlag nimmt der Seehafen Tallinn im Ostseeraum hinter St. Petersburg und Primorsk eine führende Position ein und ist der größte Ostseehafen innerhalb der EU (Interview SHIV). Im Jahr 2011 erreichte der Seehafen einen Gesamtumschlag von 36,5 Mio. t und verzeichnete damit gegenüber dem Vorjahr 2010 einen geringen Verlust um 0,3 %, jedoch gegenüber 2009 einen Anstieg um 15,5 %. Seit Beginn der 1990er Jahre hat der Seehafen einen deutlichen Zuwachs des Umschlags erlebt. Während der Umbruchphase vom planwirtschaftlichen auf das marktwirtschaftliche System blieben die Umschläge, mit Ausnahme des Jahres 1990, relativ konstant und der Seehafen konnte ab Mitte der 1990er Jahre deutliche Zuwächse verzeichnen. In den Jahren 2004 und 2005 gab es Umschlagseinbußen ehe im Jahr 2006 wieder ein Rekordwert erreicht wurde. Bedingt durch politische Spannungen mit Russland und die einsetzende Wirtschaftskrise waren die Jahre 2007 bis 2009 durch geringere Umschlagswerte gekennzeichnet (siehe Abbildung31).

Abbildung 31: Entwicklung des Gesamtgüterumschlags und des Transitverkehranteils im Seehafen Tallinn von 1988 bis 2011 (Mio. t)

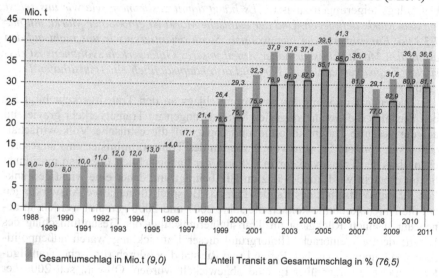

Gesamtumschlag in Mio.t *(9,0)* Anteil Transit an Gesamtumschlag in % *(76,5)*

Für die Jahre 1988 bis 1998 liegen keine Daten zum Transitverkehr vor

Quelle: eigene Darstellung und teilweise eigene Berechnung nach Assmann 1996: 26; Port of Tallinn 2001: 3, 2002: 6, 2003: 5, 2004: 5-6, 2005: 7-8, 2006: 7-8, 2007: 8-9, 2008a: 9, 2009: 8, 2010a: 8, 2011: 7 und 2012a: 7-8; ISL 2006: 90

Bei den im Hafen umgeschlagenen Gütern dominieren anteilsmäßig deutlich die Flüssiggüter (rund 73 %) gefolgt von Stückgütern (15,8 %) und Schüttgütern (11,2 %). Ein detaillierter Blick auf einzelne Güter zeigt, dass insbesondere der Umschlag von Ölprodukten mit einem Anteil von knapp 70 % deutlich dominiert und auf den nächsten Rängen Ro-ro-Güter (10,1 %), Düngemittel (4,9 %) und Container (4,2 %) folgen. Während die Bedeutung der Ölprodukte und der Ro-ro-Güter seit vielen Jahren konstant ist, gab es bei den anderen Gütern in der ersten Dekade der 2000er Jahre teilweise größere Anteilsschwankungen. Die Anteile des Containerumschlags sind dabei seit Beginn der 2000er Jahre relativ konstant geblieben (Port of Tallinn 2008b: 8 und 2012c: 9).

Der Güterumschlag im Seehafen Tallinn ist sehr stark von Transitgütern geprägt. Im Jahr 2011 waren von den 36,5 Mio. t umgeschlagener Güter rund 29,6 Mio. t Transitgüter und lediglich 6,9 Mio. t Güter, die als Im- oder Exporte direkt auf Estland bezogen waren (siehe Abbildung 31). Dieser hohe Transitanteil bestimmt seit vielen Jahren das Umschlagsgeschäft in Tallinn. Seit Beginn der 2000er Jahre lag der jährliche Anteil des Transitverkehrs stets zwischen 75 % und 85 %. Die Strategien der Seehafenverwaltung zur Entwicklung des Hafenstandortes sind daher auch auf diesen Verkehr ausgerichtet. Verstärkt wird diese Ausrichtung durch den kleinen estnischen Binnenmarkt, der nur noch geringe Umschlagssteigerungen zulässt. *„Es hängt damit zusammen, wie wir uns selbst auf dem Markt definieren. Und der estnische Markt ist ein kleiner Markt, mit nur 1,3 Mio. Einwohnern, die hier wohnen. Somit orientieren wir uns nicht auf den estnischen Markt. Ein sehr hoher Anteil unseres Güterverkehrsvolumens ist russischer Transitverkehr. [...]. Wir sind also hauptsächlich ein Transithafen [...]"* (SHIV)

Die enge Kopplung des Gesamtumschlags an den Transitverkehr birgt für den Seehafen die Gefahr, dass sich Veränderungen im Transitverkehr gravierend auf die gesamte Hafenökonomie und sogar auf die estnische Volkswirtschaft auswirken können. So wird vom Experten des Transportministeriums angesprochen, dass der Transitverkehr in Estland, der hauptsächlich über den maritimen Sektor erbracht wird, rund 5 % zum BIP beiträgt und daher eine wichtige Funktion für die Wirtschaft des Landes hat. Als Beispiel für negative Auswirkungen auf die Hafenökonomie können die Jahre 2007 und 2008 genannt werden, in denen durch einen Rückgang im Transitgüterumschlag der Gesamtumschlag des Hafens deutlich einbrach. Hintergrund dieser Entwicklung waren außenpolitische Spannungen zwischen Estland und Russland, wodurch russische Transitgütertransporte weniger über Estland abgewickelt wurden. Obwohl seit 2009 der Transitverkehr wieder angestiegen ist und somit auch der Gesamtumschlag im Seehafen ein Wachstum verzeichnen kann, sind die Wirkungen dieser beiden Jahre immer noch zu spüren. Estland und insbesondere der Hafen Tallinn befinden sich somit in einer Art Abhängigkeit russischer Exportgüter (Interview TMIV).

Dieser Lage ist sich auch die estnische Verkehrspolitik bewusst. Der Experte aus dem Transportministerium deutet daher an, dass neben der Güterumlenkung aufgrund politischer Differenzen zwischen Estland und Russland auch andere Szenarien möglich sind, wie bisher über Tallinn laufende Güter anders transportiert werden können. Hierbei werden die Ausbautätigkeiten Russlands im Bereich eigener Transportinfrastrukturen angesprochen, die eine Option für russische Transporte sein können. Diese Entwicklung wird aber nicht als so gravierende Gefahr betrachtet, da davon ausgegangen wird, dass die Ost-West-Verkehre unter Einbeziehung verschiedener GUS-Staaten in Zukunft zunehmen und somit auch die estnischen Transportinfrastrukturen weiterhin genutzt werden. Als wichtiger Schritt für die Zukunftsfähigkeit des Seehafens Tallinns werden durch den Experten Chancen gesehen, mehr Transitverkehre der Gegenrichtung, also von Westeuropa nach Russland, abwickeln zu können. Obwohl der Seehafen diese Entwicklung befördert, hat diese Entwicklung bisher jedoch noch nicht richtig eingesetzt. *„Obwohl wir uns seit zehn Jahren bewusst sind, dass Russland Maßnahmen ergriffen hat, um die eigene Infrastruktur und die eigenen Häfen vorzubereiten, um in der Lage zu sein, die Exporte direkt über das eigene Land zu schicken und nicht Häfen in Finnland, Lettland oder Estland zu nutzen. Obwohl wir dies gewusst haben und Bemühungen angestellt haben, um den Transit andersherum, von West nach Ost zu erhöhen, muss man sagen, dass dies nicht so stark gestiegen ist, um damit den Verlust auszugleichen, der hier seit 2007 aufgetreten ist, aus der Abnahme des Ost-West-Verkehrs"* (TMIV).

6.4.1.2 Eigentums- und Organisationsform des Hafenstandorts Tallinn

Nach der Unabhängigkeit Estlands wurde der Seehafen Tallinn im Jahr 1991 als eine staatliche Organisation gegründet und damit unter anderem das Ziel verfolgt, die vier bereits bestehenden Hafenstandorte Altstadthafen, Paljassaare, Paldiski und Muuga unter einem Dach zu vereinen und gemeinsam zu entwickeln (Naksi 2004: 232). Im Zuge dieses Neustrukturierungsprozesses fand im Laufe der 1990er Jahre ein kompletter Strukturwandel statt, bei dem sich der Hafen von einem service port zu einem landlord port wandelte. Hierbei wurden vorher gegründete staatliche Umschlagsunternehmen schrittweise privatisiert und an überwiegend estnische Investoren veräußert (Naski 2004a: 233). Im Jahr 1999 wurde dieser Privatisierungsprozess endgültig abgeschlossen und seitdem sind alle Areale und Einrichtungen des Seehafens an private Betreiber übergeben und der Staat hält daran keine Anteile (Interview SHIV, Port of Tallinn 2012d).

Aufgrund der Struktur des Seehafens als landlord port ist die Seehafenverwaltung für die Aufrechterhaltung der Hafeninfrastrukturen zuständig und sorgt somit für Investitionen in die verschiedenen Anlagen sowie deren Weiterentwicklung. Hierbei verpachtet die Hafenverwaltung einzelne Hafengrundstücke an private Unternehmen, die im Seehafengebiet, beispielsweise als Umschlagsunternehmen, tätig sind. Die Pachtverträge haben dabei Laufzeiten zwischen 39 und 99 Jahren (ISL 2006: 96). Daneben kümmert sich die Hafenverwaltung Tallinn um die Kontrolle, Sicherung und Instandhaltung der Verkehrswege im gesamten Seehafengebiet. Hierunter fallen neben den seewärtigen Zufahrtswegen auch die Anlagen der Hafenbahn sowie der hafeninternen Straßen. Alle weiteren Aufgaben obliegen den privaten Unternehmen, die die einzelnen Hafenareale oder Terminals bewirtschaften (Interview SHIV). *„Wir sind ein typischer land-*

lord port. Wir haben keine Möglichkeiten des Intervenierens bei den Hafenoperationen, stevedoring-Diensten, da sind wir nicht involviert" (SHIV). Als Besonderheit des Seehafens zeigt sich, dass die Seehafenverwaltung Tallinn, ähnlich einem tool-port, auch Teile der Hafensuprastruktur besitzt, die zur wirtschaftlichen Nutzung an private Unternehmen weitervermietet werden. Dennoch überwiegen im Seehafen Tallinn eindeutig die Strukturen eines landlord port (Naski 2004a: 232).

Inwieweit die Einführung des Landlord-Modells im Seehafen Tallinn die einzige Option der Umstrukturierung war, wird in den Expertenaussagen nicht weiter aufgegriffen. Von Seiten des Transportministeriums zeigt sich aber, dass diese Struktur dem wirtschaftlichen Verständnis des Staates entspricht, das stärker privatwirtschaftliche Entwicklungen favorisiert und auf Wettbewerb zwischen Unternehmen setzt. *„Es [die Einführung des landlord-Prinzips, A.d.V.] könnte etwas mit der Politik des Landes zu tun haben, die relativ liberal ist. Wir als Land möchten nicht unbedingt sehr viele Dinge in der Staatskontrolle haben. [...] Und deshalb ist es auch so, dass der Hafen nur als landlord port betrieben oder vom Staat besessen wird und der Staat also der Besitzer der Infrastruktur ist, aber die Terminals werden als separate Unternehmungen betrachtet, die auf dem freien Markt funktionieren müssen und hoffentlich mit mehr Effizienz arbeiten. Und wir als Staat möchten wirklich nur die Infrastruktur besitzen und diese an die Unternehmen anbieten, damit diese gegenseitig konkurrieren können"* (TMIV).

Als höchste hierarchische Stufe innerhalb der Organisationsstruktur des Seehafens Tallinn fungiert ein Aufsichtsrat, der aus acht Repräsentanten besteht, die je zur Hälfte vom Wirtschafts- und Kommunikationsministerium sowie vom Finanzministerium benannt werden (Port of Tallinn 2012d). Der Aufsichtsrat vertritt den estnischen Staat als Eigentümer und bestätigt die strategische Ausrichtung des Hafens (Naski 2004a: 233).

Zu Beginn der 2000er Jahre hat eine intensive Diskussion zur Eigentümerschaft des Seehafens stattgefunden, bei der Gedanken über eine Privatisierung im Vordergrund standen. Seitens der Geschäftsführung des Seehafens wurden diese Überlegungen jedoch mit dem Argument abgelehnt, dass der Hafen unter den gegebenen Bedingungen wirtschaftlich arbeitet und eine Privatisierung daher nicht notwendig ist. Zudem gab es Diskussionen über eine mögliche Übertragung von Seehafenanteilen vom Staat auf die Stadt Tallinn, in deren Folge erste konkrete Maßnahmen analysiert wurden (Naski 2004a: 235). Konkrete Veränderungen sind jedoch noch nicht eingetreten und werden auch von Seiten des Transportministeriums nicht angestrebt. Vielmehr wird auf Ministeriumsebene die derzeitige Struktur als optimal zur Verwirklichung staatlicher Ziele in der Transportpolitik angesehen. *„Gut an unserem System ist, dass der Hafen Tallinn [...] zu 100 % in Staatsbesitz ist. Der Hafen basiert auf dem landlord-Prinzip und was wir wirklich können ist, dass wir nationale Ziele durch den Hafen errei-*

chen können. So kann das Ministerium als Besitzer sagen, welche Leitlinien man verfolgen möchte und der Hafen wird es tun. Natürlich ist es, wenn man so sagen kann, ein unabhängiges Unternehmen, aber die Besitzer können die Hauptziele vorgeben. Wir als Ministerium greifen nicht in das tägliche Geschäft ein, dafür haben wir den Aufsichtsrat und das Hafenmanagement, in welche wir unser Vertrauen legen, die richtigen Maßnahmen im effizientesten Sinne zu tun. Aber die wirklichen Langzeitziele, die können wir geltend machen über den Besitz des Hafens" (TMIV).

6.4.1.3 Hafeninfra- und -suprastrukturen des Standortes Tallinn

Wie bereits in 6.4.1.1 angesprochen wurde, gibt es im Seehafenkomplex Tallinn fünf verschiedene Standorte. Obwohl für die vorliegende Arbeit der Blick auf den für den Containerumschlag verantwortlichen Hafenbereich Muuga gelegt wird, sollen dennoch auch die weiteren Teilstandorte, mit Ausnahme des ausschließlich für Kreuzfahrtschiffe genutzten Hafenstandorts Saaremaa, kurz vorgestellt werden. Dabei wird jedoch nicht auf deren detaillierte Ausstattung eingegangen.

In direkter Nähe zur Innenstadt Tallinns befindet sich der *Altstadthafen*, der heutzutage vor allem für Passagierverkehre genutzt wird. Der Passagierverkehr ist für den Hafen ein wichtiges Aktivitätsfeld und eine wichtige Einnahmequelle. So werden circa 30 % der Hafeneinkommen über den Passagierverkehr generiert. Im Vordergrund steht dabei der Fährverkehr zwischen Finnland und Estland, der einen Anteil von rund 80 % am Passagierverkehr besitzt (Interview SHIV).

Etwa 45 km westlich von Tallinn befindet sich mit dem *Paldiski Südhafen* der zweitgrößte Hafenbereich des Seehafenkomplexes Tallinn. Dieser Hafenstandort wurde während der Zarenzeit im 18. Jahrhundert gegründet und diente seitdem bis zum Ende der Sowjetunion als Hafen für verschiedene Marineeinheiten. Erst mit dem Abzug der letzten russischen Truppen im Jahr 1994 wurden das Gebiet für die Nutzung ziviler Zwecke geöffnet (Assmann 1999: 136). Die Aktivitäten im Paldiski Südhafen konzentrieren sich auf den Umschlag verschiedener Ex- und Importgüter Estlands sowie auf den Transfer von Transitgütern. Es werden insbesondere Ro-ro-Güter, aber auch feste und flüssige Massengüter umgeschlagen. Der Hafenstandort Paldiski Süd wird von der Seehafenverwaltung Tallinn als ein Bereich mit hohen Entwicklungspotenzialen eingeschätzt und daher mit dem Ziel ausgebaut, neue Anlegestellen zu schaffen, an denen zukünftig Pkw als Transitverkehre für Nachbarländer umgeschlagen werden können. Einen weiteren Beitrag zur Entwicklung des Hafenstandortes sollen Synergieeffekte im Zusammenspiel mit dem angrenzenden Industriepark schaffen (Port of Tallinn 2012e, Port of Tallinn 2012f).

Ein weiterer Hafenbereich des Seehafens Tallinn ist der *Paljassaare Hafen*, der sich auf der Halbinsel Paljassaare rund 6 km von Tallinn entfernt befindet.

Dieser frühere Fischereihafen der sowjetischen Fischfangflotte wurde nach Aufgabe der ursprünglichen Nutzung in einen Güterhafen umstrukturiert (Assmann 1999: 134). Der Hafenbereich ist gegenüber den Standorten Muuga und Paldiski Süd deutlich kleiner. An den Terminals werden verderbliche Güter, Holz, Kohle, Stückgüter, Schüttgüter sowie Ölprodukte umgeschlagen. (Port of Tallinn 2012g).

Rund 17 km östlich von Tallinn und nördlich des Ortes Maardu gelegen, befindet sich mit dem *Hafengebiet Muuga* der größte Hafenstandort des Seehafens Tallinn. Dieser Standort wurde in den 1980er Jahren unter dem Namen Novotallinski als Neubauprojekt errichtet und diente seit seiner Fertigstellung im Jahr 1986 als Umschlagshafen für Getreideprodukte sowie leicht verderbliche Gefriergüter und Früchte. Zu dieser Zeit war der Hafen der größte sowjetische Getreidehafen, in dem Importe aus den USA und Kanada umgeschlagen wurden (Assmann 1999: 127, 139).

Das gesamte Areal des Hafenstandorts Muuga umfasst eine Fläche von 1.276,2 ha, wovon 524,2 ha auf Landflächen entfallen. Im Hafengebiet bestehen 29 Anlegestellen mit einer Gesamtkailänge von 6,4 km und einem Maximaltiefgang von 18 m. Der Hafenstandort weist somit Voraussetzungen eines Tiefwasserhafens auf und kann von den größtmöglichen in der Ostsee verkehrenden Schiffen angelaufen werden (Brodin 2003: 189, Port of Tallinn 2012h).

Der Hafenstandort Muuga, der einen Anteil von rund 80 % des Gesamtumschlags im Seehafen Tallinn auf sich vereint, ist auf den Umschlag verschiedener Transitgüter spezialisiert. Die im Hafen umgeschlagenen Gütermengen entsprechen zu rund 90 % dem Gesamttransitverkehr Estlands. Dieser hohe Wert ist im Zusammenhang mit den hohen Umschlagswerten von Öl- und Rohölprodukten zu sehen, die einen Anteil von 75 % am Gesamtumschlag des Standorts aufweisen und ein bedeutendes Transitgut sind. Neben ölbasierten Produkten werden vor allem Trockengüter, wie Düngemittel, Getreide und Kohle sowie Ro-ro-Verkehre umgeschlagen. Der Standort Muuga ist zudem der Hauptumschlagplatz des Containerverkehrs im Seehafen Tallinn (Interview SHIV, Port of Tallinn 2012h).

Der Güterumschlag am Standort Muuga erfolgt an verschiedenen spezialisierten Terminals. Für die Lagerung der verschiedenen Umschlagsgüter stehen Öltanks mit einem Gesamtvolumen von 1.100.000 m³, Siloanlagen mit einer Kapazität von 300.000 t, 65 ha offene Lagerflächen, 151.000 m² Lagerhausflächen und 11.500 m² Kühlhausflächen zur Verfügung (Port of Tallinn 2012h).

Als besonderes Merkmal weist der Hafenstandort Muuga eine ausgedehnte Freihandelszone auf, in der für Unternehmen, die im Transit- und Exportgeschäft tätig sind, flexible und vereinfachte Zollvorschriften gelten. So müssen Unternehmen für Güter, die in den Hafen importiert und dort weiterverarbeitet werden keine Mehrwertsteuer entrichten, wenn diese in einer bestimmten Zeit wieder aus Estland exportiert werden (Port of Tallinn 2012h).

Die Anbindung des Seehafens, insbesondere des Standortes Muuga, an weiterführende Verkehrsinfrastrukturen wird in Expertenaussagen als gut bezeichnet. Als großer Vorteil wird hierbei die Lage des Standortes Muuga außerhalb von größeren Siedlungsgebieten gesehen, wodurch sich nicht nur Erleichterungen der Güterabwicklung, sondern auch Wettbewerbsvorteile gegenüber anderen Hafenstandorten ergeben. *„Die Lage von Muuga ist ein großer Vorteil [...]. Denn das Areal ist nicht mitten in der Stadt, es ist etwa 16 km vom Stadtzentrum entfernt, es ist nicht im dichten Stadtgebiet und es gibt daher keine Güterstaus außerhalb des Hafens. Im Hinterland haben wir sehr gute Eisenbahnverbindungen in Richtung Osten. Und auch die Straßen sind recht gut zu den jeweiligen Autobahnen angebunden. Das ist eigentlich ein Wettbewerbsvorteil unseres Hafens"* (SHIV).

Bei der Anbindung des Seehafens an die weiterführenden Verkehrsinfrastrukturen wird seitens des Transportministeriums großer Wert auf eine effiziente Verknüpfung der Verkehrsträger gelegt. Aufgrund der starken Transitfunktion des Seehafens wird der Eisenbahn als wichtiges Verkehrsmittel für den Transport großer Gütermengen eine besondere Bedeutung zugesprochen. Da die Bahn als ein strategisch wichtiges Element im estnischen Güterverkehr angesehen wird, gab es in der Vergangenheit eine Rückabwicklung früherer Privatisierungsprozesse im Eisenbahnwesen. *„Dies ist alles miteinander verbunden. Der Logistik- und Transportsektor hängt von beiden Bereichen gleichermaßen ab, ohne den einen kann der andere nicht funktionieren. [...]. Wenn man über die großen Volumen spricht, dann ist die Bahn absolut notwendig und dies ist auch einer der Gründe, warum die Regierung die Anteile der Bahn zurückgekauft hat. Die Bahn war privatisiert, aber der Staat hat die Anteile zurückgeholt, um die Prozesse bei der Bahn effektiver managen zu können und die Hafen- und Bahnaktivitäten verbunden zu haben und auf ein Ziel hinzuarbeiten"* (TMIV).

Die Stärkung der Verkehrsträger Bahn und Straße wird durch die Regierung beziehungsweise das Transportministerium in erster Linie über die Umsetzung verschiedener Ausbauprogramme gewährleistet. Ein wichtiger Punkt bei der Finanzierung der Infrastrukturprogramme stellen EU-Gelder dar, mit denen laufende estnische Vorhaben kofinanziert werden. So wird in den Expertenaussagen deutlich, dass über die Kofinanzierungen und EU-Programme die wichtigen Straßeninfrastrukturprogramme in Richtung St. Petersburg gefördert werden können. *„So gibt es also ein Programm in diesem Bereich und für den Straßentransport gibt es eigentlich zwei Straßen, die für die Güterflüsse wichtig sind: Von Tallinn nach St. Petersburg und in Richtung Moskau. Und insbesondere die Straße von Tallinn nach St. Petersburg wird momentan stark ausgebaut. Sie wurde bereits in der letzten Kohäsionsfondsphase gebaut, aber auch aktuell laufen noch einige Projekte"* (TMIV). Als ein Problem wird aber in den Expertenaussagen die Situation der Verkehrsinfrastrukturen hinter der estnisch-russischen Grenze gesehen, da hier keine oder unzureichende Verbesserungsmaßnahmen stattfinden. Diese Situation ist für den Gütertransport hinderlich und sorgt für Zeitverzögerungen. Laut Expertenaussage wäre es daher wünschenswert, wenn durch EU-Gelder grenzüberschreitende Finanzierungsmöglichkeiten für Verkehrswege mit Drittstaaten, beispielsweise mit Russland, realisiert werden könnten (Interview TMIV). Die bisherigen Anstrengungen der Regierung zum Ausbau der Verkehrsinfrastrukturen werden von Seiten der Seehafenverwaltung als positiv eingeschätzt. In den Expertenaussagen wird darauf verwiesen, dass die Infrastruktur in Estland gegenüber anderen EU-Staaten noch einen großen Ausbaubedarf besitzt, jedoch die bisherigen Ausbaumaßnahmen erheblich zur *Verbesserung der Situation beigetragen haben. Insbesondere im Ver*gleich zu den anderen baltischen Staaten werden hierbei Vorteile gesehen. *"Denn die Infrastruktur ist nicht auf dem gleichen Niveau wie in Westeuropa, aber wir haben auch nicht so viele Gelder und Töpfe, um in die öffentliche Infrastrukutr zu investieren, aber sie tun es weiter und sie haben es auch nicht während der Krise gestoppt, was sehr wichtig ist. Sie setzen es fort und dies auf einem relativ hohen Niveau, wenn man dies innerhalb der baltischen Staaten vergleicht"* (SHIV).

6.4.2   Das Containerverkehrssegment im Seehafen Tallinn

6.4.2.1   Entwicklungslinien der Terminalkapazitäten

Die Entwicklungen der weltweiten Containerisierung im Güterverkehr haben seit Beginn der 1990er Jahren auch im Seehafen Tallinn, insbesondere am Standort Muuga, zu einer verstärkten Ausrichtung auf den Containerumschlag geführt. Anders als an den Standorten Riga und Klaipėda, an denen bereits zu Beginn der 1970er Jahre Container umgeschlagen wurden, wurde diese Entwicklung in Tallinn erst in den 1980er Jahren sukzessive vorangetrieben. Der Containerverkehr bildet im Seehafen ein eher kleines Gütersegment, das jedoch aufgrund positiver Entwicklungen in der Vergangenheit und des Bestrebens der Akteure vor Ort einen größeren Anteil am Markt zu bekommen, weiterentwickelt werden soll (Interview SHIV).

Wie die Umschlagszahlen des Containerverkehrs seit Ende der 1990er Jahre zeigen, konnte der Hafenstandort mit Ausnahme weniger Jahre insgesamt eine positive Entwicklung in diesem Verkehrssegment verzeichnen. So wurde im Jahr 2004 erstmals die Marke von 100.000 TEU übertroffen und nach einer starken Wachstumsphase im Jahr 2008 der damalige Höchstwert von 181.000 TEU erreicht. Durch die Wirtschaftskrise im Jahr 2009 sank das Umschlagsniveau dramatisch um knapp 50.000 TEU auf rund 130.000 TEU ab, konnte aber im Folgejahr 2010 wieder gesteigert werden und erreichte 2011 einen neuen Höchstwert von knapp 200.000 TEU (siehe Abbildung 32).

Abbildung 32: Entwicklung des Containerumschlags im Seehafen Tallinn von 1999 bis 2011

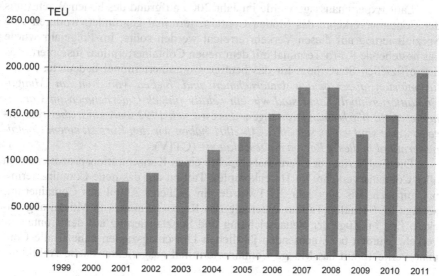

Quelle: eigene Darstellung nach Port of Tallinn 2001: 3, 2008b: 9, 2010b: 10, 2012c: 10, Ruutikainen/Hunt 2007: 45

Am Standort Muuga besteht mit dem Muuga Containerterminal das einzige Containerterminal des gesamten Seehafenkomplexes Tallinn. Der Ursprung dieses im Jahr 2000 gegründeten Terminals basiert auf einem Ro-ro-Terminal, welches von einem privaten Unternehmen errichtet und 1992 im Hafen Muuga in Betrieb genommen wurde. Nach Expertenaussage spielte der Umschlag von Containern in der Ausrichtung des Ro-ro-Terminals damals zunächst keine bedeutende Rolle und wurde lediglich als ein Nebengeschäft betrachtet. Erst mit dem Wachstum von Containerverkehren gab es im Terminal innerbetriebliche Umstrukturierungen und der Containerumschlag rückte in den Vordergrund. *[...], denn historisch betrachtet haben wir 1992 hier begonnen unser Unternehmen aufzubauen, nicht als Containerterminal, sondern als ein Ro-ro-Terminal. Denn in Estland zu jener Zeit, als die Sowjetunion aufhörte zu existieren, gab es keinerlei Pläne Containerterminals hier zu haben. Somit starteten wir das Geschäft vom Reißbrett aus, mit einem Kai, einer Rampe, in der wir Ro-ro-Schiffe abfertigten. Und auf solchen Ro-ro-Schiffen waren manchmal Container und wir hoben sie mit alten Hafenkränen aus. Und als die Containerzahlen weiter wuchsen, entschieden wir, uns auf Container zu spezialisieren"* (CTIV). Seit der Entscheidung das Terminal auch auf Containerverkehre auszurichten, ist das Containergeschäft ein wichtiges Standbein des Terminals, jedoch werden weiterhin auf dem Terminalgelände Ro-ro-Verkehre abgewickelt (Interview CTIV).

Laut Expertenaussage wurde im Jahr 2000 aufgrund des hohen Wachstums der Containerverkehre das Muuga Containerterminal gegründet, wodurch eine Spezialisierung auf diesen Verkehr erreicht werden sollte. Im Folgejahr wurde das bestehende Ro-ro-Terminal mit dem neuen Containerterminal fusioniert, was den offiziellen Startschuss für das heutige Containerterminal bedeutete. *„2001 fusionierten diese beiden Unternehmen und hießen von nun an Muuga-Containerterminal. Somit sind wir ein relativ junges Unternehmen im Containergeschäft. Wir können zwar sagen, dass wir seit 1992 aktiv sind, aber realistischerweise sind wir es seit 2001. Ab 2001 haben wir den Kurs zu einem Containerterminal in dieser Region eingeschlagen"* (CTIV).

Die Etablierung des Terminals brachte einen Konzentrationsprozess nahezu aller Containerverkehre im Hafenkomplex Tallinn auf das neue Containerterminal mit sich. Bis zum Jahr 2001 wurde ein größerer Anteil des Containerumschlags im Seehafen Tallinn außerhalb des Ro-ro-Terminals in Muuga abgewickelt. Erst im Zuge der Neuausrichtung und Spezialisierung auf den Containerverkehr wurden bei wachsenden jährlichen Umschlagszahlen nahezu alle Containerverkehre auf das Muuga Containerterminal ausgerichtet (siehe Abbildung 33).

Ein Blick auf die Umschlagsleistungen des Containerterminals zeigt, dass dieses von 1993 bis 1998 ein stetiges Wachstum verzeichnen konnte (siehe Abbildung 33). Dieses Wachstum in der Anfangszeit, als das Terminal noch nicht auf Containerverkehre spezialisiert war, bewertet der Experte als besonders wichtig für die Entwicklung des Containerterminals, da hierdurch ein sich positiv entwickelndes Geschäftsfeld erkannt werden konnte. *„Natürlich hat es langsam begonnen und manchmal hatten wir auch ein zwanzigprozentiges Wachstum von Jahr zu Jahr, natürlich basierend auf einer geringen Ausgangsbasis. [...]. Bei einer Grundannahme von 600 TEU wären das bei 20 % rund 750 TEU. So ist es nicht wirklich ein Riesenumschlag, aber in Prozent betrachtet, war es gut für uns"* (CTIV). Ab 1999 stiegen die Wachstumszahlen des Terminals deutlich an und es wurden bis zum Jahr 2008 (rund 181.000 TEU) jeweils neue jährliche Höchstwerte erreicht. In Folge der wirtschaftlichen Krise im Jahr 2009 sank der Containerumschlag dramatisch auf rund 131.000 TEU ab. Seitdem gab es eine Erholung, die im Jahr 2011 bereits wieder einen neuen Höchstwert von 195.000 TEU mit sich brachte. Diese schnelle Erholung von der Krise, ist eine Entwicklung, die vom Terminal selbst so nicht vorhergesagt worden ist. Vielmehr wurde davon ausgegangen, dass erst im Jahr 2013 das Niveau von 2008 erreicht werden könne (Interview CTIV).

Abbildung 33: Entwicklung des Containerumschlags im Muuga Ro-ro und Muuga Container Terminal von 1993 bis 2011

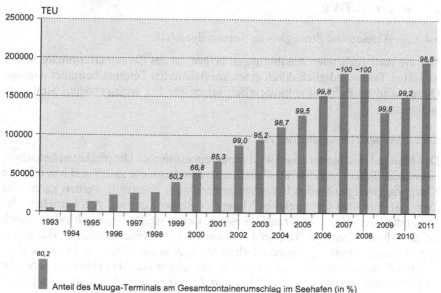

Für den Zeitraum 1993 bis 1998 liegen keine Daten zum Anteil am Gesamtcontainerumschlag vor

Quelle: Port of Tallinn 2001: 3, 2008b: 9, 2010b: 10, 2012c: 10, Ruutikainen/Hunt 2007: 45, Muuga Container Terminal 2012

Das Containerterminalgelände in Muuga ist auf der Grundlage des Landlord-Prinzips durch den Betreiber vom Hafen gepachtet. Der Leasingvertrag für das 28 ha große Gelände läuft bis 2050 und sieht eine Pacht von acht Euro pro m² vor. Die Pachthöhe wird von Seiten des Terminals kritisiert, da sie im internationalen Vergleich sehr hoch ist und der Terminalbetreiber bisher selbst sehr viel in das gesamte Gelände investiert hat (Interview CTIV).

Das Terminal verfügt über drei Kaianlagen mit einer Gesamtlänge von 710 m und einem Tiefgang zwischen 12,5 m und 14,5 m. Es stehen 8.000 m² Lagerhausflächen und rund 400 Stellplätze für Kühlcontainer bereit. Für die Umladung von Containern auf Zügen wird eine Verladestation vorgehalten. Die derzeitige Umschlagskapazität liegt bei 450.000 TEU pro Jahr (Transiidikeskuse 2013). Gemessen an der gegenwärtigen Umschlagsleistung von rund 195.000 TEU ist das Containerterminal zu rund 43 % ausgelastet.

Die Ausstattung des Terminals wird vom Betreiber selbst als sehr gut bezeichnet. Demgegenüber erwähnt der Experte einen relativ schlechten Zustand der umliegenden Infrastruktur, insbesondere der Straßeninfrastruktur. „*Heutzu-*

tage [haben wir ein wirklich gut funktionierendes Terminal, A.d.V.] ja. Okay.
Aber die Lkw-Durchquerungen in Estland sind sehr schlecht, Zugdurchquerun-
gen sind gut" (CTIV).

6.4.2.2 Akteure und Strategien im Terminalgeschäft

Wie die vorhergehenden Ausführungen zeigen, ist das Containerterminalgeschäft
im Hafen Tallinn lediglich durch einen spezialisierten Terminalbetreiber geprägt.
Dieser wird im Folgenden hinsichtlich seiner vor Ort angewendeten Strategien
analysiert.

Strategien des Terminalbetreibers

Das Muuga Containerterminal wird durch ein estnisches Unternehmen betrieben,
das nur an diesem Standort im Containerterminalsegment agiert und somit in die
Kategorie eines nationalen Betreiberunternehmens eingestuft werden kann. Das
Terminal wird vom Unternehmen Muuga Container Terminal A/S betrieben, das
Bestandteil der estnischen Transiidikeskuse Group ist. Im Grunde handelt es sich
bei der Muuga Container Terminal A/S um ein Familienunternehmen, das einige
Anteile an eine Beteiligungsgesellschaft abgegeben hat. *„Nun ja, es ist so, dass*
ein Anteilseigner unseres Unternehmens, der gleichzeitig Vorstandsvorsitzender
ist [Unternehmensgründer, A.d.V.], einen 15-prozentigen Anteil an dem Unter-
nehmen besitzt. Und die restlichen 85 % gehören der Transiidikeskuse-Holding,
in welcher der Vorstandsvorsitzende auch involviert ist. Somit kann man schon
sagen, dass es ein Familienunternehmen ist" (CTIV). Im Laufe des Jahres 2012
hat sich jedoch am Standort eine Veränderung vollzogen. Nachdem das Terminal
zuvor bereits als Ganzes zur Transiidikeskuse-Holding gehört hat, kam es Mitte
2012 zur einer Fusion mehrerer Unternehmen, unter anderem von Muuga Container Terminal A/S und Transiidikeskuse, zum neuen Unternehmen Transiidikeskuse AS (Muuga Container Terminal 2013).

Die Situation als inländisches und nur auf nationaler Ebene agierendes
Terminalunternehmen wirft die Frage auf, inwieweit der Terminalbetreiber oder
das Terminal in den Fokus international agierender Unternehmen geraten ist und
ob eine derartige Veränderung mittelfristig denkbar ist. Diesbezüglich wird von
Seiten des Terminals bestätigt, dass es Anfragen dieser Art gegeben hat, jedoch
eine solche Entwicklung von der Unternehmensführung stets abgelehnt worden
ist, da die Situation als eigenständiges Unternehmen als wesentlich besser eingeschätzt wird und sich das Unternehmen wirtschaftlich stark genug fühlt. *„Nun,*
Ideen gab es schon. Verschiedene große internationale Betreiberunternehmen
waren hier. Aber was können andere Umschlagsunternehmen uns wirklich brin-
gen? Eigentlich nichts, das Terminal läuft. [...]. Und Sie kamen und stellten sich
vor. Sie haben einen großen Namen hinter sich und wollten, dass wir Anteile an
sie verkaufen. [...]. Aber, wir werden keine Anteile an Unternehmen nur um der

Sache willen verkaufen. Denn, wir sind finanziell ein sehr starkes Unternehmen. Wir benötigen daher keine zusätzlichen Anleihen oder Investitionen. Wir haben zurzeit auch die richtigen Kapazitäten dafür und somit besteht kein Bedarf für uns. Und wenn wir Investitionsbedarf haben, wenden wir uns an eine Bank [...] und kaufen uns das benötigte Equipment" (CTIV).

Das Hauptgeschäft des Terminals liegt im Containerumschlag zwischen der Land- und der Seeseite. Daher ist das Terminalmanagement bestrebt, Geschäftsbeziehungen zu verschiedenen Schiffslinien aufzubauen. Hierbei erweist sich die fehlende Konkurrenzsituation vor Ort als günstig, da somit alle am Standort Muuga interessierten Schiffslinien quasi automatisch in Kontakt mit dem Muuga Containerterminal treten müssen. Von Seiten des Terminals wird jedoch erwähnt, dass es enorm wichtig ist selbst in Kontakt mit potenziellen Kunden zu treten (Interview CTIV).

Aus den Expertenaussagen wird deutlich, dass das Terminal mittlerweile mit allen relevanten Schiffslinien im Ostseeraum zusammenarbeitet. Viele dieser Schiffslinien laufen das Terminal mit eigenen Schiffen an, andere nutzen hierfür die Dienste von Feederlinien. Obwohl das Terminal somit erfolgreich am Markt operiert, wird vom Experten deutlich darauf hingewiesen, dass der Weg zu diesem Erfolg, insbesondere in der Anfangszeit relativ schwierig war. Als wichtiger Etablierungsschritt wird die erfolgreiche Akquise einer großen Schiffslinie als Kunde bezeichnet, die dem Terminal mehr Aufmerksamkeit anderer Schiffslinien brachte. Hierfür waren jedoch Investitionen in technische Ausrüstungen notwendig, die durch den großen Kunden gefordert wurden. *„Wir vermarkten uns selbst und bieten uns an, beispielsweise auf internationalen Konferenzen, aber so ist es heute. Vor zehn Jahren, als uns niemand kannte, war es noch anders und wir mussten hart arbeiten. Heute gehen wir zu Konferenzen, halten Präsentationen, laden potenzielle Kunden oder Gesprächspartner in unser Terminal ein, dieses zu besuchen, und führen es vor. Bei einer sehr großen Schiffslinie war es so, dass sie sagten, sie werden nicht unser Terminal anlaufen, bis wir mobile Kräne installiert haben. Als wir uns dann mobile Kräne gekauft hatten, kam ein Vertrag mit dieser großen Schiffslinie zustande. [...]. Und dann wurde der Markt langsam auf uns aufmerksam und erkannte, dass ein neuer Punkt auf der Karte des Ostseeraums auftauchte und so begannen sie uns anzufragen und anzulaufen und nun haben wir jede Schiffslinie hier"* (CTIV).

Obwohl seitens des Containerterminalmanagements aufgrund der Vertraulichkeit der Daten keine Angaben zu einzelnen Anteilen der Schiffslinien gemacht werden, zeigt sich, dass sich das Hauptgeschehen im Containergeschäft am Standort Tallinn auf wenige große Akteure konzentriert, die auch auf internationaler Ebene führend sind. *„Ja, wir haben hier im Hafen 18 Schiffslinien, die den Markt der Region bestimmen. Unter diesen sind in Estland vier, die den Trend bestimmen und das meiste der Gütermengen lenken. Dies sind Maersk, APL, MSC und CMA-CGM. Sie haben ebenso ihre eigenen Feederdienste, die* *von den westeuropäischen Hubs zur Ostsee hin aktiv sind, außer Maersk, die sind nicht mit ihren eigenen Schiffen präsent, sie nutzen momentan Kapazitäten bei Team Lines. [...]. Dies sind die Marktbestimmer [...]"* (SHIV).

Ein wichtiger Punkt bei der Beziehung des Terminalbetreibers zu den Schiffslinien ist die eigene Verhandlungsposition. Der Terminalbetreiber ist bestrebt, mit der Schiffslinie auf einer gleichberechtigten Ebene zu kommunizieren. So spricht der Experte die Situation des Krisenjahres 2009 an, in dem an anderen Orten viele Raten gesenkt wurden, was jedoch auch zu großen wirtschaftlichen Schwierigkeiten führte. *„Es ist nicht so, dass die Schiffslinien kommen und eine 15-prozentige Reduzierung verlangen und wir sagen ihnen dann zu. Nein, so ist es nicht! Wir denken, dass wir das einzige Terminal im Ostseeraum sind, welches jedes Jahr die Raten erhöht hat. Es waren mal 2,5 %, dann 3 %, auch mal 1 %. Aber wir haben immer die Raten erhöht. Wir sehen keinen Grund, wieso wir in der momentanen Situation [die Auswirkungen der Krise waren 2010 noch vorhanden, A.d.V.] die Raten senken sollten. Die Preise steigen aufgrund der Inflation sowieso, die Preise für Öl steigen, der Sprit kostet uns zurzeit eine Menge Geld. [...]. [Die Schiffslinien senkten in der Vergangenheit, A.d.V.] die Preise, weil sie dachten ihre Anteile zu steigern, aber es haben alle getan und dadurch haben sie nur ihre Gewinne reduziert. [...]. Wir sind nicht bereit für so etwas. Wir haben keinen Spielraum ihnen entgegenzukommen und wir steigern die Raten jedes Jahr. [...]"* (CTIV).

Konkurrenzbeziehungen am Standort

Da das Unternehmen im Muuga Containerterminal als einziger Containerterminalbetreiber am Standort Tallinn agiert, gibt es am Standort momentan keine Konkurrenzbeziehungen zu anderen Terminals, was aus Sicht des Terminalmanagements nicht negativ bewertet wird. So wird in den Expertenaussagen deutlich, dass die Entwicklung des Containerterminals aufgrund der steigenden Umschlagvolumina als sehr zufriedenstellend einzuschätzen ist (Interview CTIV, Interview TMIV). Dennoch wird in einigen Expertenaussagen die Situation mit nur einem Containerterminal am Standort Tallinn als veränderungswürdig beschrieben. Insbesondere von Seiten der Hafenverwaltung wird das Vorhandensein eines einzigen Containerterminals, das zudem lediglich durch ein nationales Unternehmen betrieben wird, als nicht optimal angesehen. Hierbei wird die Auffassung vertreten, dass die Präsenz eines weiteren Terminalbetreibers zu einer Erhöhung der Umschlagszahlen beitragen und die Bedeutung des Standortes Muuga steigern könnte. Der Blick wird von der Hafenverwaltung verstärkt auf einen internationalen Terminalbetreiber gelegt, da sich hierdurch vermeintlich bessere Entwicklungschancen ergeben. *„Sicher, ich denke, es würde besser sein, weil die weltweiten Betreiber auch weltweite Erfahrungen haben und Verbindungen zu Schiffslinien haben. Sie haben Verbindungen zu den Logistikanbietern* *und auch zu den Versendern. Sie haben die Erfahrungen aus ihrer Arbeit seit mehreren Jahrzehnten und dies weltweit [...]. Ich denke, das würde der nächste Qualitätsschritt sein, so einen Betreiber hier zu haben"* (SHIV). In den Aussagen wird aber nicht die Arbeit des vor Ort bestehenden Terminals in Frage gestellt, sondern mit Blick auf Konkurrenzhäfen das Bestreben formuliert, das Containerumschlaggeschäft am Standort Tallinn durch einen internationalen Betreiber zu stärken (Interview SHIV).

Dieser deutliche Wunsch nach einem weiteren, möglichst internationalen, Terminalbetreiber am Standort Muuga wird von Seiten des Containerterminals mit dem Argument zurückgewiesen, dass Umschlagssteigerungen nicht allein durch die Anwesenheit weiterer Terminalbetreiber erzielt werden können, sondern auch mit anderen Faktoren zusammenhängt. *„Ihr Plan ist es, den Wettbewerb zu fördern. Sie denken, dass der Wettbewerb hier den Verkehr erhöhen wird. Aber, sie denken da sehr einfach. Sie denken, dass es in Hamburg sechs Terminals gibt und diese machen acht bis neun Mio. TEU. Also denken Sie auch, dass mehr Terminals mehr Verkehr erzeugen. Aber Hamburg ist ein tranship-ment-Hafen. Sie haben Überseeverkehr und sie haben Feeder-Verkehr. Wir sind ein kleiner Hafen und wir sind ein Feeder-Terminal und hier ist die Endstation für den Containerverkehr. Diesen Umstand verstehen sie nicht"* (CTIV).

Obwohl momentan noch kein weiterer Containerterminalbetreiber am Hafenstandort Tallinn aktiv geworden ist, gab es in der Vergangenheit verschiedene Überlegungen und Verhandlungen darüber. Als relativ erfolgversprechend gestalteten sich Gespräche mit Vertretern des chinesischen Hafens Ningbo, bei denen es um Kooperationen im Hafenbetrieb ging. Diese ersten Verhandlungen endeten jedoch ergebnislos. Wie in den Expertenaussagen deutlich wird, hatte der Investor durchaus Interesse einzusteigen, jedoch waren die Bedingungen dafür zu komplex, um einen schnellen Erfolg bei den Verhandlungen zu erzielen. *„Ja, es gab Verhandlungen mit Ningbo, dem Hafen, aber diese haben sich schnell wieder verlaufen. Wie dem auch sei. Dies ist ein EU-Hafen und wir haben der EU-Hafenpolitik und den Richtlinien zu folgen, was bedeutet, dass die Wahl von Terminalbetreibern transparent sein muss und nicht diskriminierend. Dies bedeutet, dass jede Einheit, jeder Bewerber die gleichen Chancen haben muss. Wir können nicht irgendjemandem eine Konzession verleihen ohne den Markt zu prüfen und auszuschreiben und vielleicht weitere interessierte Investoren zu finden"* (SHIV).

Logistische Integration des Terminals

Die Arbeit des Muuga Containerterminals im Hafenstandort Muuga wirft die Frage auf, wie dieses in logistische Kettenabläufe eingebunden ist und ob hierbei vor- oder nachgelagerte Logistikprozesse durch das Terminal gesteuert oder beeinflusst werden. Wie die Darstellungen zur Strategie des Terminalbetreibers vor

Ort bereits angedeutet haben, ist das Terminal von der seewärtigen Anbindung sehr gut mit den Containerschiffslinien des Ostseeraums verknüpft. Die Beziehungen zwischen den Schiffslinien und dem Terminal basieren dabei auf unbefristeten Verträgen, die beidseitig gekündigt werden können. Innerhalb dieser Verträge gibt es jedoch variable Bestandteile, auf deren Basis die jährlichen Raten für den Containerumschlag im Terminal ausgehandelt und neu festgelegt werden (Interview CTIV).

Diese Art der Geschäftsbeziehung wird zu allen potenziellen Containerschiffslinien in gleicher Weise betrieben, so dass es hier keine spezifische Bindung an eine Schiffslinie gibt. Zudem gibt es auch keine Beeinflussung oder Bestimmung der seewärtigen Logistikprozesse durch das Terminal. Hinsichtlich einzelner Kooperationen mit Schiffslinien äußert sich der Experte des Terminals, dass diese im Grunde genommen durchaus sinnvoll sein können, jedoch nur bei bestimmten Voraussetzungen umsetzbar und wirklich wirtschaftlich sind. Beispielsweise würde eine Reservierung von Terminalkapazitäten nur sinnvoll sein, wenn eine Schiffslinie große Umschlagsmengen garantieren würde. *„Die einzige Möglichkeit einer Kooperation oder strategischen Partnerschaft ist mit den Schiffslinien. [...]. Aber wären große Schiffslinien mit hohen Anteilen hier, wären sie es, die ihre Schiffe bevorzugt behandelt sehen würden, weil sie Anteile haben. Aber wir haben auch Verantwortung für die anderen Schiffslinien. Und wir haben aber auch einen Zeitplan für deren Schiffe. Somit würde es zu einem Interessenkonflikt kommen. Wir sind willens ein unabhängiges Containerterminal zu sein. Es sei denn die großen Linien, wie Maersk oder MSC, würden zusätzliche 300.000 TEUs bringen, dann ist es okay. Aber, sie werden dieses Gütervolumen nicht bringen"* (CTIV).

Hinsichtlich der landseitigen logistischen Integration des Terminals zeigt sich für das Muuga Containerterminal keine eigene aktive Einbindung in weitere Logistikprozesse, wie Lkw- oder Eisenbahntransporte. Diese weiterführenden Logistikprozesse werden allesamt von anderen Logistikunternehmen angeboten, die sich eigenständig im Terminal um den Weitertransport der Container kümmern. Hierbei ist der Terminalbetreiber daran interessiert, verschiedene Logistikunternehmen anzusprechen und auf das eigene Terminal aufmerksam zu machen, um Kunden gewinnen zu können (Interview CTIV).

6.4.2.3   Hinterlandanbindung und Transitfunktion

Bei den Containerverkehren im Seehafen Tallinn lassen sich auf Estland bezogene in den Hafen eingehende und aus dem Hafen ausgehende Verkehre sowie insgesamt ein- und ausgehende Transitverkehre unterscheiden[26]. Ein Blick hierauf

---

[26] Für den Seehafen Tallinn liegen hierfür keine direkten Daten vor. Die vorhandene Datenlage bezieht sich lediglich auf die Gesamtcontainerverkehre aller Seehäfen in Estland. Da jedoch die jährlichen Umschlagszahlen zwischen dem gesamtestnischen Umschlag und dem Umschlag im Seehafen

zeigt, dass der Im- und Export von Containern seit Ende der 1990er Jahre bis 2006 etwa ausgeglichen war. Seit dem Jahr 2007 dominiert jedoch der Export von Containern deutlich. Zudem ist ersichtlich, dass die Transitverkehre, die bis 2004 sukszessive auf sehr geringe Werte abgenommen haben, seit 2005 hohe Anteile an den Gesamtcontainerverkehren eingenommen haben (siehe Abbildung 34 und Tabelle 23).

Abbildung 34: Containerumschlag im Seehafen Tallinn untergliedert in auf Estland bezogene Import- und Exportcontainer sowie ein- und ausgehende Transitcontainer (TEU)

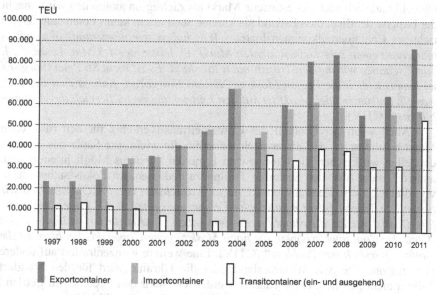

* *Werte beziehen sich auf den Gesamtcontainerumschlag in Estland (Seehafen Tallinn plus andere Häfen).
Eine Übertragbarkeit der Aussagen auf Tallinn ist aber möglich, da die Werte zwischen Estland gesamt und Tallinn lediglich zwischen 0,0 % und 1,2 % abweichen (Ausnahme 2004: 19,9 %).*

Quelle: eigene Darstellung nach Statistics Estonia 2013

Transit allgemein

Die Ausführungen in 6.4.1.3 haben bereits einen Überblick darüber gegeben, inwieweit der Seehafen Tallinn (Standort Muuga) an weiterführende Verkehrsinfrastrukturen angebunden ist. Für den Containerverkehr spielen dabei, ähnlich wie

---

Tallinn in den Jahren 1999 - 2011 um maximal 1,24 % abweichen, können die Aussagen zu den Werten auf den Hafen Tallinn bezogen werden.

für die anderen Gütersegmente, die Verbindungen in Richtung Osten und somit nach Russland eine zentrale Rolle. Vor allem die Agglomerationsräume Moskau und St. Petersburg stellen hierbei die Hauptzielgebiete dar. *„Weiterhin ist das Hauptzielgebiet St. Petersburg und Moskau, denn dies sind die Hauptkonsumgebiete von Russland und in jedem Fall machen diese den größten Teil der Ziele aus. Dies sind also die Gebiete, auf die wir uns konzentrieren. Für diese Gebiete haben wir auch eine gute Position"* (TMIV). Die Bedeutung Russlands als Hinterlandgebiet wird auch von Seiten des Containerterminals bestätigt. Hierbei wird jedoch weniger St. Petersburg als Zielregion genannt, sondern vielmehr Moskau und umliegende Großstädte als Hauptzielgebiet in den Fokus gerückt. Obwohl natürlich auch der estnische Markt als Zielregion angesehen wird, macht der Experte deutlich, dass Estland als kleiner Staat allein kaum Potenziale für ein richtiges Containeraufkommen bietet. *„Was haben wir momentan? Wir haben momentan einen sehr kleinen lokalen Markt. Es leben hier 1,5 Mio. Leute. [...]. Somit schauen wir auf den Transit nach Russland. Es ist nicht St. Petersburg. Es ist hauptsächlich die Region Moskau, Nischni Nowgorod, Kaluga zum Beispiel, was ein aufkommender Markt ist mit den Entwicklungen im Bereich des Automobilbaus"* (CTIV).

Auch wenn der Großteil des Containertransitverkehrs für den russischen Markt bestimmt ist, und dieser auch weiterhin die wichtigste Säule des Transits darstellen wird, sehen die interviewten Experten durchaus Möglichkeiten auch andere Länder über den Seehafen Tallinn zu bedienen. Im Fokus stehen dabei vor allem Ziele in Zentralasien. *„Und ja, Kasachstan ist eine Option. Und wir haben den Transit [nicht militärische Versorgungsgüter, A.d.V.] nach Afghanistan. Das ist gerade die Situation, die wir haben. Und natürlich wollen wir den Anteil der Container erhöhen, die nach Moskau gehen, aber das Problem ist die Grenze. Wirklich das Problem"* (CTIV). Eine weitere Konzentration auf andere Hinterlandmärkte, wie Weißrussland oder die Ukraine wird für den Standort Tallinn nicht gesehen. Diese Märkte werden vielmehr den Seehäfen in Lettland und Litauen als Hinterlandgebiete zugeschrieben (Interview TMIV).

Obwohl durch die Interviewpartner nicht detailliert auf Aspekte des Containertransitverkehrs eingegangen wird, ermöglichen jedoch Daten vom estnischen Statistikamt (Statistics Estonia 2013) sowie Zahlen von Ocean Shipping Consultants (2009: 142f.) einen Blick auf die Bedeutung des Containertransitverkehrs im Seehafen Tallinn (siehe Tabelle 23). Die vorliegenden Daten verdeutlichen, dass der Containertransit seit Mitte der 1990er Jahre bis heute einen wechselhaften Verlauf zu verzeichnen hatte. Während der Transit von Containern gemessen am Gesamtcontainerumschlag Mitte der 1990er Jahre noch bei rund einem Viertel lag, sank dieser Anteil bis Mitte der 2000er Jahre dramatisch auf unter 5 % in den Jahren 2003 und 2004 ab. Im Jahr 2005 stieg der Transitanteil nahezu explosionsartig an und erreichte mit rund 26 % einen Wert, wie in den 1990er Jahren. Seitdem schwankt der Anteil jährlich zwischen rund 20 % bis 27 %.

Tabelle 23: Anteile des Containertransitverkehrs am Gesamtcontainerumschlag im Seehafen Tallinn 1995 und 1997 bis 2011

	Umschlag (1.000 TEU)	Transitanteil (1.000 TEU)	Transitanteil (%)
1995	39,4	11,0	27,9
1997	54,6	11,6	21,2
1998	55,5	13,1	23,6
1999	65,5	11,6	17,7
2000	76,7	10,5	13,7
2001	78,1	7,2	9,2
2002	87,9	7,6	8,6
2003	99,6	4,9	4,9
2004	113,1	4,6	4,1
2005	127,6	33,0	25,9
2006	152,4	34,1	22,4
2007	180,9	39,5	21,8
2008	180,9	38,6	21,3
2009	131,1	31,1	23,7
2010	152,1	31,4	20,6
2011	198,2	53,3	26,9

Quelle: eigene Darstellung und teilweise eigene Berechnung nach Statistics Estonia 2013 und Ocean Shipping Consultants 2009: 142f.

Im Vergleich zum Gesamtanteil des Transitverkehrs im Seehafen Tallinn, der bei rund 85 % liegt, zeigt sich beim Containertransitanteil ein deutlicher Unterschied. Von Seiten des Containerterminals wird darauf verwiesen, dass der Transitanteil durchaus höher sein kann, weil nicht immer alle Verkehre genau dem Import oder dem Transit zugeordnet werden können. *„30 % [bezogen auf einen Monat, A.d.V.] sind beispielsweise Transit und der Rest ist für den Binnenmarkt. Ein Teil davon ist Import. Wir sehen auch nicht alle Informationen über die Fracht. Wir sehen beispielsweise für Container nach Estland nur deren Ziel, deren Lagerhaus als Endstation. Aber der Inhalt der Fracht kann noch umgeladen* *werden und geht weiter nach Russland. Somit denke ich, dass der Transit weit höher liegt"* (CTIV). Wie aus den Aussagen der Experten deutlich wird, unterliegt die Abwicklung von Transitverkehren in Richtung Russland einigen Schwierigkeiten. Als eine Ursache sind außenpolitische Unstimmigkeiten zwischen Estland und Russland zu nennen, die sich auf die Abwicklung zwischenstaatlicher Verkehre auswirken und letztendlich den Grenzverkehr behindern. *„ Und es gibt zurzeit eine schwierige Situation an der estnisch-russischen Grenze. Zurzeit stehen Lkw dort sechs Tage. So spielt es keine Rolle, wie günstig unsere Raten hier sind, wie schnell wir die Schiffe hier bedienen, weil die Container an der Grenze sechs Tage stehen. Das ist nicht gut. [...]. Und, obwohl wir das beste Umschlagsunternehmen der Region sind, haben wir keine Fracht aufgrund der politischen Lage"* (CTIV). Diesbezüglich verweist der Experte aus dem Ministerium auch auf die Notwendigkeit, dass sich die Beziehungen zwischen Estland und Russland normalisieren müssen. *„Die Gesamtbeziehungen zu Russland sind nicht gut, sind seit 2007 ziemlich schlecht geworden. Momentan normalisieren sie sich, sie sind nicht gut, aber normal, so dass man sagen kann, dass beide Länder interagieren und versuchen in kleineren Angelegenheiten zu kooperieren. Um besser zusammenarbeiten zu können, sollten die Beziehungen sich dauerhaft verbessern"* (TMIV). Obwohl dies auch der Wunsch von Seiten des Terminals ist, wird vom dortigen Experten die Annäherung zwischen Estland und Russland als ein schwieriger Prozess gesehen, dessen Lösung nicht abschätzbar ist. Dies führt zur Sorge um eine bessere Umschlagsentwicklung im Transit. *„Nun, in der jetzigen Situation sollten sich Premierminister und Präsidenten zusammensetzen und miteinander sprechen. Aber, ich weiß nicht: Für Russland sind wir so klein, dass sie keine Anstrengungen unternehmen werden uns entgegenzukommen, unglücklicherweise. Und unglücklicherweise denken auch unsere Politiker, dass sie so groß und stark sind, dass sie nicht nach Moskau gehen werden"* (CTIV).

Eine andere Ursache für Schwierigkeiten bei der Abwicklung von grenzüberschreitenden Verkehren wird von den Experten im Zustand der Verkehrsinfrastrukturen gesehen. Der Blick wird dabei insbesondere auf die russische Verkehrsinfrastruktur gerichtet, die aus Sicht des Transportministeriums teilweise Kapazitätsengpässe und schlechte Ausbauzustände aufweist. *„Auch wenn die Beziehungen zu Russland einigermaßen gut sind, stellt sich doch die Frage nach der russischen Infrastruktur. Zum Beispiel von der estnischen Grenze in Richtung St. Petersburg ist die Straße in einem sehr schlechten Zustand. Es ist besser Richtung Moskau, aber um einen effektiven Transportkorridor zu erreichen, sollten die Russen die Straßen verbessern"* (TMIV).

Blockzüge als Verkehrsträger im Transit

Aufgrund fehlender Daten ist für den Hafenstandort Muuga auch keine detaillierte Untergliederung des Containertransitverkehrs in die Verkehrsträger Straße oder Schiene möglich. Gemessen am Gesamtcontainerverkehr werden die Container mehrheitlich per LKW transportiert, wohingegen nur ein kleinerer Teil mit Zügen befördert wird (Ruutikainen/Hunt 2007: 45). Für weitere Strecken und somit auch für den Transitverkehr spielen Züge jedoch eine größere Rolle. Aus den Aussagen des Experten im Terminal lässt sich entnehmen, dass sowohl dem Verkehrsträger Schiene als auch der Straße eine wichtige Bedeutung beigemessen wird. Hierbei kommt aber auch zum Ausdruck, dass die Schiene aufgrund der Abstimmung von Fahrplänen besser in die Umladevorgänge im Terminal eingebunden werden kann, während der Lkw-Verkehr viel stärker kurzfristige Planungen vorsieht. *„Heutzutage ist es gut für uns eine Zugverbindung zu haben, weil dies irgendwie besser fahrplan- und zeitgebunden ist. Wir wissen hierbei vor der Ankunft von einem Schiff, ob die Container via Schiene weitertransportiert werden und welche Container das sind. Somit sind wir planungssicherer und wissen, dass sie nach einer bestimmten Zeit weitertransportiert werden. Mit den Lkw wissen wir nicht, wann ein Lkw hier sein wird und welche Container er transportiert"* (CTIV). Diese spezifische Problematik bei den Lkw-Transporten ist nach Expertenaussage jedoch auch beim Terminal selbst zu sehen und könnte durch eine technische Modernisierung und Verbesserungsmaßnahmen behoben werden. *„Bisher haben wir noch nicht das Slot-System, so informieren sie uns erst kurz bevor sie hier ankommen darüber, welche Container sie abholen. Somit ist keine Terminplanung möglich und es ist somit schwerer planbar"* (CTIV).
Für die Abwicklung von Containerverkehren über die Schiene werden seit einigen Jahren verschiedene Containerblockzugprojekte betrieben. Momentan gibt es fünf Blockzugprojekte, von denen jedoch noch nicht alle betrieben werden (Eesti Raudtee EVR Cargo 2013a):

- Blockzugprojekt Tallinn-Moskau (Moskau Express). Dieser Containerblockzug wurde im Jahr 2007 ins Leben gerufen und verbindet den Hafenstandort Muuga mit zwei Inlandcontainerterminals in Moskau. Der Transport wird vom Unternehmen Petromaks Container Services durchgeführt, das vom russischen Unternehmen TransContainer beauftragt ist (Eesti Raudtee EVR Cargo o.J., Petromaks Container Services 2011: 6). Aus Sicht des Containerterminals Muuga ist dieser Containerblockzug ein großer Erfolg, da es am Standort erstmalig gelungen ist, eine regelmäßige Verbindung zwischen einem Hafen im Baltikum und Moskau anzubieten. *„Wir haben den einzigen Containerblockzug dieser Region, der zweimal in der Woche von unserem Terminal aus nach Moskau verkehrt. Kein anderes Land kann dies bisher sagen, weil niemand so einen Zug hat [Stand 2010,*

A.d.V.]. Manchmal haben sie einen Zug, und sie rühmen sich damit, dass sie jetzt den ersten Zug nach Moskau haben und verweisen darauf, dass dies ein Blockzug ist, der nach Zeitplan arbeitet. Aber kein anderes Land hat solch einen Blockzug" (CTIV). Mittlerweile gibt es jedoch mit dem Blockzug Riga Express eine ähnliche Verbindung zwischen dem Seehafen Riga und Moskau (siehe 6.3.2.3). Hinsichtlich der Entstehung des Projekts verdeutlicht der Experte aus dem Terminal, dass der Terminalbetreiber nicht direkt in den Betrieb des Zuges involviert ist, jedoch ein wichtiger Mittler im Initiierungsprozess war. Aufgrund der Nachfrage nach Containertransporten in das Hinterland nach Russland hat der Terminalbetreiber estnische und russische Unternehmen zusammengebracht (Interview CTIV). Insbesondere die Beteiligung eines russischen Unternehmens wird vom Experten des Terminals als sehr wichtig für das gesamte Projekt gesehen, da somit für die russischen Behörden ein inländischer Verhandlungspartner vorhanden ist. *„Vor 2008, also mit dem Start dieses Zuges, sagten viele Spediteure, dass sie Container haben und diese nach Moskau bringen wollen, jedoch niemanden in Russland hatten. Aber dies ist sehr wichtig, dass man jemanden hat, der zum Kreml geht und mit den Abgeordneten spricht. Das ist sehr wichtig"* (CTIV).

- Blockzugprojekt Baltic Transit. Wie bereits in 6.3.2.3 angesprochen, startet dieser Zug in verschiedenen Seehäfen der drei baltischen Staaten und verbindet diese mit Destinationen in GUS-Staaten sowie optional darüber hinaus in asiatischen Ländern.
- Blockzugprojekt ZUBR-Zugs: Der Hafenstandort Muuga ist ebenso wie Klaipėda und Riga in dieses Projekt involviert (siehe 6.3.2.3). Über diese Zugverbindung ist der Seehafen Tallinn mit Destinationen in der Ukraine verbunden. Obwohl das Gesamtprojekt ZUBR bereits 2009 gestartet wurde, fand die Umsetzung in Estland erst im Jahr 2012 in Form einer Kooperation zwischen der Estnischen Bahn (Eesti Raudtee) und Citodad Invest statt. Von Muuga aus gibt es dabei über die weißrussische Hauptstadt Minsk direkte Verbindungen nach Kiew, Dnepropetrovsk oder zum Hafen von Odessa. Die Fahrzeiten betragen nach Minsk zwei Tage, nach Kiew drei Tage und Odessa vier Tage. Die Züge verkehren in Richtung Ukraine mit beladenen Containern, in die Gegenrichtung sind die Container jedoch leer (Eesti Raudtee EVR Cargo o.J.: 14, Eesti Raudtee EVR Cargo 2013b).
- Eine weitere Containerblockzugverbindung stellt die sogenannte Landbrücke zwischen China und Tallinn dar. Auf dieser Verbindung sollen Container aus dem Nordwesten Chinas nach Tallinn gebracht werden, um dort in Richtung West- und Mitteleuropa verteilt zu werden. Als Vorteil dieser Verbindung wird die kurze Fahrzeit der Container per Bahn gegenüber dem Schiff angegeben (Eesti Raudtee EVR Cargo o.J.: 12).

- Neben den Blockzugen, die in östlicher Richtung operieren, wurde im Jahr 2011 mit dem Baltic Container Train ein Blockzugprojekt zwischen Finnland und Österreich initiert. In den Verlauf dieser europäischen Nord-Süd-Verbindung, die noch nicht gestartet wurde, ist auch der Hafenstandort Tallinn eingebunden. (Eesti Raudtee EVR Cargo o.J.: 13, Eesti Raudtee EVR Cargo 2013c).

Von Seiten des Terminals werden Blockzugprojekte als wichtiger Schritt für die Entwicklung des Umschlags im Terminal gesehen. Jedoch kommen in den Expertenaussagen diesbezüglich auch verschiedene Entwicklungshemmnisse für derartige Projekte zu Sprache. So wird bezüglich des Moskau Express kritisiert, dass die Bereitstellung von zur Verfügung stehenden Eisenbahnwaggons für den Containertransport ein großes Problem ist, da diese nicht immer an die Ausgansstationen zurückgebracht werden und demnach dort fehlen (Interview CTIV). Die unbefriedigende Bereitstellung von rollendem Material wird auch als Grund für eine relativ langsame Entwicklung des Containertransits im Schienenverkehr gesehen (Ruutikainen/Hunt 2007: 45). Die Verantwortlichkeit für die Bereitstellung von Waggons wird unter anderem im Bereich der estnischen Eisenbahn gesehen, die laut Expertenaussage jedoch nicht immer schnell genug und ausreichend reagiert. *„Sie haben ständig versichert, dass man sich keine Sorgen über die benötigten Waggons machen bräuchte, sie werden vorhanden sein. Aber nun stehen sie in Usbekistan [...]. Und aufgrund post-sowjetischer Gesetze sind solche Waggons für den allgemeinen Gebrauch gedacht. Die Usbeken nutzen sie nun in Usbekistan. Und nach drei oder vier Monaten schicken sie sie vielleicht zurück nach Estland. Und hier an unserem Standort sind keine kasachischen oder usbekischen Waggons, weil es keine Fracht in Bezug zu diesen Regionen gibt. Somit keine Waggons und auch keine Züge. Die russischen Unternehmen schicken ihre Waggons zu uns, aber es ist einfach zu teuer. Und wenn es dann zu teuer wird, beschwert sich der Kunde und springt ab"* (CTIV). Als ebenfalls hemmend für die Entwicklung von Schienenverkehren in Richtung des Hafenstandortes Muuga wird die russische Eisenbahntarifpolitik gesehen. Hierbei wird erwähnt, dass Transporte in Richtung Estland teilweise noch höhere Tarife haben als die ohnehin bereits hoch angesetzten Tarife von Russland in Häfen außerhalb Russlands. *„Es ist definitiv so, dass die Tarife höher sind für Russen oder für Unternehmen, die aus Russland rausversenden. Wenn man also eine russische oder kasachische Firma nimmt, die entweder zu russischen Häfen oder zu anderen Häfen versendet, dann sind die Tarife für den Transfer in Richtung russischer Häfen niedriger. Es würde nicht schlecht sein, wenn die Preise für alle anderen Länder die gleichen sein würden. Wenn also Estland, Lettland, Litauen und Finnland die gleichen Tarife haben würden, aber Estland hat einen weiteren oder Extratarif, denn es ist Estland"* (TMIV). Bezüglich der Bahntarife merkt der Experte aber auch an, dass diese höheren Gebühren nur für Transporte in die Häfen gelten, höhere Tarife für Transporte aus nicht russischen Häfen nach Russland davon aber nicht betroffen sind, wodurch die Transitfunktion nach Russland konkurrenzfähig aufrechterhalten werden kann (Interview TMIV).

Von der Qualität der Schieneninfrastruktur her werden die vorhandenen Schienenwege als grundsätzlich gut eingeschätzt (Interview CTIV, Interview SHIV). In den Aussagen der Experten zeigt sich auch, dass der Zustand der Schieneninfrastrukturen einen Beitrag zur Wettbewerbsfähigkeit des Hafens Tallinn und seiner einzelnen Standorte leisten kann. Aus diesem Grund ist die Regierung Estlands und somit das Transportministerium stark bemüht im Rahmen, der bereits in 6.4.1.3 angesprochenen Infrastrukturprogramme, notwendige Ausbau- und Erhaltungsmaßnahmen durchzuführen. *„Grundlegend renovieren wir die gesamte Eisenbahninfrastruktur, so dass es möglich ist, darauf mit 120 km/h zu fahren, was für den Gütertransport absolut ausreichend ist. Wir tun dies hauptsächlich für den Personenverkehr, aber der Gütertransport profitiert davon natürlich"* (TMIV).

Wettbewerbssituation zu anderen Häfen

Von den befragten Experten wird die Wettbewerbssituation des Hafenstandortes Muuga unter differenzierten Gesichtspunkten gesehen. Als wichtigste Wettbewerber gelten vor allem die finnischen Seehäfen Kotka und Hamina, der lettische Hafenstandort Riga sowie, mit Ausnahme Kaliningrads, die russischen Ostseehäfen. Die Wettbewerbssituation ergibt sich vor allem aus der Bedienung des russischen Hinterlands, das für die genannten Häfen ein wichtiges Einzugsgebiet darstellt (Interview TMIV, Interview CTIV, Interview SHIV).

Bei der Betrachtung der Wettbewerbssituation werden durch die Experten verschiedene Aspekte der einzelnen Wettbewerber genannt und miteinander verglichen. Dabei wird deutlich, dass der Standort Tallinn gegenüber den anderen Standorten einige Vorteile aufweist, jedoch auch mit einigen Nachteilen zu kämpfen hat. Nach Expertenaussagen ist keiner der Wettbewerber gegenüber Tallinn absolut über- oder unterlegen. Als ein wichtiger Vorteil Tallinns wird der sehr gute seewärtige Zugang des Standorts Muuga angegeben. *„Von der Seeseite haben wir das Beste, da wir einen sehr guten Zugang von der See haben. Und wir haben keinen Bedarf für einen Seekanal, da wir einen natürlichen Tiefgang haben, der in den tieferen Teilen bis zu 18 Metern reicht,,* (SHIV). Diesbezüglich können weder die finnischen, lettischen und russischen Seehäfen derartige nautische Bedingungen vorweisen. Zudem wird auch darauf verwiesen, dass die Problematik des Eisgangs im Winter für Tallinn weniger problematisch ist als für die anderen Seehäfen. *„Unser Vorteil ist der Zugang zur See, aber auch die Eisbedingungen im Winter, denn Kotka ist weiter im Osten und es gibt im Winter dickes Eis. Man kann sagen, dass wir seit 2003 keinen Bedarf an Eisbrechern hier* *in Tallinn mehr hatten. Man kann sagen, dass wir praktisch ein eisfreier Hafen sind. Riga wiederum, ein anderer Wettbewerber, hat Eisprobleme, weil sie in der Bucht liegen"* (SHIV).

Neben dem seewärtigen Zugang des Standortes Muuga wird seitens des Transportministeriums der Service beim Umschlag als positiver Faktor gewertet. Hierbei sind es nach Aussage der Experten eigentlich nur die finnischen Häfen, die über ähnliche hohe Servicequalitäten verfügen. Den Standorten in Russland und in Lettland wird eine dementsprechende Servicequalität eher abgesprochen, wodurch Tallinn gegenüber diesen potenziellen Wettbewerbern Vorteile aufweist (Interview TMIV).

Trotz dieser guten Voraussetzungen am Standort Muuga gibt es auch starke Hemmnisse im Wettbewerb mit den anderen Häfen. Ein wichtiger Punkt betrifft dabei die Abwicklung des Hinterlandverkehrs nach Russland. Im Vergleich aller Wettbewerber in Finnland und Lettland verfügt Estland über die mit Abstand schlechtesten politischen Beziehungen zu Russland. Hierdurch werden stattfindende und potenzielle Transitverkehre beeinflusst. So hat insbesondere der Hafen Riga aufgrund einer ähnlichen Distanz zur russischen Grenze und den weitaus besseren Beziehungen zwischen Lettland und Russland einen wichtigen Wettbewerbsvorteil bei Transitverkehren. Auch die Beziehungen zwischen Finnland und Russland sind traditionell gut und befördern daher die Abwicklung von Transitverkehren zwischen diesen Staaten. Da hierbei jedoch der Verkehr vor allem auf St. Petersburg ausgerichtet ist, in Tallinn aber verstärkt die Region Moskau im Vordergrund steht, ist die Konkurrenz zu Finnland bei den Containerverkehren nicht ganz so stark ausgeprägt (Interview CTIV, Interview TMIV, Interview SHIV).

Ein anderes wesentliches Wettbewerbskriterium stellen die Kosten dar. Nach Expertenaussagen zeigt sich beim Vergleich des Standortes Muuga mit den potenziellen Wettbewerbern, dass insbesondere die finnischen Seehäfen höhere Gebühren für ihre Leistungen verlangen, gleichzeitig aber auch qualitativ hochwertige Leistungen anbieten. Die anderen Wettbewerber haben ein eher ähnliches Kostenniveau (Interview CTIV). Trotz dieser höheren Kosten sind die finnischen Wettbewerber nicht unbedingt teurer als der Standort Muuga, denn ihnen kommt die hohe Exportquote im Containerverkehr zugute. Während über Muuga hauptsächlich Importe in Richtung Russland abgewickelt und in die Gegenrichtung überwiegend leere Container transportiert werden, sind die Container in den finnischen Häfen im Im- und Export zu etwa gleichen Teilen gefüllt. Hierdurch entsteht für alle Versender ein Kostenvorteil, da niemand die Kosten der Zurückführung leerer Container übernehmen muss. Diese Kosten fallen aber sowohl in Muuga als auch Riga an (Interview CTIV, Interview SHIV).

Im Rahmen der Wettbewerbsdiskussion wird von den Experten darauf hingewiesen, dass jeder Hafen seinen eigenen Anteil an der Gesamtcontainermenge hat und sich über diesen am Markt behauptet. Mit Bezug auf die russischen Häfen wird der Wettbewerb insbesondere vom Containerterminal noch etwas spezifischer eingeschätzt. So unterliegen die dort abgewickelten Containerverkehre nicht den grenzüberschreitenden Prozeduren des Transitverkehrs und können leichter in die Zielregionen gebracht werden. Vom Experten des Terminals wird deutlich gemacht, dass allein durch die enorme Größe im Containersegment der Seehafen St. Petersburg eigentlich keine Konkurrenz zum Muuga-Terminal ist. *„Es ist hart mit denen zu konkurrieren. Zuerst wegen der Schiffslinien und Spediteure, die von der Politik gesagt bekommen, dass sie die russischen Häfen nutzen sollen und daher auch über die russischen Häfen arbeiten. [...]. Wir können damit nicht konkurrieren"* (CTIV). Trotz oder gerade wegen dieser Stärke des russischen Seehafens St. Petersburg mit seinen verschiedenen Containerterminals sieht der Experte aus dem Terminal auch Chancen an der guten Position St. Petersburgs zu partizipieren. Eine Entwicklungsoption für das Muuga-Terminal wird dabei in der Verkehrszunahme in St. Petersburg gesehen. Da die dortigen Terminals zunehmend an der Kapazitätsgrenze arbeiten, könnte diese zu einer Umlenkung von Containerverkehren über Muuga führen. *„Momentan arbeitet das First Container Terminal in St. Petersburg wirklich sehr gut. Sie handeln weise und sind wirklich auf einem hohen Level. Aber sie haben jetzt mehr und mehr Stauprobleme. Wir werden sehen, was mit den jetzigen Servicequalitäten passieren wird. Es gab in den ersten fünf Monaten [2010, A.d.V.] ein Plus von 30 % in St. Petersburg. Das ist ein großer Anstieg"* (CTIV). Die Übernahme einzelner Kapazitäten vom Standort St. Petersburg hängt aber auch von der Entwicklung des Standorts Muuga und den Beziehungen zwischen Estland und Russland ab.

6.4.2.4   Ausbauplanungen und Entwicklungsperspektiven im Containerverkehr

Aufgrund der großen Bedeutung des Hafenstandorts Muuga im estnischen Containerverkehr sowie der prognostizierten Steigerungen dieses Verkehrssegments in den nächsten Jahren, gibt es konkrete Überlegungen den Containerumschlag am Standort weiter zu steigern. Als wichtiges Element wird dabei von Seiten des Seehafens und des Transportministeriums die Etablierung eines Wettbewerbs durch einen weiteren Terminalbetreiber gesehen (Interview TMIV, Interview SHIV). Als konkrete Idee wird dabei eine Neuansiedlung eines Terminalbetreibers in direkter Nähe zum gegenwärtigen Muuga-Terminal favorisiert, bei der ein durch Landgewinnung neu erschlossenes Gelände als Containerterminal aufgebaut werden soll (Interview SHIV).

Bei der Nutzung der neuen Fläche gehen die Meinungen der vor Ort agierenden Akteure weit auseinander. Während von Seiten der Seehafenverwaltung die Übernahme der Fläche durch einen Betreiber noch nicht entschieden, jedoch ein internationaler Betreiber bevorzugt wird, ist der Betreiber des Muuga-Terminals stark daran interessiert, diese Fläche in das eigene Terminalgelände einzugliedern (Interview SHIV, Interview CTIV). Laut Expertenaussage wird der Wunsch der Seehafenverwaltung nach einem internationalen Terminalbetreiber vor allem damit begründet, den Wettbewerb zu steigern, die Umschlagsvolumina zu erhöhen und internationales Know-how an den Standort zu holen (Interview SHIV). Diese Aspekte werden von Seiten des vorhandenen Terminals jedoch als nicht realistisch betrachtet und die Ansiedlung eines neuen Betreibers auf den freien Flächen wird kritisch gesehen, da diese eine geringe Größe und einen relativ ungünstigen Grundriss hat. Aus Sicht des Terminalbetreibers wäre es daher wirtschaftlicher, wenn das bestehende Terminal das Gelände mitnutzen würde, da insbesondere der Grundriss des Entwicklungsgebiets eine Neuansiedlung mit Umschlagsanlagen und Verwaltungsgebäuden ungünstig erscheinen lässt. *„Es sind zusätzliche 21 ha. Das ist nichts [...]. Wir ziehen nur Flächen ein auf diesem Gebiet. Andere Betreiber, die hierher kommen, werden ein Verwaltungsgebäude benötigen. Sie werden Platz für Mechanik und anderes Ausrüstungsmaterial haben müssen und vielleicht ein Lagerhaus benötigen und Straßen und Schienen. All das benötigt sehr viel Platz. [...]. Somit, wenn sie wirklich daran interessiert sind, die Kapazität und das Potenzial des Terminals steigern zu wollen, dann sollten sie uns die zusätzlichen 21 ha Areal geben. Sie werden dann 100 % dieses Areals für die Lagerung von Containern erhalten. Mit einem anderen Betreiber werden sie nur 65 % oder 70 % bekommen"* (CTIV).

Trotz dieser angeführten Argumente und einer intensiven Bewerbung um das ausgeschriebene Gelände hat der Betreiber des Muuga-Containerterminals den Zuschlag nicht erhalten. Dieser wurde im Frühjahr 2011 dem Unternehmen Rail Garant erteilt, das als Betreiber mit Beginn des Jahres 2013 Container umschlagen wollte. Die Ausbauplanungen sehen einen Containerumschlag von rund 300.000 TEU vor. Aufgrund von eingereichten Klagen zum Vergabeentscheid ruhen jedoch die aktuellen Entwicklungen (RZD Partner 2013).

Unabhängig von den letztendlich eintretenden Betreiberkonstellationen am Hafenstandort Muuga wird in langfristigen Annahmen von einer jährlichen Maximalkapazität bis zu einer Mio. TEU ausgegangen (Interview SHIV, Interview TMIV). Diese Kapazitätsannahme ist jedoch nur als absolute Höchstgrenze im Rahmen eines ausnahmslos positiven Ausbauszenarios zu sehen. Von Seiten des Ministeriums wird hierbei aber darauf verwiesen, dass diesbezüglich notwendige Infrastrukturmaßnahmen ergriffen worden sind und ergriffen werden. *"So, dies ist im Grunde unser Ziel, dass wir denken, alle Dinge zusammenführen zu können. Und 1 Mio. TEU, dies ist natürlich ein positives Szenario, aber es ist möglich. Und es ist auch etwas, was unsere Infrastruktur im Land abwickeln kann. Nicht nur der Hafen, auch die Eisenbahn- und die Straßeninfrastruktur. Dafür scheinen 1 Mio. TEU mehr oder weniger das Maximum zu sein"* (TMIV). Obwohl auch der Experte aus dem Terminal von einer hohen Maximalkapazität des gesamten Containerterminalgeländes ausgeht, wird die Zahl von einer Mio. TEU eher skeptisch gesehen. Als realistischer erscheint vielmehr ein Maximalumschlag von 800.000 bis 850.000 TEU, deren volle Auslastung jedoch nur im Zuge von sehr gut ausgebauten Transportinfrastrukturen im Hinterland realisiert werden kann (Interview CTIV).

6.4.3 Zusammenfassung des Fallbeispiels unter Berücksichtigung theoretisch-konzeptioneller Aspekte

Das Containerverkehrssegment im Seehafenstandort Tallinn hat sich erst seit Beginn der 1990er Jahre entwickelt. Bis zur Gründung des bisher einzigen Containerterminals am Standort Muuga wurden Container über verschiedene Hafenbereiche verstreut in Ro-ro- oder Stückgutterminals umgeschlagen. Erst seit dem Jahr 2000 gibt es am Standort Muuga das bisher einzige spezialisierte Containerterminal, wodurch sich nahezu ausschließlich der gesamte Containerumschlag des Seehafens Tallinn auf dieses Terminal konzentriert hat. Das Muuga-Containerterminal wird im Rahmen des Landlord-Prinzips durch einen inländischen Terminalbetreiber privatwirtschaftlich betrieben. Die Ausrichtung des Terminals liegt auf Containerfeederverkehren zwischen der Nordsee und dem Standort Muuga. Obwohl nautische Bedingungen für tiefgehende Schiffe vorhanden sind, gibt es keine Bestrebungen für Direktanläufe, was auch in den hierfür relativ geringen Umschlagszahlen begründet ist. Bei der Kundenakquise schaut das Management auf alle im Ostseeraum agierenden Schiffslinien und versucht diese als Kunden zu gewinnen. Als einziges Containerterminal am Standort Muuga besteht keine lokale Konkurrenz mit anderen Terminals.

Hinsichtlich der *Abgrenzung der Aktivitäten des Terminalbetreibers innerhalb von Transportlogistikabläufen* zeigt sich, dass das Terminal nicht in weiterführende Logistikdienste auf der See- oder Landseite involviert ist und diese nicht angeboten werden. Unter Rückgriff auf Aussagen des Filiére-Ansatzes können somit die am Terminal stattfindenden Umschlagsvorgänge zwischen den Land- und Seeverkehrsträgern als eine innerhalb des logistischen Transportablaufs abgeschlossene Handlung (Segment) betrachtet werden. Ein weiterführendes Angebot wird vom Terminalbetreiber nicht angestrebt und obliegt den dafür zuständigen Logistikdienstleistern. Mit der Übernahme des Terminals durch einen estnischen Logistikkonzern, der auch im Bereich von Landverkehren tätig ist, könnte in Zukunft eine stärkere Verknüpfung zwischen Containerumschlag und Landtransporten entstehen, wodurch die Aktivitäten des Terminalbetreibers, ausgedrückt als Segment im gesamtheitlichen Transportlogistikablauf, ausgedehnt werden würde.

Bezüglich vorhandener *Macht- und Koordinierungsverhältnisse zwischen den an den Terminals agierenden Akteuren* zeigen sich für den Standort deutlich marktliche Beziehungen. Der Terminalbetreiber tritt dabei mit interessierten Kunden (Schiffslinien) in Kontakt und versucht diese Verhandlungsprozessen für sich zu gewinnen. Da es vor Ort kein weiteres Containerterminal gibt, ist für den Terminalbetreiber die Gefahr eines Wechsels von Kunden zu einer örtlichen Konkurrenz nicht relevant und es besteht im Verhandlungsprozess eine bessere Position für den Betreiber. Denkbar ist jedoch, dass geschäftliche Beziehungen beendet werden und ein Wechsel der Kunden, unter Berücksichtigung des abzudeckenden Hinterlands, zu anderen Standorten in den Nachbarländern Russland, Lettland oder Finnland erfolgt. Als wichtiger Aspekt für die Einbindung gilt hierbei die Servicequalität der angebotenen Leistungen. Aufgrund der Tendenzen, dass am Standort ein neues Containerterminal errichtet werden soll, könnte sich die Konkurrenzsituation für das Terminal am Standort erheblich ändern.

Bezüglich der *Analyse externer und institutioneller Einflüsse verschiedener Maßstabsebenen auf das Agieren der Terminalbetreiber* zeigen sich unter Rückgriff auf Aussagen des GPN-Ansatzes sowohl Einflüsse im Bereich der darin erwähnten Element power als auch embeddedness. Im Rahmen des Elements power können insbesondere institutionelle Einflüsse von nationalstaatlicher Ebene auf die derzeitige Entwicklung des Containerverkehrssegments in Folge der Umstrukturierungsmaßnahmen der Organisations- und Eigentumsstrukturen im Seehafen während der 1990er Jahre angesehen werden. Zum einen ist hierbei die Konzentration nahezu aller estnischen Seehafenaktivitäten unter dem Dach des Seehafenkomplexes Tallinn zu nennen, wodurch sich verschiedene spezialisierte Teilstandorte entwickelt haben, jedoch eine starke Konkurrenz zwischen nationalen Seehäfen und damit verbundener Mehrfachinvestitionen in gleiche Bereiche vermieden worden ist. Zum anderen ist die Einführung des international weit verbreiteten Landlord-Prinzips anzuführen, die unter anderem zur Möglichkeit des privaten Betriebs des Terminals, so auch des Containerterminals Muuga, geführt hat. Durch diese Regelungen ist die Seehafenverwaltung als lokaler Akteur in der Lage als Verwalterin der Seehafenflächen mit privaten Terminalbetreibern in Verhandlungen zu treten und Rahmenbedingungen für den Terminalbetrieb zu klären. Der Seehafen agiert dabei als selbstständige Einheit. Da der estnische Staat jedoch zu 100 % den Hafen besitzt, kann zumindest bei der Aufstellung von Hafenentwicklungsstrategien davon ausgegangen werden, dass hierbei auch nationalstaatliche Vorstellungen einfließen. Deutlich wird ein solcher Zusammenhang bei der Diskussion zur weiteren Ausrichtung des Containerverkehrsstandorts, bei der sowohl die Seehafenverwaltung als auch das Transportministerium als nationalstaatlicher Akteur die Ansiedlung eines weiteren Terminalbetreibers am Standort wünschen und hierbei einen etablierten, internationalen Akteur favorisieren.

Mit Blick auf Aussagen des im GPN-Ansatz formulierten Elements der embeddedness können für das Agieren des Containerterminalbetreibers entscheidende Einflüsse aus der Einbindung in dessen spezifischen Hinterlands abgeleitet werden. Entscheidend hierbei ist neben der Einbindung in den relativ kleinen estnischen Hinterlandmarkt vor allem die Ausprägung des Hinterlands für Transitverkehre in Richtung Russland (Moskau und St. Petersburg) sowie teilweise zu anderen GUS-Staaten. Die Integration des Terminals in logistische Kettenabläufe wird dabei einerseits von der wirtschaftlichen Entwicklung aller in diesem Hinterlandgebiet liegenden potenziellen Kunden des Containerverkehrs und andererseits von einer für den Containertransport gut ausgebauten verkehrsinfrastrukturellen Anbindung geprägt. Während die wirtschaftliche Entwicklung potenzieller Kunden im Containerverkehr von konjunkturellen Entwicklungen abhängt, zeigen sich bei der verkehrsinfrastrukturellen Anbindung verschiedene Einflussmöglichkeiten von Akteuren auf unterschiedlicher Maßstabsebene. Im Vordergrund steht dabei die nationalstaatliche Ebene, da diese durch verschiedene Ausbaumaßnahmen im Straßen- und Schienenverkehrsbereich zur Verbesserung der Anbindungen beiträgt. Als zentraler Punkt beim Ausbau der Schienenverkehrsinfrastrukturen ist die Wiederverstaatlichung der estnischen Eisenbahn anzusehen, wodurch der Staat Einfluss auf die Ausgestaltung von Ausbauprojekten im Schienenverkehrsbereich zurückgewonnen hat. Diese auf nationalstaatlicher Ebene durchgeführten Maßnahmen können für den estnischen Containerhinterlandmarkt als direkt wirkungsvoll angesehen werden und stärken auch den Transitverkehr. Bei diesem zeigt sich aber, dass hierbei vor allem Einflüsse des Nachbarstaats Russland sowie die außenpolitischen Beziehungen zwischen Estland und Russland berücksichtigt werden müssen. In der Analyse wird deutlich, dass durch einen eher schlechten Ausbaustand der Verkehrsinfrastruktur auf russischer Seite die reibungslosen Abläufe der Containertransporte behindert werden. Verstärkt wird dies zudem durch außenpolitische Spannungen zwischen Estland und Russland, wodurch es nach Expertenaussagen zu Verzögerungen bei Grenzabfertigungen im Transitverkehr und Schwierigkeiten aufgrund höherer Streckengebühren im Bahnverkehr kommt. Über diese Rahmenbedingungen ergeben sich für den Terminalbetreiber in Muuga Einflüsse auf dessen Wettbewerbsfähigkeit mit direkten Konkurrenten, wie den russischen und finnischen Containerhäfen, um ähnliche Hinterlandeinzugsgebiete. Als Vorteile gelten für den Standort Muuga hierbei die optimalen nautischen Bedingungen, qualitativ hochwertige Arbeitsbedingungen sowie ein bezüglich der Verkehrssituation unproblematisches Umfeld, da der Standort nicht innerstädtisch verortet ist, wie beispielsweise Riga oder Klaipėda.

6.5 Die Seehafenstandorte Kotka und Helsinki (Finnland)

6.5.1 Charakteristika der Hafenstandorte

6.5.1.1 Entwicklungslinien und Umschlagskapazitäten der Hafenstandorte Kotka und Helsinki

Kotka

Der Seehafen Kotka war vor der Fusion mit dem Seehafen Hamina im Jahr 2011 gemessen am Umschlag über viele Jahre hinter Helsinki der zweitgrößte finnische Seehafen und konnte im Jahr 2010 sogar den ersten Rang einnehmen. Der vielfältige Güterumschlag im Universalhafen Kotka wird vor allem durch Containerverkehre, dem Umschlag von Personenkraftwagen und Papier geprägt. Der Hafen nimmt neben einer hohen Bedeutung für finnische Exporte eine wichtige Stellung als Transithafen für Russland ein (Interview SHVa).

Die Umschlagsanlagen des Seehafens Kotka sind nicht nur auf einen Standort konzentriert, sondern verteilen sich auf insgesamt sechs verschiedene Einzelstandorte, die jeweils spezifische Bedingungen für den Güterumschlag aufweisen (Ruutikainen/Hunt 2007: 33): der Hietanen-Hafen, der Kantasatama-Hafen (City-Terminal), das Hietanen-Südterminal (polish quay), der Mussalo-Hafen sowie die beiden Hafenbereiche Sunila und Halla, in denen insbesondere Massengüterverladungen der Holz verarbeitenden Industrie stattfinden.

Im Jahr 2010 erreichte der Seehafen Kotka einen Gesamtgüterumschlag von 11,3 Mio. t und konnte somit gegenüber dem Vorjahr 2009 eine Steigerung um rund 33 % verzeichnen. Da das Jahr 2009 mit seiner Wirtschaftskrise auch die maritime Wirtschaft in Finnland stark in Mitleidenschaft zog, ist die Umschlagssteigerung als ein Wiedererreichen früherer Ausgangswerte und Entwicklungstrends, insbesondere seit Mitte der 2000er Jahre, zu sehen (siehe Abbildung 35). In den Expertenaussagen wird das Jahr 2009 demnach auch als besonders schmerzhaft für den Seehafen Kotka bezeichnet. Als großes Problem dieses schlechten Jahres trat unter anderem der Einbruch russischer Importverkehre hervor, die für Kotka sehr wichtig sind. *„Aber ich würde sagen, durch den Zuwachs der russischen Wirtschaft sind wir schneller gewachsen in vielen Bereichen. Aber anders als in 2009 sind wir auch wieder schneller gefallen, wir sind tiefer gestürzt als viele andere, weil wir da so abhängig waren von der russischen Wirtschaft, von russischen Transporten sind und dann auch durch den finnischen Export, der auch sehr durch die Rezession gelitten hat. Deshalb haben wir auch viel Verkehr verloren"* (SHVa).

Der Seehafen Kotka zeigt bei den Umschlagszahlen seit Beginn der 2000er Jahre ein Übergewicht bei den Exporten, welches innerhalb der ersten Dekade des neuen Jahrtausends einigen Veränderungen unterlag. Während zu Beginn der 2000er Jahre der Export mit Anteilen von über 70 % den Güterumschlag in Kotka dominierte, wandelte sich dies sukzessive und die Importanteile erreichten 2007 und 2008 Werte von über 40 %. Diese Entwicklung ist in erster Linie auf die Transitfunktion Kotkas, vor allem im Containerverkehrsbereich, für den russischen Markt zurückzuführen. *„Ganz kurz gesagt, sind wir eine Kombination von finnischem Export und russischem Import. Wir haben aber auch finnischen Import und russischen Export. Aber, unsere Konkurrenzfähigkeit baut auf dem finnischen Export, dem russischen Import und einer Kombination davon"* (SHVa). Die Bedeutung des Umschlags von Gütern für den russischen Markt an der Gesamtleistung des Seehafens zeigt sich auch daran, dass in der Krise 2009 der Importanteil des Hafens schlagartig auf unter 30 % absank und im Jahr 2010 mit der wirtschaftlichen Erholungsphase ein Anteil von rund 34 % verzeichnet wurde (siehe Tabelle 24). Zudem wird die Bedeutung als wichtiger Transithafen für Russland auch in der Entwicklung der Gesamtgüterumschläge während der 2000er Jahre deutlich. In dieser Zeit, auch im Krisenjahr 2009, betrug der Anteil der Transitverkehre in Richtung Russland rund 20 - 25 %. Nach Überwindung der Krise im Jahr 2010 und einem Anstieg des Gesamtgüterumschlags hat sich der Transitverkehr jedoch nicht gleich wieder erholen können und blieb bei einem Anteil von unter 20 % (siehe Abbildung 35).

Abbildung 35: Entwicklung des Gesamtgüterumschlags und des
Transitverkehranteils im Seehafen Kotka von 2000 bis 2010

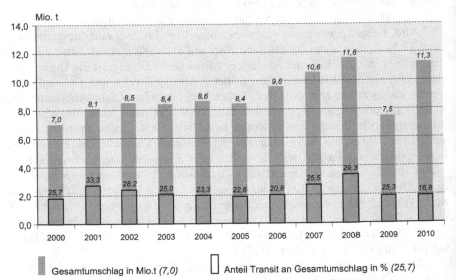

Quelle: eigene Darstellung und teilweise eigene Berechnungen nach Finish Port Association 2013

Tabelle 24: Verhältnis der ein- und ausgehenden Verkehre im Seehafen Kotka im Zeitraum 2000 bis 2010 (in %)

	2000	2001	2002	2003	2004	2005	2006	2007	2008	2009	2010
eingehende Verkehre	28,1	25,2	25,7	33,7	35,7	37,3	37,5	46,0	43,8	28,8	34,1
ausgehende Verkehre	71,9	74,8	74,3	66,3	64,3	62,7	62,5	54,0	56,2	71,2	65,9

Quelle: eigene Darstellung und teilweise eigene Berechnungen nach Finish Port Association 2013

Helsinki

Der Seehafen Helsinki ist neben Kotka der größte Hafen Finnlands und war bis zum Jahr 2010 der umschlagsstärkste Seehafen des Landes. Durch die Fusion von Hamina und Kotka im Jahr 2011 steht dieser neue Hafenkomplex nun an der Spitze der nationalen Rangfolge. Die Ausrichtung des Seehafens liegt hauptsächlich im Umschlag von Stückgütern, die entweder als Container- oder Ro-ro-Verkehre abgewickelt werden sowie im Passagierfährverkehr (Interview SHVb).

Die Struktur des Seehafens Helsinki ist relativ komplex, da sich dieser räumlich nicht nur auf einen Standort konzentriert, sondern sich im Agglomerationsraum Helsinki auf unterschiedliche Standorte verteilt. Bei den einzelnen Standorten haben sich seit Ende der 2000er Jahre einige Veränderungen ergeben. So wurde durch den Neubau eines neuen großen Hafenareals östlich von Helsinki, ein Großteil der Güterverkehre aus Einzelstandorten im Stadtzentrum Helsinkis abgezogen und vormalige Hafenflächen, wie der für den Containerumschlag genutzte Nordhafen, aus der Hafennutzung herausgenommen. Im Einzelnen lassen sich im heutigen Seehafenkomplex Helsinki vier aktuell genutzte Hafenbereiche nennen (Port of Helsinki 2013: 5f.): 1) der Westhafen, der für die Abwicklung von Fährverkehren genutzt wird, 2) der Katajanokka-Hafen, der ebenfalls Fährverkehre abwickelt, 3) der Südhafen, in dem auch Passagierverkehre stattfinden sowie 4) der Vuosaari-Hafen, dessen Nutzung auf den Umschlag von Container- und Ro-ro-Verkehren fokussiert ist.

Im Jahr 2011 verzeichnete der Seehafen Helsinki einen Gesamtumschlag von 12,2 Mio. t, was gegenüber den Vorjahren 2009 und 2010 eine Steigerung um 13 % beziehungsweise 2,6 % bedeutete. Trotz dieser Steigerungen stellte der erreichte Wert keinen neuen Umschlagsrekord dar, sondern lediglich eine Erholung nach der Krise im Jahr 2009 und ein Einpendeln auf einen Wert, der bereits Mitte der 2000er Jahre erreicht worden war (siehe Abbildung 36).

Abbildung 36: Entwicklung des Gesamtgüterumschlags und des
Transitverkehranteils im Seehafen Helsinki von 2000 bis 2011

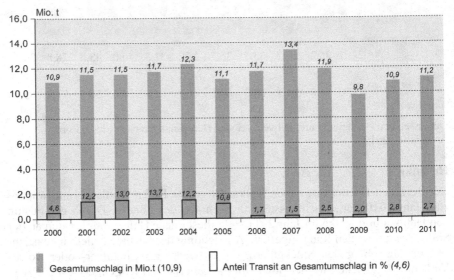

Gesamtumschlag in Mio.t (10,9)   Anteil Transit an Gesamtumschlag in % *(4,6)*

Quelle: eigene Darstellung und teilweise eigene Berechnungen nach Finish Port
Association 2013

Hinsichtlich der Unterteilung des Güterumschlags in Im- und Exportverkehre
zeigen sich leicht höhere Anteile bei den Importen (siehe Tabelle 25). Diese
leichte Dominanz ist auf die Funktion des Seehafens Helsinki als Haupthafen für
finnische Importe zurückzuführen (Interview SHVb, Interview TMV). Insgesamt
gesehen stehen die umgeschlagenen Güter nahezu ausschließlich in Verbindung
mit dem finnischen Markt und es werden kaum Transitgüter umgeschlagen. So
betrug der Transitgüteranteil im Jahr 2011 lediglich 2,5 %. Die geringen Transit-
verkehrsanteile in Helsinki sind seit Mitte der 2000er Jahre zu beobachten. In
den Jahren zuvor hatte dieser Verkehr noch einen deutlich höheren Stellenwert,
der jedoch im Zuge des Gesamtwachstums der Umschlagzahlen nicht behauptet
werden konnte (siehe Abbildung 36). Eine erneute Steigerung der Transitver-
kehrsanteile auf deutlich höhere Anteilswerte wird von Seiten des Seehafens als
eher nicht wahrscheinlich angesehen (Interview SHVb) (siehe 6.5.2.3).

Tabelle 25: Verhältnis der ein- und ausgehenden Verkehre im Seehafen Helsinki im Zeitraum 2000 bis 2011 (in %)

	2000	2001	2002	2003	2004	2005	2006	2007	2008	2009	2010	2011
eingehende Verkehre	54,4	56,0	55,1	54,6	53,4	51,8	50,8	52,5	54,4	56,7	53,7	56,0
ausgehende Verkehre	45,6	44,0	44,9	45,4	46,6	48,2	49,2	47,5	45,6	43,3	46,3	44,0

Quelle: eigene Darstellung und teilweise eigene Berechnungen nach Finish Port Association 2013

6.5.1.2 Eigentums- und Organisationsform der Hafenstandorte Kotka und Helsinki

Die Eigentums- und Organisationsformen finnischer Seehäfen sind in erster Linie dadurch charakterisiert, dass diese überwiegend in kommunalem Besitz sind und selten beziehungsweise nicht als eigenständige wirtschaftliche Einheiten fungieren. Diese Eigentums- und Organisationsstruktur ist in den letzten Jahren in Finnland stark diskutiert worden und es gab Überlegungen auch andere Hafenbesitzer neben den Kommunen zuzulassen. Erste Schritte diesbezüglich wurden mit der Umwandlung einiger Häfen in privatrechtliche Organisationen durchgeführt, die auch in dieser Form weiterhin den Kommunen gehören. Zudem wurden Anfang der 2010er Jahre auf Parlaments- und Regierungsebene Gesetzesvorlagen zu diesem Thema diskutiert (Naski 2004a: 100f., Interview EEb).

Insbesondere bei der Neugestaltung der Eigentumsformen, bei der die Seehäfen noch nicht als privatrechtliche Unternehmen organisiert sind, merkt der Experte aus dem Transportministeriums an, dass es hierbei Diskussionen gibt, da dies als kritischer Punkt gegenüber EU-Richtlinien angesehen wird. Hintergrund sind Überlegungen inwieweit hierin eine mögliche Wettbewerbsverzerrung gesehen werden kann, da die Kommunen als Besitzer in Krisenzeiten fiskalisch besser agieren können als privatwirtschaftliche Unternehmen und somit einen Vorteil haben. *„Der Besitz der Häfen in Finnland, der kommunalen Häfen, ist ein wenig gegen die EU-Gesetzgebung. Denn sie sind im Besitz der Kommunen und diese sind, [...] in einer sichereren Position im Vergleich zu den privaten Unternehmen. Deshalb wird von Dritten oftmals gefordert, die Häfen zu privatisieren und den Marktmechanismen zu öffnen. Und dann gibt es zwischen den Häfen einen bestimmten Wettbewerb und man kann sagen, dass eine Menge Steuergelder in die Hafenbereiche fließen, wo der Hafen nicht alle Kosten zahlt, beispielsweise im Falle der Infrastruktur oder der Suprastruktur gibt. Dies verursacht Probleme im Wettbewerb und ist gegen die Wettbewerbsrichtlinie der EU. Und deshalb wird es jetzt eine neue Gesetzesgrundlage geben, durch welche* *die Gemeinden und Kommunen den Besitz von Häfen reorganisieren müssen"* (TMV).

Neben diesen Eigentumsformen der finnischen Seehäfen, die im Vergleich zu anderen europäischen Seehäfen spezielle Aspekte aufweisen, sind auch die Organisationsformen der finnischen Seehäfen durch Besonderheiten geprägt. Während in vielen Staaten Europas bei den Seehäfen das Landlord-Prinzip umgesetzt wird, weisen die finnischen Seehäfen in ihrer Organisation eher eine Kombination zwischen dem Landlord- und dem Tool port-Modell auf. Dies zeigt sich darin, dass in einigen finnischen Häfen die Suprastruktur durch die öffentliche Hand und nicht durch private Hafenbetriebe organisiert wird (siehe auch Tabelle 2 in 3.4.1). Diesbezüglich wird von den interviewten Experten darauf hingewiesen, dass in Finnland das Landlord-Prinzip vorhanden ist, jedoch die komplette Umsetzung noch nicht ganz gegeben ist. Die Umsetzung findet jedoch nach und nach statt und alte System werden langsam abgelöst. *[Das landlord-Prinzip gibt es schon, aber, A.d.V.], „nicht in allen Häfen. Aber langsam bewegen sich alle finnischen Häfen in diese Richtung. In früheren Zeiten war es so und ist auch heute oftmals noch so, dass der Hafen die Sorge für die Kranoperationen trägt. Vor vier Jahren war dies bei uns auch noch so. Wir haben die Landseite und die Kräne dort kontrolliert. Und dies war ein besonderes, eigentümliches Ding, dass die stevedoring-Firma einen Vertrag mit der Schiffslinie gemacht hat und wir waren mittendrin und haben Dienste an die Stevedoring-company verkauft. Wir hatten eine Konzession mit ihnen. Und dies war eine alte Tradition und immer noch hat man diese, teilweise"* (SHVb).

Bezüglich der verstärkten Einführung des Landlord-Prinzips kommt aber in den Expertenaussagen auch zum Ausdruck, dass eine komplette Umsetzung nicht unbedingt im Interesse der finnischen Seehäfen ist, da diese dadurch weiterhin die Möglichkeit nutzen können, sich aktiv in die Hafenaktivitäten im Bereich der Suprastruktur einzubringen und hier auch steuernd zu wirken. *„Wir haben dieses System nicht und wollen dies auch eigentlich gar nicht so richtig, das landlord-Prinzip. Für uns ist das Wort landlord zu passiv. Wir wollen uns beteiligen, auch wenn es theoretisch die Richtung landlord wäre. Wir haben hier auch Kräne, wir arbeiten in den Kränen, unsere Leute fahren die Kräne. Beim Marketing wollen wir auf der finnischen Route aktiv sein. Dann sind wir Vermittler im Hafen und somit Ansprechpartner bei Problemen, wir sammeln die Leute, die Firmen zusammen, die miteinander konkurrieren. Wenn hier ein Teil des Geschäfts fehlt, was man hier im Hafen braucht, dann können wir einsteigen, wir machen dann das Geschäft auf und ziehen uns dann später zurück und lassen Private das weitermachen. Wir sehen uns als Katalysator und Koordinator, das sind die beiden richtigen Worte für uns"* (SHVa).

Eigentums- und Organisationsstruktur in Kotka

Die Diskussion über die Zukunft der Organisation finnischer Seehäfen hat im Hafen Kotka Ende der 1990er Jahre zu Veränderungen geführt. Hierbei wurde das Organisationsmodell des Seehafens im Jahr 1999 in eine privatrechtliche Form überführt und es entstand die Port of Kotka Ltd. Bis zu diesem Zeitpunkt war der Seehafen ein direkter Bestandteil der Stadt (Naski 2004a: 101, Rönty/Nokkala/Finnilä 2011: 24, Interview SHVa). Das in diesem Zuge seit dem Jahr 2000 agierende Unternehmen Port of Kotka gehört zu 100 % der Stadt Kotka, handelt jedoch unternehmerisch eigenverantwortlich und erhält keine finanziellen Zuwendungen der Stadt. Die Stadt wiederum kann lediglich bei strategischen Entscheidungen mitsprechen. Bezüglich des Hafengeländes gibt es zwischen der Stadt und dem Seehafen die Regelung, dass das gesamte Hafengelände der Stadt gehört und dieses an den Seehafen verleast wird. Die Hafenverwaltung ihrerseits ist für die Aufrechterhaltung der Infrastruktur zuständig und vermietet diese an die einzelnen, im Hafen tätigen, Unternehmen weiter (Rönty/Nokkala/Finnilä 2011: 54)[27].

Eigentums- und Organisationsstruktur in Helsinki

Die Eigentumsform des Seehafens Helsinki basiert auf dem municipality-owned enterprise-Modell, das in den 1990er Jahren im Zuge der Privatisierungsprozesse öffentlicher Bereiche in Finnland eingeführt wurde und typisch für viele finnische Seehäfen ist. Auf der Grundlage dieses Modells sind die Seehäfen weitestgehend unabhängig von den Kommunen und agieren insbesondere im finanziellen Bereich selbstständig. Dennoch ist der Hafen eng an die Kommune gekoppelt und wird im Rahmen von Finanzaktivitäten zur Kommune dazu gezählt (Rönty/Nokkala/Finnilä 2011: 23).

Hinsichtlich der Organisationsform agiert der Seehafen Helsinki als ein Verwalter auf den Grundlagen des Landlord-Prinzips. Hierbei ist der Seehafen für die Aufrechterhaltung der Hafeninfrastruktur und der Hafengewässer zuständig, zudem agiert der Seehafen als Akteur, der sich um die Vermietung von Hafenflächen kümmert (Rönty/Nokkala/Finnilä 2011: 40).

Der Verwaltungsaufbau des Seehafens Helsinki sieht einen geschäftsführenden Direktor für den gesamten Seehafen vor. Darunter existiert eine geschäftliche Zweiteilung des Seehafens, die einerseits den auf Güter fokussierten Vuosaari-Hafen und andererseits die Hafenbereiche für Personen- und Fährverkehr als eigene Geschäftseinheiten betrachtet. Jede Geschäftseinheit wird durch einen eigenen Direktor geführt. Alle weiteren Abteilungen des Seehafens, bei-

---

[27] Mit den strukturellen Veränderungen im Zuge der Zusammenlegung der Seehäfen Kotka und Hamina haben sich auch die Strukturen der alten Seehäfen verändert, die jedoch an dieser Stelle nicht dargestellt werden.

spielsweise die Marketing- und Kommunikationsabteilung, sind organisatorisch jeweils mit den beiden Geschäftseinheiten verbunden (Port of Helsinki 2012: 4).

6.5.1.3   Hafeninfra- und -suprastrukturen der Standorte Kotka und Helsinki

Kotka

Wie bereits in 6.5.1.1 dargestellt, besteht der Seehafen Kotka aus mehreren räumlich voneinander getrennten Hafenarealen. Obwohl für die vorliegende Arbeit insbesondere der Blick auf den für den Containerumschlag genutzten Hafenbereich Mussalo wichtig ist, sollen dennoch die anderen fünf Teilstandorte des Seehafens kurz dargestellt werden.

Das nördlich der Stadt Kotka gelegene *Hietanen-Hafenareal* ist im Seehafen Kotka der wichtigste Bereich für den Umschlag von Ro-ro-Gütern und Pkw. Das Pkw-Terminal ist eines der wichtigsten in Finnland und wird insbesondere für den Umschlag von Pkw-Transporten in Richtung Russland genutzt (Ruutikainen/Hunt 2007: 34). Für den Umschlag von Massengütern wird das Hafenareal *Hietanen-Süd* (polish quay) genutzt. Östlich der Innenstadt Kotkas schließt sich das Hafengelände *Kantasatama (City Terminal)* an, das den ältesten Hafenbereich im Seehafen Kotka bildet. Dieses Hafengelände wird seit langem für den Umschlag von Ro-ro-Verkehren und Gütern der Holz verarbeitenden Industrie genutzt. Die beiden Hafenbereiche *Sunila* und *Halla* stellen relativ kleine Hafenareale in Kotka dar. Der Bereich Sunila wird vor allem für den Umschlag von Rohmaterialien der Holz verarbeitenden Industrie am Standort Kotka sowie den Export von Zellstoffen genutzt. Auch im Hafenbereich Halla werden Güter umgeschlagen, die im Zusammenhang mit der Holz verarbeitenden Industrie stehen (Ruutikainen/Hunt 2007: 34f., Port of HaminaKotka 2013).

Rund 5 km südwestlich der Innenstadt Kotkas befindet sich mit dem Hafenareal *Mussalo* der jüngste und größte Hafenstandort des Seehafens Kotka. Das gesamte Hafenareal Mussalo umfasst eine Fläche von 300 ha und dient dem Umschlag von Containern, Massengütern und Flüssiggütern. Für den Umschlag dieser verschiedenen Gütersegmente stehen drei separate Terminalgelände zu Verfügung (Ruutikainen/Hunt 2007: 33, Port of HaminaKotka 2013, Steveco 2013a):

- Das Flüssiggutterminal im Hafenbereich umfasst zwei Kaianlagen, die für Schiffe mit einem maximalen Tiefgang von 13,5 m ansteuerbar sind. Auf der Landseite existieren Tanklager mit einer Kapazität von über 200.000 m³.
- Das Massengutterminal weist entlang der 610 m langen Kaianlagen vier Anlegestellen für Massengutschiffe auf. Der maximale Tiefgang entlang der Kaianlagen beträgt 15,3 m. Für die Lagerung von Massengütern stehen neben rund 36.000 m² Lagerhausflächen auch 250.000 m² offene Lagerflächen zur Verfügung.

- Der Containerterminalbereich im Hafenareal Mussalo weist Kaianlagen mit einer Länge von rund 1.800 m auf, an denen insgesamt zwölf Anlegestellen für Containerschiffe genutzt werden können. Der maximale Tiefgang an diesen Kaianlagen beträgt zwischen 10 m und 12 m. Die Umladevorgänge im Terminalbereich werden durch insgesamt sieben Containerkräne gewährleistet, die sich auf die drei verschiedenen Containerterminalbetreiber an diesem Standort verteilen.

An die Terminalflächen schließt sich direkt ein rund 300 ha großer Logistikbereich an, der für verschiedene Umladevorgänge von Gütern zwischen Landverkehrsträgern genutzt wird. Das gesamte Hafengelände bietet für die Lagerung von Gütern, insbesondere für containerisierte Güter, Lagerhausflächen im Umfang von rund 250.000 m² an (Ruutikainen/Hunt 2007: 33, Port of HaminaKotka 2013).

Die Anbindung des Mussalo-Hafenareals an weiterführende Verkehrswege ist sowohl im Bereich des Straßen- als auch Schienenverkehrs gewährleistet. Der Seehafen Kotka befindet sich im Einzugsbereich des paneuropäischen Verkehrskorridors IX, der sowohl als Straßen- und Schienenverbindung den Süden Finnlands mit St. Petersburg, Kiew, Chisinau und weitergehend mit Bulgarien und Griechenland verbindet (HB-Verkehrsconsult/VTT Technical Research Centre of Finland 2006: 131f.). Aufgrund der gut ausgebauten Verkehrsinfrastruktur in Finnland ist der Seehafen zudem sehr gut an die einzelnen Agglomerationsräume in Finnland angebunden (Interview EEb). Die Finanzierung dieser Verkehrsinfrastrukturen erfolgt von staatlicher Seite, jedoch gab es im Bereich des Seehafens Kotka auch einen Fall, bei dem eine neue Zuganbindung mit einer dazugehörenden Eisenbahnbrücke von der Stadt Kotka mitfinanziert werden musste. Dieses Vorgehen ist nach Aussagen des Experten aus dem Transportministerium eigentlich nicht üblich, wurde jedoch angwandt, da es zur damaligen Zeit vielfältige andere staatliche Finanzierungsaufgaben im Umfeld finnischer Häfen gab und bereits zuvor viele Bautätigkeiten im Umfeld vom Seehafen Kotka finanziert wurden (Interview TMV). Dennoch ist der Staat insgesamt bestrebt die Verkehrsanbindungen zu den Seehäfen optimal auszubauen. Insbesondere in Folge der Rezession im Jahr 2009 hat laut Expertenaussage die Regierung Investitionen in die Verkehrsinfrastruktur getätigt, um das Wirtschaftswachstum zu befördern (Interview EEb).

Helsinki

Wie bereits in 6.5.1.1 angesprochen wurde, besteht der Seehafenkomplex Helsinki aus vier verschiedenen Hafenstandorten. Alle Hafenareale zusammengenommen umfasst der Seehafen insgesamt eine Fläche von 961 ha, von denen 161 ha auf Land- und 800 ha auf Wasserflächen entfallen. Für das Anlegen von

Schiffen stehen Kaianlagen mit einer Gesamtlänge von rund 11 km zur Verfügung. Die Abwicklung von Fährverkehren kann an 31 Fähranlegestellen erfolgen (Port of Helsinki 2013: 17). Obwohl für die vorliegende Arbeit der Blick auf den Containerumschlag im Seehafen Helsinki gelenkt wird und somit der Hafenbereich Vuosaari im Vordergrund steht, sollen an dieser Stelle dennoch alle Teilstandorte kurz vorgestellt werden.

Westlich der Innenstadt Helsinkis befindet sich der Teilstandort *Westhafen*, der vor allem auf die Abwicklung von Fähr- und Passagierverkehren zwischen Helsinki und Tallinn ausgerichtet ist. Einen weiteren Teilstandort bilden die nahe dem Stadtzentrum gelegenen Hafenareale *Südhafen* und *Katajanokka-Hafen*. In diesen Hafenarealen werden Fährverkehre in Richtung Stockholm und Tallinn mit hohem Passagier- und Güteraufkommen abgewickelt. Daneben existieren auch Anlegestellen für Kreuzfahrtschiffe (Port of Helsinki 2013: 6f.).

Rund 20 km östlich des innerstädtischen Hafenbereichs befindet sich mit dem *Vuosaari-Hafen* das neueste Hafenareal des Seehafens Helsinki. Dieser Standort wurde zu Beginn der 2000er Jahre geplant und im Jahr 2008 als neues Hafenareal eröffnet. Obwohl die alten Hafenanlagen im Innenstadtbereich Helsinkis für die Abwicklung der vorhandenen Güterverkehre weitestgehend ausreichend waren, wurde der Neubau des Vuosaari-Hafens vor allem mit dem Ziel errichtet die Innenstadtbereiche Helsinkis vom Güterverkehr zu entlasten und alte Hafenareale umwidmen zu können (Naski 2004a: 99). Bei den Umschlagsgütern im Vuosaari-Hafen handelt es sich vor allem um Stückgüter, wie Container oder Ro-ro-Transporte in Form von Truck- und Trailerverkehren (Interview SHVb).

Das gesamte Areal des Vuosaari-Hafens umfasst eine Fläche von 240 ha und weist Kaianlagen für Containerverkehre mit einer Länge von rund 1,5 km auf. Für den Umschlag von Ro-ro-Verkehren stehen insgesamt 15 Anlegestellen und zwei Doppelrampen zur Verfügung. Zudem gibt es Lagerhauskapazitäten im Umfang von 200.000 m². Notwendige Logistikprozesse für im Seehafen umgeschlagene oder zu verschiffende Güter finden in einem mit dem Terminal verbunden Logistikareal statt (Port of Helsinki o.J.: 6, Port of Helsinki 2013: 4).

Die weiterführende Verkehrsanbindung des Standortes Vuosaari ist sowohl an das Straßen- als auch das Eisenbahnnetz Finnlands gewährleistet. Neben der guten Anbindung an das finnische Eisenbahnnetz ist der Standort an die Europastraße 18 angebunden, die direkt am Hafen Mussalo beginnt und eine wichtige Verbindung in den Agglomerationsraum Helsinki und in Richtung Russland darstellt. Diese Straße ist ebenso, wie eine in gleicher Richtung verlaufende Bahnverbindung, Bestandteil des paneuropäischen Verkehrskorridors IX, der sich von Helsinki über Russland und die Ukraine bis nach Bulgarien und Griechenland erstreckt (HB-Verkehrsconsult/VTT Technical Research Centre of Finland 2006: 131f.).

Die Einbindung des Hafens Helsinki in paneuropäische Verkehrskorridore setzt sich über die Seeseite fort. Hier ist der Hafenstandort Helsinki Ausgangspunkt des Korridors I, der von Helsinki über Tallinn bis nach Warschau verläuft (HB-Verkehrsconsult/VTT Technical Research Centre of Finland 2006: 17f.). Die Einbindung findet über die Fährverkehre zwischen Helsinki und Tallinn statt. Insgesamt wird die Einbindung des Seehafens Helsinki, ähnlich wie bei Kotka, als sehr gut bezeichnet und die staatlichen Infrastrukturmaßnahmen als wichtiges Element dafür hervorgehoben (Interview EEb).

Obwohl in Finnland grundsätzlich der Staat Sorge dafür trägt, dass die öffentlichen Häfen gut an die weiterführende Verkehrsinfrastruktur angebunden werden, um somit ihre volle Funktionsfähigkeit für die Wirtschaft entfalten zu können, musste sich der Hafen Helsinki im Falle des Vuosaari-Hafens selbst an den Kosten der Verkehrserschließung beteiligen. *„Im Falle von Helsinki gab es die Notwendigkeit, dass der Hafen sich an der Finanzierung der Anbindung beteiligen musste. So war es, dass die Straßen- und Schienenverbindungen zum Vuosaari-Gebiet, auch die Fahrrinne dahin, dass der Hafen die Hälfte des Investments aufbringt und der Staat, die Regierung zahlte die andere Hälfte. Normalerweise werden die Infrastrukturen, Straßen- und Schienenanbindungen, komplett vom Staat bezahlt werden"* (TMV). Diesbezüglich verdeutlicht der Experte im Ministerium auch, dass dies eine relativ ungewöhnliche Maßnahme war und insbesondere in Bezug auf den Hafen Helsinki, der für Finnland eine sehr bedeutende Rolle spielt, im ersten Moment ungewöhnlich erscheint. Diese Maßnahme wird aber damit begründet, dass es in Finnland sehr viele, auch kleine, Häfen gibt, die alle über staatliche Investitionen angebunden werden und hierfür immer wieder Gelder zur Verfügung gestellt werden müssen. Da auch für den Hafen Helsinki in der Vergangenheit, insbesondere im innerstädtischen Bereich, immer wieder Investitionen zur besseren Verkehrsanbindung an weiterführende Verkehrswege getätigt wurden, hat der Staat sich bei der Neuerrichtung des Vuosaari-Arelas etwas zurückgezogen. *„ Und man kann sich vorstellen, dass der Hafen von Helsinki, aus dem Blickwinkel des Gütertransportes und auch vom Blickwinkel des Passagiertransportes, eine gewisse Bedeutung hat. So, dass man sich auch fragen kann, ob der Staat alles bezahlen und aufrechterhalten kann, Straßen zu kleineren Städten, Agglomerationen. Und es gibt die Frage, warum man nicht alles zum Hafen von Helsinki bauen sollte, denn es ist der Haupthafen in Finnland. Denn es ist der Haupthafen für unsere Importe und somit für Konsumgüter. Aber im Falle von Vuosaari muss man sagen, der Staat hat bereits alles gebaut für die Anbindungen der vorherigen Gebiete im Herzen der Stadt. Und als der Hafen sich entschied den Ort zu wechseln und einen neuen Hafen zu bauen, war der Staat nicht bereit, um alle Kosten zu tragen. Dies war eine Entscheidung von Helsinki und des Hafens und deshalb mussten diese sich auch daran beteiligen"* (TMV).

6.5.2 Das Containerverkehrssegment in den Seehäfen Kotka und Helsinki

6.5.2.1 Terminalfazilitäten und Umschlagsleistungen

Kotka

Ein Blick auf die Containerumschlagsentwicklung seit Ende der 1990er Jahre zeigt für Kotka eine sehr dynamische Entwicklung bis 2008. Zwischen 2000 und 2008 wurden jährlich neue Höchstwerte erreicht und der Umschlag konnte verdreifacht werden. Mit dem Jahr 2009 und den Folgen der Wirtschaftskrise gab es am Standort Kotka einen gravierenden Einbruch der Containerumschlagszahlen auf einen Wert von unter 400.000 TEU. Das Folgejahr 2010 gestaltete sich wieder positiv und war durch Wachstum gekennzeichnet (Abbildung 37).

Abbildung 37: Entwicklung des Containerumschlags im Seehafen Kotka von 2000 bis 2010

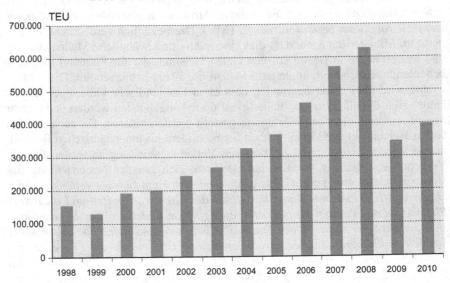

Quelle: eigene Darstellung und teilweise eigene Berechnung nach: Finnish Port Association 2013, Eurostat 2013

Vor der Fusion mit dem Hafen Hamina gab es im Seehafen Kotka mit dem Muusalo Hafen einen Bereich, in dem Container umgeschlagen wurden. Dieses Containerterminalgelände wurde im Jahr 2001 eröffnet und war zu diesem Zeitpunkt das erste finnische Terminal, dass auf Containerverkehre spezialisiert war. Das gesamte Gelände weist momentan Kaianlagen mit einer Länge von rund 1.800 m auf, an denen insgesamt zwölf Containerschiffe mit einem maximalen

Tiefgang zwischen zehn und zwölf Metern anlegen können. Für die Lagerung von Containern stehen auf dem Terminalgelände Stellplätze für 20.000 Container zur Verfügung. Zudem gibt es 350 Stellplätze für kühlbedürftige Container (Port of HaminaKotka 2013). Bei dem Mussalo Containerterminal handelt es sich im Grunde um einen Hafenbereich, der in zwei Terminals unterteilt ist (Mussalo B und Mussalo C), die von verschiedenen Betreibern betrieben werden (Ocean Shipping Consultants 2009: 161).

Das Mussalo C Terminal wird vom Unternehmen Steveco Oy betrieben. Dieses Unternehmen ist im Containerbereich der größte finnische Terminalbetreiber und agiert neben Kotka auch im Seehafen Helsinki (Interview CTV). Das Terminalgelände von Steveco umfasst insgesamt Kaianlagen mit einer Gesamtlänge von rund 1.000 m und einem Tiefgang zwischen zehn und zwölf Metern. Für den Containerumschlag stehen auf dem Gelände Containerstellflächen mit einer Kapazität von 20.000 TEU zur Verfügung. Die Lagerung von Gütern erfolgt in Lagerhäusern mit einer Gesamtkapazität von 36.000 m². In einem Jahr werden in diesen Lagerhäusern rund 50.000 TEU durch das Unternehmen selbst befüllt und für den Export vorbereitet. Zudem gibt es für kühlbedürftige Container insgesamt 300 gesonderte Stellflächen (Interview CTV, Steveco 2013a). Im Zuge von Landgewinnungsmaßnahmen im Mussalo Hafen haben sich die Stellplatzflächen für Steveco in den letzten Jahren erhöht. *„Und hier gibt es einen Bereich, in dem wir unsere Containerstellplätze ausdehnen. Dieser Bereich war bis vor einigen Jahren noch Meeresbereich. Dieser Bereich wurde aufgefüllt und seit diesem Jahr haben wir dieses neue Gebiet in Nutzung. Auf diesem Gelände können wir jetzt Container abstellen oder neue Gebäude für die Lagerung bauen"* (CTV).

Im Mussalo B Terminal agiert das Unternehmen Multi-Link Terminals (MLT). Bis zum Ende des Jahres 2011 war das Mussalo B Terminalgelände in zwei Bereiche unterteilt und es agierte dort parallel zu MLT das Betreiberunternehmen Finnsteve (Ocean Shipping Consultants 2009: 161). Aufgrund rückläufiger Umschlagszahlen im Terminalgeschäft entschied Finnsteve zum Ende des Jahres 2011 die Containerumschlagsaktivitäten in Kotka einzustellen, die Umschlagsanlagen zu veräußern und sich vor Ort nur noch auf den konventionellen Schiffsverkehr, Lagerhausaktivitäten und Containerbeladung zu konzentrieren (Finnlines 2012: 14).

Das Unternehmen Multi-Link Terminals (MLT) betreibt den Containerumschlag auf einer rund 2 ha großen Fläche. Insgesamt steht eine Kaianlage von 250 m Länge zur Verfügung, die einen maximalen Tiefgang von 10 m aufweist. Für die Lagerung von Containern bietet das Gelände von MLT Stellflächen für 1.600 TEU zudem gibt es vier Kühlcontaineranschlüsse. Das Terminal hat eine Jahreskapazität von rund 90.000 TEU (APM Terminals 2012: 6, Multi-Link Terminals 2013a, Global Ports 2013a,).

Anhand der dargestellten Größe der einzelnen Containerterminals im Seehafen Kotka ergibt sich die Annahme, dass die einzelnen Unternehmen in unterschiedlichem Maße an den jährlichen Umschlagszahlen beteiligt sind. Genaue
Daten zu den Umschlagszahlen der Unternehmen liegen jedoch nicht vor, weshalb auch keine Anteile der Unternehmen dargestellt werden können. Wie aus
den Expertenaussagen aber deutlich wird, ist es am Standort Kotka das Unternehmen Steveco, das den Containerumschlag zu etwa drei Vierteln deutlich dominiert und die anderen Umschlagsunternehmen vor Ort geringere Anteile haben
(Interview CTV). Trotz dieser Dominanz wird von Seiten des Terminalexperten
aber darauf verwiesen, dass auch die anderen Terminalbetreiber stetig versuchen
Marktanteile zu gewinnen und hierin in der Vergangenheit Erfolg hatten. *„Wir
waren eigentlich immer stark in der letzten Dekade. Aber die anderen Wettbewerber haben auch Erfolg neue Marktanteile zu gewinnen"* (CTV).

Helsinki

Der Containerumschlag im Seehafen Helsinki ist seit Ende der 1990er Jahre bis
heute durch eine wellenförmige Entwicklung gekennzeichnet. Während zu Beginn der 2000er Jahre ein Wachstumstrend bei den Containerverkehren zu verzeichnen war, der im Jahr 2004 mit 500.000 TEU in einem bisherigen Höchstwert mündete, ist seitdem eine eher negative Entwicklung zu beobachten. So gab
es nach dem Spitzenjahr 2004 in den Folgejahren 2005 und 2006 Umschlags-
rückgänge. Nach einem kurzzeitigen Wiederanstieg 2007 nahmen die Umschläge
2008 wieder ab. Im Krisenjahr 2009, das auch den Containerverkehr Finnlands
stark beeinträchtigte, sank der Containerumschlag auf einen langjährig gesehen
geringeren Wert als im Jahr 2000 ab. Die Folgejahre 2010 und 2011 waren wieder durch einen höheren Umschlag gegenüber 2009 gekennzeichnet, jedoch
konnte nur im Jahr 2010 ein Wachstum verzeichnet werden, während im Jahr
2011 erneut ein Rückgang des Umschlags eintrat (siehe Abbildung 38).

Der Containerumschlag im Seehafen Helsinki findet, wie bereits in 6.5.1.3
kurz dargestellt wurde, im 2008 neu errichteten Hafenareal Vuosaari statt, in
dem Spezialanlagen für den Containerumschlag vorhanden sind. Vor der Errichtung des neuen Hafenareals wurden die Containerverkehre im innerstädtischen
Westhafen abgewickelt. Das neue Vuosaari Hafengelände wird neben dem Containerumschlag auch für die Abwicklung von Ro-ro-Verkehren genutzt. Insgesamt umfasst das gesamte Hafengebiet eine Fläche von 240 ha. Die Areale für
die beiden Verkehrssegmente sind voneinander getrennt, so dass Container- und
Ro-ro-Schiffe unabhängig voneinander abgewickelt werden. Von den insgesamt
sieben Kaianlagen stehen vier für die Abwicklung von Ro-ro-Verkehren und drei
für den Umschlag von Containerverkehren bereit. Die Kaianlagen für die Containerverkehre umfassen eine Länge von 1,5 km (Port of Helsinki o.J.: 6).

Abbildung 38: Entwicklung des Containerumschlags im Seehafen Helsinki von 2000 bis 2011

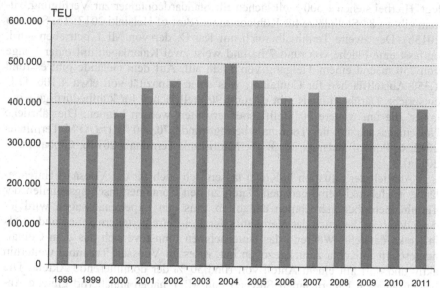

Quelle: eigene Darstellung und teilweise eigene Berechnung nach: Finnish Port Assosiation 2013, Eurostat 2013

Ähnlich der Situation im Mussalo Hafen in Kotka wird das Containerumschlagsgeschäft im Vuosaari Hafen durch verschiedene Terminalbetreiber geprägt (Finnsteve, Steveco und MLT). Für die Terminalunternehmen ist das Gelände für den Containerumschlag in zwei größere Bereiche aufgeteilt, von denen ein Teil nochmals unterteilt wird (Ocean Shipping Consultants 2009: 160). Ein Bereich wird dabei von Finnsteve betrieben, die neben Ro-ro-Verkehren auch Containerverkehre am Standort Vuosaari abwickeln. Das Unternehmen hat vor Ort ein rund 70 ha großes Gelände, von dem jedoch nur ein kleiner Teil für den Containerumschlag genutzt wird. Die Kaianlagen für den Containerumschlag weisen eine Länge von 750 m und einen Tiefgang von 12,5 m auf. Das Gelände von Finnsteve umfasst 2.500 Stellplätze und besitzt somit eine Kapazität für insgesamt 5.000 TEU. Zudem stehen 184 Stellflächen für kühlbedürftige Container oder Gefahrgutcontainer zur Verfügung. Neben diesen Stellflächen verfügt das Terminalgelände des Weiteren über ein Depot, in dem eine Kapazität für 7.000 TEU vorhanden ist (Port of Helsinki 2013: 15, Finnsteve 2013).

Der zweite Containerumschlagsbereich im Vuosaari Hafen, der Kai D, wird von den beiden Unternehmen Steveco und MLT betrieben. Hierbei weist Steveco den größeren Teil der Kaianlagen auf. Die Kaianlagen von Steveco haben eine

Länge von rund 1.150 m und erlauben einen Tiefgang von 13 m. Das gesamte Gelände von Steveco ist für eine Umschlagskapazität von 400.000 TEU ausgelegt. Hierbei stehen 1.600 Stellflächen für Standardcontainer zur Verfügung, zudem gibt es 84 Stellplätze für Kühlcontainer (Port of Helsinki 2013: 15, Steveco 2013b). Der zweite Terminalbereich am Kai D, der von MLT betrieben wird, umfasst eine Fläche von rund 7 ha und weist zwei Kaianlagen mit einer Länge von 750 m und einem Tiefgang von 11 m auf. Auf dem Gelände gibt es rund 1.350 Abstellflächen für Container, was einer Kapazität von etwa 4.100 TEU entspricht. Darüber hinaus gibt es rund 90 Stellflächen für kühlbedürftige Container, die um weitere 90 Stellflächen erweitert werden können. Die jährliche Umschlagskapazität des Terminals beträgt rund 270.000 TEU (APM Terminals 2012: 6, Port of Helsinki 2013: 15, Multi-Link Terminals 2013b, Global Ports 2013a).

Ähnlich der Situation in Kotka lassen sich auch für das Vuosaari Hafengelände in Helsinki keine genauen Daten zu den Containerumschlagsanteilen der Terminalbetreiberunternehmen darstellen. Aus den Expertenaussagen wird jedoch deutlich, dass sich das Verhältnis der drei Betreiberunternehmen anders als in Kotka darstellt. Während das Unternehmen Finnsteve sich aus dem Containergeschäft in Kotka zurückgezogen hat, ist es im Vuosaari Terminal weiterhin aktiv und dort mit einem Anteil von rund 50 % der dominierende Akteur. Die beiden anderen Unternehmen Steveco und MLT haben annähernd gleiche Anteilswerte (Interview TMV). Laut Expertenaussage bewegen sich die Anteile der Terminalbetreiber trotz zeiweiliger Schwankungen auf einem relativ konstanten Niveau (Interview EEb). Bezüglich einer Veränderung von Marktanteilen wird in Expertenaussagen angedeutet, dass Veränderung an den Umschlagsanteilen eher nicht zu erwarten ist, da dies unter Berücksichtigung von Ausstattungsbedingungen der Terminals und deren Auslastung mit sehr hohen Investitionskosten verbunden sein würde. *„Es gibt einige Gründe dafür [für die Anteilsverteilungen, A.d.V]. Einer ist sicherlich der Markt mit seinen Entscheidungen und der Wettbewerb. Ein wichtiger Grund ist auch der Fakt von Ressourcen. Beispielsweise haben wir in Vuosaari lediglich zwei Kräne und Finnsteve hat vier dieser Kräne. Die Kapazität ist also doppelt so hoch, wenn man die Aktivitäten entlang der Kaimauern betrachtet. Und das ist natürlich ein wichtiger Punkt. Man muss berücksichtigen, dass so ein Kran rund 7 Mio. € kostet. Das ist also sehr teuer, wenn wir als Steveco einen neuen kaufen wollen und mit dem zusätzlich agieren wollen. Zurzeit haben wir zwei und wir sind damit ziemlich zufrieden"* (CTV).

6.5.2.2 Die Akteure im Terminalgeschäft in Kotka und Helsinki

Wie die Ausführungen zu den Hafenfazilitäten in Kotka und Helsinki zeigen, ist das Containerumschlagsgeschäft in beiden Seehäfen durch die gleichen Akteure gekennzeichnet (MLT, Finnsteve und Steveco). Zwar hat sich seit 2012 durch den Rückzug Finnsteves aus Kotka die dortige Situation geändert und es agieren nur noch zwei Terminalbetreiber vor Ort. Dennoch können die Akteursstrategien an beiden Hafenstandorte als ähnlich angesehen werden, insbesondere auch dadurch, da die einzelnen Terminalbetreiber in den Häfen Kotka und Helsinki jeweils zentral von einer Koordinierungsstelle im jeweiligen Unternehmen gesteuert werden (Interview CTV). Daher wird an dieser Stelle ein Gesamtblick auf die Terminalakteure und deren unternehmerischen Strategien an den Standorten Kotka und Helsinki vorgenommen. Dies soll zum einen Rückschlüsse auf eine generelle Vorgehensweise und zum anderen auf ein standortspezifisches Agieren der Akteure ermöglichen.

Strategien der Terminalbetreiber

Eine Analyse der drei Unternehmen Finnsteve, Steveco und Multi-Link-Terminals hinsichtlich ihres regionalen Ursprungs sowie ihres geographischen Wirkungsbereichs ergibt ein differenziertes Bild zwischen den Unternehmen. So weisen die drei Unternehmen hinsichtlich ihres regionalen Ursprungs Ähnlichkeiten auf, da sie als finnische Unternehmen gegründet wurden. Seitdem haben sich jedoch in der Eigentümerschaft der Unternehmen Veränderungen ergeben, die durch die Einbindung in internationale Unternehmensnetzwerke gekennzeichnet sind und wodurch sich auch, zumindest indirekt, Veränderungen des geographischen Wirkungsbereichs ergeben können.

Das Unternehmen Finnsteve, das im Containerumschlag nur noch in Helsinki agiert, ist ein finnisches Unternehmen, das als Tochtergesellschaft zur Finnlines Gruppe gehört. Die Finnlines Gruppe wiederum ist ebenfalls eine Tochtergesellschaft im Besitz der italienischen Grimaldi Gruppe, die als großer Betreiber von Ro-ro-Verkehren weltweit tätig ist. Innerhalb von Finnlines bildet das Unternehmen Finnsteve zusammen mit drei weiteren Umschlagsunternehmen den Unternehmensbereich der Hafenbetreiber. Diese Hafenbetreiberunternehmen agieren zusammen als einer der größten Akteure des Stückgutumschlags in finnischen Seehäfen. Das Unternehmen Finnsteve agiert dabei vor allem in den Seehäfen Helsinki und Kotka, wobei die Aktivitäten in Kotka alle Logistikprozesse mit Ausnahme des Containerumschlags umfassen (Finnlines 2012: 14). Auch das Unternehmen Steveco tritt als Hafen- und Terminalbetreiber auf und ist in diesem Bereich das größte finnische Unternehmen. Das Hafenumschlagsgeschäft stellt nur einen Geschäftsbereich der gesamten Steveco-Gruppe dar. Im Containerumschlag arbeitet das Unternehmen in den Seehäfen Kotka und Helsinki, ist aber auch über Tochtergesellschaften in anderen Terminals, auch im Ausland beteiligt. *„Wir sind also der größte Hafenbetreiber (Terminalbetreiber) in Finnland, der führende. Und wir sind hauptsächlich darauf ausgerichtet finnische Holzprodukte umzuschlagen. Wir arbeiten momentan in Kotka Mussalo, und auch im Vuosaari Terminal in Helsinki. Wir haben auch ein Tochterunter-*

nehmen, Saimaa Terminals. Dieses Unternehmen agiert momentan am Saimaa See. Wir haben auch ein Tochterunternehmen in Moskau, in Russland, in der Moskauer Region. Es ist ein Inlandterminal, sie haben aber Zugang über Binnenschiffe, über Schienenwege und durch Straßenverkehrsmittel. Es hat viele Möglichkeiten" (CTV).

Die vom Experten angesprochene Fokussierung von Steveco auf den Umschlag von Produkten der Holzindustrie bezieht sich vor allem auf Papiertransporte, die als containerisierte Verkehre umgeschlagen werden. Diese Unternehmensausrichtung steht im Zusammenhang mit dem Ursprung von Steveco in der finnischen Holzindustrie und spiegelt sich auch in der Struktur der Unternehmensgruppe wider. So ist der Hauptanteilseigner von Steveco das finnische Forstindustrieunternehmen Stora Enso, das in der Papierproduktion tätig ist und gut ein Drittel der Anteile an Steveco besitzt (Interview CTV, Steveco 2013c).

Das Unternehmen Multi-Link Terminal wurde im Jahr 2004 im Zuge eines Joint Ventures zwischen dem finnischen Feederserviceanbieter Containerships und dem britischen Hafenbetreiberunternehmen Forth Ports ebenfalls als finnisches Unternehmen gegründet. Seitdem gab es bei der Unternehmensstruktur einige Veränderungen. So ging das Unternehmen 2006 im Zuge einer Übernahme von Containerships durch die beiden Unternehmen Eimskip und Container Finance vollständig in den Besitz des finnischen Unternehmens Container Finance LTD OY über. Ab 2007 übernahm dass russische Logistikunternehmen N-Trans Anteile an Multi-Link Terminals, die auf insgesamt 75 % gesteigert wurden. Die restlichen 25 % verblieben bei Container Finance LTD OY. Innerhalb des Unternehmens N-Trans sind die Hafen- und Terminalbetreiberaktivitäten in das Unternehmen Global Ports integriert, das bis 2012 zu 75 % von N-Trans kontrolliert wurde. Im Jahr 2012 erwarb das weltweit tätige Terminalbetreiberunternehmen APM Terminals die Hälfte der N-Trans Anteile, wodurch beide Unternehmen nun jeweils 37,5 % an Global Ports halten (Ocean Shipping Consultants 2009: 160, Global Ports 2013a).

Innerhalb des Unternehmens Global Ports, das neben dem Containergeschäft auch im Umschlagsgeschäft von Ölprodukten agiert, bilden die beiden Terminals von MLT in Helsinki und Kotka das Segment der finnischen Häfen. Daneben betreibt das Unternehmen Global Ports jedoch noch drei weitere Containerterminals in Russland, die zum Segment der russischen Häfen gezählt werden. Zwei dieser Terminals sind Seehafencontainerterminals, von denen das eine im Seehafen St. Petersburg und das andere im Pazifikhafen Vostochny lokalisiert ist. Das dritte russische Containerterminal ist ein Inlandterminal in der Nähe von St. Petersburg. Aufgrund der Verteilung der Terminals sowohl an der Ostsee- als auch Pazifikküste Russlands verfügt das Unternehmen über strategisch günstige Standorte und wickelt daher einen hohen Anteil russischer Containerseeverkehre ab (Global Ports 2013b, Global Ports 2013c).

Die unterschiedlichen unternehmerischen Strukturen der drei Terminalbetreiber lassen die Frage aufkommen, inwieweit dadurch die unternehmerische Ausrichtung an den Standorten beeinflusst wird und welche Strategien die jeweiligen Unternehmen in der Abwicklung von Containerverkehren und der Bedienung von Schiffslinien verfolgen. Bezüglich der Steveco Terminals wird laut Expertenaussage verdeutlicht, dass diese grundsätzlich allen die Häfen Kotka und Helsinki anlaufenden Schiffslinien offen gegenüberstehen und diese als potenzielle Kunden angesprochen werden. Diese Vorgehensweise schlägt sich auch in der Kundenstruktur des Terminalbetreibers Steveco nieder, die sehr breit ist und gemessen am Gesamtumschlag mehrere, teilweise kleine Kunden umfasst und weniger auf einen oder wenige große Kunden konzentriert ist. In den Aussagen des Experten wird aber auch deutlich, dass diese Konstellation in ihrer Ausprägung vom Unternehmen nicht absichtlich forciert worden ist, sondern sich vielmehr durch die Güterstrukturen vor Ort ergeben hat. Als Beispiel wird der Standort Kotka angesprochen, der aufgrund eines hohen Import- als auch Exportaufkommens für die Schiffslinien sehr interessant ist und deshalb nahezu alle Schiffslinien versuchen vor Ort aktiv zu sein. *„Man kann sagen, dass CMA-CGM und Maersk die größten Kunden sind, beide mit jeweils weniger als ein Viertel Umschlagsanteil. Wir haben also keinen richtig großen Kunden, sondern mehrere kleinere Kunden. Das ist in erster Linie so passiert. Der Wettbewerb um den Transitverkehr von Finnland nach Russland ist so stark ausgeprägt, dass eigentlich jede Schiffslinie hier sein möchte. Das könnte man vielleicht als Grund angeben"* (CTV).

Bezüglich der Schiffsanläufe verweist der Experte auch darauf, dass die Schiffslinien teilweise mit eigenen Schiffen kommen, teilweise aber auch die Dienste kommerzieller Feederanbieter nutzen, letztendlich aber fast jede Schiffslinie das Terminal von Steveco nutzt. *„Hier sind es CMA-CGM und Maersk, die die größten Kunden sind für Steveco. Die Anläufe sind dabei auch unterschiedlich im Bezug auf eigene Schiffe oder Nutzung anderer Schiffe [...]. Die beiden sind zwar unsere größten Kunden, aber wir haben natürlich auch die anderen: Hapag-Llyod, MSC, obwohl es MSC momentan nicht ist, Evergreen. Ich denke, wenn man an die 20 größten Containerschiffslinien der Welt denkt, dann sind eigentlich alle in irgendeiner Form Kunden von uns. Es gibt eine Reihe von Containerlinien, die hier sind"* (CTV).

Aufgrund fehlender Daten der anderen Terminalbetreiber sind Aussagen zu deren Kundenstrukturen nicht eindeutig möglich. In Expertenaussagen deutet sich hierbei jedoch an, dass jedes Unternehmen eine eigene Kundenstruktur hat (Interview EEb) und die Schiffslinien als Hauptkunden der Terminalbetreiber jeweils nur den einen Betreiber anlaufen. *„Ja, so geht das [eine Schiffslinie läuft nur jeweils einen Betreiber an, A.d.V.]. [...]. Diese Zusammenstellung ergibt sich aus dem Wettbewerb. Als der Hafen eröffnet wurde, gab es einen Ausschrei-*

bungsprozess über Preis, Servicelevel und so weiter. Und daraus hat sich diese Zusammenstellung ergeben" (SHVb).

Bezüglich der Schiffslinienakquirierung für den Seehafenstandort Kotka wird in Expertenaussagen eine eigene aktive Mitarbeit der Seehafenverwaltung angesprochen. Hierbei sieht sich die Seehafenverwaltung Kotka aus eigenem Interesse in der Pflicht den Standort gut zu vermarkten und Schiffslinien direkt anzusprechen. Bei dieser Akquise wird aber darauf geachtet, dass keine Schiffslinie für einen bestimmten Terminalbetreiber gewonnen wird, sondern nur der Hafen mit seinen Fazilitäten vorgestellt wird. *„Dieses Marketing ist für alle, auch für die drei Betreiber am Containerterminal. Diese sind aber auch selbst aktiv. Das eine schließt das andere nicht aus. Das wollen die Firmen auch, dass wir im Marketing aktiv sind. Der Hafen heißt ja auch Hafen Kotka und die Route ist dadurch bekannt bei den Kunden und viele Firmen hier profitieren davon, wenn wir bei Messen beispielsweise aktiv sind und auch in Broschüren werben"* (SHVa). Bei den Verhandlungen oder Akquisebemühungen des Hafens Kotka wird aber darauf geachtet, dass wirklich nur der Hafenstandort beworben wird und nicht in laufende, separat stattfindende Verhandlungen zwischen den Terminalbetreibern und den Schiffslinien eingegriffen wird (Interview SHVa).

Konkurrenzbeziehungen der Terminals

Aufgrund der parallelen Aktivitäten von Terminalbetreibern in Helsinki und in Kotka stellt sich die Frage nach der Konkurrenz dieser Unternehmen an den jeweiligen Standorten. Aus Sicht der befragten Experten wird die Konkurrenz innerhalb der Seehäfen durch verschiedene Betreiberunternehmen als grundsätzlich positiv und sehr wichtig für die Entwicklung der einzelnen Hafenstandorte eingeschätzt (Interview SHVa, Interview SHVb, Interview EE). Von einem Experten wird angemerkt, dass durch das Vorhandensein mehrerer Betreiberunternehmen jeder Kunde bedient werden kann, da es für verschiedenartige Nachfragen unterschiedliche Angebote in Form von Preisen und Umschlagsleistungen gibt. *„Das alte finnische System war so, dass jeder Hafen nur einen Terminalbetreiber hatte. Dann, bei uns hier in Kotka hat es in Finnland angefangen. Wir haben gesagt, es gibt im Hafen Kapazitäten und wir möchten auch hafeninternen Wettbewerb haben und haben jetzt die drei größten finnischen Terminalbetreiber im Containerbereich. Und was wir uns dabei wünschten ist, dass wenn einer der Terminalbetreiber sagt, dass er eine Ladung nicht möchte, weil es nicht passt (Geld, System), dass es dann einen anderen gibt, der dies macht. Und wir als Hafeneigentümer leben ja dadurch, dass es hier viel Verkehr gibt und dass nicht nur eine Seite dies bestimmen könnte, dass sich so etwas nicht lohnt. Dies ist ja eigentlich etwas Gutes für den Hafen, auch wenn es für die Firma nicht gut ist. Und das machen wir nicht nur im Containerbereich, sondern auch in anderen Bereichen"* (SHVa). Aus einer ähnlichen Sichtweise argumentiert auch der Experte des Transportministeriums, für den ebenfalls der Wettbewerb mehrerer Terminalbetreiber ein breiteres Angebot für Kunden darstellt und der Terminalbetrieb durch nur einen Akteur eine Schwächung des Wettbewerbs mit Auswirkungen auf die Kundennachfrage bedeuten würde. *„Aber wir denken, es ist nicht so gut, dass alles zu einem gegeben wird. Es ist wichtig, dass man mehrere unterschiedliche Betreiber da hat und diese nicht als fliegende Investoren auftreten, so dass man immer eine Art Wettbewerb und Optionen hat und nicht nur eine Option. Dies ist wichtig für Helsinki und weitere, denn es nachher zu ändern ist sehr schwer"* (TMV).

Bei der Ausprägung der Konkurrenzbeziehungen in den Terminals muss aber auch darauf geachtet werden, inwieweit jeder Betreiber genug Umschlag generieren kann, um letztendlich konkurrenzfähig arbeiten zu können. So kann möglicherweise die Entscheidung von Finnsteve nicht mehr als Containerterminalbetreiber in Kotka aktiv zu sein als Folge eines nicht rentablen Wettbewerbs gesehen werden. Bezogen auf den Hafen Helsinki ist laut Expertenaussage die Höhe der Umschlagsmenge sehr wichtig für den wirtschaftlichen Erfolg der Terminalbetreiber. *„Wir haben so eine hohe Umschlagsmenge, dass es möglich ist diesen Wettbewerb innerhalb des Hafens zu haben. Und für Schiffslinien ist es sehr wichtig diesen Wettbewerb innerhalb des Hafens zu haben. So ist es eigentlich auch in der EU-Politik vorgesehen, mit dieser Direktive einen freien Markteintritt zu haben, es ist aber nicht akzeptiert worden im Parlament. [...]. Jetzt da die Volumen gefallen sind, ist nicht genug Gütervolumen da für drei Betreiber und daher leiden diese auch wirtschaftlich. Aber dies auch deshalb, weil es einen harten Preiswettbewerb gibt"* (SHVb).

Dieser Wettbewerb unter den Terminalbetreiber in Helsinki wird trotz der relativ konstant verteilten Umschlagsanteile von Seiten des befragten Terminalexperten bestätigt. Hierbei wird jedoch darauf verwiesen, dass der Wettbewerb am Standort auch Grenzen hat, die vor allem im Bereich der Investitionen gesehen werden müssen. Nur über hohe Investitionen in Terminalanlagen kann am Standort ein harter Wettbewerb entstehen. *„Wir sind eigentlich in einem Wettbewerb mit den Konkurrenten. Aber, ein stärkerer Wettbewerb in Helsinki wäre keine sehr weise Idee, denn dann müssten wir Geld investieren und das wäre sehr teuer. Diese Investitionen müssen dann über eine Verkehrszunahme eingespielt werden und diese Mehreinnahme zu erzielen, sehe ich als relativ schwierig an. Natürlich, haben wir darüber auch schon nachgedacht, aber zurzeit gibt es da keinen Grund dafür dies zu beginnen"* (CTV).

Logistische Integration der Terminals

Bei der Arbeit der Containerterminals an den Standorten Kotka und Helsinki ergibt sich die Frage, inwieweit die Betreiber ihre originären Aufgaben des Containerumschlags mit vor- und nachgelagerten Logistikprozessen kombinieren oder derartige Vorgänge beeinflussen können. Beim Betreiberunternehmen Steveco wird hierzu deutlich, dass das Unternehmen aufgrund seiner Struktur als Unternehmensgruppe in verschiedenen Bereichen der Logistik tätig ist. Neben dem Containerumschlagsgeschäft bietet das Unternehmen auch Dienstleistungen in vor- und nachgelagerten Logistikprozessen an. So fungiert das Unternehmen beispielsweise als Exportspedition für finnische Holzindustrieprodukte. Neben den Exporten kümmert sich das Unternehmen auch um Importe und vor allem Transitverkehre in Richtung Russland. Die Organisation dieser Verkehre erfolgt dabei über Abteilungen der Steveco Unternehmensgruppe, die im Auftrag des Kunden alle notwendigen Logistikschritte zusammenstellt und hier als eine Art 3 PL fungiert. *„Wir haben verschiedene Zuständigkeiten. [...]. Wir bieten auch einen direkten Ansprechpartner für gesamtheitliche Logistikleistungen an, Steveco Logistics. Die Idee dahinter ist, dass wir eine volle Breite logistischer Dienstleistungen anbieten wollen, Tür-zu-Tür-Transporte, beispielsweise wenn eine russische Firma einen ganzen Transport haben möchte, beispielsweise von einer chinesischen Produktionsstätte bis zu einem Tor in Moskau"* (CTV).

Die Ausführungen zeigen, dass das Umschlagsunternehmen keinen direkten Einfluss auf seewärtige Logistikprozesse hat, sondern diese vertraglich mit den Schiffslinien ausgehandelt und erst dann umgesetzt werden. In den Expertenaussagen wird hierbei verdeutlicht, dass das Unternehmen neben den eigentlichen Tätigkeiten im Seehafen keine eigenen logistischen Prozesse anbietet, sondern diese als gesamtheitliches Paket für nachfragende Kunden zusammengestellt werden. *„Für den Containerumschlag haben wir verschiedene Dienste hier vor Ort: Depotdienste, Leercontainerdienste, wie Abstellen von Leercontainern, aber auch Dienste, die mit den Lagerhäusern zu tun haben. Zudem haben wir auch Forwarding-Dienste. Aber, wir haben keine eigenen Dienste in diesen Landtransporten, wir kaufen diese Dienste ein, wir nutzen hierfür Partner"* (CTV).

Da das Unternehmen Steveco mehrere Containerterminals besitzt, ergibt sich die Frage, ob diese in den Logistikprozessen miteinander logistisch verbunden sind. Hierzu werden in den Expertenaussagen frühere Überlegungen angesprochen, die Seehafenterminals mit den anderen Terminalstandorten in Moskau und am Saimaa See miteinander zu vernetzen. Die Idee, die vorrangig auf Binnenschiffverkehren lag, wurde aber nicht richtig umgesetzt. *„Die Idee war, wir nahmen an, eigentlich Holz und Papier von Finnland in die Moskauer Region zu transportieren, mit Binnenschiffen. Wir hatten auch etwas Verkehr, aber der Hauptverkehr wird durch Trucks durchgeführt. [...]. Zu Kotka gibt es auch keinen direkten Bezug. Es gibt eher einen Bezug zum See Saimaa, wo Binnenschiffe fahren können und über einen Kanal nach Moskau gelangen. Letztendlich gibt es keinen Containerverkehr auf dieser Relation, auch nicht von hier oder Helsinki"* (CTV).

6.5.2.3 Hinterlandanbindung und Transitfunktion

Sowohl in Kotka als auch Helsinki sind seit mehr als zehn Jahren jeweils mehr eingehende als ausgehende Verkehre zu verzeichnen. Während für Kotka diese Werte relativ nah beieinander liegen, dominieren in Helsinki eingehende Verkehre deutlich (siehe Abbildung 39 und Abbildung 40). Hinsichtlich des Leercontaineranteils, der ein guter Indikator zur Abschätzung von Ungleichgewichten und Transportkosten im Containertransport ist, zeigen sich zwischen den beiden Hafenstandorten Unterschiede. So bestand für Helsinki bei den ein- und ausgehenden Verkehren bis Mitte der 2000er Jahre ein Gleichgewicht bei den Leercontaineranteilen. Seit Ende der 2000er Jahre gibt es bei den Exporten einen deutlich höheren Leercontaineranteil wohingegen der Leercontaineranteil bei den Importen weiter gesunken ist. In Kotka zeigt sich bei den eingehenden Verkehren über den Zeitraum 2000 - 2010 eine deutliche Reduzierung des Leercontaineranteils. Bei den ausgehenden Verkehren ist dahingegen eine wellenförmige Entwicklung zu sehen, bei der insbesondere in den Jahren 2007 und 2008 sehr hohe Leercontaineranteile erreicht wurden (siehe Abbildung 39 und Abbildung 40).

Abbildung 39: Containerumschlag im Seehafen Kotka unterteilt in geladene und abgeladene Container mit Berücksichtigung von Leercontaineranteilen von 2000 bis 2010

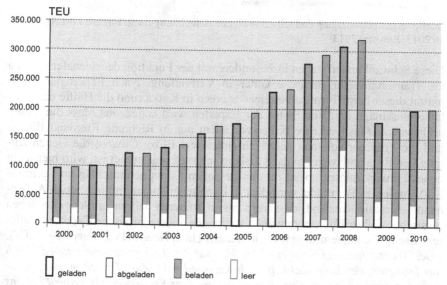

Quelle: eigene Darstellung und teilweise eigene Berechnung nach: Finnish Port Assosiation 2013, Eurostat 2013

Abbildung 40: Containerumschlag im Seehafen Helsinki unterteilt in geladene
und abgeladene Container mit Berücksichtigung von
Leercontaineranteilen von 2000 bis 2011

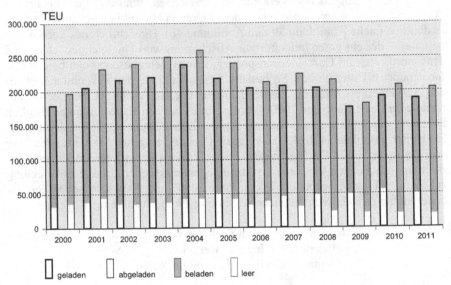

Quelle: eigene Darstellung und teilweise eigene Berechnung nach: Finnish Port Assosiation 2013, Eurostat 2013

Diese Schwankungen stehen insbesondere mit der Funktion des Seehafens Kotka als Transithafen für russische Güter in Verbindung. Nach Expertenaussagen nimmt dieser beim Terminalbetreiber Steveco in Kotka rund die Hälfte der Containerumschläge ein. Von Seiten der Experten wird angedeutet, dass die umgeschlagenen Transitverkehre bisher vor allem nur in Richtung Russland fließen und die Transportvolumen ansteigen (Interview EEb). Obwohl die Gegenrichtung von Russland nach Finnland bislang schwach ausgeprägt ist, wird hierin ein hohes Entwicklungspotenzial für den gesamten Containerumschlag im Seehafen Kotka gesehen. Begründet wird dies in Expertenaussagen mit der neuen Außenhandelsstruktur Russland, da anders als in früheren Jahren mittlerweile neben russischen Rohstofftransporten auch zahlreiche andere russische Exporte existieren, die in Containern abgewickelt werden (Interview SHVa, Interview CTV). *„Der Transit hat insgesamt rund 50 %. Und der Transit besteht hauptsächlich aus Importen, der hauptsächlich nach Russland geht. Zum Transit muss man sagen, dass wir selten Container haben, die auf dem Exportweg als Transit bei uns durchgehen. Und dies ist ein Punkt über den wir nachdenken müssen und den wir betrachten müssen. Denn Russland produziert eigentlich immer mehr Güter,*

*die in Container gesteckt werden können. Natürlich haben sie auch noch Roh-
stoffe, die nicht in Container passen. Wir denken aber, dass wir auch die Möglichkeit haben sollten, mehr Export und somit Transit dieser russischen Güter
über Mussalo. Wir sind in diesem Bereich bisher noch nicht erfolgreich, wir sind
aber dran dies genau zu beobachten"* (CTV).

Bezüglich der russischen Güterströme wird von Seiten der befragten Experten aber auch auf die Rolle der russischen Politik verwiesen, da diese beispielsweise über Infrastrukturmaßnahmen oder über die Festlegung von Transportent-
gelten auf Transitverbindungen direkt oder indirekt Einfluss auf mögliche Transportrouten nehmen kann (Interview SHVa). Grundsätzlich gehen die Experten
aber davon aus, dass Finnland, insbesondere Kotka, für den russischen Markt ein
wichtiger Containerumschlagsplatz ist und bleiben wird. Jedoch werden dabei
auch die Entwicklungen zum Ausbau der russischen Hafeninfrastrukturen im
Ostseeraum genau beobachtet, deren Kapazitätserhöhungen den Konkurrenzdruck auf finnische Häfen erhöhen (Interview EEb).

Während der Containertransitverkehr für den Seehafen Kotka einen großen
Anteil an den Gesamtcontainerumschlägen bildet, ist dieses Verkehrssegment für
den Seehafen Helsinki nahezu ohne Bedeutung. Die Ausrichtung des Seehafens
Helsinki liegt vor allem auf finnischen Im- und Exporten und der Hafen nimmt
hierfür eine bedeutende Stellung ein. Eine Ausrichtung auf Transitverkehre wird
vom Experten der Hafenverwaltung für den Standort Helsinki nicht ganz ausgeschlossen, jedoch wird die Lage Kotkas in Bezug zum russischen Hinterland als
wesentlich besser anerkannt. *„In offiziellen Zollstatistiken hat unser Transitverkehr nur einen Anteil von etwa 3 %. Wie auch immer, wir sind der größte Universalhafen in Finnland. [...]. Wir können dies auch in dem Sinne sagen, da etwas ein Drittel des Wertes des finnischen Außenhandels durch unseren Hafen
geht. Und das ist die Basis. Man könnte aber auch sagen, wir und die Betreiber
wollen mehr Transitverkehr nach Russland, aber aufgrund der Lage von Kotka
und Hamina haben diese Häfen bessere Möglichkeiten wegen um diesen Transitverkehr durchzuführen. Wie auch immer, wir sind darauf konzentriert finnischen
Außenhandel zu bedienen"* (SHVb).

Wettbewerbssituation zu anderen Häfen

Die Entwicklung und Wettbewerbssituation der finnischen Seehäfen Kotka und
Helsinki wird durch zwei wesentliche Punkte bestimmt. Zum einen sind dies die
finnischen Im- und Exporte, die aufgrund der spezifischen Lage Finnlands eigentlich nur über die finnischen Häfen abgewickelt werden können. In diesem
Bereich besteht für die finnischen Seehäfen auch keine Konkurrenz zu ausländischen Seehäfen, jedoch ein sehr harter Wettbewerb untereinander (Interview
SHVa). Zum anderen wird die Wettbewerbssituation in Finnland durch die russischen Transitverkehre bestimmt. Der Wettbewerb bezieht sich dabei sowohl auf

russische Containerhäfen, die den Umschlag der Verkehre selbst übernehmen, als auch auf Seehäfen in den drei baltischen Staaten, die ebenfalls als Transithäfen für russische Verkehre agieren. Da der Hafen Helsinki kaum Transitanteile aufweist, steht dieser eigentlich nicht in einem Wettbewerb zu ausländischen Seehäfen. Viel stärker ist hierbei der Seehafen Kotka in Konkurrenzbeziehungen eingebunden.

In den Expertenaussagen kommt die Wettbewerbsbeziehung finnischer Seehäfen zu den russischen und baltischen Ostseehäfen deutlich zum Ausdruck. Dieser Wettbewerb wird dabei als zunehmend stärker bezeichnet und in seiner Dimension mit dem Wettbewerb der Nordseehäfen gleichgesetzt. *„Aber seit ein paar Jahren würde ich sagen, dass es hier in der Ostsee genauso schlimm ist [wie in der Nordsee, A.d.V.] und wir haben viele Konkurrenten. [...]. Beim russischen Transitverkehr sind die größten Konkurrenten die baltischen Länder und die eigenen russischen Häfen"* (SHVa). Bei dieser Konkurrenzbeziehung wird von den Experten darauf verwiesen, dass die ausländischen Häfen gegenüber den finnischen Häfen nahezu die gleichen Lagevoraussetzungen haben und die Transitwege gemessen an der Entfernung zu den Hinterlandmärkten ähnlich sind. *„Die Ostseehäfen an den Küsten des südlichen Finnischen Meerbusens, die estnischen Häfen wie Muuga, Tallinn, Paldiski, werden sich entwickeln und eine gute Chance haben, eine gewisse Rolle für den russischen Verkehr zu spielen. Sie haben eine kurze Verbindungen nach St. Petersburg. Da ist nur der Fluss ein Hindernis, der zwischen den beiden Grenzen fließt. Die Formalitäten an der russisch-finnischen und den russisch-baltischen Grenzen limitieren einen Verkehrszuwachs in dieser Region"* (EEb).

Neben diesen räumlichen Voraussetzungen als Transithäfen für Russland zu agieren, werden von den Experten aber auch Aspekte, wie die Infrastrukturausstattungen oder die politischen Beziehungen zwischen den jeweiligen Staaten und Russland als wichtige Punkte im Seehafenwettbewerb angesprochen. Aus Sicht einiger Experten wird hierbei betont, dass zwar eine Konkurrenz zu anderen Häfen vorherrscht, jedoch die Aspekte Verkehrsinfrastrukturen und gute politische Beziehungen als Vorteil für die finnischen Häfen gesehen werden können. So wird von den Experten die finnische Verkehrsinfrastruktur für den Transitverkehr als sehr gut eingestuft und darauf verwiesen, dass diese hinsichtlich eines gut funktionierenden Transitverkehrs in Richtung Russland ausgebaut und verbessert wird (Interview SHVa, Interview TMV). Insbesondere von Seiten des Transportministeriums wird dabei an einer Verbesserung der Verkehrsinfrastrukturen gearbeitet. *„Und das Ministerium tut alles, was es in seinen, begrenzten, Ressourcen tun kann, um die Transportservice und die grenzüberschreitenden Prozesse zwischen Russland und Finnland zu verbessern. Und der Staat investiert auch in die Eisenbahnverbindungen und die Straßenverbindungen"* (TMV). Neben diesen guten Verkehrsverbindungen wird von den Experten aber auch die Bedeutung der politischen Beziehungen zu Russland angesprochen. *„[...]. Erst* *einmal sind die Beziehungen zwischen Finnland und Russland sehr freundlich. Also, ich würde sagen, besser als zwischen den baltischen Ländern und Russland, das kann man wohl so sagen [...].* (SHVa). Da sich der finnische Staat bewusst ist, diese guten Beziehungen zu haben, werden diese auch als Bestandteil einer internationalen Verkehrspolitik gepflegt. *„Unsere Intension ist es gut zusammenzuarbeiten. Wir haben die russischen Beziehungen mit den logistischen Dingen kombiniert. Wir haben Beziehungen innerhalb der logistischen Beziehungen zu Russland. Und die Transitdienste generieren in Finnland Einkommen [...]."* (TMV). Obwohl insgesamt die Verkehrssituation zwischen Finnland und Russland als positiv eingeschätzt werden kann, kommen in den Expertenaussagen auch Probleme in der Abwicklung von Grenzverkehren zur Sprache, die sich vor allem auf langsame Abwicklungsprozeduren beziehen. *„Aber die Infrastruktur ist nicht unbedingt das Problem, das Problem sind vielmehr die Grenzprozeduren auf der russischen Seite. [...]. Aber wir arbeiten sehr intensiv zusammen und das ist unser Weg wie wir die Prozesse erleichtern möchten"* (TMV).

Auf der Grundlage eines gut zu erreichenden russischen Hinterlandes und eines infrastrukturell bedingten Wettbewerbsvorteils wird von Seiten der Experten aber auch davon ausgegangen, dass die Seehäfen in Russland und im Baltikum die dortigen Infrastrukturen in den nächsten Jahren weiterentwickeln werden, um zunehmend verstärkt Verkehre für Russland abzuwickeln. Durch diese Entwicklung wird es mittelfristig zu einem Angleich der Servicequalitäten in den Seehäfen kommen, wodurch der Konkurrenzdruck zunehmen wird (Interview SHVa, Interview EEb). *„Alle diese Häfen im Baltikum und in Russland werden von Tag zu Tag besser. Wir haben hier schon den europäischen Standard. Wir können auch besser werden, werden dies aber langsamer als die anderen. Wir werden also eingeholt und müssen aber trotzdem sehen, dass wir konkurrenzfähig sind. Und deshalb machen wir uns unsere Sorgen, die Konkurrenz schläft nicht"* (SHVa).

6.5.2.4 Ausbauplanungen und Entwicklungsperspektiven im Containerverkehr

Bezogen auf die Entwicklungsperspektiven des Containerverkehrs sehen alle befragten Experten für die Zukunft einen anhaltenden Wachstumstrend. Dies wird zum einen damit begründet, dass die gegenwärtigen Umschlagswerte noch unter den Spitzenwerten des Jahres 2008 liegen und es also einen Aufholbedarf gibt, zum anderen werden darüber hinaus weitere Zuwächse erwartet (Interview TMV, Interview CTV, Interview SHVa, Interview SHVb). Der Zuwachs für die finnischen Häfen wird sich dabei vor allem aus den Transitverkehren für Russland ergeben, deren Wachstumspotenzial sehr hoch eingeschätzt wird. Obwohl im Containerverkehr die russischen Häfen momentan langsam nachziehen und dort viele Kapazitäten aufgebaut werden, kommen in den Expertenaussagen positive Entwicklungen für Finnland zum Ausdruck. *„Ich denke, es ist sehr realis-*

tisch anzunehmen, dass die russische Wirtschaft wachsen wird. Und daher werden sie immer hinter der Nachfrage der Transportkapazitäten liegen. Und obwohl die Volumina in Russland mit Sicherheit ansteigen werden, wird dies nicht mit einer Verringerung unserer Volumina einhergehen, da wir auch vom dem Wachstum einige Teile abbekommen werden (TMV).

Das prognostizierte Wachstum im Containerverkehr kann letztendlich Auswirkungen auf die Hafeninfrastrukturen haben, weshalb sich die Hafenverwaltungen über die Zukunft Gedanken machen müssen. Von Seiten des Seehafens Helsinki werden hierbei jedoch noch keine notwendigen Maßnahmen gesehen. Der derzeitige Ausbauzustand des neuen Vuuosari Terminals mit den vorhandenen Kapazitäten wird als ausreichend eingestuft, da dieses erst im Jahr 2008 eingeweiht wurde. Wie von Seiten der Hafenverwaltung deutlich gemacht wird, wäre zudem eine Erhöhung der Kapazitäten mit einem enormen finanziellen Aufwand verbunden, der sich bei der derzeitigen Auslastung als hohes Risiko erweisen würde. *„Momentan erlaubt das Gebiet im Containerumschlag eine Kapazität von 1 Mio. - 2 Mio. TEU im Jahr. Wir können also unseren Verkehr, 2,5mal erhöhen vom jetzigen Standpunkt aus. Wir planen also nichts zu tun. Und so gesagt, die gesamte Sache ist so kompliziert, dass die, die Investitionen machen in der jetzigen Situation ein ziemliches Risiko eingehen, ein ziemliches Risiko"* (SHVb). Auch von Seiten der Terminalbetreiber wird eine Ausdehnung der maximalen Umschlagskapazitäten nicht angestrebt. Im Vordergrund steht hierbei vielmehr die Ausnutzung der zurzeit vorhandenen Kapazitäten (Interview CTV).

Auch von Seiten des Seehafens Kotka wird die eigene vorgehaltene Infrastruktur als qualitativ hochwertig eingestuft und positiv in die Zukunft geschaut. Dennoch ist der Hafen bestrebt an der Verbesserung der Hafenfazilitäten zu arbeiten und hat hierzu einen Masterplan entwickelt, in dem konkrete Entwicklungsschritte, auch in Abstimmung mit den Unternehmen im Hafenbereich vorgesehen sind. *„Wir müssen bereit sein. [...]. Wir haben schon einen Masterplan, der bis 2025 geht und also noch 15 Jahre läuft. Sollte alles so laufen, wie wir es in unserem Masterplan haben, so sieht alles für uns ganz gut aus. Andererseits dürfen wir aber nicht einschlafen. Wir müssen ständig unsere Funktionen und Infrastrukturen entwickeln. Und das nicht nur alleine, sondern zusammen mit diesen ganzen Firmen hier. Sollten wir das machen, glaube ich, wird der Hafen Kotka mindestens so eine Bedeutung haben, wie heute"* (SHVa). Diese Ausrichtung in der Hafenpolitik lässt sich dabei vor allem auch auf den hohen Anteil russischer Transitgüter zurückführen, die über Kotka auch in Zukunft abgewickelt werden. Von Seiten der Terminalbetreiber wird es in den nächsten Jahren in der Wettbewerbsstruktur des Seehafens Kotka keine Veränderungen geben und die Zahl der Unternehmen gleich bleiben. Hierbei wird davon ausgegangen, dass jeder einzelne Betreiber im Rahmen der Gesamtumschlagssteigerungen den eigenen Umschlag erhöhen wird, dafür aber mittelfristig ausreichend Kapazitäten vorhanden sind (Interview CTV).

6.5.3 Zusammenfassung der Fallbeispiele unter Berücksichtigung theoretisch-konzeptioneller Aspekte

Aufgrund der gleichen Betreiberunternehmen in den Containerterminals Kotka und Helsinki werden im Folgenden die dortigen Strukturen des Containerverkehrs für beide Standorte gemeinsam zusammengefasst, wobei spezifische Unterschiede hervorgehoben werden.

In den Seehafenstandorten Kotka und Helsinki wurden in den 2000er Jahren spezialisierte Terminals für den Containerverkehr errichtet. In Kotka wurde im Jahr 2001 das Mussalo Terminal eröffnet, in Helsinki im Jahr 2008 das Vuosaari Terminal. Beide Terminalgelände werden nach dem Landlord-Prinzip betrieben und sind an private Terminalunternehmen verpachtet. Hierbei ist jedoch nicht nur jeweils ein Terminalbetreiber für die Gelände zuständig, sondern es agieren dort mehrere Unternehmen parallel. Während in Helsinki drei Unternehmen (Steveco, Finnsteve und MLT) auf dem Terminalgelände agieren, arbeiten in Kotka zwei Unternehmen (Steveco und MLT). Je nach Standort weisen die Unternehmen eine unterschiedliche Größe auf. In Kotka dominiert das Unternehmen Steveco, in Helsinki ist es das Unternehmen Finnsteve. MLT ist an beiden Standorten der kleinste Betreiber, der zudem die kürzeste Marktpräsenz aufweist. Über die Regelung mehrere Betreiber im Terminal zuzulassen, herrscht zwischen den Unternehmen Wettbewerb, der von den Seehafenverwaltungen als positiv für die Entwicklung angesehen wird. Bei den Unternehmensstrukturen der Terminalbetreiber lassen sich Unterschiede erkennen. Obwohl alle drei Unternehmen als finnische Unternehmen gegründet wurden, sind sie mittlerweile in verschiedener Weise in internationale Konzerne eingebunden, agieren jedoch hauptsächlich am finnischen Markt.

Hinsichtlich der *Abgrenzung der Aktivitäten der Terminalbetreiber innerhalb von Transportlogistikabläufen* zeigen sich in der Analyse zwischen den Terminalbetreibern, soweit Daten vorliegen, weitere Unterschiede. Grundsätzlich stehen die Terminalbetreiber als Umschlagsunternehmen zwischen Land- und Seeverkehren zur Verfügung. Unter Verwendung von Aussagen des Filiére-Ansatz kann diese Dienstleistung als ein abgeschlossenes Segment ganzheitlicher Transportlogistikabläufe angesehen werden, in dessen Vor- und Nachlauf andere eigenständige Segmente zu finden sind. Während MLT, den Analyseergebnissen folgend, überwiegend das Augenmerk auf den Containerumschlag legt, bieten die beiden anderen Unternehmen (Steveco und Finnsteve) über den reinen Umschlag hinaus auch andere logistische Dienstleistungen in vor- und nachgelagerten Bereichen an, die bei Bedarf organisiert werden. Mit dieser Ausdehnung der logistischen Dienstleistungen kann die Abgrenzung des abgeschlossenen Segments innerhalb des Transportlogistikablaufs erweitert werden. Dies ist jedoch stark variierend, da die von den Betreibern angebotenen weiteren Logistikdienstleistungen nur Optionen für den Gütertransport darstellen.

Durch die Abgrenzung der Terminalbetreiberaktivitäten innerhalb der über die Terminals laufenden Transportkettenabläufe können unter Rückgriff auf den GVC-Ansatz und Berücksichtigung vorliegender Daten vorhandene *Macht- und Koordinierungsverhältnisse zwischen den an den Terminals agierenden Akteuren* dargestellt werden. Hierbei zeigt sich in der Analyse bei beiden Terminals, dass die Terminalbetreiber im Containerumschlagsgeschäft weitestgehend auf der Grundlage marktlicher Beziehungen arbeiten und eingebunden sind. Die Terminalbetreiber sind als Anbieter von Containerumschlagsleistungen selbstständig aktiv um Kunden zu akquirieren und stehen allen Schiffslinien offen gegenüber. Obwohl die Betreiber jeweils eine konkrete Kundenbasis haben, besteht theoretisch die Möglichkeit der Austauschbarkeit, da die anderen Betreiber ähnliche Leistungen anbieten. Die Betreiber müssen daher ihre Kunden über die angebotene Servicequalität überzeugen. Eine Konkurrenzsituation besteht zudem zu russischen Häfen und dem Hafenstandort Tallinn-Muuga.

Bezüglich der *Analyse externer und institutioneller Einflüsse verschiedener Maßstabsebenen auf das Agieren der Terminalbetreiber* zeigen sich unter Rückgriff auf Aussagen des GPN-Ansatzes sowohl Einflüsse im Bereich der darin dargestellten Elemente power als auch embeddedness. Bezüglich des Aspekts power lassen sich insbesondere Einflüsse von nationalstaatlicher, aber auch lokaler Ebene (Seehafenverwaltung) aufzeigen. Ein wichtiger Aspekt sind dabei Einflüsse auf die Ausgestaltung der Organisations- und Eigentumsstrukturen der beiden Seehäfen, die seit den 1990er Jahren dazu geführt haben, dass sukzessive das bisher noch nicht weitverbreitete Landlord-Prinzip, wie es in den beiden Containerterminals umgesetzt ist, eingeführt wurde. Neben supranationalen Vorgaben der EU und nationalstaatlichen Regelungen kommen hierbei insbesondere lokale Aspekte zur Geltung, da die Seehäfen im Besitz der jeweiligen Kommune sind und auf dieser Ebene Veränderungen der Organisationsstrukturen durchgeführt wurden. Die Seehafenverwaltungen sind hierbei die wichtigsten Akteure im Verhandlungsprozess mit potenziellen Terminalbetreibern, die unabhängig von den Eigentümern der Seehäfen (Kommunen) agieren. Die Kommunen greifen nicht in das Hafengeschäft direkt ein, sind aber an der Entwicklung von Hafenstrategien beteiligt.

Als weiterer starker institutioneller Einfluss im Bereich der Seehäfen und auch des Containerverkehrs werden in der Analyse Gewerkschaften erwähnt, die in Finnland relativ stark sind und somit durch gewerkschaftliche Aktivitäten den Containerverkehr beeinflussen können. Konkrete Angaben zu Auswirkungen gewerkschaftlicher Aktivitäten liegen in der Analyse jedoch nicht vor.

Mit Blick auf das im GPN-Ansatz formulierte Element embeddedness können für das Agieren der Containerterminalbetreiber in den beiden Standorten entscheidende Einflüsse aufgrund der Einbindung in deren spezifisches Hinterland abgeleitet werden. In beiden Fällen hängt das Agieren der Betreiberunternehmen an den Standorten einerseits von der wirtschaftlichen Entwicklung potenzieller

Kunden im Hinterland des Containerverkehrs sowie andererseits einer guten Einbindung in Verkehrsinfrastrukturen ab. Für die Standorte Helsinki und Kotka ergeben sich dabei Unterschiede, die darin liegen, dass die Standorte unterschiedliche Hinterlandeinzugsgebiete haben. Während das Containerverkehrssegment in Helsinki nahezu ausschließlich auf den finnischen Markt und hierbei auf den Agglomerationsraum Helsinki fokussiert ist, umfasst das Marktgebiet in Kotka neben dem finnischen Hinterland auch Russland und hier vor allem die Region St. Petersburg. Während für die Containerverkehrssegmente an beiden Standorten und insbesondere für Helsinki eine gute Entwicklung der finnischen Wirtschaft mit ihren Im- und Exporten wichtig ist, sind für den Standort Kotka Entwicklungen der russischen Volkswirtschaft von Bedeutung. Bezüglich der verkehrsinfrastrukturellen Anbindung sind beide Standorte sehr gut erschlossen und die Verbindung nach Russland ist gut ausgebaut. Insbesondere beim Transitverkehr zwischen Russland und Finnland zeigt sich, dass die relativ guten bilateralen Verhältnisse zwischen beiden Staaten positiv für die Abwicklung von Verkehren sind.

Als ebenfalls positiv für die Abwicklung von Verkehren erweist sich die Lage der beiden Containerterminals außerhalb der Innenstädte von Kotka und Helsinki. Diese Entwicklung wurde vor allem auf der lokalen Ebene durch die Seehafen- und Stadtverwaltungen initiiert, vorangetrieben und teilweise finanziert.

7 Schlussbetrachtung: Seehafencontainerterminals des Ostseeraums als Schnittstellen in Transportlogistikabläufen

7.1 Diskussion der empirischen Ergebnisse

Nach der umfänglichen Darstellung und Analyse der dieser Arbeit zugrunde liegenden Fallbeispiele werden im Folgenden die einzelnen empirischen Ergebnisse zusammengeführt, gegenübergestellt und die wichtigsten Erkenntnisse diskutiert. Den wesentlichen Untersuchungsgegenständen folgend werden dabei die verschiedenen Aspekte angesprochen, die die Hafen- und Terminalstandorte betreffen sowie Ähnlichkeiten und Unterschiede dargestellt.

➤ **Organisationsstrukturen in den untersuchten Containerterminals**

Wie aus der Analyse der Containerterminals in den einzelnen untersuchten Hafenstandorten ersichtlich wird, herrschen in den untersuchten Standorten grundsätzlich private Organisations- und Betreiberstrukturen vor. So werden mit Ausnahme des GTK in Gdańsk alle in der Arbeit einbezogenen Terminals von privaten Terminalbetreibern betrieben. In allen untersuchten Hafenstandorten wird die Privatisierung der Containerterminals sowohl von den jeweiligen Seehafenverwaltungen als auch durch die Verkehrspolitik als Modell favorisiert wird. Auch im Fall des GTK strebt die Hafenverwaltung Gdańsk eine Privatisierung an, die bisher jedoch noch nicht umgesetzt werden konnte.

Die Entwicklung aller bestehenden Terminals zeigt, dass es sich zum einen um frühere öffentlich betriebene Terminals handelt, die seit Beginn der 1990er Jahre privatisiert worden sind, zum anderen bestehen aber auch Terminals, die für die Abwicklung von Containerverkehren neu gegründet wurden. Teilweise haben in den Terminals innerhalb der letzten Jahre Eigentümer- und Strukturveränderungen stattgefunden (siehe Abbildung 41). Als am weitesten verbreitet zeigt sich bei der Organisationsstruktur der Terminals das Landlord-Prinzip, bei dem die Gelände der Terminals von der Hafenverwaltung an die jeweiligen Terminalbetreiber verpachtet werden. Diese Form, die auch weltweit am häufigsten verbreitet ist, wird von öffentlicher Seite favorisiert, da hierdurch privatwirtschaftliches Know-how und Kapital in den Hafen geholt werden können. Die

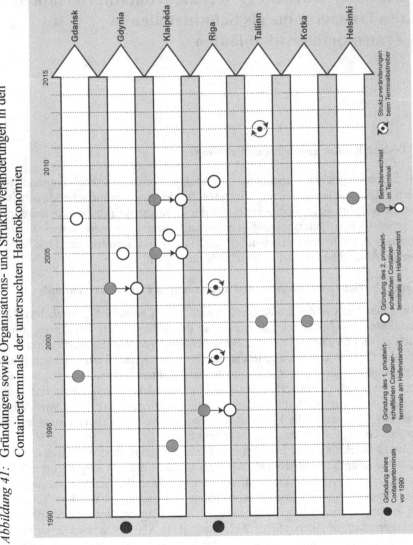

Abbildung 41: Gründungen sowie Organisations- und Strukturveränderungen in den Containerterminals der untersuchten Hafenökonomien

Quelle: eigene Darstellung

Ausprägung des Landlord-Prinzips weist zwischen den Hafenstandorten Detailunterschiede auf, die sich auf die Art der Pacht-, Leasing- oder Konzessionsverträge beziehen. Andere Organisationsstrukturen als das Landlord-Prinzip lassen sich nur an den beiden polnischen Hafenstandorten Gdańsk und Gdynia finden. So ist das GTK in Gdańsk komplett im Besitz der öffentlichen Hand, das DCT im Seehafen Gdańsk wird nach dem Prinzip der BOT-Konzession betrieben, bei dem der Terminalbetreiber für den Bau aller Anlagen selbst aufkommt. In Gdynia ist das GCT ein rein privat errichtetes Terminal, bei dem auch das Land dem Betreiber gehört.

> **Betreiberarten in den Containerterminals**

Die Untersuchung der einzelnen Containerterminals hat gezeigt, dass die ausgewählten Standorte unterschiedliche Arten von Terminalbetreibern aufweisen. Die Unterscheidung kann dabei, abgeleitet aus den Ausführungen in 3.4.2, hinsichtlich des geographischen Wirkungsbereichs sowie des unternehmerischen Ursprungs der Betreiber vorgenommen werden. Ein Vergleich zeigt, dass einige der theoretisch möglichen Optionen von Betreibertypen in den untersuchten Standorten vorzufinden sind.

Geographischer Wirkungsbereich

Hinsichtlich des geographischen Wirkungsbereichs der Terminalbetreiber in den jeweiligen untersuchten Hafenstandorten wird deutlich, dass in den Terminals unterschiedliche Betreibertypen aktiv sind. So lassen sich sowohl lokal/national aktive als auch international/global agierende Terminalbetreiber finden. Die einzelnen Seehafenstandorte sind dabei in unterschiedlicher Form durch Betreiberarten geprägt. So werden in Gdynia beide vorhandenen Containerterminals durch international/global agierende Betreiber unterhalten. In den Seehäfen Gdańsk, Klaipėda und Riga, in welchen auch zwei Containerterminals aktiv sind, lassen sich jeweils ein international/globaler und ein lokal/nationaler Terminalbetreiber identifizieren. Am Standort Tallinn-Muuga wird das vorhandene Terminal durch einen lokal/nationalen Betreiber betrieben. In den finnischen Terminals in Kotka und Helsinki sind ausschließlich lokal/nationale Betreiber aktiv. Hier zeigt sich aber, dass diese Betreiber über weiterführende Unternehmensstrukturen in international agierende Konzerne eingebunden sind, der Fokus der vor Ort tätigen Unternehmen aber nur auf Finnland gelegt wird.

Bei Betrachtung der lokal/national agierenden Terminalbetreiber ergibt sich, dass die Unternehmen in den untersuchten Fällen aus dem Land stammen, in dem das jeweilige Terminal lokalisiert ist. Mit Ausnahme der Betreiber in den finnischen Seehäfen, sind diese Unternehmen zudem nur in einem Containerterminal aktiv. Wie dargelegt wurde, stellen die Fallbeispiele Kotka und Helsinki Häfen unter den untersuchten Standorten eine Besonderheit dar, da diese jeweils nur über ein Containerterminal verfügen, in denen aber mit MLT und Steveco die gleichen Betreiberunternehmen tätig sind. Während das Vorhandensein lokal/nationaler Terminalbetreiber an den untersuchten Standorten nicht negativ bewertet wird, gibt es im Falle des Standorts Tallinn-Muuga eher skeptische Äußerungen zum ausschließlichen Vorhandensein eines lokal/nationalen Terminalbetreibers. Hier wird von Seiten der Hafenverwaltung und der nationalen Verkehrspolitik die Ansiedlung eines internationalen Betreibers in das Containerterminalgeschäft angestrebt. Eine ganz andere Strategie ist diesbezüglich bei den finnischen Fallbeispielen zu sehen. Trotz hoher Umschlagpotenziale gibt es in den Terminals keine international agierenden ausländischen Terminalbetreiber. Die inländischen Unternehmen werden als ökonomisch stark genug angesehen, um die notwendigen Aufgaben des Containerumschlags zu erfüllen und den Marktbedürfnissen gerecht zu werden. Hierbei wird zudem versucht durch den Fokus auf lokal/nationale Betreiber eine Unabhängigkeit gegenüber ausländischen Direktinvestoren im Hafenbereich aufrechtzuerhalten. Diese Strategie ist jedoch nicht vollständig umsetzbar, da die finnischen Terminalbetreiber teilweise in internationale Konzerne, und wie das Beispiel MLT zeigt, auch in das Netzwerk übergeordneter internationaler Terminalbetreiber eingebunden sind.

Innerhalb der Gruppe der international/global agierenden Terminalbetreiber lassen sich Unterschiede hinsichtlich der Größe und Ausrichtung finden. So sind die beiden Terminalbetreiber in Gdynia und der Terminalbetreiber des Smeltė Terminals in Klaipėda Unternehmen, die eine globale Präsenz aufweisen und weltweit mehr als ein Dutzend Terminals betreiben. Demgegenüber stehen der Betreiber des BCT in Riga und der Investor im DCT in Gdańsk, die zwar international in verschiedenen Standorten agieren, hierbei bisher jedoch nur auf wenige Standorte beschränkt sind.

Unternehmerischer Ursprung

Ein Blick auf alle untersuchten Terminalstandorte zeigt, dass die Betreiber hinsichtlich ihres unternehmerischen Ursprungs zum überwiegenden Teil aus dem Bereich von spezialisierten Hafenumschlagsunternehmen stammen. So handelt es sich bei allen lokal/nationalen Terminalbetreibern um jeweils inländische Umschlagsunternehmen. Bei den international/global agierenden Betreibern sind demnach ausländische Umschlagsunternehmen aktiv. Lediglich im DCT am Standort Gdańsk zeigt sich eine andere Kategorie eines Terminalbetreibers. Dort handelt es sich um einen internationalen Finanzakteur, der in das Terminal investiert hat und dieses unterhält. Weitere Formen von Betreiberarten, in denen beispielsweise Schiffslinien in Terminals involviert sind, lassen sich im Gegensatz zu anderen Schifffahrtsgebieten in den untersuchten Standorten nicht finden.

➤ **Strategien der Terminalbetreiber**

Der Blick auf Strategien von Terminalbetreibern an den einzelnen Untersuchungsstandorten verdeutlicht, dass hierbei zwei Seiten betrachtet werden können:

1. Die strategische Ausrichtung eines Betreibers, die sich daran bemisst, in wie vielen Terminals und auf welcher räumlichen Maßstabsebene dieser tätig ist.
2. Die strategische Ausrichtung, die sich für den Betreiber vor Ort hinsichtlich der angestrebten Kundenbasis und aus den im Fokus stehenden Verkehren ergibt.

Zu 1: Im Vergleich aller untersuchten Terminalstandorte zeigt sich, dass es zwischen den Terminalbetreibern erhebliche Unterschiede gibt. Differenziert werden kann hierbei nach der Anzahl an Terminals, die von den Betreibern betrieben werden. Als eine Gruppe lassen sich die lokal/national orientierten Terminalbetreiber identifizieren. Diese sind, mit Ausnahme der finnischen Betreiber MLT und Steveco, in allen Fällen nur auf den Betrieb jeweils eines Terminals konzentriert. Bei den betreffenden Terminals gibt es auch keine direkten Bestrebungen das Umschlagsgeschäft auf andere Terminalstandorte auszudehnen. Demgegenüber stehen die Terminalbetreiber, die neben den in der Untersuchung analysierten Terminals, in weiteren Terminalstandorten zumeist außerhalb der Ostsee aktiv sind. Hierbei handelt es sich entweder um globale Umschlagsunternehmen oder global agierende Finanzakteure, denen im Terminalbetrieb unterschiedliche Strategien zugeschrieben werden können. So lassen sich für die Terminalstandorte insgesamt vier verschiedene Strategietypen ableiten:

- Strategietyp 1 (zu sehen in beiden Terminals in Gdynia), der durch eine offensive Internationalisierung geprägt ist. In beiden Terminals sind mit den Betreibern ICTSI und HPH international führende Terminalbetreiber aktiv, die weltweit über eine Vielzahl von Terminalstandorten, auch in international bedeutenden Seehäfen, verfügen. Der Einstieg am Standort Gdynia ist vor allem aufgrund der guten Marktentwicklung in Polen erfolgt, die langfristig gute Umschlagszahlen verspricht.
- Strategietyp 2 (zu sehen im BCT in Riga), der auch durch eine Internationalisierung geprägt ist. Hierbei ist der Terminalbetreiber nicht auf zahlreiche verschiedene Terminalstandorte weltweit konzentriert, sondern versucht eine Ausdehnung auf eher nachgeordnete Seehäfen vorzunehmen, deren Lage gute Entwicklungsmöglichkeiten und somit Chancen für die Erhöhung der eigenen Marktanteile bietet.

- Strategietyp 3 (zu sehen im DCT in Gdańsk), bei dem ersichtlich wird, dass ein globaler Finanzakteur ein Terminal als profitable Infrastruktureinrichtung ansieht und über den Betrieb verschiedener Standorte auf der Welt Gewinne anstrebt. Die Investition in das Terminal beruht dabei ebenfalls auf den guten Wachstumsaussichten des polnischen Marktes. Jedoch wird hierbei das Terminal nicht als gleichwertiges Konkurrenzterminal zu anderen Standorten gesehen, sondern durch die Ausrichtung auf Direktverkehre ein Abgrenzung von Konkurrenten und eine eigene spezifische Ausrichtung angestrebt.

- Strategietyp 4 (zu sehen im Klaipėdos Smeltė Terminal in Klaipėda), weist im Grunde genommen ähnliche Charakteristika wie die Terminals in Gdynia auf. Auch hierbei handelt es sich um einen weltweit agierenden Terminalbetreiber, der mehrere Containerterminals betreibt. Die Besonderheit hierbei ist jedoch die Kooperation mit einer Schiffslinie, die als Stammkunde die Terminals des Betreibers ansteuert beziehungsweise dem Betreiber die Entwicklung von Terminals empfiehlt und diese dann nutzt.

Zu 2: Die Analyse der untersuchten Terminalstandorte gibt Aufschluss über die Strategien, die vor Ort durch die Terminalbetreiber angestrebt werden. Es zeigt sich hierbei, dass eine Betrachtung hinsichtlich der vorhandenen und angestrebten Kundenbasis sowie der in den Geschäftsfokus gesetzten Verkehre möglich ist.

Kundenbasis

Unabhängig von der Größe der betrachteten Terminals sowie den vorherrschenden Organisationsstrukturen und Betreiberarten zeigt sich in allen untersuchten Terminals eine grundsätzliche Öffnung zu einer vielfältigen Kundenstruktur bei den Schiffslinien. Dies wird dadurch deutlich, dass alle Terminalbetreiber das Vorhandensein einer relativ breiten Kundenbasis betonen und anderen Schiffslinien als Terminalstandort offen gegenüberstehen. Eine detaillierte Betrachtung der Kundenstrukturen ergibt, dass dabei jeder Terminalbetreiber eine spezifische, meistens durch ein oder zwei große Kunden geprägte, Kundenstruktur hat. In Hafenstandorten, in denen mehr als ein Containerterminal vorhanden ist, wird dabei eine gewisse Marktteilung offenbar, bei der jedes Terminal zwar mit jeder vorhandenen Schiffslinie über Verhandlungen in Kontakt treten kann, sich jedoch bestimmte Strukturen und Präferenzen zwischen Schiffslinien und Terminals herauskristallisiert haben. Eine Aufteilung von Schiffslinien auf zwei Terminals eines Hafens, wie in Klaipėda, ist dabei nicht zu beobachten.

Obwohl in allen Terminals die Bedeutung marktlicher Verhandlungsprozesse zwischen Terminal und Schiffslinie hervorgehoben wird, gibt es in einigen Terminals jedoch Strukturen, die aus organisatorisch-strategischer Sicht erklären lassen. So ergibt sich aus der internationalen Zusammenarbeit der Schiffslinie MSC mit dem Terminalbetreiber TIL, der in Klaipėda vertreten ist, die Situation, dass die Schiffslinie auf das Smelté Terminal ausgerichtet ist (vor der Kooperation war die Schiffslinie auf das andere Terminal vor Ort ausgerichtet). Trotz dieser Kooperation ist das Smelté Terminal bestrebt auch andere Kunden zu gewinnen, da nur hierdurch eine Auslastung der vorhandenen Kapazitäten möglich ist. Eine andere spezifische Konstellation ergibt sich in Gdańsk am DCT, an dem die Schiffslinie Maersk ihre Direktverkehre abwickelt. Diese Konstellation basiert auf den technischen und nautischen Möglichkeiten am Terminal, die eine Abwicklung großer Schiffe des Kunden zulässt. Neben diesem Kunden, der das Umschlagsgeschehen am Terminal dominiert, ist der Betreiber auch auf andere Kunden ausgerichtet. Hierbei wird auch an Schiffslinien gedacht, die Feederverkehre von Gdańsk aus im Ostseeraum anbieten könnten. Diese Kundenbasis ist jedoch noch entwicklungsfähig.

Fokussierung auf Schiffsverkehre

Die Andeutung des Terminalgeschehens in Gdańsk ergibt auch einen direkten Blick auf die Ausrichtung der Terminals auf Schiffsverkehre. Hierbei lässt sich sagen, dass außer am DCT in Gdańsk, an dem Direktverkehre der Schiffslinie Maersk umgeschlagen werden, alle anderen Terminals nicht in Direktverkehre, sondern in das Feederverkehrssystem zwischen der Ostsee und der Nordsee eingebunden sind. Die Ausprägung dieser Verkehre ist dabei recht unterschiedlich und durch die Routenplanungen der einzelnen Feederlinien gekennzeichnet. Hierbei zeigt sich, dass die meisten Terminals aufgrund vorhandener nautischer Bedingungen und der infrastrukturellen Ausstattung praktisch nur als Feederterminals agieren können. Hinzu kommt, dass an den meisten Standorten, außer in Polen und in Finnland, das gesamte Containeraufkommen zu niedrig ist, um einen anderen Status zu erlangen. Daher sind auch die meisten Terminalbetreiber, insbesondere die lokal/national agierenden, mit ihrer spezifischen Ausprägung auf Feederverkehre zufrieden. Ein wenig anders ist die Situation in den international geprägten Terminals in Gdynia und in Klaipėda. Obwohl auch hier ausschließlich Feederverkehre abgewickelt werden, gibt es in Folge der Direktverkehrsentwicklungen in Gdańsk in Ansätzen theoretische Überlegungen zur Einführung eigener Direktverkehre. Eine realistische Umsetzung wurde aber bisher nicht Betracht gezogen, da entweder die Gütermengen vor Ort nicht ausreichen beziehungsweise die nautischen und technischen Bedingungen an den Terminalstandorten fehlen und nur über erhebliche Investitionen erreicht werden könnten. Zudem müssen sich hierfür auch Schiffslinien finden, die diese Services anbieten.

> ➤ **Integration in seewärtige und landwärtige Transportlogistikabläufe**

Ein wichtiger Aspekt der Untersuchung war die Frage nach der Einbindung der Terminalstandorte in Transportlogistikabläufe. Dabei wurde darauf geschaut, wie die analysierten Containerterminals seewärtig und landwärtig in Transportlogistikabläufe integriert sind. Als Grundgedanke floss dabei die Annahme in die Untersuchung ein, dass die Betreiber in einzelnen Terminals über das Containerumschlagsgeschäft hinaus Kontroll- oder Einflussmöglichkeiten auf weitere Bestandteile der kettenartigen Transportabläufe haben und somit der Betrieb eines Terminals als Schnittstelle im Transportlogistikablauf eine hohe strategische Bedeutung für die Betreiber hat.

Unter dem Stichwort der *seewärtigen Integration* der Terminals wurde dabei analysiert, inwieweit die untersuchten Terminals über seewärtige Verbindungen mit bestimmten Schiffslinien verbunden sind. Es wurde aber insbesondere auch darauf geschaut, in welcher Art Beziehungen der Terminalbetreiber zu anderen Seehafencontainerterminals außerhalb des Ostseeraums bestehen. Wie durch die Analysen der Terminalstrategien aufgezeigt werden kann, sind die seewärtigen Beziehungen der untersuchten Terminalstandorte zu den Schiffslinien durch marktliche Prozesse geprägt. Eine direkte Einflussnahme auf das Agieren der Schiffslinien und somit auf diesen Teil der Transportlogistikkette zeigt sich nicht. Zudem gibt es auch keine Anzeichen, dass die untersuchten die Terminalbetreiber an den untersuchten Standorten indirekt über Beteiligungen im Liniengeschäft tätig sind und somit Verkehre auf sich ziehen. Die Ausprägung eines Zusammenhangs von Terminalbetreibern und Schiffslinien bei Transportabläufen kann für die Standorte Gdańsk und Klaipėda angenommen werden. In Gdańsk ist die Schiffslinie Maersk mit ihren Direktverkehren an die infrastrukturellen Bedingungen des DCT gekoppelt. Ein Ausweichen auf ein anderes Terminal in der Nähe des DCT wäre bei Beibehaltung der Schiffsgrößen und Ladungsmengen nicht möglich. In Klaipėda besteht durch die geschäftliche Verbindung zwischen MSC und dem internationalen Betreiber des Klaipėdos Smeltė Terminals eine Verbindung, bei der jedoch eher die Schiffslinie Einfluss auf das Terminal nehmen kann, als dass das Terminal ein Haupteinfluss auf das seewärtige Logistikgeschehen zu haben scheint.

Über die Beziehungen der Terminalstandorte und -betreiber zu den Schiffslinien hinaus, wurde auch analysiert, inwieweit zwischen den Terminalstandorten im Ostseeraum und den logistisch vorgelagerten Containerterminals außerhalb der Ostsee direkte Beziehungen bestehen. Als Beziehungen wird dabei ein direkter und gezielter Austausch von Güterströmen zwischen zwei zu einem Unternehmen oder Konzern gehörenden Terminals verstanden. Da es sich bei den lokalen/nationalen Terminalbetreibern, mit Ausnahme der finnischen Beispiele, um Unternehmen handelt, die nur auf einen Standort fokussiert sind, kann diese Form der Kooperationsbeziehung hier ausgeschlossen werden. Der Blick ist daher insbesondere auf die durch internationale Betreiber betriebenen Terminals zu richten, da diese weitere Terminals außerhalb des Ostseeraums betreiben und somit theoretisch direkte logistische Beziehungen zwischen den verschiedenen Terminals aufweisen könnten. In der Analyse der Terminalstandorte und Betreiberstrategien zeigt sich jedoch, dass derartige Beziehungen im Ostseeraum nicht vorhanden sind. Die Managements der analysierten Terminalsstandorte, die von internationalen Betreibern betrieben werden, machen deutlich, dass die Standorte selbstständig in den Konzernstrukturen arbeiten und das Umschlagsgeschäft vor Ort auf marktlichen Beziehungen beruht. Eine direkte und offene Verknüpfung zwischen zwei zu einem Gesamtunternehmen gehörenden Terminals gibt es nicht und wird auch unter Berücksichtigung europäischer Wettbewerbsbedingungen als nicht möglich angesprochen.

Der Blick auf die *landwärtige Integration* der Terminals zielt darauf ab, inwieweit durch die jeweiligen Terminalbetreiber direkte Einfluss- oder Steuerungsmöglichkeiten auf die zur Landseite ausgerichteten Transportlogistikabläufe bestehen und wie stark diese Beeinflussung ausgeprägt ist. In der Gesamtschau auf alle untersuchten Terminals und deren Betreiber zeigt sich, dass mit Ausnahme von zwei oder drei Betreibern direkte Einfluss- und Steuerungsmöglichkeiten auf landwärtige Transportlogistikabläufe fast nicht vorhanden sind. Das Umschlagsgeschäft, das von den Terminals betrieben wird, ist in den untersuchten Terminals als eigenständiges Geschäft anzusehen. Eine Partizipation in den landwärtigen Transportvorgängen ist dabei nicht zu beobachten. Alle weiterführenden Aktivitäten rund um den Containertransport basieren auf geschäftlichen Grundlagen, die entweder durch den Güterbesitzer (Versender) oder durch Verhandlungen zwischen dem Organisator des gesamten Transportablaufs und den einzelnen daran beteiligten Unternehmen geregelt werden. Oftmals treten hierbei die Schiffslinien, die an den jeweiligen Terminals anlegen und die Landspediteure in direkten Kontakt. Die Containerterminals des Ostseeraums sind in diesem Verhandlungsprozess lediglich Umschlagspunkte. Als ein wichtiger Grund für diese Ausrichtung wird dabei sowohl von den lokal/nationalen als auch von den internationalen Terminalbetreibern die begrenzte unternehmerische Kapazität vor Ort angegeben, die eine Ausdehnung auf vor- und nachgelagerte Logistikprozesse nicht rentabel erscheinen lässt.

Als Ausnahme dieser beschriebenen Konstellation kann das RIGACT in Riga angesehen werden. Der Terminalbetreiber ist darauf ausgerichtet als Logistikdienstleister von Containerumschlagsprozessen und Containereisenbahntransporten zu fungieren. Durch das Angebot dieser Eisenbahntransitverkehre ist somit eine direkte Einbindung in landwärtige Logistikprozesse annehmbar, was jedoch in der Untersuchung aufgrund fehlender Daten nicht bestätigt werden konnte. Neben diesem Beispiel können auch für den Terminalbetreiber Steveco in Finnland sowie Muuga in Estland Ansätze für Verknüpfungen mit Landverkehren gesehen werden. Obwohl in Muuga eine Trennung zwischen den Um-

schlagsvorgängen und landwärtigen Transporten besteht und diese von unabhängigen Unternehmen durchgeführt werden, ist auch hier durch den verstärkten
Einstieg eines inländischen Logistikkonzerns (Transiidikeskuse) eine zukünftige
Verknüpfung zwischen Umschlags- und Landtransportvorgängen denkbar. Auch
beim Betreiber Steveco ist aufgrund der Struktur des Gesamtunternehmens, das
auch außerhalb des Hafenumschlagsgeschäfts Logistikdienstleistungen anbietet,
eine Verknüpfung zu Landtransporten möglich.

> **Containerumschläge: Verhältnis zwischen Transit- und Inlands-
  verkehren**

Im Zusammenhang mit der Wettbewerbssituation der Terminalstandorte untereinander ergibt sich auch die Frage der Art der abgewickelten Verkehre im Sinne
von Inlands- oder Transitverkehren. Das Verhältnis dieser Verkehre zueinander
wird in den Terminals nicht durch die Betreiber bestimmt. Vielmehr spielt die
Größe der Volkswirtschaften, in denen die Terminals verortet sind, die Wahl der
Transportrouten von Versendern sowie die Lage der jeweiligen Hafen- und Terminalstandorte in Bezug zum potenziellen Hinterland eine Rolle. In der Untersuchung konnten keine Werte zum Containerverkehr erhoben werden, die einen detaillierten Blick auf die Anteile von Transit- und Inlandsverkehren der jeweiligen
Terminalbetreiber zulassen. Es gibt hierzu lediglich Angaben zu den Hafenstandorten. Hierbei zeigt sich, dass es erhebliche Unterschiede zwischen den Hafenstandorten beim Verhältnis von Transitverkehren zu Inlandsverkehren gibt.
So zeichnen sich die beiden Seehafenstandorte Gdańsk und Gdynia dadurch aus,
dass diese im Containerverkehr nahezu ausschließlich Inlandsverkehre abwickeln und nur ganz marginale Anteile an Transitverkehren aufweisen. Dies liegt
vor allem darin begründet, dass der polnische Markt sehr groß ist und darin ausreichend Wachstumsmöglichkeiten vorherrschen.

    Der Blick auf die baltischen Seehäfen Klaipėda, Riga und Tallinn zeigt,
dass diese unterschiedliche Ausprägungen hinsichtlich Containertransit- und Inlandsverkehren haben, jedoch der Transitverkehr ein bedeutende Rolle einnimt.
Während in Klaipėda und Tallinn jeweils rund ein Drittel der Containerumschläge als Transitverkehre gezählt werden, beträgt dieser Anteil in Riga rund zwei
Drittel. Der sehr hohe Transitanteil in Riga ist auf die Historie des Hafenstandorts als zentraler Containerumschlagshafen währen der Zeit der Sowjetunion zurückzuführen und kann im Sinne der Pfadabhängigkeit betrachtet werden. Für
die beiden anderen Standorte zeigen sich ansteigende Entwicklungen bei den
Transitverkehren und somit eine zunehmende Wichtigkeit dieses Verkehrssegments. Aufgrund der relativ geringen Größe der drei baltischen Staaten und deren Volkswirtschaften wird es für die drei Hafenstandorte in der Zukunft sehr
wichtig sein, den Bereich der Containertransitverkehre abzusichern und auszubauen.

Bei den beiden finnischen Standorten Kotka und Helsinki zeigen sich beim Verhältnis von Transit- und Inlandsverkehren große Unterschiede. Während im Containerterminal in Helsinki nahezu ausschließlich Inlandsverkehre abgewickelt werden und es auch keine Bestrebungen hinsichtlich von Transitverkehren gibt, ist das Verhältnis von Inlandsverkehren zu Transitverkehren im Terminal von Kotka nahezu ausgeglichen. Der Grund hierfür liegt darin, dass das Terminal in Kotka als wichtiger Containerumschlagpunkt für russische Gütertransporte genutzt wird.

> **Konkurrenzsituation und Wettbewerb zwischen den Terminalstandorten**

Einen weiteren wesentlichen Aspekt der Untersuchung stellte die Frage nach der Wettbewerbs- und Konkurrenzsituation dar. Hierbei wurde einerseits analysiert, inwieweit Wettbewerbsverhältnisse zwischen mehreren Containerterminals eines Hafenstandorts ausgeprägt sind. Andererseits wurden aber auch Konkurrenzbeziehungen zwischen den Terminals der in die Untersuchung einbezogenen Containerseehäfen betrachtet.

Wettbewerb innerhalb von Häfen

Mit Ausnahme des Hafenstandorts Tallinn-Muuga gibt es in allen untersuchten Hafenstandorten eine Wettbewerbssituation zwischen Containerterminals, da dort jeweils mindestens zwei Containerterminalbetreiber aktiv sind und theoretisch in Konkurrenz zueinander stehen. Die Konkurrenz äußert sich im Werben um Anläufe von Schiffslinien und somit in der Generierung von Containerumschlägen. Der Wettbewerb ist teilweise sehr intensiv ausgeprägt und zeigte sich in der Vergangenheit in verschiedenen Standorten (beispielsweise Gdynia oder Klaipėda) im direkten Abwerben von Schiffslinien von anderen Terminals des Hafenstandorts. Da in den meisten Hafenstandorten einzelne Schiffslinien jeweils nur auf ein Terminal konzentriert sind, führt das Abwerben größerer Kunden teilweise zu erheblichen Veränderungen der Umschlagszahlen. Besonders hart trifft dies Terminals in wirtschaftlich schwächeren Phasen, wie beispielsweise im Jahr 2009, in denen die Containerumschläge aus konjunkturellen Gründen zurückgehen und somit die Auslastung des Terminals verringert wird. Insbesondere bei geringen Terminalauslastungen steigt der Wettbewerbsdruck innerhalb eines Seehafens an, da die Terminals bemüht sind ihre Kapazitäten ausreichend auszulasten. Die Wettbewerbsposition der einzelnen Terminalbetreiber ist daher von den maximalen Umschlagskapazitäten der Terminals abhängig. Wenn die Kapazitäten nahezu voll ausgelastet sind und das Umschlagsgeschäft der Terminals gut läuft, besteht zumeist wenig Anlass den direkten Konkurrenz zu forcieren, da eine Erhöhung des Umschlags unter Umständen mit einem teuren Ausbau der Kapazitäten einhergehen müsste.

Der Wettbewerb zwischen den Containerterminals zeigt sich innerhalb der Seehäfen kaum als Verdrängungswettbewerb. Bis auf ein Beispiel im Seehafen Kotka haben in den letzten Jahren keine Marktaustritte von Terminalbetreibern in den Seehäfen stattgefunden. Vielmehr ist der Markt in der letzten Dekade über alle Häfen gesehen durch Markteintritte geprägt gewesen (siehe Abbildung 41), was auf die Dynamik des Containerverkehrssegments zurückzuführen ist. Bei den jüngeren Markteintritten einzelner Terminalbetreiber in den Seehäfen ergibt sich zumeist das Bild, dass die jüngeren Terminalbetreiber geringere Marktanteile aufweisen, jedoch eine wesentlich höhere Entwicklungsdynamik aufweisen können als die Konkurrenz. Dies liegt unter anderem auch an Wechseln von Schiffslinien zwischen den Terminals. Trotz der teilweise intensiven Wettbewerbssituation wird das Vorhandensein von mehreren Terminalbetreibern in allen Seehafenstandorten als positiv bewertet und von Seiten der Hafenverwaltungen und der Seehafenpolitik forciert. Hierbei wird betont, dass einzelne Seehafenstandorte durch das Vorhandensein mehrerer Terminalbetreiber im Wettbewerb zwischen den Seehäfen stärker wahrgenommen werden können.

Wettbewerb zwischen Häfen

Bei der Betrachtung der Konkurrenzsituation zwischen den Containerterminals der einzelnen untersuchten Seehafenstandorte ergibt sich ein differenziertes Bild. Dieses ist vor allem durch die geographische Lage der Containerterminals und deren Seehafenstandorte im Ostseeraum, der Wirtschaftskraft des jeweiligen Heimatlands sowie den geopolitischen Verhältnissen im Hinterland der Seehäfen gekennzeichnet. Darüber hinaus spielen natürlich auch die nautischen Bedingungen der Seehäfen und die technische Ausstattung der Terminals im Wettbewerb eine Rolle. Insbesondere aus den zuerst genannten Kriterien ergeben sich für die verschiedenen Seehäfen und deren Terminals spezifische Wettbewerbskonstellationen.

Mit Ausnahme der polnischen Seehäfen, die im Ostseeraum außerhalb der Landesgrenzen Polens keine Konkurrenz haben und nahezu ausschließlich auf das polnische Hinterland fokussiert sind, stehen alle anderen untersuchten Seehäfen und deren Containerterminals mit anderen ausländischen Ostseehäfen in Konkurrenz. Die Konkurrenzsituation bezieht sich dabei in erster Linie auf Transitverkehre, die nicht das Heimatland der jeweiligen Terminalstandorte betreffen, sondern sich auf die Hinterlandabgrenzungen der einzelnen Seehäfen im Ausland fokussieren. Hierbei zeigt sich, dass eine Konkurrenzsituation auftritt, wenn die Containerterminals verschiedener Seehäfen ein gleiches oder weitgehend ähnliches potenzielles Hinterland aufweisen. In Fällen in denen das potenzielle Hinterland nur wenige Überschneidungen aufweist oder nicht identisch ist, gibt es kaum Wettbewerb, da die Containerströme dann andere Routen wählen. Der Wettbewerb zwischen Seehäfen und Containerterminals um ein gleiches Hinterland zeigt sich insbesondere bei den baltischen Seehäfen, die aufgrund der relativ geringen Marktgröße der Heimatländer Hinterlandüberschneidungen in Richtung gemeinsamer Nachbarstaaten haben. Teilweise trifft diese Konkurrenzsituation auch zwischen baltischen und finnischen Terminalstandorten zu. Als konkret vorhandene Konkurrenzsituationen im Containerverkehr lassen sich folgende benennen: Klaipėda und Riga in Richtung Weißrussland und Russland, Riga und Tallinn in Richtung Russland, Tallinn und Kotka in Richtung Russland. In den Ländern Polen und Finnland, in denen zwei Hafenökonomien als Untersuchungsbeispiele betrachtet wurden, zeigt sich zwischen diesen jeweils auch eine Konkurrenz. Obwohl für die polnischen Seehäfen und deren Containerterminals im Ostseeraum kaum oder keine Konkurrenz vorherrscht, gibt es für diese Standorte außerhalb des Ostseeraums einen starken Wettbewerb. Dieser Wettbewerb bezieht sich vor allem auf die deutschen Nordseehäfen und ist dadurch geprägt, dass diese Häfen ein weitreichendes Hinterland in Richtung Polen haben und dieses aufgrund guter Verkehrsverbindungen gut angebunden ist.

Insgesamt ergibt sich bei der Konkurrenzsituation zwischen den untersuchten Hafen- und Terminalstandorten, dass der Konkurrenzkampf von den Akteuren nicht immer offensiv forciert wird. Zwar versuchen die Seehafenstandorte mittels Verbesserungen der Hafeninfrastruktur ihre generelle Wettbewerbsfähigkeit und Attraktivität für Güterströme zu erhöhen, jedoch sind direkte und offene Angriffe der Terminalstandorte auf die Stärken der Wettbewerber in anderen Seehäfen nicht oder nur selten auszumachen. Ein Grund hierfür ist, dass die Akteure den dafür benötigten Aufwand im Vergleich zum ökonomischen Ertrag als zu hoch einschätzen oder der bestehende Status und die Kapazitäten keine großen Veränderungen zulassen. Vielmehr sind die Terminalbetreiber an einer Verbesserung der bisher bestehenden Hinterlandverbindungen interessiert, um die eigene Position zu stärken und somit für mehr Güteraufkommen interessant zu sein. Bei den direkten Konkurrenzkonstellationen im gleichen Hinterlandeinzugsgebiet wird der Wettbewerb natürlich ausgetragen, jedoch sind es nicht nur die Terminalbetreiber und Hafenverwaltungen, die hierbei alleinigen Einfluss auf den Wettbewerb haben. Vielmehr spielen hierbei zahlreiche verschiedene Einflussfaktoren eine Rolle, deren Zusammenwirken über Erfolg im Wettbewerb entscheidet.

Als ein wichtiger Faktor zählt dabei die Qualität der Verkehrsverbindungen im Hinterland, da sich über den Ausbauzustand der Straßen- und Schienenwege das Aufkommen von Transitgütern entscheiden kann. Insbesondere in den baltischen Staaten zeigen sich hierbei erhebliche Nachholbedarfe. Da die Hafenökonomien in den Staaten einen erheblichen Anteil an der Wirtschaftsleistung beitragen, wird ein Ausbau der Verkehrsinfrastrukturen von den nationalen Regierungen durch verschiedene Infrastrukturmaßnahmen angegangen. Im direkten Konkurrenzkampf von Terminals dieser Staaten ergeben sich somit eher ausgeglichene Verhältnisse. Bei einer Konkurrenzsituation zu den finnischen Terminals lassen sich Nachteile aufzeigen.

Ein weiterer wichtiger Faktor bei der Konkurrenzkonstellation in gemeinsamen potenziellen Hinterlandgebieten stellt die Qualität der Grenzabfertigungen bei Transitverkehren dar. Der Blick ist dabei insbesondere auf die Grenzabfertigungen zu Russland gerichtet. Wie sich in den Fallbeispielen deutlich zeigt, gibt es hierbei in den einzelnen Ländern erhebliche Unterschiede. Diese resultieren aus den außenpolitischen Beziehungen der Staaten zu Russland und können deutliche Auswirkungen auf die Attraktivität eines Terminalstandortes haben. Beispielsweise zeigt sich dies im Falle Estlands, wo die Grenzabfertigungen von Seiten des Terminalbetreibers als zu langwierig kritisiert werden und die Wettbewerbsfähigkeit des Standorts gegenüber Riga und Kotka tendenziell leidet, da es in diesen Ländern, vor allem in Finnland, unkomplizierte Grenzabfertigungen zu Russland gibt.

Ein ebenfalls wichtiger Einflussfaktor im Wettbewerb von Containerterminalstandorten ist das Aufkommen an Ladung in den Containern. In Standorten, in denen ein relativ ausgeglichenens Verhältnis an ein- und ausgehenden Containerverkehren herrscht und diese Container in beide Richtungen überwiegend beladen sind, müssen die Schiffslinien den Leertransport von Containern nicht finanzieren beziehungsweise auf Transportpreise für Kunden beladener Container umlegen. Eine gute Situation ergibt sich hierbei für die finnischen Standorte (konjunkturabhängig), in denen durch die finnische Volkswirtschaft viele Importe aber auch Exporte generiert werden. Zwar gibt es hier auch Leercontainertransporte, jedoch sind diese nicht so eindeutig ausgeprägt, wie in anderen Häfen, in denen beispielsweise ausgehende Verkehre deutlich durch leere Container geprägt sind (Klaipėda). Durch diese strukturellen Ungleichgewichte im Containertransport können im direkten Wettbewerb mit anderen Standorten Nachteile entstehen.

Ein anderer Einflussfaktor beim Wettbewerb der untersuchten Containerterminalstandorte kann in der Qualität der Serviceleistungen im Terminal und den Kosten für diese gesehen werden. Im Vergleich der Aussagen zu den einzelnen Standorten ergibt sich dabei das Bild, dass jeder Standort starkes Interesse daran hat, die eigene Leistungsqualität zu steigern. Insbesondere den finnischen Seehäfen wird hierbei eine hohe Leistungsqualität zugesprochen, die einen Wettbewerbsvorteil darstellen kann. Jedoch gelten die finnischen Standorte als relativ teuer, wodurch der Wettbewerbsvorteil aufgehoben werden könnte. In der konkreten Wettbewerbskonstellation zwischen Kotka und Tallinn als Umschlagsterminals für russische Transitverkehre zeigt sich beim Thema Servicequalität ein gegenseitiger Respekt. So ist sich die finnische Seite ihrer hohen Leistungsfähigkeit bewusst, erkennt aber auch den Aufholprozess in Estland an und weiß um den dortigen Preisvorteil aufgrund günstigerer Arbeitskräfte. Auf estnischer

Seite wird dies ebenso gesehen und als Grundlage für die weitere Entwicklungs-strategie herangezogen. Wie im Verlauf der Untersuchung mehrmals angedeutet wurde, muss die Konkurrenz der untersuchten Fallbeispiele zu den russischen Containerseehafen-standorten als besonderer Punkt angesehen werden. Diese Konkurrenz bezieht sich dabei vor allem auf die baltischen und finnischen Seehäfen, da diese gleiche oder weitgehend ähnliche Hinterlandeinzugsgebiete wie die russischen Seehäfen haben. Im Wettbewerb mit den anderen Seehäfen haben die russischen Standorte den Vorteil, dass der Umschlag und Weitertransport von Gütern ohne große Transit- und Grenzverkehrsverzögerungen im vor- oder nachgelagerten Land-verkehr vonstattengehen kann. Im Falle nicht ausgelasteter Umschlagskapazitä-ten und weitestgehend ähnlicher Serviceangebote in den russischen Seehäfen be-steht somit ein hoher Wettbewerbsdruck für die baltischen und finnischen Ter-minalstandorte. Wie die Entwicklungen der letzten Jahre gezeigt haben, ist das Containeraufkommen in den russischen Seehäfen stark angestiegen und das Land versucht durch die Neuerrichtung von Terminalkapazitäten Verkehre anzuziehen. Die Entwicklungen zeigen aber auch, dass die Konkurrenzsituation durch unter-schiedliche Aspekte gebremst wird. Beispielsweise wird durch verschiedene Ex-perten angedeutet, dass im Hafen von St. Petersburg trotz großer Containerter-minalkapazitäten eine so hohe Auslastung erreicht ist, dass es bei der Abwick-lung der Verkehre zu zeitlichen Verzögerungen kommt, was Verkehrsströme auch zu anderen Terminals in Finnland oder Estland lenkt.

> **Einflüsse anderer Akteure auf Containerterminalstandorte (Hafenverwaltungen und nationale Verkehrspolitik)**

Wie die Untersuchung dargelegt hat, konnte der Containerverkehr im Ostsee-raum mit Ausnahme von Krisenjahren, wie 2009, in den letzten zwei Dekaden stets positive Entwicklungen aufweisen. Der Containerverkehr ist daher in den betrachteten Seehafenstandorten mittlerweile ein bedeutendes Segment. Als wichtiger Entwicklungsschritt in den Seehäfen muss dabei die Arbeit der Termi-nalbetreiber gesehen werden, die durch ihre Investitionen Strukturen für den Containerumschlag geschaffen haben und wie die Beispiele aufzeigen an einer Weiterentwicklung der Standorte arbeiten. Für die Entwicklung des Container-segments in den Hafenstandorten sind aber auch Entscheidungen anderer Akteu-re essentiell. Als wichtige Akteure lassen sich hierbei einerseits die Hafenver-waltungen und andererseits die nationalen Infrastrukturpolitiken nennen. In den Untersuchungsbeispielen zeigt sich, dass diese Akteure durch unterschiedliche Maßnahmen versuchen, zur Stärkung der Hafenstandorte und des Containerver-kehrssegments beizutragen. Ein Beitrag wird dabei im Ausbau der Hafeninfra-strukturen gesehen, der sich vor allem auf die Hafenfahrwasser und die landseiti-gen Zufahrtswege zu den Terminalgeländen bezieht. Grundsätzlich lassen sich bei den Hafenverwaltungen für die Stärkung und Absicherung des Containerverkehrssegments zwei Strategien beobachten: Einerseits die Verbesserung der Bedingungen im Bereich der alten Containerterminalstandorte und andererseits die Unterstützung der Umsetzung neuen Containerterminalareale.

Wie die Untersuchung zeigt, sind die meisten untersuchten Terminalstandorte im Bereich bereits vor der starken Containerisierung vorhandenen Hafenanlagen lokalisiert. Die Hafenverwaltungen sind hierbei im Rahmen ihrer Aufgaben bestrebt, die Zuwege zu den Terminalanlagen und innerhalb des Seehafens planerisch so zu gestalten, dass ein verbesserter Verkehrsfluss entstehen kann. Als mögliches Problem stellen sich hierbei die finanziellen Ressourcen der einzelnen Hafenstandorte dar, da somit verschiedene Vorhaben nicht immer zeitnah umgesetzt werden können und sich über Jahre hinweg ziehen. Trotz dieser Strategie gibt es an einigen Standorten, beispielsweise in Klaipėda oder in Tallinn, Überlegungen zum Bau neuer Hafenareale, auf denen Containerterminals entstehen sollen. Diese Strategie des Neubaus von Hafenarealen auf der grünen Wiese lässt sich in den Standorten Kotka, Helsinki und Gdańsk finden. Durch die Baumaßnahmen, die unterschiedliche Charakteristika hinsichtlich der Umsetzung aufweisen, sind in den Seehäfen sehr gute Bedingungen für die Entwicklung des Containerverkehrs geschaffen worden. Als Vorteil erweist sich, dass beim Bau der Anlagen ausreichend Puffer für spätere Erweiterungen eingerichtet und die Areale optimal an weiterführende Verkehrsinfrastrukturen angebunden wurden. Zudem besteht die Möglichkeit im direkten Umfeld Logistikzentren aufzubauen, in denen logistische Leistungen im Zusammenhang mit dem Containerverkehr erbracht werden können und den Standort stärken. Beispielhaft lässt sich hierbei das DCT in Gdańsk, in dessen Umfeld zurzeit ein Logistikzentrum errichtet wird.

Der Einfluss der nationalen Hafen- oder Infrastrukturpolitiken wird vor allem in der Umsetzung von verkehrsinfrastrukturellen Bauvorhaben sichtbar, die einen Beitrag zur besseren Anbindung von Hafenstandorten leisten. Es zeigt sich dabei, dass in allen Ländern, in denen die Untersuchungsbeispiele lokalisiert sind, den Seehäfen eine große verkehrliche Bedeutung im Land zukommt. Es gibt auch in allen Ländern Aktivitäten zur Erneuerung und zum Ausbau von Hinterlandverbindungen. Hierbei sind jedoch strukturelle Unterschiede nachzuvollziehen. Während die finnischen Containerterminalstandorte über nahezu optimale Hinterlandanbindungen verfügen und gravierende aktuelle Maßnahmen momentan nicht notwendig sind, zeigen sich in den anderen Ländern unterschiedliche Ausbaubedarfe hinsichtlich der Straßen- und Schieneninfrastruktur. In allen Ländern finden auch Maßnahmen statt, der Fokus liegt mit Ausnahme Litauens verstärkt auf der Straßeninfrastruktur. Die Leistung der Politik wird dabei differenziert eingeschätzt. So wird der Ausbau der Infrastrukturen in Polen und Litauen als gut angesehen, in Lettland und Estland gibt es Kritik an der Ausbaugeschwindigkeit.

Ein weiteres Feld, in dem die nationalen Verkehrspolitiken und die Hafenverwaltungen als Akteure an der Verbesserung der Hinterlandanbindungen ihrer
Hafenökonomien zusammen agieren und mitarbeiten können, stellen Initiativen
zur Etablierung grenzüberschreitender Ganzzugsprojekte dar. Wie die Untersuchung aufzeigt, sind in den baltischen Staaten im Zuge solcher Initiativen derartige Projekte geschaffen worden, wodurch die Einbindung der Seehäfen in internationale Transportlogistikabläufe gestärkt werden kann.

7.2 Ergebnisse zur Anwendbarkeit dargelegter Erklärungsansätze

Ein Anliegen der Arbeit war die Überprüfung, inwieweit die im Theorieteil dis-
kutierten Ansätze zu weltweiten Wertschöpfungs- und Warenketten zur Erklärung der Integration von Containerterminals im Untersuchungsraum in weltweite
Transportlogistikketten herangezogen werden können. Wie sich in den Ausführungen der Arbeit zeigt, weisen die im Theorieteil dargelegten Erklärungsansätze
zu Wertschöpfungs- und Warenketten keinen expliziten Bezug zur Erklärung
von Logistik- und Transportvorgängen auf. Das Thema Logistik spielt darin zumeist nur eine untergeordnete Rolle. Als Ausgangspunkt der Überlegungen zur
Übertragbarkeit stand der Gedanke, dass Transportlogistikabläufe mit ihren einzelnen Abschnitten und Schnittstellen kettenartig ausgeprägt sind und hierbei
verschiedene Akteure an der Erstellung des Produkts Logistikdienstleistung arbeiten. Darüber wird deutlich, dass eine Verknüpfung und Anwendbarkeit dieser
Ansätze mit Transportlogistikvorgängen möglich ist. Je nach Ausprägung der
Fragestellung muss dabei aber berücksichtigt werden, ob ein einzelner Ansatz
herangezogen wird oder Aspekte mehrerer Ansätze kombiniert werden sollten.
Für die vorliegende Analyse, bei der auf die Bedeutung und die Integration
von Seehafencontainerterminals des Ostseeraums als Schnittstellen in Transportlogistikabläufen geschaut wurde und dabei folgende Punkte in den Fokus gerückt
wurden 1) Macht- und Koordinierungsverhältnisse zwischen den logistischen
Akteuren, die innerhalb des Transportlogistikablaufs direkt am Terminal miteinander agieren, 2) externe und institutionelle Einflüsse verschiedener Maßstabsebenen, die auf die Schnittstelle Containerterminal bei der Einbindung in Transportlogistikabläufe einwirken, zeigte sich die Notwendigkeit eine Kombination
einzelner Aspekte aus den Theorieansätzen auszuwählen. Von den Ansätzen
wurden dabei das Filiére-Konzept, der GVC-Ansatz sowie das GPN-Konzept
gewählt, mit deren Hilfe Strukturen zur Einbindung der Terminals in Transportlogistikketten analysiert und identifiziert werden können.
Als ein wichtiger Punkt der Analyse stellt sich die Konzeptualisierung der
untersuchten Containerterminals als abgeschlossene Bestandteile in Transportlogistikketten dar. Der hierbei für die Abgrenzung als Analysegegenstand gewählte
Filiére-Ansatz zeigt sich in allen Untersuchungsbeispielen als anwendbarer An-

satz. Unter Anwendung von Aussagen des Ansatzes und der Annahme, das bei der Durchführung von Transportlogistikabläufen das Produkt Logistikdienstleistung entsteht, lassen sich die untersuchten Containerterminals und deren Betreiber mit ihren spezifischen Aufgaben (Containerumschlag zwischen See- und Landseite) innerhalb der Transportlogistikkette konkret abgrenzen. Dies erfolgt darüber, dass einzelne Logistikaktivitäten innerhalb des Transportablaufs als in sich abgeschlossene Produktionsschritte aufgefasst werden, denen andere Produktionsschritte vor- beziehungsweise nachgelagert sein können. Bei der Anwendung des Ansatzes zeigt sich auch, dass dieser nicht starr auf bestimmte Logistikaktivitäten innerhalb der Transportkette festgelegt ist, sondern Veränderungen oder andere strukturelle Ausprägungen einzelner Logistikaktivitäten berücksichtigen kann. Konkret wird dies, wenn die abzugrenzende Logistikaktivität (Produktionsschritt innerhalb der gesamtheitlichen Transportkette) über den reinen Containerumschlagsprozess hinausgeht und der Betreiber des Terminals auch in vor- oder nachgelagerten Logistikaktivitäten beteiligt ist. In diesem Fall kann der abzugrenzende Logistik- (Produktionsschritt) auf diese Leistungen ausgedehnt werden, wodurch eine detaillierte Darstellung des Anteils innerhalb von Transportlogistikabläufen möglich ist.

Die Diskussion zur Einbindung der Containerterminals im Ostseeraum durch deren Betreiber in Transportlogistikketten erfolgte in der Arbeit unter dem Gesichtspunkt von Macht- und Koordinationsverhältnissen zwischen den an den Terminals agierenden Logistikakteuren. Zur Analyse und Darstellung möglicher Ausprägungen von Macht- und Koordinationsverhältnissen wurde auf Aussagen des GVC-Ansatzes zurückgegriffen. Über die Anwendung und Übertragung der darin enthaltenen Aussagen konnte die Bedeutung der Integration der einzelnen Terminals mit ihren Betreibern als Bestandteil innerhalb der Transportkettenabläufe und deren Stellung gegenüber anderen am Terminal agierenden Akteuren identifiziert werden. Insbesondere das Verhältnis zwischen dem Terminalstandort (-betreiber) mit der anzunehmenden Funktion einer zentralen Schnittstelle im Transportablauf zu den Schiffslinien, die ebenso zentrale Akteure sind, konnte dabei anhand der im Ansatz formulierten Governancesstrukturen analysiert werden. Diesbezüglich haben sich in der Arbeit verschiedene Governancestrukturen zwischen Terminals und Schiffslinien an den unterschiedlichen Terminalstandorten identifizieren lassen, über die klar wird, dass die Macht- und Koordinationsverhältnisse stärker zugunsten der Schiffslinien ausgeprägt sind und die Terminalstandorte im Ostseeraum mit ihren Betreibern im Wettbewerb mit anderen Terminalstandorten einer möglichen Austauschbarkeit unterliegen. Nur wenn die Terminals besondere Voraussetzungen bieten, die darin liegen können, dass die Terminalbetreiber nicht nur im reinen Umschlagsgeschäft tätig sind, sondern auch in vor- oder nachgelagerte Logistikaktivitäten eingreifen, können sich Macht- und Koordinationsverhältnisse verschieben. Hierzu zählen auch spezielle Vereinbarungen mit Schiffslinien, da hierüber eine stärkere Einbindung eines

Terminals in Transportlogistikketten stattfinden kann. Derartige Positionierungen von Terminals sind dabei vornehmlich über internationale Betreiber anzunehmen, da sie über bessere Möglichkeiten verfügen, ihre Kapazitäten in Kooperationen mit Schiffslinien einzubringen.

Bezüglich der Anwendung des GVC-Ansatzes zeigt sich, dass mit diesem nur auf die Beziehung zwischen den am Terminal agierenden Akteuren eingegangen werden kann. Eine Berücksichtigung von verschiedenen externen und institutionellen Einflüssen über unterschiedliche Maßstabsebenen hinweg, die neben den einzelnen Logistikakteuren auf die Einbindung von Containerterminals in Transportlogistikketten auswirken, erfolgt hierdurch nicht. Hierfür wurde auf Aussagen des GPN-Ansatzes zurückgegriffen. Insbesondere über die darin dargelegten grundlegenden Elemente power und embeddedness, die sich auf Machteinflüsse und Einbettungen innerhalb eines bestimmten Umfeld beziehen, lassen sich für die Terminalstandorte verschiedene Einflussfaktoren und deren Wirkung aufzeigen. Deutlich wird dabei, dass bezüglich institutioneller Machteinflüsse auf die Arbeit der Terminalstandorte, vor allem nationalstaatliche Regelungen ausschlaggebend sind. Über diese Ebene gibt es eine Reihe von Regelungen, die auf die Organisationsstrukturen von Hafenökonomien wirken und somit auch auf den privatwirtschaftlichen Betrieb von Terminals. Darüberhinaus wirken jedoch eine Reihe anderer derartiger Einflüsse auf die Terminalarbeit ein, wie beispielsweise die Machtausübung von Gewerkschaften oder aber supranationale Vorgaben der EU beziehungsweise gesetzte Rahmenbedingungen von Seehafenverwaltungen auf lokaler Ebene. Die Abgrenzungen der Einflüsse auf den einzelnen Maßstabsebenen sind dabei nicht starr, sondern bedingen mitunter in einigen Punkten.

Ableitend aus den Ausführungen des GPN-Ansatzes lassen sich die Einflüsse im Sinne des grundlegenden Elements embeddedness bei den Terminalstandorten vor allem im Bereich der Einbettung in einen Wirtschaftsraum (potenzielles Hinterland) und den damit verbundenen Beziehungen zu potenziellen Kunden des Containerverkehrs sehen. Diese Einbettung ist dabei bezogen auf die Prosperität eines Hinterlands stark von konjunkturellen Entwicklungen abhängig, die teilweise auf globaler oder supranationaler Ebene gemessen werden und vor Ort zu Schwierigkeiten führen können. Einbettung kann hierbei aber auch über die Qualität der verkehrsinfrastrukturellen Anbindung definiert werden, die den Zugang zum Hinterland ermöglicht. Insbesondere in diesem Bereich besteht durch nationalstaatliche oder aber auch lokale Maßnahmen die Möglichkeit Einfluss zu nehmen.

Literatur- und Quellenverzeichnis

Aberle, G. (2000): Transportwirtschaft. 3. überarb. und erw. Aufl. München. Wien.

Actia Forum (2006): Traffic flows between the Baltic Ports and other major European ports with focus on the UK Ports within Port-Net in preparation for Motorways of the Sea. Gdynia, Szczecin, Hamburg.

APM Terminals (2012): APM Terminals Invests in Russia. Pressemitteilung vom 10. September 2012. Elektronische Ressource: www.apmterminals.com/uploadedFiles/cor porate/ Media_Center/Press_Releases/120915 APM Terminals Invests in Russia.pdf abgerufen am: 11.07.0213

Appelbaum, R. P.; Smith, D.; Christerson, B. (1994): Commodity Chains and Industrial Restructuring in the Pacific Rim: Garment Trade and Manufacturing. In: Gereffi, G.; Korzeniewicz, M. (Hrsg.): Commodity Chains and Global Capitalism, Westport/London, S. 187-204.

Asaris, G. (1994): Riga - als eine Hafenstadt. In: Deutsche Bauzeitschrift Heft 11, S. 103-109.

Assmann, T. J. N. F. (1999): Hafenverkehrswirtschaften im grenzüberschreitenden Transitverkehr. Berlin (zgl. Berlin. Universitätsdissertation 1999).

Atteslander, P. (2008): Methoden der empirischen Sozialforschung. 12., durchgesehene Auflage. Berlin.

Bär, M. (2009): Trends in maritime container traffic: Impacts on seaports and container terminals in the Baltic Sea. In: Tiltai Nr. 39. S. 214-221.

Bair, J. (2005): Global Capitalism and Commodity Chains: Looking Back, Going Forward. In: Competition and Change, 9 (2), S. 153-180.

Bair, J. (2008): Analysing global economic organization: embedded networks and global chains compared. In: Economy and Society 37 (3), S. 339-364.

Bair, J.; Gereffi, G. (2001): Local clusters in global chains: the causes and consequences of export dynamism in Torreon's blue jeans industry. In: World Development 29 (11), S. 1885-1903.

Baird, A. J. (2008): Global Strategic Management in Container Shipping. In: Heideloff, C.; Pawlik, T. (Hrsg.): Handbook of Container Shipping Management. Volume 2: Management Issues in Container Shipping. ISL Book Series Nr. 33:) Bremen. S. 9-30.

Baldwin, R. E.; Martin, P. (1999): Two Waves of Globalisation: Superficial Similarities, Fundamental Differences. NBER Working Paper No. 6904.

Baltic Rail (2013): Regular container trains in the North-South railway corridor Gdynia – Katowice – Vienna – Koper. Elektronische Ressource: www.balticrail.com/Koper-Austria-Poland_train_presentation.pdfabgerufen am: 12.06.2013

Baltic Container Terminal Gdynia (o.J.): BCT – Baltic Container Terminal Ltd. unveröffentliches Informationsmaterial.

Baltic Container Terminal Gdynia (2010): OOCL appoints BCT as its container terminal. Pressemitteilung. Elektronische Ressource: www.bct.gdynia.pl/news/0/22/ abgerufen am: 01.05.2013

Baltic Container Terminal Gdynia (2013): Elektronische Ressource: www.bct.gdynia.pl/en/about-bct/basic-information abgerufen am: 18.04.2013

Baltic Container Terminal Riga (2013): Elektronische Ressource: www.bct.lv/en/info/facilities abgerufen am: 04.04.2013

Bathelt, H.; Glückler, J. (2003): Wirtschaftsgeographie. 2. Aufl. Stuttgart.

Belanina, E. (2012): The Freeport of Riga, Latvia. Bachelor Thesis. Erasmus University Rotterdam.

Belous, O.; Gulbinskas, S. (o.J.): Klaipėda Deep-Sea Seaport Development. Fallstudienbericht im Rahmen des Projekts Coastman. Elektronische Ressource: www.coastman.se/getfile.ashx?cid=41226&cc=3&refid=7 abgerufen am: 11.12.2012

Bertram, H. (2005): Neue Anforderungen an die Güterverkehrsbranche im Management globaler Warenketten. In: Neiberger, Cordula/Bertram, Heike (Hrsg.): Waren um die Welt bewegen. (Studien zur Mobilitäts- und Verkehrsforschung Band 11). Mannheim. S. 17-31.

Bichou, K. (2009): Port Operations, Planning and Logistics. Lloyd's Practical Shipping Guides. London.

Biebig, P.; Althof, W.; Wagener, N. (1994): Seeverkehrswirtschaft: Kompendium. München.

Birch, K. (2006): Global Commodity Chains in the UK Biotechnology Industry: An Alliance-Driven Governance Model. Centre for Public Policy for Regions. Discussion Paper No. 13, April 2006.

Bird, J. (1963): The Major Seaports of the United Kingdom, London: Hutchinson.

Błuś, M. (2011a): Workhorses of the Baltic. In: Baltic Transport Journal 42 (5). S. 25-28.

Błuś, M. (2011b): Have the good times returned? Baltic maritime ranking 2011. In: Baltic Transport Journal 42 (4). S. 34-45.

BMT (BMT Transport Solutions GmbH (2009): Freeport of Riga. Development Programme. Elektronische Ressource: www.rop.lv/en/for-clients-a-investors/development-programme.html abgerufen am: 24.09.2011

Bogner, A.; Menz, W. (2009): Das theoriegenerierende Experteninterview. Erkenntnisinteresse, Wissensformen, Interaktionen. In: Bogner, A., Littig, B.; Menz, W. (Hrsg.): Experteninterviews. 3. überarb. Aufl., Wiesbaden, S. 61-98.

Bowen Jr., J. T. (2007): Global production networks, the developmental state and the articulation of Asia Pacific economies in the commercial aircraft industry. In: Asia Pacific Viewpoint 48 (3). S. 312-329.

Breitzmann, K.-H. (2002): Ostseeverkehr - Entwicklung, Struktur und künftige Herausforderungen. In: Internationales Verkehrswesen. Jg. 54, Heft 7+8. S. 328-333.

Breitzmann, K.-H. (2007): Kombinierter Verkehr im Ostseeraum und Hafenwettbewerb. DVWG (Hrsg.). Kombinierter Verkehr – Wettbewerbsfaktor im globalen Hafenwettbewerb. CD-Rom.

Breitzmann, K.-H. (2011): Baltic maritime transport after the recession – future challenges. Präsentation auf der Baltic Ports Conference 2011 in Rostock. 8.-9. September 2011. Elektronische Ressource: www.bpoports.com/assets/files/MoS/Breitzmann.pdf

Breitzmann, K.-H., Klauenberg, J. (2008): Dynamic of Baltic Container Transport and the Role of Distribution Centres in Ports. Präsentation auf der 8th International Economic Forum Gdynia. 29. April 2008. Elektronische Ressource: http://2008.forum.gdy nia.pl /download/Breitzmann_Karl-Heinz.pdf

Bretzke, W.-R. (1999): Überblick über den Markt an Logistik-Dienstleistern. In: Weber, Jürgen; Baumgarten, Helmut (Hrsg.): Handbuch Logistik. S. 219-225.

Bretzke, W.-R. (2004): Logistikdienstleistungen. In: Klaus, P.; Krieger, W. (Hrsg.): Gabler Lexikon Logistik – Management logistischer Netzwerke und Flüsse, 3. Vollständig überarbeitete Aufl., Wiesbaden, S. 337-343.

Brinkmann, B. (2011): Operations Systems of Container Terminals: A Compendious Overview. In: Böse, Jürgen W. (Hrsg.): Handbook of Terminal Planning. New York, Dodrecht, Heidelberg, London. S. 25-39.

Brodin, A. (2003): Baltic Seaports and Russian Foreign Trade - Studies in the Economic and Political Geography of Transition. Göteborg

Bryson, J. R. (2008): Service Economies, Spatial Divisions of Expertise and the Second Global Shift. In: Daniels, P.; Bradshaw, M.; Shaw, D.; Sidaway, J. (Hrsg.): An Introduction to Human Geography; issues for the 21st century. 3. Auflage. Harlow.

Buchhofer, E. (2006): Deutsche und polnische Ostseehäfen – Wettbewerb unter wechselnden wirtschaftlichen Vorzeichen. In: Stöber, G. (Hrsg.): Deutschland und Polen als Ostseeanrainer. Studien zur internationalen Schulbuchforschung, Band 119. S. 51-74. Hannover.

Buchhofer, E. (2007): Verkehrsintegration Ostseeraum. In: Geographische Rundschau, Band 59, Heft 5, S. 44-52.

Buttermann, V. (2003): Strategische Allianzen im europäischen Eisenbahngüterverkehr. Dissertation der Technischen Universität Dresden. Dresden.

Carbone, V.; de Martino, M. (2003): The changing role of ports in supply-chain management: an empirical analysis. In: Maritime Policy and Management 30 (4), S. 305-320.

Central Statistical Office of Poland (Hrsg.) (2007): Statistical Yearbook of Maritime Economy 2007. Szczecin.

Central Statistical Office of Poland (Hrsg.) (2008): Polish seaports and maritime shipping. In the years 2005 - 2007. Szczecin.

Central Statistical Office of Poland (Hrsg.) (2010a): Statistical Yearbook of Maritime Economy 2009. Szczecin.

Central Statistical Office of Poland (Hrsg.) (2010b): Statistical Yearbook of Maritime Economy 2010. Szczecin.

Central Statistical Office of Poland (Hrsg.) (2011): Statistical Yearbook of Maritime Economy 2011. Szczecin.

Central Statistical Office of Poland (Hrsg.) (2012): Statistical Yearbook of Maritime Economy 2012. Szczecin.

Chang, Y.-T.; Lee, S.-Y.; Tongzon, J. L. (2008): Port selection factors by shipping lines: Different perspectives between trunk liners and feeder service providers. In: Marine Policy 32, S. 877-885.

Charts Investment Management Service (2012): Elektronische Ressource: www.charts. com.mt/profile. asp? file=Mariner.htm abgerufen am: 30.10.2012

CIA (Central Intelligence Agency) (1973): The USSR and Eastern Europe belatedly recognize the container revolution. (o.O.). Elektronische Ressource: http://www.foia.cia.gov/docs/DOC_0000309577/DOC_0000309577.pdf abgerufen am 18.12.2012

Coase, R. H. (1937): The Nature of the Firm. In Economica, 4, S. 386-405.

Coe, N. M.; Dicken, P.; Hess, M. (2008): Global Production Networks: Realizing the Potential. In: Journal of Economic Geography, 8 (3), S. 271-295.

Coe, N. M.; Hess, M.; Yeung, H. W-C.; Dicken, P.; Henderson, J. (2004): 'Globalizing' regional development: a global production networks perspective. In: Transactions of the Institute of British Geographers, 29, S. 468-484.

Collier, P.; Dollar, D. (2002): Globalization, Growth, and Poverty. World Bank Policy Research Report. Washington, D.C.

Corsten, H. (2001): Dienstleistungsmanagement. 4. Auflage. München, Wien.

Corsten, H.; Gössinger, R. (2008): Einführung in das Supply Chain Management. 2. Aufl. München.

Deepwater Container Terminal Gdańsk (2013a): Elektronische Ressource: www.dctgdansk.com/facilities/infrastructure/ abgerufen am: 15.05.2013

Deepwater Container Terminal Gdańsk (2013b): DCT Gdansk intermodal connections. Gdańsk Moscow Shuttle Service. Elektronische Ressource: www.dctgdansk.pl/wp-content/uploads/2012/09/DCT_MOSCOW_train_rates_EN1.pdf abgerufen am: 12.06.2013.

de Langen, P. W.; van der Lugt, L. M.; Eenhuizen, J. H. A. (2002): A stylised container port hierarchy: a theoretical and empirical exploration. Elektronische Ressource: www.cepal.org/usi/perfil/iame_papers/proceedings/AgendaProceedings.html Letzter Abruf am: 08.06.2012.

Demereckas, K. (Hrsg.) (2007): Klaipėdas Uostas – Port of Klaipėda. Klaipėda.

Demerson, P. (1987): L'or rouge de Huleva. Etude economique de la filière fraise et de ses transformations recentes. Memoire de fin d'etudes, Ecole Nationale Superieure Agronomique, Toulouse.

Desmas, S. (2005): Analyse comparative de compétitivité :le cas de la filière tomate dans le contexte euro-méditerranéen. Memoire de fin d'etudes, Institut Agronomique Méditerranéen de Montpellier. Montpellier.

Detscher, S. (2006): Direktinvestitionen in Mittel- und Osteuropa. Saarbrücken.

Diarra, A. (2003): Evaluation des filières d'exportation des fruits et legumes du Senegal. Diplome d'Etudes Approfondies DEA, Ecole Nationale Superieure Agronomique Montpellier. Montpellier.

Dicken, P. (2004): Geographers and 'globalization': (yet) another missed boat? In: Transactions of the Institute of British Geographers 29, S. 5-26.

Dicken, P. (2007): Global Shift. 5. Auflage. New York.

Dicken, P.; Hassler, M. (2000): Organizing the Indonesian clothing industry in the global economy: the role of business networks. In: Environment and Planning, 32 (2), S. 263-280.

Dicken, P.; Kelly, P. F.; Olds, K.; Yeung, H. W.-C. (2001): Chains and networks, territories and scales: towards a relational framework for analysing the global economy. In: Global Networks 1 (2), S. 99-123.

Dicken, P.; Lloyd, P. E. (1999): Standort und Raum – theoretische Perspektiven in der Wirtschaftsgeographie, Stuttgart.

Dietsche, Ch. (2011): Umweltgovernance in globalen Wertschöpfungsketten. Münster. (zgl. Köln. Universitätsdissertation 2010).

Dolan, C.; Humphrey, J. (2000): Governance and Trade in Fresh Vegetables: The Impact of UK Supermarkets on the African Horticulture Industry. In: Journal of Development Studies 37, S.147-177.

Dolan, C.; Humphrey, J. (2004): Changing governance patterns in the trade in fresh vegetables between Africa and the United Kingdom. In: Environment and Planning A 36 (3), S. 491-509.

Dörry, S. (2008): Globale Wertschöpfungsketten im Tourismus. Münster. (zgl. Frankfurt am Main. Universitätsdissertation 2008).

Dreifelds, J. (1996): Latvia in Transition.Cambridge.

Drewry (2009): Annual Review of Global Container Terminal Operators. London.

Dunn, M. (2008): Globalisierung: Wachstumsmotor oder Wachstumshemmnis? Die Globalisierungsdiskussion im Spiegel der reinen und monetären Außenwirtschaftstheorie. In: Schamp, E. W. (Hrsg.): Globale Verflechtungen. (Handbuch des Geographieunterrichts Band 9), S. 116-125.

Duwendag, D. (2006): Globalisierung im Kreuzfeuer der Kritik. Baden-Baden.

Ebers, M.; Gotsch, W. (2001): Institutionenökonomische Theorien der Organisation. In: Kieser, Alfred (Hrsg.): Organisationstheorien. 4. unveränderte Aufl. Stuttgart.

Eesti Raudtee EVR Cargo (o.J.): Estonian Railways container services. Elektronische Ressource: http://portal.wko.at/wk/dok_detail_file.wk?angid=1&docid=1530377&conid=53562 2 abgerufen am: 10.04.0213

Eesti Raudtee EVR Cargo (2013a): Elektronische Ressource: www.evrcargo.ee/regula arrongid/zubr/zubr-teekonna-jaamad/ abgerufen am: 10.04.2013

Eesti Raudtee EVR Cargo (2013b): Elektronische Ressource: www.evrcargo.ee/regula arrongid/zubr/?lang=en   abgerufen am: 04.04.2013

Eesti Raudtee EVR Cargo (2013c): Elektronische Ressource: www.evrcargo.ee/regu rrongid/baltic-container-train/?lang=en abgerufen am: 07.04.2013

Ehmer, P.; Heng, S.; Heymann, E. (2008): Logistik in Deutschland. Wachstumsbranche in turbulenten Zeiten. Deutsche Bank Research. Aktuelle Themen 432. Elektronische Ressource: www.dbresearch.de/PROD/DBR_INTERNET_DE-PROD/ PROD0000 000000231956.PDF letzter Abruf am: 08.06.2012.

Engel, A.; Schmidt, K. A.; Geraedts, S. (2003): Fourth Party Logistics Provider (4PL). Elektronische Ressource: www.ec-net.de/EC-Net/Redaktion/Pdf /Logistik/fourth-party-logistics-provider,property=pdf,bereich=ec_net,sprache=de,rwb=true.pdf letzter Abruf am: 08.06.2012.

Erker, P. (2007): Die logistische Revolution: zur Transformation der Speditionsbranche am Beispiel der Unternehmensgruppe DACHSER. In: Jahrbuch für Wirtschaftsgeschichte, Heft 1, S.111-128.

Erwin, J.; Svensson, J.; Torres García, M.; Wrohlich, K. (2005): Challenges of Multi-level Port Governance in the Baltic Region. A Case Study of the Ports of Stockholm and Port of Gdańsk. Schriftenreihe Planning for Regional Development der Königlich Technischen Hochschule Stockholm. Stockholm.

Eurostat (2013): Elektronische Ressource: http://appsso.eurostat.ec.europa.eu/nui/show. do?dataset=mar_go_qm_c1999&lang=de abgerufen am: 20.06.2013

Ewert, K. (2006): Cooperation and Concentration in the Container Shipping Industry. In: Heidelhoff, Ch.; Pawlik, Th. (Hrsg.): Handbook of Container Shipping Management. Volume I: The Container Market – Supply/Demand Patterns. Bremen. S. 140-152.

Exler, M. (1997): Containerverkehr – Subsystem der Weltwirtschaft. In: Geographische Rundschau, 49. Jahrgang, Heft 12, S. 743-746.

Exler, M. (2001): Containerlandbrücken - Ergänzung oder Substitution von Überseetransporten? In: Wirtschaftsgeographische Studien, Band 26, S. 3-11.

Finnish Port Association (2013): Elektronische Ressource: www.finnports.com/ eng/statis tics/?stats=yearly   abgerufen am: 13.06.2013

Finnlines (2012): Finnlines Annual Report 2011. Elektronische Ressource unter: www. finnlines.com/company/financial_information/annual_report_2011   abgerufen am: 15.06.2013

Finnsteve (2013): Elektronische Ressource: www.finnsteve.com/location/helsinki   abgerufen am: 15.06.2013

Fischer, T. (2008): Geschäftsmodelle in den Transportketten des europäischen Schienengüterverkehrs. Dissertation der Sozial- und Wirtschaftswissenschaften an der Wirtschaftsuniversität Wien. Wien.

Flörkemeier, H. (2001): Globalisierung ohne Grenzen? Schriften zu internationalen Wirtschaftsfragen, Band 31. Berlin. (zgl. Freiburg. Universitätsdissertation 2000).

Fold, N. (2001): Restructuring of the European chocolate industry and its impact on cocoa production in West Africa. In: Journal of Economic Geography 1 (4). S. 405-420.

Freeport of Riga Authority (2010a): Cargo Traffic in the Freeport of Riga, 2009. Elektronische Ressource: www.rop.lv/en/multimedia/downloads/doc_download/135-cargo-traffic-in-the-freeport-of-riga-2009.html   abgerufen am: 09.12.2012

Freeport of Riga Authority (2010b): Freeport of Riga. Handbook 2010/11. Riga. Elektronische Ressource: www.rop.lv/en/multimedia/downloads/doc_download/396-free port-of-riga-handbook-2010-2011.html   abgerufen am: 22.01.2013

Freeport of Riga Authority (2011): Cargo Traffic in the Freeport of Riga, 2010. Elektronische Ressource: www.rop.lv/en/multimedia/downloads/doc_download/382-cargo-traffic-in-the-freeport-of-riga-2011.html   abgerufen am: 09.12.2012

Freeport of Riga Authority (2012a): Elektronische Ressource: www.rop.lv/en/about-port/history.html?showall=1&limitstart=   abgerufen am: 09.12.2012

Freeport of Riga Authority (2012b): Cargo Traffic in the Freeport of Riga, 2011. Elektronische Ressource: www.rop.lv/en/multimedia/downloads/doc_download/382-cargo-traffic-in-the-freeport-of-riga-2011.html abgerufen am: 09.12.2012

Freeport of Riga Authority (2012c): Elektronische Ressource: www.rop.lv/en/about-port/organisation/board.html   abgerufen am: 09.12.2012

Freeport of Riga Authority (2012d): Elektronische Ressource: www.rop.lv/en/about-port/organisation/management.html abgerufen am: 09.12.2012

Freeport of Riga Authority (2012e): Port of Riga. Reducing Distances. Elektronische Ressource: www.rop.lv/en/multimedia/downloads/doc_download/398-brochure-2012-eng.html   abgerufen am: 09.12.2012

Freeport of Riga Authority (2012f): We are Reducing Distances. Elektronische Ressource: www.rop.lv/en/multimedia/downloads/doc_download/321-rbp-presentationen. html abgerufen am: 09.12.2012

Frèmont, A. (2007): Global maritime networks. The case of Maersk. In: Journal of Transport Geography 15 (6). S. 431-442.

Gaebe, W. (2008): Internationaler Handel mit Waren und Dienstleistungen. In: Schamp, E. W. (Hrsg.): Globale Verflechtungen. (Handbuch des Geographieunterrichts Band 9), S. 95-105.

Garrett, G. (2000): The Causes of Globalization. In: Comparative Political Studies. 33. S. 941-991.

Gazety Wyborcza (2010): Polskie porty walczą z niemiecką konkurencją. (Verfasser: Sowula, Sławomir). Elektronische Ressource: http://wyborcza.biz/biznes/1,100896, 8315458,Polskie_porty_walcza_z_niemiecka_konkurencja.html abgerufen am: 28.10.2010

Gdańsk Container Terminal (o.J.): Your friendly port. Gdańsk Container Terminal Brochure. Elektronische Ressource: www.portgdansk.pl/port/companies/gtk/brochure-gtk.html abgerufen am 05.05.0213

Gdańsk Container Terminal (2013): Elektronische Ressource: www.gtk-sa.pl/eng/techni cal-facilities/ abgerufen am 25.04.2013

Gdynia Container Terminal (2013): Elektronische Ressource: www.gct.pl/en/terminal/infrastructure abgerufen am 21.04.2013

Gereffi, G. (1994): The Organization of Buyer-Driven Global Commodity Chains - How U.S. Retailers Shape Overseas Production Networks. In: Gereffi, G.; Korzeniewicz, M. (Hrsg.): Commodity Chains and Global Capitalism, Westport/London, S. 95-122.

Gereffi, G. (1995): Global Production Systems and Third World Development. In: Stallings, B. (Hrsg.) Global Change, Regional Response. Cambridge. S. 100-142.

Gereffi, G. (1997): The Reorganization of Production on a World Scale: States, Markets and Networks in the Apparel and Electronics Commodity Chains. In: Campbell, D.; Parisotto, A.; Verma, A.; Lateef, A. (Hrsg.): Regionalization and Labour Market Interdependence in East and Southeast Asia. New York.

Gereffi, G. (1999): International trade and industrial upgrading in the apparel commodity chain. In: Journal of International Economics 48, S. 37-70.

Gereffi, G. (2001): Beyond the Producer-driven/Buyer-driven Dichotomy - The Evolution of Global Value Chains in the Internet Era. In: IDS Bulletin, Vol. 32, No. 3, S. 30-40.

Gereffi, G. (2008): The Global Economy: Organization, Governance, and Development. In: Lechner, F. J.; Boli, J. (Hrsg.): The Globalization Reader. 3. Aufl. Singapore. S. 173-182.

Gereffi, G.; Fernandez-Stark, K. (2010): The Offshore Services Global Value Chain. Center on Globalization, Governance & Competitiveness. Duke University.

Gereffi, G.; Humphrey, J.; Kaplinsky, R.; Sturgeon, T. J. (2001): Introduction: Globalisation, Value Chain and Development. In: IDS Bulletin 32.3, 2011. Institute of Development Studies.

Gereffi, G.; Humphrey, J.; Sturgeon, T. J. (2005): The Governance of Global Value Chains. In: Review of International Political Economy, Vol. 12, Issue 1, S. 78-104.

Gereffi, G.; Korzeniewicz, M.; Korzeniewicz, Roberto. P. (1994): Introduction: Global Commodity Chains. In: Gereffi, Gary.; Korzeniewicz, M. (Hrsg.): Commodity Chains and Global Capitalism, Westport/London, S. 1-14.

Giese, E.; Mossig, I.; Schröder, H. (2011): Globalisierung der Wirtschaft. Stuttgart.

Gläser, J.; Laudel, G. (2010): Experteninterviews und qualitative Inhaltsanalyse. 4. Aufl., Wiesbaden.

GlobMaritime (2013): Elektronische Ressource: www.globmaritime.com/directory/5188-gdynia-container-terminal-sa   abgerufen am: 05.05.2013

Global Ports (2013a): Elektronische Ressource: www.globalports.com/globalports/about-us/group-structure   abgerufen am: 11.07.2013

Global Ports (2013b): Elektronische Ressource: www.globalports.com/globalports/about-us/geography-of-operations   abgerufen am: 11.07.2013

Global Ports (2013c): Elektronische Ressource: www.globalports.com/globalports/about-us/company-profile   abgerufen am: 11.07.2013

Gontier, K. (2012): Elektronische Ressource: www.seinemaritime.net/suports/uploads/files/Klaipeda_Port_Dredging_Round_Table.pdf   abgerufen am: 03.01.2013

Grabher, G. (1993): Rediscovering the social in the economics of interfirm relations. In: Grabher, G. (Hrsg.): The embedded firm. London, New York. S. 1-31.

Granovetter, M. (1985): Economic Action and Economic Structure: The Problem of Embeddedness. In: American Journal of Sociology (Volume 91), S. 481-510.

Grigoryev, L. (2009): From the Baltic States to Almaty, Kazakhstan. In: Deliver, No. 11, Mai 2009. Elektronische Ressource: http://deliverjournal.com/en/journal/archive/section.php?ELEMENT_ID=2087 abgerufen am 25.03.2013

Grzelakowski, A. S.; Matczak, M. (2008): The Baltic Seaports Outlook 2008. Gdynia.

Gudehus, T. (2005): Logistik. Heidelberg.

Gudehus, T. (2010): Logistik. Heidelberg.

Günther, H.-O.; Kim, K.-H. (2006): Container Terminals and terminal operations. In: OR Spectrum 28, S. 437-445.

Haasis, H.-D. (2005): Design qualifizierter maritimer Standorträume zur starken Positionierung internationaler Logistikketten. In: Lemper, B.; Meyer, R. (Hrsg.): Märkte im Wandel – mehr Mut zu Wettbewerb. Frankfurt am Main [ua]. S. 161-166.

Hahn, B. (2009): Welthandel. Darmstadt.

Halder, G. (2006): Strukturwandel in Clustern am Beispiel der Medizintechnik in Tuttlingen. Münster. (zgl. Stuttgart. Universitätsdissertation 2005).

Hayuth, Y. (1981): Containerisation and the load centre concept. In Economic Geography 57, S. 160-176.

HB-Verkehrsconsult GmbH/ VTT Technical Research Centre of Finland (2006): Final Report. Pan-European Transport Corridors and Areas Status Report. Developments and Activities between 1994 and 2003 / Forecast until 2010. Hamburg.

Heidelhoff, Ch. (2006): Dynamics of World Container Ports. In: Heidelhoff, Ch.; Pawlik, Th. (Hrsg.): Handbook of Container Shipping Management. Volume I: The Container Market – Supply/Demand Patterns. Bremen. S. 56-76.

Heise, B. (2007): Internationale Logistikdienstleister. Saarbrücken.

Henderson, J.; Dicken, P.; Hess, M.; Coe, N.; Yeung, H. W.-C. (2002): Global production networks and the analysis of economic development. In: Review of International Political Economy 9 (3), S. 436-464.

Hess, M.; Yeung, H. W.-C. (2006): Whither Global Production Networks in Economic Geography? Past, Present and Future. Guest editorial. In: Environment and Planning A, 38 (7), S. 1193-1204.

Hesse, M. (2002): Weltmarkt oder Wochenmarkt. In: Raumforschung und Raumordnung 5-6, S. 345-355.

Hesse, M.; Neiberger, C. (2010): Verkehr und Logistik. In Kulke, E. (Hrsg.): Wirtschaftsgeographie Deutschlands. Heidelberg. S. 233-263.

Hesse, M.; J.-P. Rodrigue (2006): Transportation and Global Production Networks. Guest Editorial. In: Growth and Change, 37(4) S. 499-509.

Hildebrand, W.-Ch. (2008): Management von Transportnetzwerken im containerisierten Seehafenhinterlandverkehr. Schriftenreihe Logistik der Technischen Universität Berlin, Band 6. Berlin. (zgl. Berlin. Universitätsdissertation 2008).

Hili Company (2012): Elektronische Ressource: www.hilicompany.com/hili/content.aspx ?id=43889 abgerufen am: 23.10.2012

Hinz, L. (2008): Der Seehafen Klaipeda. Saarbrücken.

Hopf, Ch. (1995): Hypothesenprüfung und qualitative Sozialforschung. In: Strobl, R.; Böttger, A. (Hrsg.): Wahre Geschichten? Zu Theorie und Praxis qualitativer Interviews. Baden-Baden, S. 9-21.

HPC/ISL/OIR (Hamburg Port Consulting/Institut für Seeverkehrswirtschaft und Logistik/Ostseeinstitut für Marketing, Verkehr und Tourismus an der Universität Rostock) (2002): Die Wettbewerbsentwicklung und Kooperationsmöglichkeiten der deutschen Seehäfen im Verhältnis zu den Seehäfen der anderen Anliegerstaaten im Verkehrsraum Ostsee. ISL Studies Nr. 11. Bremen.

Hugon, P. (1988): L'industrie agro-alimentaire. Analyse en termes de filières. In: Revue Triers Monde 29, Nr. 115, S. 665-693.

Humphrey, J. (2004): Upgrading in global value chains. Working Paper Nr. 28. Policy Integration Department, World Commission on the Social Dimension of Globalization, International Labour Office. Genf.

Humphrey, J.; Memedovic, O. (2006): Global Value Chains in the Agrifood Sector. United Nations Industrial Development Organization. Working Paper. Wien.

Humphrey, J.; Schmitz, H. (2000): Governance and upgrading: Linking industrial clusters and global value chain research. IDS (institute of Development Studies) working paper 120.

Humphrey, J.; Schmitz, H. (2002): How does insertation in global value chains effects upgrading in industrial clusters? In: Regional Studies 36 (9), S. 1017-1027.

Hutchison Port Holding 2013: Elektronische Ressource: www.hph.com/webpg. aspx?id=87 abgerufen am: 08.05.2013

ICTSI (2012): Annual Report 2011. Elektronische Ressource: www.ictsi.com/admin/ images/download/02152013092924ICTSI%20Annual%20Report%202011.pdf abgerufen am: 24.04.2013

Illeris, S. (1996): The Service Economy. Chichester

Institute of Shipping Analysis//BMT Transport Solutions GmbH/Centre for Maritime Studies (2006): Baltic Maritime Outlook 2006. Elektronische Ressource: http://inea. ec.europa.eu/download/MoS/2006_baltic_maritime_outlook.pdf

ISL (Institut für Seeverkehrswirtschaft und Logistik) (2006): Public financing and charging practices of seaports in the EU. Bremen.

Jarosiński, J. (2012): Gdynia Port Development Strategy 2003—2015 perspective of development 2025. Elektronische Ressource: www.transport.gov.pl/files/0/1795011/ PORTGDYNIA.pdf   abgerufen am: 24.11.2012

JICA (Japan International Cooperation Agency) (2004): The study on the port development project in the Republic of Lithuania. Final Report - Summary. Elektronische Ressource: http://bpatpi.ku.lt/~rosita/Giliavandenis/E01_SUMMARY/SDJR0425% 20Lithuania%20Port%20Project%20Summary%2001.pdf abgerufen am: 04.03.2013

Johns, J. (2006): Video games production networks: value capture, power relations and embeddedness. In: Journal of Economic Geography 6 (2), S. 151-180.

Kaplinsky, R.; Morris, M. (2000): A Handbook for Value Chain Research.

Kapsa, E.; Roe, M. (2005): The development of the highway network in Poland and the future development of polish ferry shipping. In: Trasporti Europei. Heft 29. S. 57-70.

Keßler, S. (2008): Entwicklung eines Gestaltungsrahmens für ganzheitliche Produktionssysteme bei Logistikdienstleistern. Dortmund. (zgl. Dortmund. Universitätsdissertation 2008).

Kille, C.; Schmidt, N. (2008): Wirtschaftliche Rahmenbedingungen des Güterverkehrs. Nürnberg.

Kilpeläinen, J.; Lintukangas, K. (2005): Finland's position in Russian transit traffic – is cross-border zone a viable alternative? Northern Dimension esearch Centre, Publikation 13. Lappeenranta.

Kinder, S. (2010): Unternehmensorientierte Dienstleistungen. In: Kulke, E. (Hrsg.): Wirtschaftsgeographie Deutschlands. Heidelberg, S. 265-286.

Klaipėda Container Terminal (2012a): Elektronische Ressource: www.terminalas.lt/eng/ About-us/History   abgerufen am: 15.12.2012

Klaipėda Container Terminal (2012b): Elektronische Ressource: www.terminalas.lt/eng/ Container-Terminal   abgerufen am: 15.12.2012

Klaipėda Container Terminal (2012c): Elektronische Ressource: www.terminalas.lt/eng/ Statistics abgerufen am : 15.12.2012

Klaipėdos Smeltė (2012): Stevedoring Company Klaipedos Smeltė. Elektronische Ressource: www.smelte.lt/uploads/documents/klaipedos_smelte_presentation.pdf abgerufen am: 17.01.2013

Klaipėdos Smeltė (2013): Elektronische Ressource: www.smelte.lt/en/services/container-terminalservices/   abgerufen am: 03.02.2013

Klaus, P. (2008): Märkte und Marktentwicklungen der weltweiten Logistikdienstleistungswirtschaft. In: Baumgarten, Helmut (Hrsg.): Das Beste der Logistik. Innovationen, Strategien. Umsetzungen. S. 333-350.

Klietz, W. (2012): Ostseefähren im Kalten Krieg. Berlin

Kramer, H. (2004): Privatfinanzierungen von Containerterminalinfrastrukturen als Alternative zu staatlichen Finanzierungen. Institut für Seeverkehrswirtschaft und Logistik. Book Series No. 29. Bremen.

Krüger, D. (2007): Produktions- und Warenketten in der kubanischen Lebensmittelwirtschaft. Dissertation an der Humboldt-Universität zu Berlin. Berlin.

Krüger, R. (2004): Das just-in-time-Konzept für globale Logistikprozesse. Wiesbaden. (zgl. Bochum. Universitätsdissertation 2003).

Kulke, E. (2008): Wirtschaftsgeographie. 3. Auflage. Paderborn.

Kummer, S.; Schramm, H.-J.; Sudy, I. (2009): Internationales Transport- und Logistikmanagement. Wien.

Latvijas Dzelzceļš (Latvian Railway) (2012): Annual Report 2011. Elektrische Ressource: www.ldz.lv/texts_files/LDZ_G_P_WEB_ENG.pdf abgerufen am: 22.02.2013

Latvijas Statistika (2013): Elektronische Ressource: http://data.csb.gov.lv/Menu.aspx? selection=transp%5cIkgad%c4%93jie+statistikas+dati%5cTransports&tablelist=true &px_language=en&px_type=PX&px_db=transp&rxid=cdcb978c-22b0-416a-aacc-aa650d3e2ce0 abgerufen am: 14.02.2013

Lenz, B. (1997): Das Filière-Konzept als Analyseinstrument der organisatorischen und räumlichen Anordnung von Produktions- und Distributionsprozessen. In: Geographische Zeitschrift, 85. Jg. Heft 1. S. 20-33.

Lenz, B. (2005): Verkettete Orte: Filières in der Blumen- und Zierpflanzenproduktion. Münster.

Lenz, B.; Menge, J. (2007): Organisation von Transportketten unter dem Einfluss von Informations- und Kommunikationstechnologien. In: Geographische Rundschau, Band 59, Heft 5, S. 14-21.

Levy, D. L. (2008): Political Contestation in Global Production Networks. In: Academy of Management Review, 33 (4), S. 943-963.

Macquarie Group (2013): Elektronische Ressource: www.macquarie.com/mgl/com/ profile abgerufen am: 21.05.2013

Mariner (2013a): Elektronische Ressource: www.mariner.com.mt/investments/baltic-con tainer-terminal/baltic-container-terminal-overview/facilities abgerufen am: 05. 04.2013

Mariner (2013b): Elektronische Ressource: www.mariner.com.mt/company/company-pro file abgerufen am: 05.04.2013

MariTerm AB/Lloyds Register- Fairplay Research (2004): Baltic Gateway; The Sea Transport Infrastructure. Anhang 1 zu Ports in the Baltic Gateway area. Elektronische Ressource: www.mariterm.se/download/Rapporter/Baltic%20Gateway%20Ap pendix.pdf abgerufen am: 14.11.2012

Matczak, M.(2009): The Baltic Container Outlook 2009.

Matczak, M. (2010): Baltic ports volumes in 2009. Baltic Maritime Ranking 2010. In: Baltic Transport Journal 36 (4), S. 30-33.

Mayer, H.-O. (2006): Interview und schriftliche Befragung. 3., überarb. Aufl. München.

Mayring, P. (1997): Qualitative Inhaltsanalyse. Grundlagen und Techniken. 6. Aufl., Weinheim.

Meffert, H.; Bruhn, M. (2009): Dienstleistungsmarketing. 6. vollständig neubearbeitete Auflage. Wiesbaden.

Meuser, M.; Nagel, U. (1994): Expertenwissen und Experteninterview. In: Hitzler, Ronald; Honer, A.; Maeder, Ch. (Hrsg.): Expertenwissen. Die institutionelle Kompetenz zur Konstruktion von Wirklichkeit. Opladen, S. 180-192.

Meuser, M.; Nagel, U. (2005): ExpertInneninterviews – vielfach erprobt, wenig bedacht. Ein Beitrag zur qualitativen Methodendiskussion. In: Bogner, A.; Littig, Beate; Menz, W. (Hrsg.): Das Experteninterview. 2. Aufl., Wiesbaden, S. 71-93.

Meuser, M.; Nagel, U. (2009): Experteninterview und der Wandel der Wissensprodukti-
on, In: Bogner, A.; Littig, Beate; Menz, W. (Hrsg.): Experteninterviews. 3. grundl.
überarb. Aufl., Wiesbaden, S. 35-60.

Midoro, R.; Musso, E.; Parola, F. (2005): Maritime liner shipping and the stevedoring industry: market structure and competition strategies. In: Maritime Policy & Management, Vol. 32 (2), S. 89-106.

Milberg, W. (2008): Shifting sources and uses of profits: sustaining US financialization
with global value chains. In: Economy and Society 37 (3), S. 420-451.

Misztal, K. (2002): Seaborne Trade in the Baltic Sea Region. In: Vainio, Juhani (Hrsg.):
Baltic shipping in the era of globalisation. Publications from the centre for maritime
studies University of Turku. A 37. Turku. S. 5-14.

Müller, M. G. (2000): Danzig – Grenze und Wirtschaft in der frühen Neuzeit. In: Stöber,
G.; Maier, R. (Hrsg.): Grenzen und Grenzräume in der deutschen und polnischen
Geschichte. Studien zur internationalen Schulbuchforschung, Band 104. S. 171-181.
Hannover.

Mürl, H. (1970): Die Entwicklung der Ostseehäfen nach dem Zweiten Weltkrieg. Kiel.
(zgl. Kiel. Universitätsdissertation 1970).

Multi-Link Terminals (2013a): Elektronische Ressource: www.mlt.fi/24 abgerufen
am: 21.06.2013

Multi-Link Terminals (2013b): Elektronische Ressource: www.mlt.fi/11 abgerufen am:
21.06.2013

Muradian, R.; Pelupessy, W. (2005): Governing the Coffee Chain: The Role of Voluntary
Regulatory Systems. In: World Development 33 (12), S. 2029-2044.

Murphy, J. T. (2012): Global production networks, relational proximity, and the sociospa-
tial dynamics of market internationalization in Bolivia's wood products sector. In:
Annals of the Association of American Geographers 102 (1), S. 208-233.

Muuga Container Terminal (2012): Elektronische Ressource: www.muuga-ct.com/Contai
ner_turn_1992_2011_eng.pdf abgerufen am: 10.10.2012

Muuga Container Terminal (2013): Elektronische Ressource: www.muuga-ct.com/97
eng.html abgerufen am: 10.04.2013

Naski, K. (2004a): Eigentums- und Organisationsstrukturen von Ostseehäfen. Turku. (zgl.
Rostock. Universitätsdissertation 2004).

Naski, K. (2004b): Entwicklungen und Perspektiven des Ostlängsverkehrs – Anforderungen an die Verkehrswirtschaft aus Sicht des Hafens. In: DVWG (Hrsg.): Der Ostsee-
transportmarkt im Wandel – Trends und Entwicklungen im Fähr- und RoRo-
Verkehr. Berlin. S. 73-80.

National Container Company (2013): Elektronische Ressource: www.container.ru/en/ter-
minals/riga/ abgerufen am: 06.04.2013

Neiberger, C. (1998): Standortvernetzung durch neue Logistiksysteme. Münster. (zgl.
Frankfurt am Main. Universitätsdissertation 1997).

Neiberger, C. (2006): Globalisierung der Güterverkehrsbranche – Der Einfluss von Deregulierung, veränderten Kundenanforderungen und neuen Technologien auf den internationalen Güterverkehr. In: Kulke, E.; Monheim, H.; Wittmann, P. (Hrsg.):
Grenzwerte. 55. Deutscher Geographentag Trier. Tagungsbericht und wissenschaftliche Abhandlung. Berlin, Leipzig, Trier. S. 281-290.

Neiberger, C.; Bertram, H. (2005): Waren um die Welt bewegen. Strategien und Standorte im Management globaler Warenketten. In: Neiberger, C.; Bertram, H. (Hrsg.): Waren um die Welt bewegen. (Studien zur Mobilitäts- und Verkehrsforschung Band 11). Mannheim. S. 11-14.

Neilson, J.; Pritchard, B. (2009): Value chain struggles. Chichester

Notteboom, T. E. (1997): Concentration and load centre development in the European container port system. In: Journal of Transport Geography 5 (2), S. 99-115.

Notteboom, T. E. (2004): Container Shipping And Ports: An Overview. In: Review of Network Economics 3 (2), S. 86-106.

Notteboom, T. E. (2007): Strategic Challenges to Container Ports in a Changing Market Environment. In: Brooks, M. R.; Cullinane, K. (Hrsg.): Devolution, Port Governance and Port Performance. Research in Transportation Economics 17. Oxford. S. 29-52.

Notteboom, Theo E. (2009): The relationship between seaports and the intermodal hinterland in light of global supply chains: European challenges. In: OECD/ITF (Hrsg.): Port Competition and Hinterland Connections. Round Table - Arbeitspapier 143. S. 25-75.

Notteboom, T.; Rodrigue, J.-P. (2007): Re-assessing Port-hinterland Relationships in the Context of Global Commodity Chains. In: Wang, J.; Olivier, D.; Notteboom, T.; Slack, B. (Hrsg.): Ports, Cities, and Global Supply Chains. S. 51-66.

Notteboom, T.; Rodrigue, J.-P. (2009): The future of containerization: perspectives from maritime and inland freight distribution. In: GeoJournal 74 (1), S. 7-22.

Notteboom, T.; Winkelmans, W. (2001): Structural changes in logistics: how will port authorities face the challenge? In: Maritime Policy and Management 28 (1), S. 71-89.

Nuhn, H. (1993): Konzepte zur Beschreibung und Analyse des Produktionssystems unter besonderer Berücksichtigung der Nahrungsmittelindustrie. In: Zeitschrift für Wirtschaftsgeographie, Jg. 37, Heft 3-4, S. 137-142.

Nuhn, H. (2005): Internationalisierung von Seehäfen. In: Neiberger, C.; Bertram, H. (Hrsg.): Waren um die Welt bewegen – Strategien und Standorte im Management globaler Warenketten. Mannheim, S. 109-124.

Nuhn, H. (2007): Globalisierung und Verkehr – weltweit vernetzte Transportsysteme. In: Geographische Rundschau, Band 59, Heft 5, S. 5-12.

Nuhn, H. (2008a): Globalisierung des Verkehrs und weltweite Vernetzung. In: Schamp, E. W. (Hrsg.): Globale Verflechtungen. (Handbuch des Geographieunterrichts Band 9), S. 48-61.

Nuhn, H. (2008b): Seehäfen im Zeitalter der Globalisierung. Vom Cityport zum Interface in der vernetzten Transportkette. In: Geographie und Schule, Band 30, Heft 174, S. 4-16.

Nuhn, H.; Hesse, M. (2006): Verkehrsgeographie. Paderborn.

Ocean Shipping Consultants (2009): North European Containerport Markets to 2020. Chertsey (Surrey).

OECD (Organisation for Economic Co-operation and Development) (2005): Measuring Globalisation: OECD Handbook on Economic Globalisation Indicators.

OECD/ITF (Organisation for Economic Co-operation and Development/International Transport Forum) (2009): Summary Contents. In: OECD/ITF (Hrsg.): Port Competition and Hinterland Connections. Round Table - Arbeitspapier Nr. 143. S. 9-24.

Ostertag, M. P. (2000): Globalisierung unter Aspekten der Wirtschaftsgeographie. Nürnberg.

Panayides, P. M. (2007): Global Supply Chain Integration and Competitivness of Port Terminals. In: Wang, J.; Olivier, D.; Notteboom, T.; Slack, B. (Hrsg.): Ports, Cities, and Global Supply Chains. Aldershot, Burlington. S. 27-39.

PCC-Gruppe 2013: Elektronische Ressource: www.pcc.eu/ttw/pcc.nsf/id/DE_Intermoda ler_Transport   abgerufen am 12.06.2013

Petromaks Container Services (2011): Elektronische Ressource: www.petromaks.ee/ima ges/stories/PMS%20Container%202011.pdf   abgerufen am: 10.04.0213

Pfohl, H.-Chr. (2003): Entwicklungstendenzen auf dem Markt logistischer Dienstleistungen. In: Pfohl, Hans-Christian (Hrsg.): Güterverkehr – eine Integrationsaufgabe für die Logistik. Berlin. S. 1-44.

Pfohl, H.-Chr. (2004a): Logistikmanagement. Berlin, Heidelberg, New York.

Pfohl, H.-Chr. (2004b): Logistiksysteme. 7. Aufl. Berlin, Heidelberg.

Pfützer, S. (1995): Strategische Allianzen in der Elektroindustrie. Münster. (zgl. Mannheim. Universitätsdissertation 1995).

Picot, A. (1986): Transaktionskosten im Handel. In: Betriebsberater. Zeitschrift für Recht und Wirtschaft. Beilage 13/1986 zu Heft 28/1986. 2. Halbjahr.

Picot, A.; Reichwald, R.; Wigand, R. T. (2003): Die grenzenlose Unternehmung. 5. Auflage. Wiesbaden.

Pieczek, A.; Roe, M. (2001): Port marketing in Poland during times of transition. In: Trasporti Europei. Heft 18. S. 21-34.

Ponomariovas, A. (o.J.): Hinterland Transportation – Shuttle Trains: Viking, Saule, Merkurijus. Elektronische Ressource: www.portintegration.eu/index.php/policy-blue print-photos-86.html?file=tl_files/public/events/klaipeda/Andrejus%20Ponomario vas%20-%20Hinterland%20Transportation%20-%20Shuttle%20Trains.pdf

Port of Gdańsk Authority (2008): The 10th anniversary of the Gdansk Container Terminal Co. Pressemitteilung vom 11.09.2008. Elektronische Ressource: www.port gdansk.pl/events/the-10th- anniversary-of-the-gdansk-container-terminal-co abgerufen am: 22.04.2013

Port of Gdańsk Authority (2012): Session of PGA SA Supervisory Board. Pressemitteilung vom 13.12.2012. Elektronische Ressource: www.portgdansk.pl/events/session-of-pga-sa-supervisory-board   abgerufen am: 08.05.2013

Port of Gdańsk Authority (2013a): Elektronische Ressource: www.portgdansk.pl/about-port/history   abgerufen am: 13.05.2013

Port of Gdańsk Authority (2013b): Elektronische Ressource: www.portgdansk.pl/port-authority/about-company?nofl=1abgerufen am: 13.05.2013

Port of Gdańsk Authority (2013c): Port of Gdańsk Information Package. Elektronische Ressource: www.portgdansk.pl/download.php?did=427&lg=en&oid=0&dap=port gdansk_en.zip   abgerufen am: 13.05.2013

Port of Gdańsk Authority (2013d): Elektronische Ressource: www.portgdansk.pl/about-port/general-info   abgerufen am: 13.05.2013

Port of Gdańsk Authority (2013e): Elektronische Ressource: www.portgdansk.pl/about-port/terminals-and-quays   abgerufen am: 13.05.2013

Port of Gdynia (2012a): Elektronische Ressource: www.port.gdynia.pl/en/aboutport/port-history/89-historiaportu   abgerufen am: 23.11.2012

Port of Gdynia (2012b): Elektronische Ressource: www.port.gdynia.pl/en/port-authority/ basic-info abgerufen am: 23.11.2012

Port of Gdynia (2012c): Elektronische Ressource: www.port.gdynia.pl/en/aboutport/port-data abgerufen am: 23.11.2012

Port of HaminaKotka (2013): Elektronische Ressource: www.haminakotka.fi/fi/ virtuaalik ierros abgerufen am: 20.06.2013

Port of Helsinki (2012): Annual Report 2012. Elektronische Ressource: http://www.portof helsinki.fi/instancedata/prime_product_julkaisu/helsinginsatama/embeds/helsinginsa tamawwwstructure/15958_Helsa_Resume_2012_WEB.pdf abgerufen am: 11.04.2013

Port of Helsinki (o.J.): Vuosaari Harbour. The Capital Harbour of Finland. Helsinki

Port of Helsinki (2013): Port of Helsinki. Service Handbook 2013. Elektronische Ressource: www.portofhelsinki.fi/download/15787_HelSa_ServiceHandbook_2013 _netti_ aukeamittain.pdf abgerufen am: 15.05.2013

Port of Klaipėda (o.J.): Klaipėda State Seaport – Discover a proven way!. Elektronische Ressource: www.portofklaipeda.lt/uploads/prezentacijos/Port_of_Klaipeda.pdf abgerufen am: 20.11.2012

Port of Klaipėda (2012a): Elektronische Ressource: www.portofklaipeda.lt/history abgerufen am: 20.11.2012

Port of Klaipėda (2012b): Elektronische Ressource: www.portofklaipeda.lt/about-port-authority abgerufen am: 20.11.2012

Port of Klaipėda (2012c): Elektronische Ressource: www.portofklaipeda.lt/capacities abgerufen am: 20.11.2012

Port of Klaipėda (2012d): Elektronische Ressource: www.portofklaipeda.lt/terminals abgerufen am: 20.11.2012

Port of Klaipėda (2012e): Elektronische Ressource: www.portofklaipeda.lt/development-plans abgerufen am: 20.11.2012

Port of Klaipėda (2013a): Elektronische Ressource: www.portofklaipeda.lt/uploads/ statistika_docs/Vikingas%20(statistika).xlsx abgerufen am: 18.02.2013

Port of Klaipėda (2013b): Elektronische Ressource: www.portofklaipeda.lt/top-10-of-the-investments-in-2013 abgerufen am: 02.03.2013

Port of Klaipėda (2013c): Elektronische Ressource: www.portofklaipeda.lt/outer-deep-sea-port abgerufen am: 10.03.2013

Port of Tallinn (2001): Consolidated Annual Report 2000. Elektronische Ressource: http://www.portoftallinn.com/annual-reports abgerufen am: 23.10.2012

Port of Tallinn (2002): Consolidated Annual Report 2001. Elektronische Ressource: http://www.portoftallinn.com/annual-reports abgerufen am: 23.10.2012

Port of Tallinn (2003): Consolidated Annual Report 2002. Elektronische Ressource: http://www.portoftallinn.com/annual-reports abgerufen am: 23.10.2012

Port of Tallinn (2004): Consolidated Annual Report 2003. Elektronische Ressource: http://www.portoftallinn.com/annual-reports abgerufen am: 23.10.2012

Port of Tallinn (2005): Consolidated Annual Report 2004. Elektronische Ressource: http://www.portoftallinn.com/annual-reports abgerufen am: 23.10.2012

Port of Tallinn (2006): Consolidated Annual Report 2005. Elektronische Ressource: http://www.portoftallinn.com/annual-reports abgerufen am: 23.10.2012

Port of Tallinn (2007): Consolidated Annual Report 2006. Elektronische Ressource: http://www.portoftallinn.com/annual-reports   abgerufen am: 23.10.2012

Port of Tallinn (2008a): Consolidated Annual Report 2007. Elektronische Ressource: http://www.portoftallinn.com/annual-reports   abgerufen am: 23.10.2012

Port of Tallinn (2008b): Performance Results Analysis 2007. Elektronische Ressource: http://www.portoftallinn.com/performance-results   abgerufen am 23.10.2012

Port of Tallinn (2009): Consolidated Annual Report 2008. Elektronische Ressource: http://www.portoftallinn.com/annual-reports   abgerufen am: 23.10.2012

Port of Tallinn (2010a): Consolidated Annual Report 2009. Elektronische Ressource: http://www.portoftallinn.com/annual-reports   abgerufen am: 23.10.2012

Port of Tallinn (2010b): Performance Results Analysis 2009.   Elektronische   Ressource: http://www.portoftallinn.com/annual-reports   abgerufen am: 23.10.2012

Port of Tallinn (2011): Consolidated Annual Report 2010. Elektronische Ressource: http://www.portoftallinn.com/annual-reports   abgerufen am: 23.10.2012

Port of Tallinn (2012a): Consolidated Annual Report 2011. Elektronische Ressource: http://www.portoftallinn.com/annual-reports   abgerufen am: 23.10.2012

Port of Tallinn (2012b): Elektronische Ressource: www.portoftallinn.com/old-city-har bour   abgerufen am: 22.11.2012

Port of Tallinn (2012c): Performance Results Analysis. Elektronische Ressource: http://www.portoftallinn.com/performance-results   abgerufen am 23.10.2012

Port of Tallinn (2012d): Elektronische Ressource: www.portoftallinn.com/port-of-tallinn abgerufen am: 22.11.2012

Port of Tallinn (2012e): Elektronische Ressource: www.portoftallinn.com/paldiski-south-harbour   abgerufen am: 22.11.2012

Port of Tallinn (2012f): Elektronische Ressource: www.portoftallinn.com/paldiski-indus trial-park abgerufen am: 22.11.2012

Port of Tallinn (2012g): Elektronische Ressource: www.portoftallinn.com/paljassaare-harbour   abgerufen am: 22.11.2012

Port of Talinn (2012h): Elektronische Ressource: www.portoftallinn.com/muuga-harbour abgerufen am: 22.11.2012

Porter, M E. (1985): Competitive Advantage – Creating and Sustaining Superior Performance, New York.

Porter, M. E. (1991): Nationale Wettbewerbsvorteile - Erfolgreich konkurrieren auf dem Weltmarkt. München.

Primus, H.; Konings, R. (2001): Dynamics and spatial patterns of intermodal freight transport networks. In: Brewer, A. M.; Button, K. J.; Hensher, D. A. (Hrsg.): Handbook of Logistics and Supply-Chain Management. S. 481-499.

Rabach, E.; Kim, E. M. (1994): Where Is the Chain in Commodity Chains? The Service Sector Nexus. In: Gereffi, G.; Korzeniewicz, M. (Hrsg.): Commodity Chains and Global Capitalism, Westport/London, S.123-141.

Raikes, P.; Friis-Jensen, M.; Ponte, S. (2000): Global Commodity Chain Analysis and the French Filière Approach: Comparison and Critique. Centre for Development Research Copenhagen. Working Paper 00.3. Kopenhagen.

Riga Commercial Port (2013a): Elektronische Ressource: www.rto.lv/en/about-rto/com pany-profile/   abgerufen am: 26.03.2013

Riga Commercial Port (2013b): Elektronische Ressource: www.rto.lv/en/services/termi nal-operations/riga-container-terminal/ abgerufen am: 26.03.2012

Riga Container Terminal (2013a): Elektronische Ressource: www.rigact.lv/en/about-the-company/about-us/ abgerufen am: 26.03.2013

Riga Container Terminal (2013b): Elektronische Ressource: www.rigact.lv/en/for-clients/services/container-handling/ abgerufen am: 26.03.2013

Riga Container Terminal (2013c): Elektronische Ressource: www.rigact.lv/en/for-clients/facts-and-figures/ abgerufen am: 26.03.2013

Riga Container Terminal (2013d): Elektronische Ressource: www.rigact.lv/en/about-the-company/development/ abgerufen: 05.04.2013

Riga Passenger Terminal (2012): Elektronische Ressource: www.rigapt.lv/services/ship-services/cruise-ships/, abgerufen am 03.12.2012

Rippe, J.; Tholen, J. (2009): Der Ausbau von Short-Sea-Shipping und Feederverkehren zwischen den Häfen der Nordrange (unter besonderer Berücksichtigung der Bremi-schen Häfen und des geplanten Tiefwasserhafens JadeWeser Ports am Standort Wil-helmshaven) und der östlichen Ostsee. Bremen. Elektronische Ressource: www.iaw.uni-bremen.de/downloads/ProjektendberichtFeederShortSeaShippingOst seeraum.pdf, abgerufen am 12.01.2013

Robertson, R. (2008): Globalization as a Problem. In: Lechner, F. J.; Boli, J. (Hrsg.): The Globalization Reader. 3. Aufl. Singapur. S. 87-94.

Robinson, R. (2002): Ports as Elements in Value-driven Chain Systems: The New Para-digm. In: Maritime Policy and Management 29 (3), S. 241-255.

Rodrigue, J.-P. (2006): Transportation and the Geographical and Functional Integration of Global Production Networks. In: Growth an Change 37 (4), S. 510-525.

Rodrigue, J.-P.; Comtois, C.; Slack, B. (2009): The Geography of Transport Systems. Ox-on, New York.

Rönty, J.; Nokkala, M.; Finnilä, K. (2011): Port ownership and governance models in Fin-land. VTT Working Papers 164.

Rümenapp, Th. (2002): Strategische Konfiguration von Logistikunternehmen. Wiesbaden. (zgl. Köln. Universitätsdissertation 2002).

Ruutikainen, P.; Hunt, T. (2007): Container transit traffic in Finnish and Estonian ports. In: Hilmola, O.-P.; Tapaninen, U.; Terk E.; Savolainen, V.-V. (Hrsg.): Container transit in Finland and Estonia. Turku. S. 23-49.

RZD Partner (2013): Completion of New Muuga Container Terminal Delayed by a Year. Artikel vom 15.04.2013. Elektronische Ressource: www.rzd-partner.com/news/ports/completion-of-new-muuga-container-terminal-delayed-by-a-year/ abgeru-fen am: 12.06.2013

Särkijärvi, J. (2009): Growing volumes of containers and other unitised cargo go hand-in-hand with the concentration of maritime transport in major ports. In: Baltic Rim Economies. 2/2009. S.39. www.tse.fi/FI/yksikot/erillislaitokset/pei/Documents/bre 2009/BRE%202-2009%20Web%20-%20Final.pdf

Schätzl, L. (1998): Wirtschaftsgeographie 1. Theorie. 7. Auflage. Paderborn.

Schlennstedt, J. (2004): Wirtschaftsraum Ostsee – Wettbewerbsperspektiven deutscher Ostseehäfen. Bayreuth. (Arbeitsmaterialien zur Raumordnung und Raumplanung, Band 226).

Schönknecht, A. (2007): Entwicklung eines Modells zur Kosten- und Leistungsbewertung von Containerschiffen in intermodalen Transportketten. Dissertation an der Technischen Universität Hamburg-Harburg. Hamburg.

Shatz, H. J.; Venables, A. J. (2003): The Geography of International Investment. In: Clark, G. L.; Feldman, M. P.; Gertler, M. S. (Hrsg.): The Oxford Handbokk of Economic geography. New York.

Sinkcvičius, G. (2010): Lithuanian Railways – A Reliable Partner. Elektronische Ressource: www.suli.fi/seminars/Sinkevicius_Lithuanian_railways.pdf abgerufen am: 03.01.2013

Sinkevičius, Ž. (2012): 2011 Report on cargo handling in Klaipėda State Seaport. Klaipėda.

Slack, B. (2007): The Terminalisation of Seaports. In: Wang, J.; Olivier, D.; Notteboom, Th.; Slack, B. (Hrsg.): Ports, Cities, and Global Supply Chains. Aldershot, Burlington. S. 41-50.

Slack, B.; Frèmont, A. (2005): Transformation of Port Terminal Operations: From the Local to the Global. In: Transport Reviews 25 (1). S. 117-130.

Slack, B.; Wang, J. (2002): The Challenge of Peripheral Ports: an Asian perspective. In: GeoJournal 56. S. 159-166.

Song, D.-W.; Cullinane, K.; Roe, M. (2001): The productive efficiency of container terminals: an application to Korea and the U.K. Chippenham, Wiltshire.

Song, D.-W.; Panayides, P. M. (2007): Global supply chain and port/terminal: Integration and competitiveness. Arbeitspapier für die International Conference on Logistics, Shipping and Port Management an der Kainan University (Taiwan). www.knu.edu.tw/tan/2007ILSC/index.files/files/3B-3.pdf

SRR Group (2013a): Elektronische Ressource: www.srr.lv/en/services/riga_express/ abgerufen am: 25.03.2012

SRR Group (2013b): Elektronische Ressource: www.srr.lv/en/services/eurasia-1/ abgerufen am: 25.03.2012

SRR Group (2013c): Elektronische Ressource: www.srr.lv/en/services/eurasia-2/ abgerufen am: 25.03.2012

Stamm, A. (2004): Wertschöpfungsketten entwicklungspolitisch gestalten. In: GTZ (Deutsche Gesellschaft für technische Zusammenarbeit) (Hrsg.): Materialien zum Handel. Konzeptstudie. Eschborn.

Statistics Estonia (2013): Elektronische Ressource: http://pub.stat.ee/px-web.2001/ Dialog/varval.asp?ma=TC1812&ti=TRANSPORT+OF+SEA+CONTAINERS+ THROUGH+PORTS&path=../I_Databas/Economy/34Transport/16Water_transport/ &lang=1 abgerufen am 14.04.2013

Statistics Lithuania (2012): Transport and Communications 2011. Vilnius. Elektronische Ressource: http://web.stat.gov.lt/en/catalog/pages_list/?id=1461&PHPSESSID=0f9 cebaa3c24d4d6c34b80efa4c3b253

Stepko-Pape, M. (2011): Die „wartende Stadt" Gdynia – Gotenhafen (1926-1945). Universitätsdissertation. Tübingen.

Steveco (2013a): Elektronische Ressource: www.steveco.fi/en/Locations/Kotka/Terminal %20informationabgerufen am: 15.06.2013

Steveco (2013b): Elektronische Ressource: www.steveco.fi/en/Locations/Helsinki/Termi nal%20information abgerufen am: 15.06.2013

Steveco (2013c): Elektronische Ressource: www.steveco.fi/en/About%20Steveco/Group %20structure abgerufen am: 15.06.2013

Strambach, S. (1995): Wissensintensive unternehmensorientierte Dienstleistungen: Netzwerke und Interaktion. Münster. (zgl. Mannheim. Universitätsdissertation 1993).

Strambach, S. (2007): Unternehmensorientierte Dienstleistungen. In: Gebhardt, H.; Glaser, R.; Radtke, U.; Reuber, P. (Hrsg.): Geographie. Heidelberg. S. 707-711.

Stroman, S.; Volk, B. (2005): Innovative Transportbehältertypen. In: Lemper, B.; Meyer, R. (Hrsg.): Märkte im Wandel – mehr Mut zu Wettbewerb. S. 149-159.

Sturgeon, T. (2001): How Do We Define Value Chains and Production Networks? In: IDS Bulletin Vol. 32, No. 3. S. 9-18.

Sturgeon, T. (2002): Modular production networks: A new American model of industrial organization. In: Industrial and Corporate Change 11, S. 451-496.

Suykens, F. (1983): A Few Observations on Productivity in Seaports. In: Maritime Policy and Management, 10 (1), S. 17-40.

Taaffe, E. J.; Morril, R. L.; Gould, P. R. (1963): Transport Expansion in Undedeveloped Countries: A Comparative Analysis. In: Geographical Review 53 (4), S. 503-529.

Terminal Investment Limited (2013a): Elektronische Ressource: www.tilgroup.com/ terminal/port-klaipeda abgerufen am: 06.02.2013

Terminal Investment Limited (2013b): Elektronische Ressource: www.tilgroup.com/ terminals abgerufen am: 06.02.2013

Teusch, U. (2004): Was ist Globalisierung? Darmstadt.

Transiidikeskuse (2013): Elektronische Ressource: www.tk.ee/eng/terminal.php?type= konteinerterminal abgerufen am: 11.04.2013

Transportministerium der Republik Lettland (2011): Latvia Country of Great Transit Possibilities. In: Latvian Academy of Sciences (Hrsg.): Latvia the heart of the Baltics, S. 4-5. Elektronische Ressource: http://balticsheart.com/pdf/BalticsHeart_4.pdf abgerufen am: 01.07.2012

UNCTAD (United Nations Conference on Trade and Development) (2011): Review of Maritime Transport 2010. New York. Genf.

UNCTAD (United Nations Conference on Trade and Development) (2010): Review of Maritime Transport 2009. New York. Genf.

UNCTAD (United Nations Conference on Trade and Development) (2009): Review of Maritime Transport 2009. New York. Genf.

UNCTAD (United Nations Conference on Trade and Development) (2008): Review of Maritime Transport 2008. New York. Genf.

UNCTAD (United Nations Conference on Trade and Development) (2002): World Investment Report. Transnational Corporations and Export Competitiveness. New York. Genf.

UNECE (United Nations Economic Commission for Europe) (2006): Development of Euro-Asian Transport Links. Genf. Elektronische Ressource: www.unece.org/file admin/DAM/trans/doc/2006/wp5/ECE-TRANS-WP5-2006-03e.doc abgerufen am: 19.02.2013

USCTS Liski (2013): Elektronische Ressource:http://liski.ua/en/news/93.html abgerufen 25.03.2013

Vacca, I.; Bierlaire, M.; Salani, M. (2007): Optimization at Container Terminals: Status, Trends and Perspectives. Conference paper Swiss Transport Research Conference. Monte Verità/Ascona.

Viking Train (2013a): Elektronische Ressource: www.vikingtrain.com/about abgerufen am: 18.02.2013

Viking Train (2013b): Elektronische Ressource: www.vikingtrain.com/about/partners abgerufen am: 18.02.2013

Viking Train (2013c): Elektronische Ressource: www.vikingtrain.com/operators abgerufen am: 18.02.2013

Viking Train (2013d): Elektronische Ressource: www.vikingtrain.com/morskoy abgerufen am: 18.02.2013

Vind, I.; Fold, N. (2007): Multi-level Modularity vs. Hierarchy: Global Production Networks in Singapore's Electronics Industry. In: Geografisk Tidsskrift, Danish Journal of Geography 107 (1). S. 69-83.

Voth, A. (2002): Innovative Entwicklungen in der Erzeugung und Vermarktung von Sonderkulturprogrammen (zgl. Vechta. Habilitationsschrift 2001).

Voth, A. (2004): Erdbeeren aus Andalusien. Dynamik und Probleme eines jungen Intensivgebietes. In: Praxis Geographie 34, H. 3, S. 12-16.

Weber, J. (1999): Ursprünge, praktische Entwicklungen und theoretische Einordnung der Logistik. In: Weber, J.; Baumgarten, H. (Hrsg.): Handbuch Logistik. S. 3-14.

Weltbank (2003): World Bank Port Reform Toolkit. Module 3 - Alternative Port Management Structures and Ownership Models. In: Weltbank (Hrsg.): Port Reform Toolkit. Effective Decision Support for Policymakers.

Wessel, K. (1996): Empirisches Arbeiten in der Wirtschafts- und Sozialgeographie. Paderborn.

Williamson, O. E. (1975): Markets and Hierarchies. Analyses and Antitrust Implications – A Study in the Economics of Internal Organization. New York. London.

Williamson, O. E. (1985): The Economic Institutions of Capitalism. New York.

Woitschützke, C.-P. (2006): Verkehrsgeographie. 3. Aufl. Troisdorf.

WorldCargo News (2005): Running in Order to stand still. S. 25-26. Dezember 2005. Elektronische Ressource: www.worldcargonews.com/secure/assets/nf20060112. 057982_43c5f9ae3b05.pdf abgerufen am: 20.10.2012

World Port Source (2013): Elektronische Resource: www.worldportsource.com/ ports/ commerce/POL_Port_of_Gdynia_1177.php abgerufen am 28.04.2013

WTO (World Trade Organisation) (2011): International Trade Statistics 2011.

WTO (World Trade Organisation) (2009): International Trade Statistics 2009.

Zadek, H. (2004): Struktur des Logistikdienstleistungsmarktes. In: Baumgarten, H.; Darkow, I.-L.; Zadek, H. (Hrsg.) Supply Chain Steuerung und Services. Berlin. Heidelberg. S. 13-28.

Żurek, J.; Oniszczuk, A. (2002): Restructuring and logistics services as a condition to improve the competitiveness of a company, exemplified by the Port of Gdynia. In: Notteboom, Th. (Hrsg.): Current Issues in Port Logistics and Intermodality. Antwerp. Apeldoorn. S. 23-38.

Printed in the United States
By Bookmasters